高职高专"十三五"规划教材

土建专业系列

工程地质

主　审　段仲源　王年生
主　编　甄精莲　盛云华　　贾瑞晨
副主编　谭春腾　荣丽杉
参　编　谢松平　柏江源　　万　言

U0341938

南京大学出版社

图书在版编目(CIP)数据

工程地质 / 甄精莲,盛云华,贾瑞晨主编. —南京:
南京大学出版社,2016.5
高职高专"十三五"规划教材. 土建专业系列
ISBN 978 - 7 - 305 - 16449 - 1

Ⅰ. ①工… Ⅱ. ①甄… ②盛… ③贾… Ⅲ. ①工程地
质—高等职业教育—教材 Ⅳ. ①P642

中国版本图书馆 CIP 数据核字(2016)第 015342 号

出版发行 南京大学出版社
社　　址　南京市汉口路 22 号　　邮　　编　210093
出 版 人　金鑫荣

丛 书 名　高职高专"十三五"规划教材·土建专业系列
书　　名　工程地质
主　　编　甄精莲　盛云华　贾瑞晨
责任编辑　薛 艳 吴 汀　　　编辑热线　025 - 83597482

照　　排　南京理工大学资产经营有限公司
印　　刷　江苏凤凰通达印刷有限公司
开　　本　787×1092　1/16　印张 18.5　字数 450 千
版　　次　2016 年 5 月第 1 版　2016 年 5 月第 1 次印刷
ISBN 978 - 7 - 305 - 16449 - 1
定　　价　39.80 元

网　　址:http://www.njupco.com
官方微博:http://weibo.com/njupco
微信服务号:NJUyuexue
销售咨询热线:(025)83594756

前　言

本书是根据高等教育工程地质专业教学的基本要求及人才培养目标,根据本课程实用性强的特点,结合工程地质与其密切相关专业的实际发展需要,参照国家最新颁布和实施的新规范、新标准编写的,体现出:(1)针对性与先进性;(2)实用性与可操作性;(3)综合性与科学性。

本书共分为11个项目,包括绪论、岩石及其工程地质性质的认知、地质构造的认知、地质作用的分析、地貌及第四纪地质与公路布线关系分析、岩体边坡稳定性分析、不良地质现象的工程地质问题分析、地下洞室围岩稳定性评价、工程地质原位测试、工程地质勘察、室内地质分析应用技能的训练、野外地质勘察应用技能的训练等理论知识。本书还针对地基工程、边坡工程、地下工程、海港工程等专业在地质方面的具体问题,进行了专项探讨与分析,提出了在工程中较为成熟的解决方法和思路。

本书由南华大学段仲源教授和湖南高速铁路职业技术学院王年生教授担任主审,湖南高速铁路职业技术学院的甄精莲、盛云华、贾瑞晨担任主编,湖南高速铁路职业技术学院谭春腾、南华大学荣丽杉担任副主编,湖南高速铁路职业技术学院谢松平、柏江源、万言参与编写。其中绪论、项目1、项目2由贾瑞晨编写,项目3由荣丽杉编写,项目4由万言编写,项目5由谭春腾编写,项目6、7、8由甄精莲编写,项目9由柏江源编写,项目10由谢松平编写,项目11由盛云华编写。本教材最后由甄精莲统稿。

本教材在编写过程中,根据高校教学改革精神和工程建设应用实际,力求做到理论联系实际,同时反映出近年来国内外工程地质理论和实践的发展水平,力求内容简明扼要、深入浅出、图文并茂、通俗易懂、重点突出。工程地质理论部分的内容以"必需、够用"为原则,注重讲清基本概念、基本原理和基本方法,尽可能避免了繁琐的公式推导和大篇幅的理论分析。工程地质应用技能训练部分把技术应用训练作为本书的核心,并将其贯穿于教材的始终。实践部分的内容简明实用,学生易于理解、掌握和实践,加入了野外地质实习内容,与实际结合的更为紧密。力求做到理论与实践并重,突出学生实践技能的培养,以利于学生综合素质的提高。

为了便于学生学习,本书还配套编写了习题集,以使学生更好地了解掌握课程内容。

考虑国情和地区性差异,并考虑各院校具体情况,讲授过程中教师应对本书内容进行适当的增删。

本书在编写过程中,编者参考了国内的许多同类教材,在此向其作者深表谢意!

鉴于编者的水平及能力有限且时间仓促,书中错误和不足在所难免,衷心希望广大读者批评指正。

编　者

2015 年 10 月

目　　录

模块三 公路工程地质勘察

模块四　工程地质勘察技能训练

绪　　论

1. 工程地质学的研究对象

工程地质学是地质学在应用方面的一个分支,是调查、研究、解决与各类工程建筑物的设计、施工和使用有关的地质问题的一门学科,是研究人类工程活动与地质环境相互作用的一门学科。地球上现有的一切工程建筑物都建造于地壳表层的地质环境中。地质环境包括地壳表层和深部的地质条件,它以一定的作用影响建筑物的安全、经济和正常使用;而建筑物的兴建又反作用于地质环境,使自然地质条件发生变化,最终又影响到建筑物本身。二者处于相互联系,又相互制约的矛盾之中。工程地质学就是研究地质环境与工程建筑物之间的关系,促使二者之间的矛盾转化、解决。

（1）地质环境对工程建筑的影响

地球的表层为地壳,是人类赖以生存的活动场所,一切工程建筑物都建筑在地壳上,地壳也是建筑材料和矿产资源的主要来源地。人类的工程活动都是在一定的地质环境中进行的,修建水库、道路与桥梁、民用建筑等工程活动,在很多方面受地质环境的制约,它可以影响工程建筑物的类型、工程造价、施工安全、稳定性和正常使用等。如公路沿河谷布线,若不分析河道形态、河水流向以及水文地质特征,就有可能造成路基水毁;山区开挖深路堑时,忽视地质条件,有可能引起大规模的崩塌或滑坡,不仅增加工程量,还可能延长工期和提高造价,甚至危及施工安全。

（2）工程建筑对地质环境的影响

建筑物的施工和使用,也影响着地质环境,从而出现工程地质现象。如在城市中过量抽吸地下水或其他的地下流体,降低了土体中的孔隙液压,而导致大规模的地面沉降（上海、天津等城市均有出现）;桥梁的修建改变了水流和泥沙的运动状态,使局部河段发生冲淤变形等。

为了使所修建的建筑物能够正常的发挥作用,应对赖以生存的地质环境进行合理的利用和保护。在工程修建之前,必须根据实际需要深入地研究工程地质问题,对有关的工程地质条件进行深入的调查和勘探,以解决建筑工程中出现的地质问题。

工程活动的地质环境亦称工程地质条件,通常指影响工程建筑物的结构形式、施工方法及其稳定性的各种自然因素的总和。这些自然条件包括土和岩石的工程性质、地质构造、水文地质、地貌、物理地质作用、天然建筑材料等。应当强调的是,不能将上述的某一方面理解为工程地质条件,而必须是各种自然因素的总和。

工程地质问题,一般是指所研究地区的工程地质条件由于不能满足工程建筑的要求,而在建筑物的稳定、经济或正常使用方面常常发生的问题。工程地质问题是多样的,依据建筑物特点和地质条件,概括起来包括两个方面:一是区域稳定性问题;二是地基稳定问题。公路工程常遇到的工程地质问题有边坡稳定和路基（桥基）稳定问题;隧道工程常遇到的工程地质问题有隧道围岩稳定和突然涌水问题,还有天然建筑材料的质量和储量问题等。

由上述分析可知,工程活动与地质环境之间的相互影响、相互制约的关系,就成为了工程地质学必须研究的对象。

公路是一种延伸很长,且以地壳表层为基础的线形建筑物,它常要穿越许多自然条件不同的地段,要受到不同地区的地质、地理因素的影响。为此对工程地质条件的深入了解是工程从设计到施工以至营运过程中不可缺少的。

2. 工程地质学的研究任务

工程地质学为工程建设服务:是通过工程地质勘察来实现的,通过勘察和分析研究,阐明建筑地区的工程地质条件,指出并解决所存在的工程地质问题,为建筑物的设计、施工以至使用提供所需的地质资料。它的主要任务是

① 阐明建筑地区的工程地质条件,并指出对建筑物有利和不利的因素;② 论证建筑物所存在的工程地质问题,进行定性和定量的评价,做出确切的结论;③ 选择地质条件优良的建筑场址,并根据场址的地质条件合理配置各个建筑物;④ 研究工程建筑物兴建后对地质环境的影响,预测其发展演化趋势,并提出对地质环境合理利用和保护的建议;⑤ 根据建筑场址的具体地质条件,提出有关建筑物类型、规模、结构和施工方法的合理建议,以及保证建筑物正常使用所应注意的地质要求;⑥ 为拟定改善和防治不良地质作用的措施方案提供地质依据。

可见,工程地质工作是工程建设的基础工作。工程地质工程师务必要和工程设计与施工工程师密切协作,以完成上述各项任务。

3. 工程地质学的研究内容

工程地质学的任务决定了它的研究内容,归纳起来主要有以下四个基本部分:

(1) 岩土工程性质的研究

地球上任何类型的建筑物均离不开岩土体,无论是分析工程地质条件,还是评价工程地质问题,首先要对岩土的工程性质进行研究。研究岩土的工程地质性质及其形成变化规律,各项参数的测试技术和方法,岩土体的类型和分布规律,以及对其不良性质进行改善等内容。

(2) 工程地质作用分析

地壳表层由于受到各种自然营力,包括地球的内力和外力作用,还有人类的工程经济活动,影响建筑物的稳定和正常使用。运用地质学的基本原理去分析、研究工程动力地质作用(现象)的形成机制、规模、分布、发展演化的规律,对所产生的有关工程地质问题进行定性的和定量的评价,以及有效地进行防治、改造。

(3) 工程地质勘察理论和技术方法的研究

为了查明建筑场区的工程地质条件,论证工程地质问题,正确地做出工程地质评价,以提供建筑物设计、施工和使用所需的地质资料,就需进行工程地质勘察。不同类型、结构和规模的建筑物,对工程地质条件的要求以及所产生的工程地质问题各不相同,因而勘察方法的选择、工作的布置原则以及工作量的使用也是不相同的。为了保证各类建筑物的安全和正常使用,首先必须详细而深入地研究所能产生的工程地质问题,在此基础上安排勘察工作。

(4) 区域工程地质的研究

区域工程地质为工程规划设计提供地质依据。不同地域由于自然地质条件不同,因而工程地质条件也不相同。认识并掌握广大地域工程地质条件的形成和分布规律,可以预测

这些条件在人类工程——经济活动影响下的变化规律。

由此我们可以知道,工程地质学是一门应用性非常强的地质科学。它在工程建设中的地位相当重要,服务对象非常广泛,所研究的内容也是十分丰富的。

4. 本课程的学习要求

一般来说,进行公路工程建设时,地质工作主要由专业地质人员进行。但作为公路工程师,只有在具备必要的工程地质的基本知识,对工程地质勘察的任务、内容和方法有较全面的了解,才能正确地提出勘察任务和要求,才能正确应用工程地质勘察成果和资料,全面理解和综合考虑拟建工程建筑场地的工程地质条件,并进行工程地质问题分析,提出相应对策和防治措施。

我国地域辽阔,自然条件复杂,在工程建设中常常遇到各种各样的自然条件和地质问题。本课程作为一门专业基础课,它结合我国自然地质条件与路桥工程特点,为专业课程的学习提供必要的工程地质学基础知识。通过学习,学生可以了解工程建设中的工程地质现象和问题,掌握这些现象和问题对工程设计、施工和使用各阶段的影响;了解工程地质勘察内容与要点,合理利用勘察成果分析解决设计和施工中的问题,为今后从事实际工作打下地质基础。在学习本课程后,应达到以下基本要求:

(1) 能够根据地质资料在野外辨认常见的岩石,了解其主要的工程性质;

(2) 能辨认基本的地质构造类型及较明显的、简单的地质灾害现象,掌握它们对公路工程的影响,并确定有关的防治措施;

(3) 熟悉地貌类型、水的地质作用特征及它们对公路建设的影响;

(4) 能够在公路工程勘测、设计及施工中,懂得搜集和应用有关的工程地质资料,对一般的工程地质问题做初步评价;

(5) 熟悉工程地质勘察主要内容、不同阶段勘察的要点;学会阅读和分析常用的工程地质及水文地质资料(地质勘察报告书及地质图等)。

本课程是一门理论性与实践性都很强的学科,因此,要学好这门课程,首先要牢固掌握基本概念、基本理论,在此基础上要重视工程实践的应用。在教学中应运用辩证唯物主义观点,由浅入深,循序渐进,尽量采用现代化教学手段进行。为了增强学生的感性认识,加强实践性教学,应安排适当的试验课和野外地质实习,以巩固和印证课堂所学的理论知识,提高学生实际动手能力。通过理论与实践的紧密结合,为完成路桥工程勘测、设计和施工打下工程地质方面的坚实基础。

复习思考题

1. 什么是工程地质学?
2. 试举例说明地质条件与人类工程活动之间的关系。
3. 什么是工程地质条件?
4. 试述本门课的学习要求。

模块一 工程地质基础知识

项目1 岩石及其工程地质性质认知

岩石是地壳的主要物质成分，是地壳发展过程中各种地质作用的自然产物。岩石是建造各种工程结构物的地基、环境或天然建筑材料。因此，了解主要类型岩石的特征和特性，无论对工程设计、施工，还是对地质勘测人员都是十分必要的。

在研究岩石时，首先必须注意作为每一种岩石的特征并决定岩石物理力学特性的下列性质：① 产状：指岩石在空间所占有的形状；② 成分：指岩石的矿物成分和化学成分；③ 结构：指岩石中矿物的结晶程度、颗粒的大小和形态及彼此之间的组合方式；④ 构造：指岩石中的矿物集合体之间或矿物集合体与岩石的其他组成部分之间的排列方式及充填方式。

任务1.1 概述

地球是宇宙中的一个具有非均质圈层结构的旋转椭球体。通常把地球的圈层构造以地表为界分为外部圈层和内部圈层。地球是扁率不大的梨状三轴旋转椭球体，由于地球椭球体的扁率很小，故在一般计算时，常视地球为一圆球体，取其平均半径值6 371 km。

1.1.1 地球的圈层构造

1. 外部圈层

（1）大气圈

大气圈是环绕地球的空气层，大气圈按物理性质自下而上分为四层：对流层、平流层、电离层、扩散层。大气圈主要是由氮、氧、二氧化碳和少量的水汽等多种气体组成的混合物。

（2）水圈

地球表面上的海洋面积占70.78%，通常人们把地球表面的海洋、河流、湖泊及地下水等看成是包围地球表面的闭合圈。在自然界水分的循环过程中，大陆降水量只占总降水量的20.6%，然而这一水量却是改变地貌的强大动力因素。河流、冰川、地下水等水体在其流动过程中，不断改造地表，塑造出各种地表形态。同时水圈为生命的生存、演化提供了必不可少的条件，因此，水圈是外动力地质作用的主要动力来源。

（3）生物圈

地球表面凡是有生命活动的范围称为生物圈。生物包括动物、植物和微生物。生物在其生命活动过程中，通过光合作用、新陈代谢等方式，形成一系列生物地质作用，从而改变地壳表层的物质成分和结构。生物活动成为改造大自然的一个积极因素。同时，生物的繁殖活动和生物遗体的堆积，为形成有用矿产提供物质基础。

2. 内部圈层

目前,根据对地震资料的研究,发现地球内部地震波的传播速度在两个深度上有显著跳跃式的变化,反映出地球内部物质以这两个深度作为分界面,上下分界面有明显的不同。上分界面称"莫霍面",它位于地表以下平均 33 km 处。下分界面称"古登堡面",位于地表以下 2 900 km 处。根据这两个分界面,目前把地球内部构造分为地壳、地幔和地核三个圈层(图 1-1)。

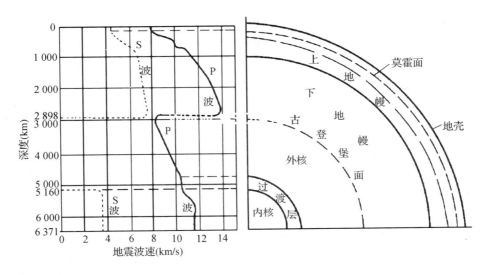

图 1-1 地球的圈层构造
S 波—横波;P 波—纵波

(1) 地壳(0~33 km)

地壳指地球外表的一层薄壳,平均厚度为 33 km,主要由固体岩石组成(图 1-2)。根据岩石的物质组成,地壳可分硅铝层(花岗岩质层)和硅镁层(玄武岩质层)两层。硅铝层是

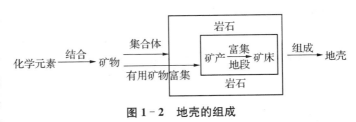

图 1-2 地壳的组成

地壳上部分布不连续的一层,平均厚度约为 10 km。岩石是自然形成的矿物集合体,它构成了地壳及其以下的固体部分。地壳按分布状态分为大陆地壳和大洋地壳(图 1-3)。大陆地壳厚度大且呈双层结构,上层为花岗岩质层,下层为玄武岩质层。大洋地壳厚度小,呈单层结构,以玄武岩质层为主。大洋地壳厚度较薄,平均仅 5~6 km,一般缺乏硅铝层,硅镁层直接出露于洋底。

组成地壳的化学元素有百余种,但各元素的含量极不均匀,其中最主要的几种分别占地壳总质量的百分比如下:氧(O)46.95%;硅(Si)27.88%;铝(Al)8.13%;铁(Fe)5.17%;钙(Ca)3.65%;钠(Na)2.78%;钾(K)2.58%;镁(Mg)2.06%;钛(Ti)0.62%;氢(H)0.14%。它们占地壳总质量的 99.96%。其余的是磷、锰、氮、硫、钡、氯等近百种元素。地壳中的化学元素常随环境的改变而不断地变化。元素在一定地质条件下形成矿物,矿物的自然集合体则是岩石。人类的一切活动都是在地壳的最表层进行的。

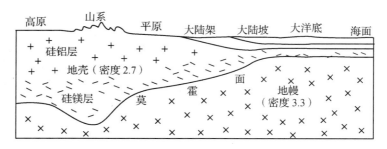

图 1-3 地壳结构图(据李四光图修编)

（2）地幔（33～2 900 km）

地幔是地球的莫霍面以下、古登堡面以上部分,其体积约占地球总体积的83%,质量占68.1%,是地球的主体部分,主要由固态物质组成。以984 km为界分上地幔和下地幔两个圈层。通过对地幔中地震波传播特征的研究发现,在40～250 km处存在"低速带"。一般认为低速带是由于该带内温度增高至接近岩石的熔点,但尚未熔融,又据低速带内有些区域不传播横波,推断该区域的温度已超过岩石熔点形成液态区。由于低速带距地表很近,这些液态区很可能是岩浆的发源地。鉴于低速带的塑性较大,故在构造地质学中称其为软流圈。而将软流圈以上的上地幔和地壳合称为岩石圈。下地幔物质成分以铁、镁的硅酸盐为主,硅酸盐结构已转变成类似致密氧化物的紧密堆积结构而趋于稳定。

（3）地核（大于29 km）

地幔下界至地心部分称为地核,包括外核、过渡层和内核三部分。据推测,地核温度在2 000～3 000℃之间,压力可达到$30×10^4$～$36×10^4$ MPa,根据横波不能通过外核的事实,推断外核是由液态物质组成的。地核中间的过渡层,波速变化复杂,可能是由液态开始向固态物质转变的一个圈层。内核一般认为由铁、镍等成分为主的固态物质组成。

任务 1.2 造岩矿物的鉴别

矿物是构成岩石的基本单元,是组成地壳的基本物质,它是在各种地质作用下形成的具有一定的化学成分和物理性质的单质体或化合物。其中构成岩石的主要矿物称为造岩矿物。目前已发现的矿物有3 000多种,常见的造岩矿物仅30多种。

1.2.1 矿物的基本性质

1. 造岩矿物的晶体形态

造岩矿物绝大部分是结晶质的。结晶质的基本特点是组成矿物的元素质点(离子、原子或分子)在矿物内部按一定的规律重复排列,形成稳定的格子构造,在生长过程中如条件适宜,能生成被若干天然平面所包围的固定的几何形态,但绝大多数矿物在发育时受空间条件的限制往往不具有规则的外形。非晶质矿物内部质点排列没有一定的规律性,所以外表不具有固定的几何形态,非晶质矿物有玻璃质和胶体质两类。前者是高温熔融体迅速冷凝而成,如火山喷出的岩浆迅速冷凝而成的黑耀岩中的矿物;后者是由胶体溶液沉淀或干涸凝固而成,如硅质胶体溶液沉淀凝聚而成的蛋白石($SiO_2 \cdot nH_2O$)等。

2. 造岩矿物的类型

矿物都是在一定的地质环境中形成的,并因经受各种地质作用而不断地发生变化。每一种矿物只是在一定的物化条件下才相对稳定。当外界条件改变到一定程度后,矿物原来的成分和性质就会发生变化,形成新的次生矿物。矿物按其成因可分为以下三大类型:

(1)原生矿物 在成岩或成矿的时期内,从岩浆熔融体中经冷凝结晶过程所形成的矿物,如石英、长石等。

(2)次生矿物 原生矿物遭受化学风化而形成的新矿物,如正长石经水解作用后形成高岭石等。

(3)变质矿物 在变质作用过程中形成的矿物,如区域变质的结晶片岩中的蓝晶石和十字石等。

1.2.2 矿物的(肉眼)鉴定特征

矿物的形态和矿物的物理性质决定于其化学成分和晶体格架的特点,因此,它们是鉴别矿物的重要依据。特别是在野外,依据矿物的形态和主要的物理性质鉴别常见的造岩矿物是土木工程技术人员应掌握的基本技能。在实际工作中,一般用肉眼观察并借助简单的工具和试剂鉴定矿物。

1. 矿物的形态

矿物的形态(或形状)是指固态矿物单个晶体的形态,或矿物晶体聚集在一起的集合体形态。

在液态或气态物质中的离子或原子互相结合形成晶体的过程称为结晶。晶体内部质点的排列方式称晶体结构。不同的离子或原子可构成不同晶体结构,相同的离子或原子在不同的地质条件下也可形成不同的晶体结构。晶质矿物内部结构固定,因此具有特定的外形。常见的单晶体矿物形态有:片状、鳞片状、板状、柱状、立方体状等,常见的矿物集合体形态有:粒状、块状、纤维状、土状等。

当矿物在生长条件合适时(有充分的物质来源、足够的空间和时间等),能按其晶体结构特征长成有规则的几何多面体外形,呈现出该矿物特有的晶体形态(图1-4)。矿物的外形特征是其内部构造的反映,是鉴别矿物的重要依据。

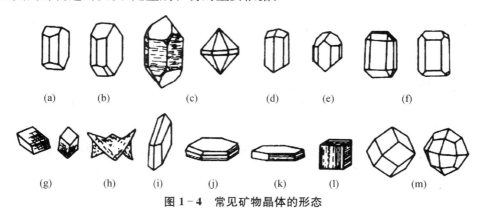

图1-4 常见矿物晶体的形态

(a)正长石;(b)斜长石;(c)石英;(d)角闪石;(e)辉石;(f)橄榄石;(g)方解石;

(h)白云石;(i)石膏;(j)绿泥石;(k)云母;(l)黄铁矿;(m)石榴子石

2. 矿物的光学性质

矿物的光学性质是指矿物对自然光的吸收、反射和折射所表现出的各种性质。

（1）颜色

矿物的颜色指矿物对可见光中不同光波选择吸收和反射后映入人眼视觉的现象。它是矿物最明显、最直观的物理性质。常以标准色谱的红、橙、黄、绿、蓝、靛、紫以及白、灰、黑来说明矿物颜色，也可以依最常见的实物颜色来描述矿物的颜色，根据成色原因分为自色、他色和假色。

自色 矿物本身所固有的颜色，自色对矿物具有重要的鉴定意义。如黄铁矿多呈铜黄色等。

他色 矿物含有杂质等机械混入物所引起的，无鉴定意义。

假色 矿物内的某些物理原因所引起的颜色，比如光的干涉、内散射等。

原生矿物按其自色分为浅色矿物和深色矿物两类。一般说来，含硅、铝、钙等成分多的矿物颜色较浅，常见的浅色矿物有石英、长石、白云母等；含铁、锰多的矿物颜色较深，常见的深色矿物有橄榄石、黑云母、角闪石、辉石等。

（2）光泽

光泽是矿物对可见光的反射能力。根据反光强弱分为三个等级：金属光泽，反光很强，犹如电镀的金属表面光亮耀眼；半金属光泽，似未磨光的金属表面的光亮程度；非金属光泽，绝大多数矿物呈非金属光泽。

当反射面不平时，矿物可形成一些特殊的光泽如丝绢光泽、油脂光泽、蜡状光泽、土状光泽等。矿物遭受风化后，光泽强度就会有不同程度的降低，如玻璃光泽变为油脂光泽等。

（3）透明度

透明度是指矿物透过可见光波的能力，即光线透过矿物的程度，一般规定以 0.03 mm 的厚度作为标准进行鉴定。肉眼鉴定矿物时，根据透明度的差异分为透明矿物、半透明矿物和不透明矿物。这种划分无严格界限，鉴定时用矿物的边缘较薄处，并以相同厚度的薄片及同样强度的光源比较加以确定。

3. 矿物的力学性质

矿物的力学性质是指矿物在受力后所表现的物理性质。矿物的力学性质主要有以下几种：

（1）硬度

硬度是矿物抵抗机械作用（如刻划、压入、研磨）的能力，一般用肉眼鉴定矿物硬度时，常用两种矿物对划的方法确定矿物的相对硬度。在野外鉴别矿物硬度时，还可采用简易鉴定方法来测试其相对硬度，即利用指甲（2～2.5）、小刀（5～5.5）、玻璃片（5.5～6）和钢刀（6～7）等粗略判定。矿物的硬度是指单个晶体的硬度，而纤维状、放射状等集合方式对矿物硬度有影响，难以测定矿物的真实硬度。德国矿物学家摩斯取自然界常见的 10 种矿物作为标准，硬度从低到高分为 10 个等级，此即摩氏硬度（表 1 - 1），他表示的是矿物之间的相对硬度，此方法为国际公认的摩氏硬度计法。

表 1-1　摩氏硬度计

硬度等级	1	2	3	4	5	6	7	8	9	10
标准矿物	滑石	石膏	方解石	萤石	磷灰石	长石	石英	黄玉	刚玉	金刚石

（2）解理与断口

矿物受外力作用后，能沿一定晶面裂开成光滑平面的性质称为解理。解理通常在平行于晶体结构中相邻质点间联结力较弱的方向发生，其裂开的晶面一般平行成组出现，称为解理面，根据其解理发育的程度分为极完全解理、完全解理、中等解理和不完全解理。

具有解理的矿物严格受其内部格子构造的控制，根据解理出现方向数目，有的沿着一组平行方向发育的称为一组解理，有的沿两个方向发育的称为二组解理，还有的沿三个方向发育的称为三组解理（图 1-5）等。

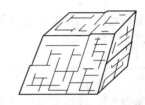

图 1-5　方解石的三组解理

① 极完全解理。极易裂开成薄片，解理面大而完整，平滑光亮，如云母。

② 完全解理。常沿解理方向开裂成小块，解理面平整光亮，如方解石。

③ 中等解理。既有解理，又有断口，如长石。

④ 无解理。常出现断口，解理面很难出现。

矿物在外力打击后，沿任意方向发生的不规则破裂，其破裂面称为断口。根据形态特征将断口分为贝壳状断口、参差状断口、锯齿状断口和平坦状断口。

对于某种矿物来说，解理与断口的发生呈互为消长的关系，越容易出现解理的方向越不易发生断口。

4. 矿物的其他性质

有些矿物还具有独特的性质，如磁性（如磁铁矿）、弹性（如云母）、挠性（如绿泥石）、滑感（如滑石）、咸味（如岩盐）等物理性质，以及与冷稀盐酸发生化学反应而产生气泡（如方解石、白云石）等现象，这些性质对某些矿物的鉴别有时十分重要。

1.2.3　常见的造岩矿物

正确识别和鉴定矿物对于岩石命名和岩石性质的研究是非常重要的。鉴定矿物的方法很多，但大多需要较复杂的设备，不适宜野外工作。野外工作一般采用肉眼鉴定法。

一种矿物之所以不同于别的矿物，是由于在化学成分、内部构造和物理性质三个方面有别于其他矿物，而矿物的物理性质主要取决于其内部构造和化学成分。由于物理性质测试简单，常是鉴定和分类的主要依据。

肉眼鉴定法主要是根据矿物的一些显而易见的物理性质，用肉眼或仅借助于几种简单的工具（如小刀、条痕板、低倍放大镜等）和药品（如稀盐酸），在野外确定矿物的名称。这种鉴定方法简单、方便、迅速，是进一步鉴定的基础。一般先从形态着手、然后进行光学性质、力学性质及其他性质的鉴别。

矿物之间在形态、颜色、光泽等方面有相同之处，但一种矿物却具有它自己的特点，鉴别时利用这个特点，即可较正确地鉴别矿物。表 1-2 可帮助进行造岩矿物的鉴别。

表1-2 主要造岩矿物鉴定表

序号	矿物名称	硬度	形状	颜色	条痕	光泽	解理与断口	比重	其他
1	滑石	1	片状、鳞片状致密块状	白色、灰色、淡黄色淡绿色	白色	油脂光泽、解理面呈珍珠光泽	一组完全或极完全解理	2.7～2.8	极软,手摸之有滑感;薄片,可挠曲而无弹性
2	高岭石	1～1.5	块状、土状	白色,含杂物可呈黄、浅褐、浅蓝等色	白色	无光泽	土状断口	2.5～2.6	有滑感;干时易吸水,湿时具有可塑性、黏附性
3	蒙脱石	1	块状、土状	白色,有时为浅红色、浅绿色	白色	无光泽	土状断口	2	吸水性强、吸水后体积能够膨胀增大数倍以上
4	石膏	2	板状、条状或纤维状、粒状	白色、含杂物可呈黄褐色、红色	白色	玻璃光泽或丝绸光泽	一组完全解理	2.2～2.4	有的透明,可溶于盐酸和略溶于水
5	绿泥石	2～2.5	片状集合体或块状	浅绿色至深绿色	绿色	光泽	一组完全解理	2.6～2.9	薄片,可挠曲而无弹性
6	黑云母	2.5～3	片状、鳞片状集合体	黑色、深褐色	白色、淡绿色	珍珠光泽或玻璃光泽	一组完全解理	2.7～3.1	薄片、透明、有弹性
7	白云母	2.5～3	片状、鳞片状集合体	无色、银白色、淡黄色	白色	珍珠光泽或玻璃光泽	一组完全解理	2.7～3.1	薄片、透明、有弹性
8	方解石	3	一般为菱形体,集合体有粒状、钟乳状、块状等	白色、无色,含杂质可具有多种颜色	白色	玻璃光泽	三组完全解理	2.6～2.8	遇冷稀盐酸剧烈气泡
9	白云石	3.5～4	菱形体,集合体为粒状	灰白色,有时为淡黄色、淡红色	白色	玻璃光泽	三组完全解理	2.8～3.0	晶体只与热盐酸反应,粉末可与冷稀盐酸反应,但无嘶嘶声;解理面多弯曲,呈鞍状,并具条纹
10	褐铁矿	5～5.5	土状、块状、钟乳状、球状	黄褐色、黑褐色	黄褐色、棕褐色	半金属光泽	无	3.4～4	为含铁矿物的风化产物,呈铁锈色,易染色

序号	矿物名称	硬度	形状	颜色	条痕	光泽	解理与断口	比重	其他
11	角闪石	5～6	长柱状、针状或纤维状集合体	白色,含杂物可呈黄、浅褐、浅蓝等色	褐色	玻璃光泽	两组中等解理成124°或56°	3.1～3.6	晶体横截面为六角菱形
12	辉石	5～6	短柱状、粒状集合体	褐色、绿色至黑色	白色、褐色	玻璃光泽	两组中等解理近于正交	3.2～3.5	晶体横截面为正八角形
13	赤铁矿	5.5～6.5	多为块状,有的为鳞片状、肾状、片状	赤红色、铁黑色、钢灰色	砖红色	半金属光泽	无	4.8～5.3	土状者硬度很低、可染色
14	正长石	6	短柱状、板状或粒状、块状集合体	多为肉红色,也有灰白色淡黄色	白色	玻璃光泽	两组完全解理成90°相交	2.5～2.6	有时呈双晶,易风化成高岭土
15	石英	7	晶体为六方双锥柱状,但多为块状,晶面具晶纹	纯者无色透明,含杂质时可呈各种杂色	无	断口无油脂光泽,晶面呈玻璃光泽	贝壳状	2.6	矿物最稳定者,极难风化,不怕酸
16	斜长石	6	晶体为柱状,晶面及解理面上有条纹	白色、灰色、天蓝色等	白色	玻璃光泽	两向互相斜交	2.5～2.7	易风化成高岭土
17	橄榄石	6.5～7	晶体为八面柱体。常呈粒状集合体	淡黄色至绿色	无	玻璃光泽	不完全解理	3.2～3.5	溶于硫酸时剧烈分解,析出 SiO_2 胶体
18	黄铁矿	6～6.5	晶体为立方体或五角十二面体,晶面有条纹	草黄色	绿黑色	金属光泽	贝壳状或不规则	5	在氧和水的作用下可生成硫酸和褐铁矿

任务 1.3　岩石的鉴别

岩石是构成地壳的最基本单位,由一种或多种矿物组成的,具有一定规律的固态集合体。按其成因可将组成地壳的岩石分为三大类:岩浆岩、沉积岩和变质岩。

1.3.1　岩浆岩

1. 岩浆岩的概念及产状

岩浆岩又称火成岩,是由岩浆侵入地壳上部或喷出地表凝固所形成的岩石。岩浆是存在于地幔和地壳深处,以硅酸盐为主要成分,富含挥发性物质,处于高温(700～1 300℃)、高压(高达数千兆帕)状态下的熔融体。

地下深处相对平衡状态下的岩浆,当地壳发生变动或受其他内力作用时,承受巨大压力的岩浆,沿着地壳中薄弱、开裂地带涌向地表或地下一定深度处,岩浆在上升过程中压力减小,热量散失,经过复杂的物理化学过程,最后冷却凝结形成岩浆岩。

岩浆岩按其生成环境可分为侵入岩和喷出岩。岩浆侵入地壳内部,在高温下缓慢冷却结晶而成的岩浆岩称为侵入岩。岩浆在岩浆源附近(约距地表 3 km 以下)凝结而成的岩浆岩称深成侵入岩;如果是在接近地表不远的地段(约距地表 3 km 以内),但未上升至地表面而凝结的岩浆岩称浅成侵入岩。喷出地表在常压下迅速冷凝而成的岩石称喷出岩。岩浆岩生成的空间位置和形状、大小称岩浆岩的产状,按照岩浆活动和冷凝成岩的情况不同,形成各种复杂的产状,见图 1－6。

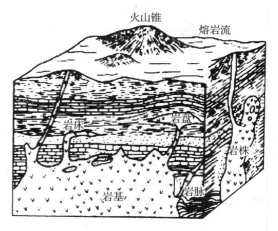

图 1－6　岩浆岩体的产状

(1) 深成侵入岩的产状——岩基和岩株

岩基是一种规模庞大的岩体,分布面积一般大于 60 km²,构成岩基的岩石多是花岗岩或花岗闪长岩等,岩性均匀稳定,是良好的建筑地基。如三峡坝址区就是选定在面积大于200 km² 的花岗岩——闪长岩岩基的南部。岩株是一种形体较岩基小的岩体,分布面积一般小于 60 km²,平面形状多呈浑圆形,其下与岩基相连,也常是岩性均一的良好地基。

(2) 浅成侵入岩的产状——岩盘、岩床、岩脉

岩盘是一种中心厚度较大,底部较平,顶部穹隆状的层间侵入体,分布范围可达数平方公里,多由酸性、中性岩石组成。岩床是一种沿原有岩层层面侵入、延伸分布且厚度稳定的层状侵入体,常见的厚度多为几十厘米至几米,延伸长度多为几百米至几千米。组成岩床的岩石以基性岩为主,岩脉是沿岩层裂隙侵入形成的狭长形的岩浆岩体,与围岩层理或片理斜交。

(3) 喷出岩的产状——火山锥和熔岩流

火山锥是熔岩和火山碎屑围绕火山通道堆积形成的锥状体;岩浆喷出地表后,沿着倾斜地面流动而形成的岩石,称为熔岩流。

2. 岩浆岩的主要特征

(1) 岩浆岩的化学成分和矿物成分

岩浆岩的化学成分几乎包含了地壳中所有元素,但其含量却差别很大。绝大多数岩浆岩以硅酸盐类为主,其中 O、Si、Al、Fe、Ca 、Na、K、Mg、H 等九种元素占地壳总质量的98.13%,以 O、Si 的含量为最多,占 75.13%,这些元素一般都以氧化物的形式存在。

岩浆岩中的各种氧化物之间有明显的变化规律:当 SiO_2 含量较低时,FeO、MgO 等铁镁质矿物增多;当 SiO_2 和 Al_2O_3 的含量较高时,Na_2O、K_2O 等硅铝质矿物增加。由此据 SiO_2 的含量把岩浆岩分为四大类。

① 酸性岩(SiO_2 的含量 65%～75%)

② 中性岩(SiO₂ 的含量 55%～65%)

③ 基性岩(SiO₂ 的含量 45%～55%)

④ 超基性岩(SiO₂ 的含量＜45%)

岩浆岩中矿物成分不是任意组合，而是有规律的共生，它主要取决岩浆岩的化学成分及形成时的物化环境。化学成分不同的岩浆岩其矿物成分也不一样。

岩浆岩的矿物成分既可以反映岩石的化学成分和生成条件，是岩浆岩分类命名的主要依据之一，同时，矿物成分也直接影响岩石的工程地质性质。所以，在研究岩石时要重视矿物的组成和识别鉴定。

组成岩浆岩的矿物大约有 30 多种，按其颜色及化学成分的特点可分为浅色矿物和深色矿物两类。浅色矿物富含硅、铝成分，如正长石、斜长石、石英、白云母等；深色矿物富含铁、镁成分，如黑云母、辉石、角闪石、橄榄石等。

(2) 岩浆岩的结构与构造

岩浆岩的结构指组成岩石的矿物的结晶程度、晶粒大小、形态及晶粒之间或晶粒与玻璃质间的相互结合方式。成分相同的岩浆，在不同的冷凝条件下，可以形成不同结构、构造的岩浆岩。所以岩浆岩的结构、构造与矿物成分一样是鉴别岩浆岩的重要标志，也是岩石分类和命名的重要依据之一，同时还直接影响岩石的强度。

1) 岩浆岩的结构

① 按矿物的结晶程度分类

全晶质结构　岩石全部由结晶矿物组成，这种结构是岩浆在温度缓慢降低的情况下形成的，通常是侵入岩具有的结构。

半晶质结构　岩石由结晶的矿物和非晶质矿物组成，这种结构主要为浅成岩或喷出岩具有的结构。

非晶质结构　岩石全部由非晶质矿物组成，这种结构是岩浆喷出地表迅速冷凝来不及结晶的情况下形成的，为喷出岩特有的结构。

② 按矿物晶粒的绝对大小分类

显晶质结构　岩石中的矿物颗粒较大，用肉眼可以分辨并鉴定其特征。一般为深成侵入岩所具有的结构。

隐晶质结构　岩石全部由结晶微小的矿物组成，用肉眼和放大镜均看不见晶粒，只有在偏光显微镜下方可识别。

玻璃质结构　岩石全部由非晶质矿物组成，呈均匀致密似玻璃的结构。

③ 按矿物晶粒的相对大小分类

等粒结构　岩石中的矿物全部是显晶质粒状，同种主要矿物结晶颗粒大小大致相等，是深成岩特有的结构。

不等粒结构　组成岩石的主要矿物结晶颗粒大小不等，相差悬殊。其中晶形完好，颗粒粗大的称斑晶，细粒的微小晶粒或隐晶质、玻璃质称石基。不等粒结构又分为斑状及似斑状结构。石基为非晶质或隐晶质的结构称为斑状结构。斑晶形成于地壳深处，而石基是后来含斑晶的岩浆上升至地壳较浅处或喷溢地表后才形成的，斑状结构是浅成岩或喷出岩的重要特征。石基为显晶质的结构称为似斑状结构，斑晶和石基同时形成于相同的环境，似斑状结构多见于深成岩体的边缘或浅成岩中。

一般深成岩多为全晶质等粒结构;浅成岩多为斑状结构;喷出岩多为隐晶质致密结构或斑状结构,有时为玻璃质结构。

2) 岩浆岩的构造

岩浆岩的构造是指岩石中各种矿物集合体在空间排列及充填方式上所表现出来的特征。常见的构造形式有以下几种。

块状构造 矿物在岩石中的排列无一定次序、无一定方向,不具有任何特殊形象的均匀块体,为大部分侵入岩所具有的构造。

流纹状构造 在喷出岩中由不同颜色的矿物和拉长气孔等沿一定方向排列,表现出熔岩流动的状态。常见于酸性或中酸性喷出岩中。

气孔及杏仁状构造 当熔岩喷出时,由于温度和压力骤然降低,岩浆中大量挥发性气体被包裹于冷凝的玻璃质中,气体逐渐逸出,形成各种大小和数量不同的孔洞,称气孔状构造。有的岩石气孔极多,以至岩石呈泡沫状块体,如浮石。如果孔洞中被后期次生方解石、蛋白石等矿物充填,形如杏仁则称为杏仁状构造。

3. 常见岩浆岩的类型

岩浆岩的分类方法很多,最基本的是按组成物质中的 SiO_2 含量多少将其分为酸性岩、中性岩、基性岩、超基性岩等四大类。岩浆岩通常根据它的成因、矿物成分、化学成分、结构、构造及产状等方面的综合特征分类,见表1-3。

表1-3 岩浆岩分类表

类　　型			酸性	中性	基性	超基性
SiO_2含量(%)			75~65	65~55	55~45	<45
化学成分			以 Si、Al 为主		以 Fe、Mg 为主	
颜色(色率,%)			0~30	30~60	60~90	90~100
成因	产状	矿物成分	含长石		含斜长石	不含长石
		石英>20%	石英 0~20%	极少石英	无石英
		代表岩属	云母 角闪石	黑云母 角闪石 辉石	角闪石 辉石 黑云母	橄榄石 辉石
		结构构造				
喷出岩	喷出堆积	玻璃状或碎屑状	黑耀石、浮石、火山凝灰岩、火山碎屑岩、火山玻璃			少见
	火山锥、岩流、岩被	微料、斑状、玻璃质结构,块状、气孔状、杏仁状、流纹状等构造	流纹岩	粗面岩	安山岩	玄武岩	苦橄岩
侵入岩	浅成岩	岩基、岩株、岩脉、岩床、岩盘等	半晶质、全晶质、斑状等结构,块状构造	花岗斑岩	正长斑岩	闪长玢岩	辉绿岩	橄玢岩 (少见)
	深成岩		全晶质、显晶质、粒状等结构,块状构造	花岗岩	正长岩	闪长岩	辉长岩	橄榄岩

（1）酸性岩类

在所有岩浆岩中，酸性岩类 SiO_2 含量最高，达 65% 以上。浅色矿物与暗色矿物之比为 4:1，故岩石的颜色较浅，代表岩石有以下几种：

花岗岩 属深成岩，多呈肉红色、灰白色，主要矿物为石英、正长石和酸性斜长石，次要的有黑云母和角闪石等。全晶质等粒结构，块状构造。花岗岩分布广泛，抗压强度大，质地均匀坚实，颜色美观，是优质的建材。产状多为岩基、岩株，是良好的建筑物地基。

花岗斑岩 成分与花岗岩相似，斑状结构，斑晶主要有钾长石、石英或斜长石，块状构造。

流纹岩 呈灰白色、紫红色，斑状结构，斑晶多为斜长石、石英或正长石，流纹状构造，抗压强度略低于花岗岩。

（2）中性岩类

中性岩中，SiO_2 含量为 55%～65%，浅色矿物与暗色矿物之比为 2:1，故岩石的颜色也较浅。中性岩的特点与酸性岩和基性岩都成过渡关系，所以岩石有两个分支，正长岩-粗面岩类和闪长岩-安山岩类。前者向酸性岩过渡，后者向基性岩过渡。代表岩石有以下几种：

正长岩 呈肉红色、浅灰色，全晶质等粒结构或似斑状结构，块状构造。主要矿物为正长石，次要矿物有黑云母、角闪石，含极少量石英，较易风化。极少单独产出，主要与花岗岩等共生。

正长斑岩 斑状结构，斑晶为正长石，块状构造。

粗面岩 斑状结构，斑晶为正长石，块状构造，表面具有细小孔隙，表面粗糙。

闪长岩 呈灰色或浅绿灰色，主要矿物为中性斜长石和角闪石，次要矿物有黑云母、辉石等，全晶质等粒结构，块状构造。闪长岩结构致密强度高，且具有较高的韧性和抗风化能力，可作为各种建筑物地基和建筑材料。

闪长玢岩 斑状结构，斑晶为中性斜长石，有时为角闪石，块状构造。常为灰色，如有次生变化，则多为灰绿色。岩石中常含有绿泥石、高岭石等次生矿物。

安山岩 呈灰绿色、灰紫色，斑状结构，斑晶为角闪石或基性斜长石，块状构造，有时为气孔状构造或杏仁状构造，是分布较广的中性喷出岩。

（3）基性岩类

基性岩中，SiO_2 含量为 45%～55%，浅色矿物与暗色矿物含量接近。基性岩比超基性岩分布广泛，其中喷出岩（玄武岩）远多于侵入岩。代表岩石有以下几种。

辉长岩 呈灰黑、黑色，主要矿物为基性斜长石和辉石，次要的矿物成分有橄榄石和角闪石，全晶质等粒结构，块状构造。辉长岩强度很高，抗风化能力强。

辉绿岩 呈灰绿色，辉绿结构，块状构造，强度较高，是优良的建筑材料。常含有绿泥石等次生矿物。

玄武岩 玄武岩是岩浆岩中分布较广泛的基性喷出岩，呈灰黑色、黑色，隐晶质结构或斑状结构，斑晶为橄榄石、辉石或斜长石，常见气孔状构造、杏仁状构造。玄武岩致密坚硬，性脆、强度较高，且耐酸性强，是良好的沥青类路面材料的骨料。但是多孔时强度较低，较易风化。

（4）超基性岩类

超基性岩中，SiO_2 含量小于 45%，几乎全部由暗色矿物组成，颜色深，比重大。超基性岩在地壳中分布少,以深成岩为主。代表岩石有橄榄岩和辉岩。

橄榄岩 呈橄榄绿色,全晶质中粒结构,块状构造。橄榄岩很少有新鲜的,因易形成蛇纹石和绿泥石,属深成岩。

辉岩 一般为灰绿色、灰黑色;全晶质粒状结构,块状构造。属深成岩。

4. 岩浆岩的工程地质性质

岩浆岩的特征主要取决于形成环境和矿物成分,特别是形成环境控制它的结构、构造及矿物之间的联结能力,也决定了岩石的工程地质性质。一般来说,岩浆岩的强度较高,可作为各种建筑物良好的地基及天然建筑石料,但各类岩石工程地质性质差异也应注意。

深成岩常形成岩基等大型侵入体,岩性一般较均一,以中、粗粒结构为主,致密坚硬,孔隙率小,透水性弱,抗水性强,故深成岩体常被选为理想的建筑场地。但这类岩石晶粒粗大,抗风化能力差,有些岩体风化层很厚,应注意风化程度和厚度,须采取处理措施。

浅成岩以岩床、岩墙、岩脉等状态产出,有时相互穿插。这类岩石强度各不相同,一般中细晶质和隐晶质结构的岩石颗粒较细、透水性小,强度高,抗风化能力较深成岩强。但斑状结构岩石的透水性和力学强度变化较大,特别是岩脉,这些小型侵入体穿插于不同的岩石中,与围岩接触部位岩性不均一,节理发育,岩石破碎,风化蚀变严重,透水性增大。

喷出岩由于结构和构造多种多样,产状不规则,厚度变化大,岩性很不均一,一般原生节理发育,强度和透水性相差悬殊。因此大多强度较低,透水性强,抗风化能力差。但对于节理不发育、颗粒细或呈致密状的喷出岩,则强度高,抗风化能力强,也属于良好建筑物地基,需注意的是喷出岩常覆盖在其他岩层之上。

1.3.2 沉积岩

1. 沉积岩的形成过程

在地表常温常压条件下,出露地表的各种岩石,经长期的日晒雨淋,风化破坏,就逐渐地分解,或成为岩石碎屑,或成为细粒黏土矿物,或者成为其他溶解物质,它们大部分被流水等运动介质搬运到河、湖、海洋等低洼的地方沉积下来,成为松散的堆积物。再经长期的压密、胶结、重结晶等复杂的地质过程,就形成了层状的岩石。

沉积岩广泛分布于地壳表层,占陆地面积的75%,沉积岩各处的厚度不一,最厚可超过10 km,薄者只有数十米。沉积岩是地表常见的岩石,在沉积岩中蕴藏着大量的沉积矿产,比如煤、石油、天然气等,同时各种建筑物如道路、桥梁、矿山、水坝等,几乎都以沉积岩为地基,沉积岩也是建筑材料的重要来源。

沉积岩的形成是一个长期而复杂的地质作用过程,一般可分为以下四个阶段:

(1)原岩的风化剥蚀作用

地壳表面的各种岩石长期遭受自然界的风化、剥蚀,使原来坚硬的岩石逐渐分解破碎,形成大小不同的松散物质,它们是构成新的沉积岩的主要物质来源。

(2)沉积物的搬运作用

岩石除一部分经风化、剥蚀后的产物残积原地外,大多数破碎物质受流水、风、冰川和自身重力等作用,搬运到适宜的地方。流水的机械搬运作用,使具有棱角的碎屑物质不断磨蚀,颗粒逐渐变细磨圆。溶解物质则随水溶液流入河口和湖海等。

（3）沉积物的沉积作用

当搬运能力减弱或物理化学环境改变时，携带的物质逐渐沉积下来。沉积一般可分为机械沉积、化学沉积和生物化学沉积三种。机械沉积物具有明显的分选性，如当河流由山区流向平原时，随着河床坡度的减小，水流速度变慢，上游沉积颗粒粗大，下游沉积颗粒细小，海洋中沉积的颗粒更细。碎屑物是碎屑岩的物质来源，黏土矿物是黏土岩的主要物质来源，溶解物则是化学岩的物质来源。这些呈松散状态的物质，称为沉积物或沉积层。

（4）成岩作用

松散沉积物经过下述三种成岩作用中的一种或几种作用后，形成新的坚硬、完整的岩石——沉积岩。

压实　压实即上覆沉积物的重力压固，导致下伏沉积物孔隙减少、水分挤出而变得紧密坚硬。

胶结　胶结是指其他物质充填到碎屑沉积物的粒间孔隙中，使其胶结变硬。

重结晶　重结晶是指新形成的矿物产生结晶质间的联结。

2．沉积岩的主要特征

（1）沉积岩的物质组成

沉积岩的物质成分主要来源于先成的各种原岩碎屑、造岩矿物和溶解物质。沉积岩按物质成分的成因分为以下几类：

① 碎屑物质。原岩经物理风化作用，破碎而生成的呈碎屑状态的物质。其中主要有矿物碎屑（石英、长石、白云母等）、岩石碎块、火山碎屑等。

② 黏土矿物。主要是一些原生矿物经化学风化作用所形成的次生矿物。它们是在常温常压、富含二氧化碳和水的表生环境下形成的。主要有高岭石、伊利石、蒙脱石等，这些矿物粒径小于 0.002 mm，具有很大的亲水性、可塑性及膨胀性。

③ 化学沉积矿物。由化学作用从溶液中沉淀结晶产生的沉积矿物，如方解石、白云石、石膏、铁锰的氧化物及氢氧化物等。

④ 有机质及生物残骸。由生物残骸或经有机化学变化而形成的矿物，如贝壳、珊瑚礁、泥炭及其他有机质等。

⑤ 胶结物。这些胶结物或是通过矿化水的运动带到沉积物中，或是来自原始沉积物矿物组分的溶解和再沉淀。常见的有硅质（SiO_2）、铁质（Fe_2O_3）、钙质（$CaCO_3$）、泥质（黏土矿物）等。

（2）沉积岩的结构

沉积岩的结构是指沉积岩的物质组成、颗粒大小、形状及其组合关系。沉积岩的结构随其成因不同而各具特点，主要有以下几种。

① 碎屑结构。指碎屑物被胶结物胶结而成的结构，按碎屑颗粒的粒径大小划分为三种结构：砾状结构（碎屑粒径 $d>2$ mm）；砂状结构（$d=0.074\sim2$ mm）；粉砂状结构（$d<0.074$ mm）。其中胶结物的成分不同，岩石的工程性质差异很大。硅质胶结的颜色浅，强度高；铁质胶结的颜色呈红褐色，强度较高；钙质胶结的颜色浅，强度较低，性脆，易于溶蚀；泥质胶结结构松散、强度最低，遇水易软化。

② 黏土结构（泥质结构）。它是由粒径 $d<0.002$ mm 的陆源碎屑和黏土矿物经过机械沉积而成。外观呈均匀致密的泥质状态，特点是手摸有滑感，用刀切呈平滑面，断口平坦。

③ 化学结晶结构。是由溶液中沉淀或重结晶，纯化学成因所形成的结构，它是溶液中溶质达到过饱和后逐渐积聚生成的。

④ 生物结构。岩石以大部分或全部生物遗体或碎片所组成的结构，如贝壳结构、珊瑚结构等。

（3）构造

沉积岩的构造指岩石各组成部分的空间分布和排列方式所呈现的特征。沉积岩的特点是具有层理构造；层面上的波痕、泥裂，以及岩石中的化石、结核等也是沉积岩的重要构造和鉴定特征。

① 层理构造。由于季节、沉积环境的改变使先后沉积的物质在颗粒大小、颜色和成分在垂直方向发生变化，从而显示出来的成层现象。层理分为水平层理、斜层理、交错层理和块状层理，见图 1-7。不同类型的层理反映了沉积岩形成时的古地理环境的变化。

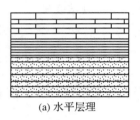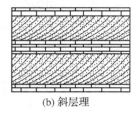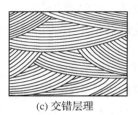

(a) 水平层理　　　　　　(b) 斜层理　　　　　　(c) 交错层理

图 1-7　层理构造类别示意图

层或岩层是组成沉积地层的基本单位，其成分、结构、构造和颜色基本均一，它是在较大区域内生成条件基本一致的情况下形成的。层与层之间的分界面叫做层面，层面反映了沉积过程中气候的变化。层根据厚度不同可分为巨厚层（大于 1 m）、厚层（0.5~1 m）、中厚层（0.1~0.5 m）、薄层（小于 0.1 m）。

② 层面构造。指未固结的沉积物，由于搬运介质的机械原因或自然条件的变化及生物活动，在层面上留下痕迹并被保存下来，如波痕、泥裂、雨痕等。

③ 层间构造。指不同厚度、不同岩性的层状岩石之间层位上发生变化的现象，层间构造有尖灭、透镜体、夹层等类型。厚度大的岩层中所夹的薄层称为夹层；岩层一端较厚，另一端逐渐变薄以至消失，这种岩层称为尖灭层；若在不大的距离内两端都尖灭，而中间较厚，称为透镜体。

④ 结核构造。在沉积岩中含有一些在成分上与围岩有明显差别的物质团块，称为结核。结核由某些物质集中凝聚而成，外形常呈球形、扁豆形及不规则形状。如石灰岩中的燧石结核，主要是 SiO_2 在沉积物沉积的同时以胶体凝聚的方式形成的。

⑤ 化石。化石是岩层中，保存着的经石化了的各种古生物遗骸和遗迹，如三叶虫、贝壳等。

3. 常见沉积岩的类型

由于沉积岩的形成过程比较复杂，目前对沉积岩的分类方法尚不统一，但是通常主要是依据岩石的成因、成分、结构、构造等方面的特征进行分类的，见表 1-4。

表 1-4　沉积岩分类简表

岩　类		结　构	岩石分类名称	主要亚类及其组成物质
碎屑岩类	火山碎屑岩类	碎屑结构	粒径＞100 mm	火山集块岩	主要由大于 100 mm 的熔岩碎块、火山灰尘等经压密胶结而成
			粒径 2～100 mm	火山角砾岩	主要由 2～100 mm 的熔岩碎屑、晶屑及其他碎屑混入物组成
			粒径＜2 mm	凝灰岩	由 50％以上粒径＜2 mm 的火山灰组成，其中有岩屑、晶屑、玻屑等细粒碎屑物质
	沉积碎屑岩类		砾状结构（粒径＞2 mm）	砾岩	角砾岩由带棱角的角砾经胶结而成，砾岩由浑圆的砾石经胶结而成
			砾质结构（粒径 0.074～2 mm）	砂岩	石英砂岩　石英（含量＞90％）、长石和岩屑（＜10％）；长石砂岩　石英（含量＜75％）、长石（＞25％）、岩屑（＜10％）；岩屑砂岩　石英（含量＜75％）、长石（＜10％）、岩屑（＞25％）
			粉砂结构（粒径 0.002～0.074 mm）	粉砂岩	主要由石英、长石及黏土矿物组成
黏土岩类		泥质结构（粒径＜0.002 mm）		泥岩	主要由高岭石、微晶高岭石及水云母等黏土矿物组成
				页岩	黏土质页岩　由黏土矿物组成；碳质页岩　由黏土矿物及有机质组成
化学及生物化学岩类		结晶结构及生物结构		石灰岩	石灰岩　方解石（含量＞90％）、黏土矿物（＜10％）；泥灰岩　方解石（含量 75％～50％）、黏土矿物（25％～50％）
				白云岩	白云岩　白云石（含量 90％～100％）、方解石（＜10％）；灰质白云岩　白云石（含量 50％～75％）、方解石（25％～50％）

（1）碎屑岩类

① 火山碎屑岩类

火山集块岩　由 50％以上粒径大于 100 mm 的火山碎块及细小的火山碎屑和火山灰充填胶结而成，集块结构，岩块坚硬。

火山角砾岩　粒径为 2～100 mm 的碎屑占 50％以上，胶结物为火山灰，火山角砾结构，块状构造。

凝灰岩　由粒径小于 2 mm 的火山灰组成，凝灰结构，密度小，易风化。

② 沉积碎屑岩类

砾岩及角砾岩 由 50％以上粒径大于 2 mm 的圆砾或角砾胶结而成，砾状结构，块状构造。硅质胶结的石英砾岩，非常坚硬，开采加工较困难，泥质胶结的则相反。

砂岩 由 50％以上粒径在 0.074～2 mm 的砂粒胶结而成，砂粒主要成分为石英、长石及岩屑等，砂状结构，层理构造。砂岩为多孔岩石，孔隙愈多，透水性和蓄水性愈好。砂岩强度主要取决于砂粒成分和胶结物的成分、胶结类型等，其抗压强度差异较大。由于多数砂岩岩性坚硬而脆，在地质构造作用下张裂隙发育，所以，常具有较强的透水性。

粉砂岩 由 50％以上粒径在 0.002～0.074 mm 的粉砂粒胶结而成的。成分主要是石英，其次白云母、长石和黏土矿物等，胶结物多为泥质，因颗粒细小，肉眼难于区分成分及胶结物。未固结的沉积物具代表性的有黄土等，粉砂质结构，层理构造，结构疏松，强度和稳定性不高。

（2）黏土岩类

泥岩 主要由黏土矿物经脱水固结而形成的，具黏土结构，层理不明显呈块状构造。固结紧密、不牢固，强度较低，一般干试样的抗压强度约在 5～30 MPa 之间，遇水易软化，强度显著降低，饱水试样的抗压强度可降低 50％左右。

页岩 主要由黏土矿物经脱水胶结而形成的，黏土结构，大部分有明显的薄层理，能沿着层理分成薄片，这种特征也称页理，富含化石。一般情况下，页岩岩性松软，易于风化呈碎片状，强度低，遇水易软化而丧失其稳定性。

（3）化学岩及生物化学岩类

最常见的是由碳酸盐组成的岩石，以石灰岩和白云岩分布最为广泛。鉴别这类岩石时，要特别注意对盐酸试剂的反应，石灰岩在常温下遇稀盐酸剧烈起泡；泥灰岩遇稀盐酸起泡后留有泥点；白云岩在常温下遇稀盐酸不起泡，但加热或研成粉末后则起泡。多数岩石结构致密，质地坚硬，强度较高。但是它具有可溶性，在水流的作用下形成溶蚀裂隙、洞穴、地下河等。

石灰岩 简称灰岩，主要由方解石组成，次要矿物有白云石、黏土矿物等。质纯者为浅色，若含有机质及杂质则色深。化学结晶结构，生物结构，块状构造。石灰岩致密、性脆，一般抗压强度较差。石灰岩分布很广，是烧制石灰和水泥的重要原材料，也是用途很广的建筑石材。但由于石灰岩属微溶于水的岩石，易形成裂隙和溶洞，对基础工程影响很大。

白云岩 主要由白云石和方解石组成，颜色灰白，略带淡黄、淡红色。化学结晶结构，块状构造，可作高级耐火材料和建筑石料。

泥灰岩 主要由方解石和黏土矿物（含量在 25％～50％）组成，化学结晶结构，块状构造，滴稀盐酸剧烈起泡，留下土状斑痕。抗压强度低，遇水易软化，可作水泥原料。

4. 沉积岩的工程地质性质

沉积岩成层分布，具有各向异性的特征，且层厚各不相同，各类沉积岩工程地质性质存在很大差异。

（1）沉积碎屑岩

沉积碎屑岩包括砾岩、砂岩、粉砂岩，工程地质性质一般较好，特征主要取决于胶结物成分、胶结类型和碎屑颗粒成分。一般粉砂岩比砂砾岩强度差；相同碎屑成分的岩石，硅质胶结则强度高。我国南方各省的红色岩层，多为钙质、泥质胶结岩石和黏土岩，遇水容易软化或溶解,筑坝需注意地基是否会沿泥化夹层滑动。

（2）黏土岩

黏土岩与页岩相似,抗压强度和抗剪强度低,受力后变形量大,浸水易软化和泥化,对建筑物地基和边坡稳定不利,但透水性小,可作为隔水层和防渗层。

（3）化学岩和生物化学岩

化学岩和生物化学岩抗水性弱,如碳酸盐类岩石具中等强度,一般能满足工程设计要求,但常存在不同形态的岩溶,成为集中渗漏通道。

1.3.3 变质岩

1. 变质岩的成因

由于构造运动和岩浆活动等使地壳中的先成岩石受到温度、压力或化学活动性流体的影响,在固体状态下发生剧烈变化后形成的新的岩石称变质岩(图1-8),形成变质岩的过程称为变质作用。

引起变质作用的因素有温度、压力及化学活动性流体。变质温度的基本来源包括地壳深处的高温、岩浆及地壳岩石断裂错动产生的高温等。引起岩石变质的压力包括上覆岩土重量引起的静压力、地壳运动或岩浆活动产生的定向压力等。化学活动性流体则是以岩浆、H_2O、CO_2 为主,还包括其他一些易挥发、易流物质的流体。

变质岩在地球表面分布面积占陆地面积的 1/5,岩石生成年代愈老,变质程度愈深,该年代岩石中变质岩比重愈大。例如前寒武纪的岩石几乎都是变质岩。

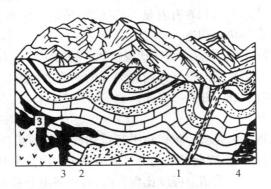

图 1-8 变质岩类型示意图

1—动力变质岩;2、3—接触变质岩;4—区域变质岩

2. 变质作用的主要类型

（1）接触变质作用（热力变质）

接触变质作用发生在侵入体接触带或其附近,主要受温度和挥发物质的影响,变质的程度随着距离侵入岩的远近而变化。接触变质带的岩石一般较破碎,裂隙发育,透水性大,强度较低。

（2）动力变质作用

指在地壳运动产生的强应力作用下,使原岩及其组成矿物发生变形、机械破碎及轻微的重结晶现象的一种变质作用。

（3）区域变质作用

指在地壳运动和岩浆活动下所引起的大范围内受温度、压力和化学活动性流体影响的一种变质作用。变质方式以重结晶、重组合为主,区域变质岩的岩性,在很大范围内是比较均匀一致的,其强度则决定了岩石本身的结构和成分等。

3. 变质岩的主要特征

（1）矿物成分

原岩经变质作用后仍保留的部分矿物称残留矿物,如石英、长石、方解石、白云石等。原岩经变质作用后出现某些具有自身特征的矿物称变质矿物,如滑石、蛇纹石、绿泥石、石榴子石等。变质矿物是鉴定变质岩的可靠依据。

（2）结构

变质岩的结构按成因可分为变晶结构、变余结构、碎裂结构。

① 变晶结构。指原岩在固态条件下,岩石中的各种矿物同时重结晶和变质结晶形成的结构,岩石中矿物重新结晶较好,基本为显晶,变质程度较深,这是变质岩中最常见的结构。按变晶矿物颗粒的形状又分为粒状变晶结构、鳞片变晶结构等。

② 变余结构。由于变质程度较低,重结晶作用不完全,仍残留原来的一些结构特征。如变余砂状结构、变余斑状结构等。这种结构在变质程度较浅的变质岩中常见。

③ 碎裂结构。在定向压力影响下,使岩石中的矿物颗粒发生弯曲、破裂、断开,甚至研磨成细小的碎屑或岩粉被胶结而成的结构。

（3）构造

变质岩的构造与岩浆岩及沉积岩有着显著的区别,是鉴定变质岩的可靠特征。变质岩的构造常见的有片理构造和块状构造。

① 片理构造。指岩石中片状、针状、柱状或板状矿物受定向压力作用重新组合,呈相互平行排列的现象。能顺着矿物定向排列方向剥裂开的面称片理面。片理面延伸不远,片理面可能是平的、弯曲的或波状的,并且平滑光亮。根据片理面特征、变质程度等特点,片理构造可进一步分为以下几种:

板状构造 又称板理。由显微片状矿物平行排列成密集的板理面。岩石结构致密,所含矿物肉眼不能分辨,板理面上有弱丝绢光泽。能沿一定方向极易分裂成均一厚度的薄板。

千枚状构造 岩石中矿物重结晶程度比板岩高,其中各组分基本已重结晶并定向排列,但结晶程度较低而使肉眼尚不能分辨矿物,仅在岩石的自然破裂面上见有较强的丝绢光泽,是由绢云母、绿泥石小鳞片造成。

片状构造 原岩经区域变质、重结晶作用,使片状、柱状、板状矿物平行排列成连续的薄片状,岩石中各组分全部重结晶,而且肉眼可以看出矿物颗粒,片理面上光泽很强。

片麻状构造 这是一种变质程度很深的构造,不同矿物（粒状、片状相间）定向排列,呈大致平行的断续条带状,沿片理面不易劈开,它们的结晶程度都比较高。

② 块状构造。岩石由粒状结晶矿物组成,结构均一,无定向排列,也不能定向裂开。如部分大理岩和石英岩。

4. 常见的变质岩类型

变质岩根据其构造特征分为片理状岩石类和块状岩石类,见表 1-5。

表 1-5 主要变质岩分类简表

岩 类	构 造	岩石名称	主要矿物成分	原 岩
片理状岩类	片麻状构造	片麻岩	石英、长石、云母、角闪石等	中、酸性岩浆岩,砂岩,粉砂岩,黏土岩
	片状构造	片岩	云母、滑石、绿泥石、石英等	黏土岩、砂岩、岩浆岩、凝灰岩
	千枚状构造	千枚岩	绢云母、绿泥石、石英等	黏土岩、粉砂岩、凝灰岩
	板状构造	板岩	黏土矿物、绢云母、绿泥石、石英等	黏土岩、黏土质粉砂岩
块状岩类	块状构造	石英岩 大理岩	以石英为主,有时含绢云母等 方解石、白云石	砂岩、硅质岩 石灰岩、白云岩

（1）片理状岩类

片麻岩 片麻状构造,粒状变晶结构,晶粒粗大。主要矿物为石英、长石,其次是云母、角闪石、辉石等。片麻岩强度较高,一般抗压强度达 120～200 MPa,可用作各种建筑材料。若云母含量增多且富集在一起时,则强度大为降低。

片岩 属中深变质岩,片理构造,鳞片状或纤维状变晶结构,常见矿物有云母、滑石、绿泥石、石英等,片岩中不含或很少含长石。根据片岩中片状矿物种类不同,又可分为云母片岩、滑石片岩等。因其片理发育,片状矿物含量高,岩石强度低,抗风化能力差,极易风化剥落,甚至发生滑塌。

千枚岩 浅变质岩,千枚状构造,变晶结构,常见矿物有绢云母、绿泥石、石英等。其原岩大部分为黏土岩,新生矿物颗粒较板岩粗大,有时部分绢云母有渐变为白云母的趋势。岩石中片状矿物形成细而薄的连续的片理,沿片理面呈定向排列,致使这类岩石具有明显的丝绢光泽。千枚岩的质地松软,强度低,易风化破碎,在荷载作用下容易产生蠕动变形和滑动破坏。

板岩 浅变质岩,板状构造,变余结构,颜色多种,其主要成分为硅质和泥质矿物组成,肉眼不易辨别,呈致密状,由黏土岩浅变质而形成的。沿劈理易于裂开成薄板状,击之发出清脆的石板声可与页岩区别。板岩透水性很弱,可作隔水层。但板岩在水的长期作用下会软化,形成软弱夹层。

（2）块状岩类

大理岩 由钙、镁碳酸盐类沉积岩变质形成,主要矿物成分为方解石、白云石,具粒状变晶结构、斑状变晶结构,块状构造。大理岩以我国云南大理市盛产优质的此种石料而得名。洁白的细粒大理岩（汉白玉）和带有各种花纹的大理岩常用作建筑材料和各种装饰石料等。大理岩岩块或岩粉与盐酸作用起泡,具有可溶性。强度随其颗粒胶结性质及颗粒大小而异,抗压强度一般为 50～120 MPa。

石英岩 由石英砂岩和硅质岩经变质而成。变质以后石英颗粒和硅质胶结物合为一体,因此,石英岩的强度和结晶程度均较原岩高。它主要由石英组成（>85%）,其次含少量白云母、长石等,一般为块状构造,呈粒状变晶结构。石英岩在区域变质作用和接触变质作用下均可形成,岩石坚硬,抗风化能力强,可作良好的建筑物地基。但因性脆,较易产生密集性裂隙,影响建筑物的稳定与安全。

5. 变质岩的工程地质性质

变质岩一般是原岩矿物在高温高压下重结晶的结果,强度比变质前增高。但是如果在变质过程中形成某些变质矿物,如滑石、绿泥石等,则强度会降低,抗风化能力变差。

(1)动力变质岩

动力变质岩性质取决于碎屑矿物的成分、粒径大小和压密胶结程度。但通常胶结的不好,孔隙、裂隙发育,强度变低,抗水性差。

(2)接触变质岩

接触变质岩强度比变质前增高,但重结晶变质程度各处不一,岩性很不均一,又因受地壳构造运动影响导致裂隙发育,加上有小岩脉穿插,岩性复杂,工程地质性质变化大。

(3)区域变质岩

区域变质岩分布范围广,厚度大,变质作用和岩性较均一,但因多为片理构造而呈各向异性。一般片理发育的板岩、千枚岩、滑石、绿泥石等岩石的工程地质性质较差;片麻岩、石英岩及大理岩致密坚硬,岩性较均一,强度高,是建筑物的良好地基。

任务 1.4 岩石的工程地质性质与工程分类的认知

岩石不仅是地质、地貌、地质构造的基础,而且还是人类工程建筑物的载体和原料,它的工程性质对建筑物有极大的影响。过去常将岩石和岩体统称岩石,实际上从工程地质观点看,岩石是矿物的集合体,而岩体则是由岩石所组成的,并在后期经历了不同性质的构造运动的改造、被各种结构面分割后的综合地质体。就大多数的工程地质问题而言,岩体的工程地质性质,主要决定于岩体内部裂隙系统的性质及其分布情况,但是岩石本身的性质起着重要的作用。不同的岩石具有不同的工程性质,同一岩石由于外部影响条件不同,工程性质也不一样。

岩石的工程地质性质包括岩石的物理性质、水理性质及力学性质三个主要方面。这里主要介绍有关岩石工程地质性质的一些常用指标和岩石工程分类。

1.4.1 岩石的物理性质

岩石的物理性质是由岩石结构中矿物颗粒的排列形式及颗粒间孔隙的连通情况所反映出来的特性。孔隙中有水或气,或二者皆有,岩石的物理性质决定于岩石的固相、液相和气相三者的比例关系,它是评价岩基承载力、计算边坡稳定系数、选配建筑材料所必须测试的指标。通常从岩石的相对密度、重度和孔隙性三个方面来分析。

1. 岩石的相对密度

指岩石固体部分的质量与同体积 4℃ 水的质量比值。岩石相对密度大小取决于组成岩石矿物的相对密度及其在岩石中的相对含量,如超基性、基性岩含铁镁矿物较多,其相对密度较大,酸性岩相反。岩石的相对密度介于 2.50~3.30 之间,测定其数值常采用比重瓶法。

2. 岩石的重度

岩石的重度是指单位体积岩石的重量。决定于组成岩石的矿物成分、孔隙性及含水情况,常介于 $(2.30\sim3.10)\times10^{-2}$ N/cm³ 之间。

3. 岩石的孔隙性

岩石是含有较多缺陷的多晶材料,因此具有相对较多的孔隙。同时,由于岩石经受过多种地质作用,还发育有各种成因的裂隙,如原生裂隙、风化裂隙及构造裂隙等。所以,岩石的孔隙性比土复杂得多,即除了孔隙外,还有各类裂隙存在。另外,岩石中的孔隙有些部分往往是互不连通的,而且与大气也不相通。因此,岩石中的孔隙有开型孔隙和闭孔隙之分。开型孔隙按其开启程度又有大小开型孔隙之分。岩石中孔隙、裂隙大小、多少及其连通情况等,对岩石的强度及透水性有着重要的影响,用孔隙率表示。

岩石孔隙率的大小主要取决岩石的结构和构造,同时也受到外力因素的影响。由于岩石中孔隙、裂隙发育程度变化很大,其孔隙率的变化也很大。随着孔隙率的增大,透水性增大,岩石的强度降低,削弱了岩石的整体性,同时又加快了风化的速度,使孔隙又不断扩大。

1.4.2 岩石的水理性质

岩石的水理性质指岩石和水相互作用时所表现的性质,包括吸水性、透水性、软化性和抗冻性。

1. 岩石的吸水性

岩石在一定试验条件下的吸水性能称岩石吸水性。它取决于岩石孔隙数量、大小、开闭程度、连通与否等情况。表征岩石吸水性的指标有吸水率、饱水率和饱水系数等。

吸水率指岩石试件在常压下(1 标准大气压,即 101.325 kPa)所吸入水分的质量 m_{w_1} 与干燥岩石质量 m_s 的比值。

饱水率指岩石试件在高压或真空条件下所吸水分的质量 m_{w_2} 与干燥岩石质量 m_s 的比值。

饱水系数指岩石吸水率与饱水率的比值。饱水系数反映了岩石大开型孔隙与小开型孔隙之相对数量,饱水系数愈大,表明岩石的吸水能力愈强,受水作用愈加显著。一般认为饱水系数 $Kw<0.8$ 的岩石抗冻性较高,一般岩石饱水系数在 $0.5\sim0.8$ 之间。

2. 岩石的透水性

岩石允许水通过的能力称岩石透水性。它主要决定于岩石孔隙的大小、数量、方向及其相互连通的情况。岩石的透水性用渗透系数表示。

3. 岩石的软化性

岩石受水的浸泡作用后,其力学强度和稳定性趋于降低的性能,称岩石的软化性。软化性的大小取决于岩石的孔隙性、矿物成分及岩石结构、构造等因素。凡孔隙大,含亲水性或可溶性矿物多,吸水率高的岩石,受水浸泡后,岩石内部颗粒间的联结强度降低,导致岩石软化。岩石软化性大小常用软化系数来衡量。

软化系数指岩石饱水状态下的抗压强度与干燥状态下的抗压强度之比,是判定岩石耐风化、耐水浸能力的指标之一。软化系数值愈大,则岩石的软化性愈小。当 $\eta>0.75$ 时,岩石工程地质性质比较好。

4. 岩石的抗冻性

岩石抵抗冻融破坏的性能称岩石的抗冻性。由于岩石浸水后,当温度降到 0℃ 以下时,其孔隙中的水将冻结,体积膨胀,产生较大的膨胀压力,使岩石的结构和构造发生改变,直到破坏。反复冻融后,将使岩石的强度降低。可用强度损失率和质量损失率表示岩石的抗冻性。

强度损失率指饱和岩石在一定负温度(-25℃)条件下,冻融 10~25 次,冻融前后饱和岩样抗压强度之差值与冻融前饱和抗压强度的比值。

质量损失率指在上述条件下,冻融试验前后干试件的质量差与试验前干试件质量的比值。强度损失率和质量损失率的大小主要取决于岩石开型孔隙发育程度、亲水性和可溶性矿物含量及矿物颗粒间联结强度。一般认为,强度损失率小于 25% 或质量损失率小于 2% 时岩石是抗冻的。此外,$w_1 < 0.5\%$,$\eta > 0.75$ 的岩石一般为抗冻岩石。

现将常见岩石的物理性质和水理性质的有关指标列于表 1-6 中。

表 1-6　常见岩石的物理性质和水理性质指标

岩石名称	相对密度	天然密度 (mg/cm³)	孔隙率(%)	吸水率(%)	软化系数
花岗岩	2.50~2.84	2.30~2.80	0.04~2.80	0.10~0.70	0.75~0.97
闪长岩	2.60~3.10	2.52~2.96	0.25 左右	0.30~0.38	0.60~0.84
辉长岩	2.70~3.20	2.55~2.98	0.29~0.13		0.44~0.90
辉绿岩	2.60~3.10	2.53~2.97	0.29~1.13	0.80~5.00	0.44~0.90
玄武岩	2.60~3.30	2.54~3.10	1.28	0.30	0.71~0.92
砂岩	2.50~2.75	2.20~2.70	1.60~28.30	0.20~7.00	0.44~0.97
页岩	2.57~2.77	2.30~2.62	0.40~10.00	0.51~1.44	0.24~0.55
泥灰岩	2.70~2.75	2.45~2.65	0~10.00	1.00~3.00	0.44~0.54
石灰岩	2.48~2.76	2.30~2.70	0.53~27.00	0.10~4.45	0.58~0.94
片麻岩	2.63~3.01	2.60~3.00	0.30~2.40	0.10~3.20	0.91~0.97
片岩	2.75~3.02	2.69~2.92	0.02~1.85	0.10~0.20	0.49~0.80
板岩	2.84~2.86	2.70~2.87	0.45	0.10~0.30	0.52~0.82
大理岩	2.70~2.87	2.63~2.75	0.10~6.00	0.10~0.80	
石英岩	2.63~2.84	2.60~2.80	0~8.70	0.10~1.45	0.96

1.4.3　岩石的力学性质

岩石的力学性质指岩石在各种静力、动力作用下所表现的性质,主要包括变形和强度。岩石在外力作用下首先是变形,当外力继续增加,达到或超过某一极限时,便开始破坏。岩石的变形与破坏是岩石受力后发生变化的两个阶段。

岩石抵抗外荷作用而不破坏的能力称岩石强度,荷载过大并超过岩石能承受的能力时,便造成破坏,岩石开始破坏时所能承受的极限荷载称为岩石的极限强度,简称为强度。

按外力作用方式不同将岩石强度分为抗压强度、抗拉强度和抗剪强度。

1. 抗压强度

岩石单向受压时,抵抗压碎破坏的最大轴向压应力称为岩石的极限抗压强度,简称抗压强度(R)。

抗压强度通常在室内用压力机对岩样进行加压试验确定。目前试件多采用立方体或圆柱体(尺寸:5 cm×5 cm×5 cm,10 cm×10 cm×10 cm)。抗压强度的主要影响因素有:岩石的矿物成分、颗粒大小、结构、构造,岩石的风化程度,试验条件等。

2. 抗拉强度

岩石在单向拉伸破坏时的最大拉应力,称为抗拉强度(σ_L)。

抗拉强度试验一般有轴向拉伸法和劈裂法,实际常利用其与抗压强度关系间接确定。抗拉强度主要决定于岩石中矿物组成之间的黏聚力的大小。由于岩石的抗拉强度很小,所以当岩层受到挤压形成褶皱时,常在弯曲变形较大的部位受拉破坏,产生张性裂隙。

3. 抗剪断强度(τ)

是指岩石在一定的压力条件下,被剪破时的极限剪切应力值。根据岩石受剪时的条件不同,通常把抗剪切强度分为以下三种类型。

(1)抗剪断强度。是指在岩石剪断面上有一定垂直压应力作用,被剪断时的最大剪应力值。

(2)抗剪强度。是指沿已有的破裂面剪切滑动时的最大剪切力,测试该指标的目的在于求出抗剪系数值,为坝基、桥基、隧道等基底滑动和稳定验算提供试验数据。

(3)抗切强度。是指压应力等于零时的抗剪断强度,它是测定岩石黏聚力的一种方法。

表 1-7　常见岩石的抗压、抗剪及抗拉强度(MPa)

岩石名称	抗压强度	抗剪强度	抗拉强度
花岗岩	100~250	14~50	7~25
闪长岩	150~300		15~30
辉长岩	150~300		15~30
玄武岩	150~300	20~60	10~30
砂岩	20~170	8~40	4~25
页岩	5~100	3~30	2~10
石灰岩	30~250	10~50	5~25
白云岩	30~250		15~25
片麻岩	50~200		5~20
板岩	100~200	15~30	7~20
大理岩	100~250		7~20
石英岩	150~300	20~60	10~30

1.4.4　影响岩石工程性质的因素

从岩石工程性质的介绍中可以看出,影响岩石工程性质的因素是多方面的,但归纳起来,主要的有两个方面:一是岩石的地质特征,如岩石的矿物成分、结构、构造及成因等;另一个是岩石形成后所受外部因素的影响,如水的作用及风化作用等。

1. 矿物成分

岩石是由矿物组成的,岩石的矿物成分对岩石的物理力学性质产生直接的影响。例如辉长岩的比重比花岗岩大,这是因为辉长岩随主要矿物成分辉石和角闪石的比重比石英和正长石大的缘故。又比如石英岩的抗压强度比大理岩要高得多,这是因为石英的强度比大理石高的缘故。这说明,尽管岩类相同,结构和构造也相同,如果矿物成分不同,岩石的物理力学性质会有明显的差别。但也不能简单地认为,含有高强度矿物的岩石,其强度一定就高。因为当岩石受力作用后,内部应力是通过矿物颗粒的直接接触来传递的,如果强度较高的矿物在岩石中互不接触,则应力的传递必然会受到中间低强度矿物的影响,岩石不一定就能显示出高的强度。因此,只有在矿物分布均匀,高强度矿物的岩石的结构中形成牢固的骨架时,才能起到增高岩石强度的作用。

从工程要求来看,岩石的强度相对来说都是比较高的。所以在对岩石的工程性质进行分析和评价时,我们更应该注意那些可能降低岩石强度的因素。如花岗岩中的黑云母含量是否过高,石灰岩、砂岩中黏土类矿物的含量是否过高等。因为黑云母是硅酸盐类矿物中硬度低、解理最发育的矿物之一,它一则容易遭受风化而剥落,同时也易于发生次生变化,最后成为强度较低的铁的氧化物和黏土类矿物。石灰岩和砂岩当黏土类矿物的含量大于20%时,就会直接降低岩石的强度和稳定性。

2. 结构

岩石的结构特征,是影响岩石物理力学性质的一个重要因素。根据岩石的结构特征,可将岩石分为两类:一类是结晶联结的岩石,如大部分的岩浆岩、变质岩和一部分沉积岩;另一类是由胶结物联结的岩石,如沉积岩中的碎屑岩等。

结晶联结是由岩浆或溶液中结晶或重结晶形成的。矿物的结晶颗粒靠直接接触产生的力牢固地固结在一起,结合力强,空隙度小,结构致密、容重大、吸水率变化范围小,比胶结联结的岩石具有较高的强度和稳定性。但就结晶联结来说,结晶颗粒的大小则对岩石的强度有明显影响。如粗粒花岗岩的抗压强度,一般在 $118 \sim 137$ MPa 之间,而细粒花岗岩有的则可达 $196 \sim 245$ MPa。又如大理岩的抗压强度一般在 $79 \sim 118$ MPa 之间,而最坚固的石灰岩则可达 196 MPa 左右,有的甚至可达 255 MPa。矿物成分和结构类型相同的岩石,矿物结晶颗粒的大小对强度的影响是显著的。

胶结联结是矿物碎屑结构物联结在一起的。胶结联结的岩石,其强度和稳定性主要决定于胶结物的成分和胶结的形式,同时也受碎屑成分的影响,变化很大。就胶结物的成分来说,硅质胶结的强度和稳定性高,泥质胶结的强度和稳定性低,钙质和铁质胶结的介于两者之间。如泥质砂岩的抗压强度,一般只有 $59 \sim 79$ MPa,钙质胶结的可达 118 MPa,而硅质胶结的则可达 137 MPa,高的甚至可达 206 MPa。

胶结联结的形式,有基底胶结、孔隙胶结和接触胶结三种(图 $1-9$)。肉眼不易分辨,但对岩石的强度有重要影响。基底胶结的碎屑物质散布于胶结物中,碎屑颗粒互不接触,所以基底胶结的岩石孔隙度小,强度和稳定性完全取决于胶结物的成分。当胶结物和碎屑的性质相同时(如硅质),经重结晶作用可以转化为结晶联结,强度和稳定性将会随之增高。空隙联结的碎屑颗粒互相间直接接触,胶结物充填于碎屑间的孔隙中,所以其强度与碎屑和胶结物的成分都有关系。接触胶结则仅在碎屑的相互接触处有胶结物联结,所以接触胶结的岩石,一般孔隙度都比较大、重度小、吸水率高、强度低、易透水。如果胶结物为泥质,与水作用则容易软化而降低岩石的强度和稳定性。

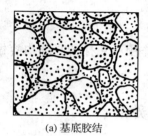 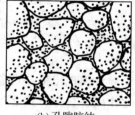 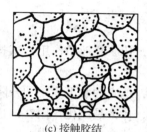

(a) 基底胶结　　　　　　　(b) 孔隙胶结　　　　　　　(c) 接触胶结

图 1-9 胶结联结的三种形式

3. 构造

构造对岩石物理力学性质的影响,主要是由矿物成分在岩石中分布的不均匀性,和岩石结构的不连续性所决定的。前者如某些岩石所具的片状构造、板状构造、千枚状构造、片麻状构造以及流纹状构造等。岩石的构造,往往使矿物成分在岩石中的分布极不均匀。一些强度低、易风化的矿物,多沿一定方向富集,或呈条带状分布,或者成为局部的聚集体,从而使岩石的物理力学性质在局部发生很大变化。观察和实验证明,岩石受力破坏和岩石遭受风化,首先都是从岩石的这些缺陷中开始发生的。另外,不同的矿物成分虽然在岩石中的分布是均匀的,但由于存在着层理、裂隙和各种成因的孔隙,致使岩石结构的连续性与整体性受到一定程度的影响,从而使岩石的强度和透水性在不同的方向上发生明显的差异。一般来说,垂直层面的抗压强度大于平行层面的抗压强度,平行层面的透水性大于垂直层面的透水性。假如上述两种情况同时存在,则岩石的强度和稳定性将会明显降低。

4. 水

岩石被水饱和后会使岩石的强度降低,这已为大量的实验资料所证实。当岩石受到水的作用时,水就沿着岩石中可见和不可见的孔隙、裂隙浸入。浸湿岩石全部自由表面上的矿物颗粒,并继续沿着矿物颗粒间的接触面向深部浸入,削弱矿物颗粒间的联结,结果使岩石的强度受到影响。如石灰岩和砂岩被水饱和后其极限抗压强度会降低 25% ～45% 左右。就是像花岗岩、闪长岩及石英岩等一类的岩石,被水饱和后,其强度也均有一定程度的降低。降低程度在很大程度上取决于岩石的孔隙度。当其他条件相同时,孔隙度大的岩石,被水饱和后其强度降低的幅度也大。

与上述的几种影响因素相比,水对岩石强度的影响,在一定程度内是可逆的,当岩石干燥后其强度仍然可以得到恢复。但是如果发生干湿循环,化学溶解或使岩石的结构状态发生改变,则岩石强度的降低,就转化成为不可逆的过程了。

5. 风化

风化,是在温度、水、气体及生物等综合因素影响下,改变岩石状态、性质的物理化学过程。它是自然界最普遍的一种地质现象。风化作用促使岩石的原有裂隙进一步扩大,并产生新的风化裂隙,使岩石矿物颗粒间的联结松散和使矿物颗粒沿解理面崩解。风化作用的这种物理过程,能促使岩石的结构、构造和整体性遭到破坏,孔隙度增大,重度减小,吸水性和透水性显著增高,强度和稳定性将大为降低。随着化学过程的加强,则会引起岩石中的某些矿物发生次生变化,从根本上改变岩石原有的工程性质。

复习思考题

1. 什么是地质作用？试按能源不同，对内、外力地质作用所包括的具体内容做简要说明。

2. 地壳的水平运动和升降运动通常表现出哪些现象？

3. 什么是风化作用？试述风化作用各具体方式之间的关系。

4. 什么是矿物和岩石？

5. 矿物的主要物理性质有哪些？

6. 依次熟记"标准硬度计"的代表矿物，在野外怎样鉴别矿物的硬度？

7. 怎样区分石英和方解石、正长石和斜长石、方解石和白云石？

8. 为什么说岩浆岩的结构特征是其生成环境的综合反映？

9. 简述沉积岩的形成过程。

10. 沉积岩区别于岩浆岩的重要特征有哪些？为什么？

11. 分析变质岩在其矿物成分和结构上有何特性？

12. 试说明三大岩类常见岩石的类型和主要的工程地质性质。

13. 表征岩石物理性质的指标有哪些？

14. 什么叫岩石的软化性？研究它有何意义？

项目2 地质构造的认知

地壳分成许多刚性的板块,这些板块在不停地相对运动,从而引起海陆变迁,产生各种地质构造,形成山脉、高原、平原、丘陵、盆地等基本构造形态。

地质构造的规模,有大有小,但都是地壳运动的产物,是地壳运动在地层和岩体中所造成的永久变形。这些地质构造的形成,经历了长期复杂的地质过程,是地质历史的产物。地质构造大大改变了岩层和岩体原来的工程地质性质,褶皱和断裂使岩层或岩体产生弯曲、破裂和错动,破坏了岩层或岩体的完整性,降低了其稳定性,增大了其渗透性,使工程建筑的地质环境复杂化。因此,学习并了解地质构造的基本知识,对各类土木工程建筑的规划、设计、施工及正常使用,都具有重要的实际意义。

任务2.1 地质年代的认知

地壳发展演变的历史叫作地质历史,简称地史。据科学推算,地球的年龄至少有45.5亿年。在这漫长的地质历史中,地壳经历了许多强烈的构造运动、岩浆活动、海陆变迁、剥蚀和沉积作用等各种地质事件,形成了不同的地质体。因此,查明地质事件发生或地质体形成的时代和先后顺序是十分重要的。了解一个地区的地质构造、地层的相互关系,以及阅读地质资料和地质图件时,必须具备地质年代的知识。

2.1.1 地层的地质年代

由两个平行或近于平行的界面(岩层面)所限制的同一岩性组成的层状岩石,称为岩层。在地质学中,把某一地质时期形成的一套岩层及其上覆堆积物统称为那个时代的地层。地层和岩层不同,地层具有时代的新老概念,地层的上下或新老关系称为地层层序。要研究地层的层序,就要确定地层的地质年代。

确定地层的地质年代有两种方法:一种是绝对地质年代,用距今多少年以前来表示,是通过测定岩石样品所含放射性元素确定的;另一种是相对地质年代,指地质事件发生的先后顺序,是由该岩石地层单位与相邻已知岩石地层单位的相对层位的关系来决定的。在地质工作中,一般以相对地质年代为主。

2.1.2 地层的相对地质年代

确定地层相对年代即判别地层的相对新老关系,可以通过层序、岩性、接触关系和古生物化石来确定,确定的依据包括以下几个方面。

1. 生物演化律

在地质年代的每一个阶段中,都发育有其生物群。按照生物演化的规律,从古到今,生物总是由低级到高级、由简单到复杂而逐步发展的。伴随着地壳发展演变的阶段性和周期性,生物物种也发生着相应的变化。因此,在不同地质年代沉积的岩层中,都会有不同特征的古生物化石。可以利用一些演化较快、存在时间短、分布较广泛、特征较明显的,尤其是对地质年代有决定意义的标准化石,作为划分地层相对地质年代的依据。

2. 地层层序律

沉积岩在形成过程中,下面的总是先沉积的地层,上覆的总是后沉积的地层,即上新下老,形成自然的层序。若这种自然层序没有被褶皱或断层打乱,那么岩层的相对地质年代可以由其在层序中的位置来确定(图 2-1);若在构造变动复杂的地区,岩层自然层位发生了变化,就难以直接通过层序来确定相对地质年代(图 2-2)。

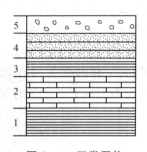 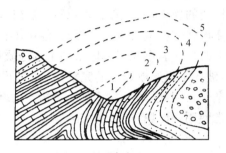

图 2-1 正常层位
1~5 岩层由老到新

图 2-2 变动层位
1~5 为地层形成的先后顺序

3. 标准地层对比法

通常情况下,一定区域同一时期形成的岩层,其岩性特点应是一致或近似的。可以以岩石的组成、结构、构造等岩性特点及层序特征作为岩层对比的基础。但此方法具有一定的局限性和不可靠性。

4. 地质体之间的接触关系

岩浆岩和变质岩中无化石,就无法使用生物演化律来确定岩层的新老关系。地质历史上,地壳运动和岩浆活动,往往可使不同岩层之间、岩层和侵入体之间、侵入体和侵入体之间互相接触。可以利用这种接触关系来确定不同岩系形成的先后顺序。沉积岩之间的接触关系有整合接触、平行不整合接触和角度不整合接触三种接触关系;岩浆岩和沉积岩之间的接触关系有沉积接触和侵入接触。

沉积岩的接触关系如图 2-3 所示。

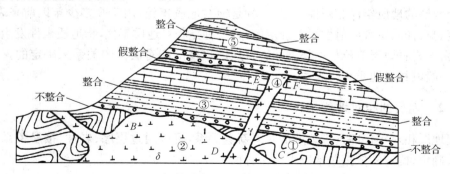

图 2-3 岩层接触关系剖面示意图

BA、EF—沉积接触;AC、DE—侵入接触;δ—闪长岩体;γ—花岗岩脉

（1）整合接触

一个地区在持续稳定的沉积环境下，地层依次沉积，各地层之间相互平行，地层间的这种连续、平行的接触关系称为整合接触。其特点是：沉积时间连续，上、下岩层产状基本一致。

（2）不整合接触

在很多沉积岩序列里，不是所有的原始沉积物都能保存下来。地壳上升可以形成侵蚀面，然后下降又被新的沉积物所覆盖，这种埋藏的侵蚀面称为不整合面。上下岩层之间具有埋藏侵蚀面的这种接触关系称为不整合接触。不整合接触面以下的岩层先沉积，年代较老，不整合面以上的岩层后沉积，年代较新。由于发生了阶段性的变化，不整合接触面上下的岩层，在岩性及古生物等方面往往都有显著不同。因此，不整合接触就成为划分地层相对地质年代的一个重要依据。不整合接触又可分为平行不整合接触和角度不整合接触。

平行不整合接触　平行不整合接触又叫假整合接触，上下地层虽然平行，但它们之间发生了较长时间的沉积间断，期间缺失了部分时代的地层，所以上下地层中间有明显的高低不平的侵蚀面。

角度不整合接触　上下地层之间有明显沉积间断，并以一定角度相接触，不整合面上往往保存着底砾岩和古风化痕迹。角度不整合接触是由于较老的地层形成以后，因强烈的构造运动使原来的水平沉积地层倾斜并隆起，遭受剥蚀，发生沉积间断，然后，地壳再下降，在剥蚀面上接受沉积，形成新地层。

（3）侵入接触

侵入接触指岩浆侵入到先形成的沉积岩层之中而形成的接触关系。侵入接触的主要标志是侵入体与围岩之间的接触带有接触变质现象；侵入体与围岩的界线常常很不规则。这说明岩浆侵入体比发生变质的沉积岩层形成的地质年代晚（图2-3）。

（4）沉积接触

沉积岩覆盖于侵入体之上，其间存在着剥蚀面，剥蚀面上有侵入体被风化剥蚀形成的碎屑物，见图2-3。沉积接触的形成过程是当侵入体形成之后，地壳上升遭受长期风化剥蚀，形成侵蚀面，然后地壳下降，在剥蚀面接受新的沉积，形成新的地层。这说明岩浆岩比沉积岩形成的地质年代早。

（5）穿插关系

如图2-4所示，穿插的岩浆岩侵入体（如岩株、岩脉和岩基等）的形成年代，总是比被它们所侵入的最新岩层还要年轻，而比不整合覆盖在它上面的最老岩层要老。若两个侵入岩接触，岩浆侵入岩的相对地质年代，亦可由穿插关系确定，一般是年轻的侵入岩脉穿过较老的侵入岩。

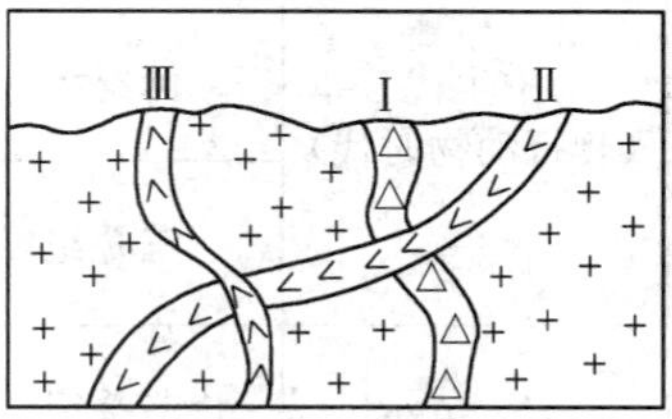

图2-4　岩脉穿插关系

2.1.3　地质年代表

1. 地质年代单位和地层单位

在地壳漫长的演化过程中，地壳发生构造运动，为了适者生存，各种生物也随之演变。根据地壳运动和生物演变等特征可以把地质历史划分为许多大小不同的年代单位。地质年代是指一个地层单位的形成时代或年代，在不同地质时代相应地形成不同的地层，故地层是地壳在各地质时代里变化的真实记录。

地质学家们根据几次大的地壳运动和生物界大的演变,把地质历史划分为五个"代",每个代又分为若干"纪",纪内因生物发展及地质情况不同,又进一步划分为若干"世"和"期",以及一些更细的段落,这些统称为地质年代单位。相应于代、纪、世、期这些时期里形成的地层,界、系、统、阶分别为它们的地层单位。例如古生代代表时间单位,古生界则表示古生代所沉积的地层。

2. 地质年代表

19世纪以来,人们在实践中逐步进行了地层的划分和对比工作,把地质年代单位和地层单位从老到新按顺序排列,形成了目前国际上大致通用的地质年代表,见表2-1。地质年代表反映了地壳历史阶段的划分和生物演化的发展阶段。

确定和了解地层的时代,在工程地质工作中是很重要的。同一时代的岩层常有共同的工程地质特性,因此在分析地质构造时,必须首先查明地层的时代关系。如在四川盆地广泛分布的侏罗系和白垩系地层,因含有多层易遇水泥化的黏土岩,致使凡是这个时代地层分布的地区滑坡现象都很常见。但是不同时代形成的相同名称的岩层,往往岩性也有所区别。

表2-1 地质年代表

年代单位			年代符号	各纪年数(百万年)	距今年数(百万年)	主要现象
新生代(哺乳类动物时代)	第四纪	全新世	Qh	1	0.025	
		更新世	Qp		1	冰川广布,黄土生成
	晚第三纪	上新世	N2	62	12	西部造山运动,东部低平,湖泊广布
		中新世	N1			
	早第三纪	渐新世	E3		26	哺乳类分化
		始新世	E2		38	蔬果繁盛,哺乳类急速发展
		古新世	E1		58	(我国尚无古新世地层发现)
中生代(爬行动物时代)	白垩纪		K	43	127	造山作用强烈,火成岩活动矿产生成
	侏罗纪		J	45	152	恐龙极盛,中国南山俱成,大陆煤田生成
	三叠纪		T	36	182	中国南部最后一次海侵,恐龙哺乳类发育
上古生代(两栖动物与造煤植物时代)	二叠纪		P	38	203	世界冰川广布,新南最大海侵,造山作用强烈
	石炭纪		C	52	255	气候温热,煤田生成,爬行类昆虫发生,地形低平,珊瑚礁发育
中古生代(鱼类时代)	泥盆纪		D	36	313	森林发育,腕足类鱼类极盛,两栖类发育
	志留纪		S	50	350	珊瑚礁发育,气候局部干燥,造山运动强烈

年代单位			年代符号	各纪年数（百万年）	距今年数（百万年）	主要现象
下古生代（无脊椎动物时代）		奥陶纪	O	34	430	地热低平，海水广布，无脊椎动物极繁，末期华北升起
		寒武纪	∈	88	510	浅海广布，生物开始大量发展
隐生代	上元古代	震旦纪	Sn			地形不平，冰川广布，晚期海侵加广
	下元古代	前震旦纪	滹沱			沉积深厚造山变质强烈，火成岩活动矿产生成
	太古代		五台			早期基性喷发，继以造山作用，变质强烈，花岗岩侵入
地壳局部变动大陆开始形成			泰山		1980（最古矿物）约3350	

任务 2.2　地质构造的认知

地质构造是地壳运动的产物，是指岩层或岩体在地壳运动中，构造应力长期作用使之发生永久性变形变位的现象，例如褶曲与断层等。地质构造的规模有大有小，大的褶皱带如内蒙古—大兴安岭褶皱系、喜马拉雅褶皱系、松潘甘孜褶皱系等；小的只有几厘米，甚至要在显微镜下才能看得见。如片理构造、微型褶皱等。在本节将介绍野外地质工作中常见的层状岩石表现的一些地质构造现象，如水平构造、单斜构造、褶皱构造和断裂构造等。

2.2.1　岩层产状及其测定方法

各种地质构造无论其形态多么复杂，它们总是由一定数量和一定空间位置的岩层或岩石中的破裂面构成的。因此，研究地质构造的一个基本内容，就是确定这些岩层及破裂面的空间位置以及它们在地面上表现的特点。

1. 岩层的产状

岩层的产状指岩层在空间的展布状态。为了确定倾斜岩层的空间位置，通常要测量岩层的产状要素——走向、倾向和倾角（图 2-5）。

走向　岩层层面与假想水平面交线的水平延伸方向称为岩层的走向。岩层的走向用方位角表示，因此，同一岩层的走向可用两个方位角数值表示，指示该岩层在水平面上的两个延伸方向，相差 180°。

倾向　倾向指岩层倾斜的方向。垂直于走向线且沿岩层倾斜方向所引的直线称为倾斜线，此倾斜线在水平面的投影线所指的方位，称

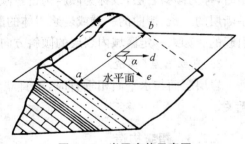

图 2-5　岩层产状示意图

ab—走向线；*cd*—倾向；*ce*—倾斜线；*α*—倾角

岩层的倾向。倾向方位角与走向方位角相差 90°。

倾角 岩层层面与水平面所夹的锐角,即岩层的倾角,它表示岩层在空间倾斜角度的大小。

2. 岩层产状的野外测定及表示法

岩层产状要素在野外通常使用地质罗盘来测量。测量走向时,使罗盘的长边(即南北边)紧贴层面,将罗盘放平,水准泡居中,读指北针所示的方位角,就是岩层的走向。测量倾向时,将罗盘的短边紧贴层面,水准泡居中,读指北针所示的方位角,就是岩层的倾向。由于岩层的倾向只有一个,所以在测岩层的倾向时,要注意将罗盘的北端朝向岩层的倾斜方向。测倾角时,需将罗盘横着竖起来,使长边与岩层的走向垂直,紧贴层面,待倾斜器上的水准泡居中后,读取悬锤所示的角度,即倾角。

记录和描述岩层产状时,岩层产状要素用规定的文字和符号表示,一般用"倾向∠倾角"的样式来表述。例如某岩层产状为一组走向:北西 300°,倾向:南西 210°,倾角:37°,该岩层产状记录为:210°∠37°。

在地质图上,岩层的产状用"⊢α"表示。长线表示岩层的走向,与长线相垂直的短线表示岩层的倾向,数字 α 表示岩层的倾角。后面即将讲到的褶曲的轴面、裂隙面和断层面等,其产状意义、测量方法和表达形式与岩层相同。

2.2.2 水平岩层和倾斜岩层

由于形成岩层的地质作用、形成时的环境和形成后所受的构造运动的影响不同,岩层在地壳中的空间方位也各不一样,主要有水平岩层、倾斜岩层和直立岩层三种情况。

1. 水平岩层(构造)

一个地区出露的岩层产状基本是水平的,或近于水平的称为水平岩层。沉积岩的原始产状大部分都是水平的(倾角小于 5°)。对于水平岩层,一般岩层时代越老,出露位置越低;越新,则分布的位置越高。水平岩层在地面上的露头宽度及形状主要与地形特征和岩层厚度有关。

2. 倾斜岩层(构造)

水平岩层受地壳运动的影响后发生倾斜,使岩层层面和大地水平面之间具有一定的夹角时,称为倾斜岩层,或称为倾斜构造。倾斜构造是层状岩层中最常见的一种产状,它可以是断层的一盘、褶曲的一翼或岩浆岩体的围岩,也可能是因岩层受到不均匀的上升或下降所引起的。如果一定区域内岩层的倾斜方向与倾角基本一致,则称为单斜构造。

3. 直立岩层(构造)

岩层层面与水平面相垂直时,称直立岩层。其露头宽度与岩层厚度相等,与地形特征无关。

2.2.3 褶皱构造

岩层受构造应力的强烈作用后,形成波状弯曲而未丧失其连续性的构造,称为褶皱构造。褶皱构造的一个弯曲,叫褶曲,是褶皱构造的基本单位。褶皱的产状、形态、类型、成因及分布特点,不同程度地影响着水文地质及工程地质条件。

1. 褶曲的形态要素

褶曲包括核部、翼部、轴面、轴及枢纽等几个组成部分,一般称为褶曲要素(图 2-6),用来表示褶曲在空间的形态特征。

核部　褶曲中心部位的岩层。

翼部　位于核部两侧向不同方向倾斜的部分。

轴面　从褶曲顶平分两翼的假想面。它可以是平面,亦可以是曲面;它可以是直立的、倾斜的或近似于水平的。

轴　轴面与水平面的交线。轴的长度,表示褶曲延伸的规模。

枢纽　轴面与褶曲同一岩层层面的交线,称为褶曲的枢纽。它有水平的,倾伏的,也有波状起伏的。

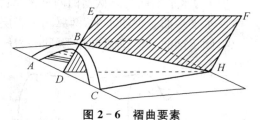

图 2-6　褶曲要素

ABH 、CBH—翼部;$DEFH$—轴面;DH—轴;BH—枢纽;4.ABC 所包固的内部岩层—核部

2. 褶曲的基本形态

褶曲的基本类型有两种:向斜和背斜(图 2-7)。

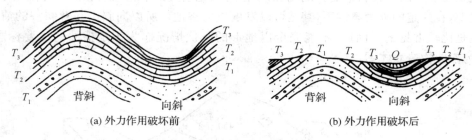

(a) 外力作用破坏前　　　　　　(b) 外力作用破坏后

图 2-7　褶曲基本形态示意图

背斜　是岩层向上拱起的弯曲形态,经风化、剥蚀后露出地面的地层,分别向两侧成对称出现,其中心部位(即核部)岩层较老,翼部岩层较新,呈相背倾斜。

向斜　是岩层向下凹的弯曲形态,经风化、剥蚀后露出地面的地层,分别向两侧成对称出现,其核部岩层较新,翼部岩层较老,呈相向倾斜。

3. 褶曲的形态分类

(1) 按褶曲的轴面特征分类

可分为直立褶曲、倾斜褶曲、平卧褶曲及倒转褶曲四种类型(图 2-8)。

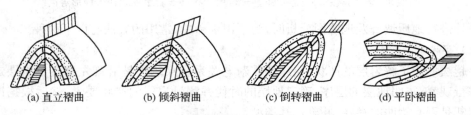

(a) 直立褶曲　　　(b) 倾斜褶曲　　　(c) 倒转褶曲　　　(d) 平卧褶曲

图 2-8　褶曲按轴面产状分类示意图

① 直立褶曲。轴面与水平面垂直,两翼岩层向两侧倾斜,倾角近于相等。

② 倾斜褶曲。轴面与水平面斜交,两翼岩层向两侧倾斜,倾角不等。

③ 倒转褶曲。轴面与水平面斜交,两翼岩层向同一方向倾斜,其中一翼层位倒转。

④ 平卧褶曲。轴面水平或近于水平,其中一翼层位正常,另一翼层位倒转。

（2）按枢纽的状态分类

可分为水平褶曲与倾伏褶曲两种类型(图2-9)。

① 水平褶曲。枢纽水平,两翼同一岩层的走向基本平行。

② 倾伏褶曲。枢纽倾斜,两翼同一岩层的走向不平行。

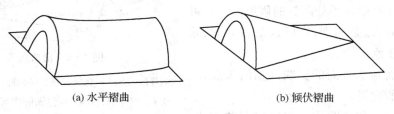

(a) 水平褶曲   (b) 倾伏褶曲

图 2-9　按褶曲枢纽产状分类示意图

4. 褶曲的野外识别

在一般情况下,人们容易认为背斜为山,向斜为谷。虽然存在这种地形,但实际情况要比这复杂得多。因为背斜遭受长期剥蚀,不但可以逐渐夷为平地,而且由于背斜轴部的岩层裂隙发育,在一定的外力条件下,甚至可以发展成为谷地。所以向斜山与背斜谷的情况,在野外也是比较常见的。因此,不能完全以地形的起伏情况作为识别褶曲的主要标志。图2-10为褶曲构造立体图。

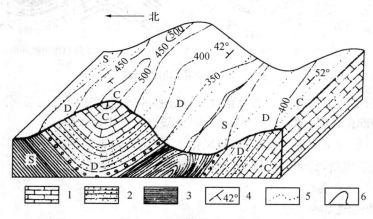

图 2-10　褶曲构造立体图

1—石炭系;2—泥盆系;3—志留系;4—岩层产状;5—岩层界线;6—地形等高线

野外进行地质调查及地质图分析时,为了识别褶曲,常用的方法有以下两种。

（1）穿越法

穿越法便于了解岩层的产状、层序及其新老关系。穿越法是沿首先垂直于岩层走向的方向进行观察,查明地层的层序,确定地层的时代并测量岩层的产状要素,然后根据以下的分析判断是否有褶曲的存在,并确定其类型。

① 观察岩层是否对称地重复出露,可以判断是否有褶曲存在。若岩层虽有重复出露现象,但是并不对称分布,则可能是断层,不能误认为是褶曲。

② 对比褶曲核部和两翼岩层的新老关系,判断褶曲是背斜还是向斜。

③ 根据两翼岩层的产状,判断褶曲的形态类型。

（2）追索法

追索法就是沿平行岩层走向(即褶曲轴线延伸方向)进行观察的方法。追索法便于查明褶曲延伸的方向及其构造变化的情况。当两翼岩层在平面上彼此平行展布时,为水平褶皱;如果两翼岩层在转折端闭合或呈"S"型弯曲时,则为倾伏褶曲。

5. 褶曲的工程地质评价

褶曲构造对工程建筑有以下几方面的影响。

（1）褶曲核部岩层由于受水平挤压作用,岩石破碎、裂隙发育,岩体完整性差,强度低,对工程施工和供水影响巨大。在石灰岩地区还往往使岩溶较为发育。所以在核部布置各种建筑工程,如路桥、坝址、隧道等,必须注意防治岩层的坍落、漏水及涌水问题。

（2）褶曲翼部以倾斜岩层为主,在褶曲翼部布置建筑工程时,应注意岩层产状。如果开挖边坡的走向近于平行岩层走向,且边坡倾向与岩层倾向一致,边坡坡角大于岩层倾角,则容易造成顺层滑动现象。

（3）对于隧道等深埋地下工程,一般应布置在褶皱的翼部。因为隧道通过均一岩层有利于稳定,而背斜顶部岩层受张力作用可能塌落,向斜核部岩层则是储水较为丰富的地段。

2.2.4　断裂构造

组成地壳的岩体,在构造应力作用下发生变形,当应力超过岩石的强度时,岩体的完整性受到破坏而产生大小不一的断裂,称为断裂构造。断裂构造常成群分布,形成断裂带。断裂构造对建筑地区岩体的稳定性影响很大,且常对建筑物地基的工程地质评价和规划选址、设计和施工方案的选择起控制作用。根据岩体断裂后两侧岩块有无明显相对位移,断裂构造分为节理(裂隙)和断层。

1. 节理

节理又称裂隙(图 2-11),存在于岩体中的裂缝,是破裂面两侧的岩石未发生明显相对位移的小型断裂构造。

（1）节理的分类

节理按成因可分为两类:一类是由于构造运动产生的节理,称为构造节理;另一类是由成岩作用、外力、重力等非构造因素形成的节理,称为非构造节理。它们分布的规律性不明显,常常出现在小范围内。

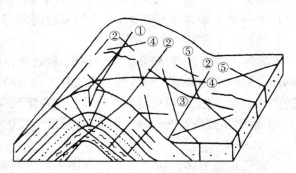

图 2-11　节理的形态分类

①②—走向节理或纵向节理;③—倾向节理或横节理;
④⑤—斜向节理或斜节理

① 构造节理。构造节理按形成时的力学性质可分为张节理和剪节理。

张节理　是指岩石所受拉张应力超过其抗拉强度后岩石破裂而产生的裂隙。它的主要特征是裂口是张开的,呈上宽下窄的楔形;多发育于脆性岩石中,尤其在褶曲转折端等拉应力集中的部位;张节理面粗糙不平,沿走向和倾向都延伸不远。当其发育于砾岩中时,常绕过砾石,其裂面明显凹凸不平。

剪节理 当岩石所受剪应力超过岩石的抗剪强度后岩石破裂而产生的裂隙,则产生剪节理。因此,剪节理往往与最大剪应力作用方向一致,且常成对出现,称为共轭"X"节理。剪节理一般是闭合的,节理面平坦,常有滑动擦痕和擦光面;剪节理的产状稳定,沿走向和倾向延伸较远;在砾岩中,剪节理能较平整地切割砾石。

② 非构造节理(裂隙)。主要包括成岩裂隙和次生裂隙等。成岩裂隙是岩石在成岩过程中形成的裂隙,比如玄武岩的柱状节理等;次生裂隙是由于岩石风化、岩坡变形破坏及人工爆破等外力作用形成裂隙。次生裂隙一般仅局限于地表,规模不大,分布也不规则。

(2)节理调查、统计及表示方法

为了弄清工程场地节理分布规律及其对工程岩体稳定性的影响,在进行工程地质勘察时,都要对节理进行野外调查和室内资料整理工作,并用统计图表形式把岩体裂隙的分布情况表示出来,如表2-2。

表 2-2 节理统计表

方位间隔	节理数	平均走向(°)	平均倾向(°)	平均倾角(°)
1~10	15	186	96	61
11~20	10	194	104	70
21~30	4	209	119	58

注:本表引自《构造地质与地质力学》(同济大学编)。

调查节理时,应先在勘察地选一具有代表性的基岩露头,然后对一定面积内的节理,按表2-2所列内容进行测量。岩体中节理分布的多少,常用节理密度来表示。所谓节理密度,是指岩石中某节理组在单位面积或单位体积中的节理总数。测量节理产状的方法与测量岩层产状的方法是相同的。统计裂隙有不同的图式,节理玫瑰花图就是其中较为常用的一种。节理玫瑰花图,可以用节理走向编制,也可以用节理倾向或倾角来编制。

(3)节理的工程地质评价

岩体中存有节理,破坏了其整体性,促进岩体风化加快,增强岩体的透水性,因而使岩体的强度和稳定性降低。当节理主要发育方向与路线走向平行,倾向与边坡一致时,不论岩体的产状如何,路堑边坡均易发生崩塌等不稳定现象;在施工中,岩体存在节理,有利于挖方采石,但影响爆破作业的效果。因而,应该对节理进行深入的调查研究。

2. 断层

断层是指岩体在构造应力的作用下发生断裂,且断裂面两侧岩体有明显相对位移的构造现象。它是节理的扩大和发展,断层的规模有大有小,大的可达上千公里,如金沙江一红河深断裂带长达 60 km,小的只有几米。相对位移也可从几厘米到到几百公里。断层不仅对岩体的稳定性和渗透性、地震活动和区域稳定有重大的影响,而且是地下水运动的良好通道和汇聚的场所。在规模较大的断层附近或断层发育地区,常赋存有丰富的地下水资源。

（1）断层要素

断层的几何要素指断层的基本组成部分，如图 2-12 所示，包括以下要素。

① 断层面和破碎带　两侧岩块发生相对位移的断裂面，称为断层面。断层面可以是直立的，但大多数是倾斜的。断层的产状就是用断层面的走向、倾向和倾角表示的。规模较大的断层往往不是一个简单的面，而是多个面组成的错动带，因其间岩石破碎，因而称破碎带。其中在大断层的断层面上常有擦痕，断层破碎带中常形成糜棱岩、断层角砾和断层泥等。

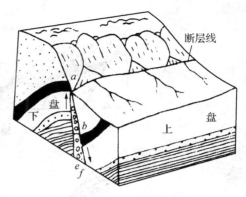

图 2-12　断层要素图

ab—总断距；*e*—断层破碎带；*f*—断层面

② 断层线　断层面与地面的交线。断层线表示断层的延伸方向，它的长短反映了断层的规模所影响的范围，它的形状决定于断层面的形状和地面起伏情况。

③ 断盘　断层面两侧的岩块。若断层面是倾斜的，位于断层面上侧的岩块，称上盘；位于断层面下侧的岩块，称下盘。若断层面是直立的，可用方位来表示，如东盘、西盘、南盘、北盘。

④ 断距　断层两盘沿断层面相对移动距离。

（2）断层的基本类型

断层的分类方法很多，根据断层两盘相对位移的情况，可以将断层分为如下三种。

① 正断层。如图 2-13（a）所示，上盘沿断层面相对下降，下盘相对上升的断层。正断层一般是由于岩体受到水平张力及重力作用，上盘沿断层面向下错动而成。其断层线较平直，断层面倾角较大，一般大于 45°。

② 逆断层。如图 2-13（b）所示，上盘沿断层面相对上升，下盘相对下降的断层。逆断层一般是由于岩体受到水平方向强烈挤压力作用，上盘沿断层面向上错动而成。断层线的方向常与岩层走向或褶皱轴的方向近于一致，和压应力作用的方向垂直。

③ 平推断层。如图 2-13（c）所示，又称平移断层。是由于岩体受水平扭应力作用，两盘沿断层面走向发生相对水平位移的断层。其断层面倾角很陡，常近于直立，断层线平直延伸远，断层面上常有近于水平的擦痕。

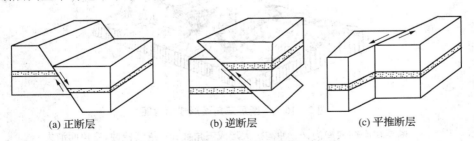

(a) 正断层　　　　　　(b) 逆断层　　　　　　(c) 平推断层

图 2-13　断层按上、下盘相对位移分类

（3）断层的组合形态

断层很少孤立出现，往往一些正断层和逆断层会有规律地组合成一定形式，形成不同形

式的断层带。断层带也叫断裂带,是一定区域内一系列方向大致平行的断层组合,如阶梯状断层、地堑、地垒(图2-14)和叠瓦式构造(图2-15)等,这是分布较广泛的几种断层的组合形态。

图 2-14　地堑、地垒及阶梯状断层

图 2-15　叠瓦式构造

(4) 断层的野外识别

断层大多对工程建筑不利,为了采取措施防止断层的不良影响,首先必须识别断层的存在。凡发生过断层的地带,其周围往往会形成各种伴生构造,并形成有关的地貌现象及水文现象。

① 地形地貌上的特征。当断层的断距较大时,上升盘的前缘可能形成陡峭的断层崖,如果经剥蚀,就会形成断层三角面地形(图2-16)。断层破碎带岩石破碎,易于侵蚀下切,但也不能认为"逢沟必断"。一般在山岭地区,沿断层破碎带侵蚀下切而形成沟谷或峡谷地貌。另外,山脊错断、断开,河谷跌水瀑布,河谷方向发生突然转折等,很可能均是断裂错动在地貌上的反映。

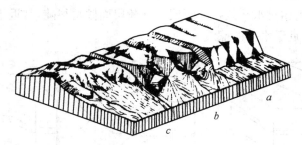

图 2-16　　断层三角面形成示意图

a—断层崖剥蚀成冲沟;b—冲沟扩大形成三角面;c—继续侵蚀,三角面消失

② 岩层的特征。若岩层发生不对称的重复[图2-17(a)]或缺失[图2-17(b)],岩脉被错断[图2-17(c)],或者岩层沿走向突然中断,与不同性质的岩层突然接触等,这些岩层方面的特征,则进一步说明断层存在的可能。

③ 断层的伴生构造。断层的伴生构造是断层在发生、发展过程中遗留下来的痕迹。常见的有牵引弯曲[图 2-17(d)]、断层角砾[图 2-17(e)]、糜棱岩、断层泥和断层擦痕。这些伴生构造现象,是野外识别断层存在的可靠标志。

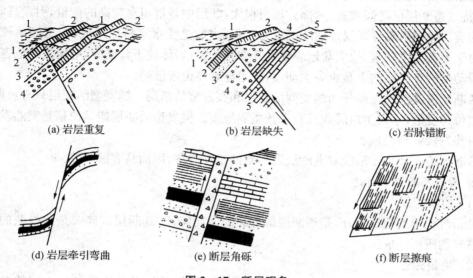

(a) 岩层重复 (b) 岩层缺失 (c) 岩脉错断
(d) 岩层牵引弯曲 (e) 断层角砾 (f) 断层擦痕

图 2-17 断层现象

④ 水文地质特征。断层的存在常常控制水系的发育,并可引起河流遇断层面而急剧改向,甚至发生河谷错断现象。湖泊、洼地呈串珠状排列,往往意味着大断裂的存在。温泉和冷泉呈带状分布,往往也是断层存在的标志。线状分布的小型侵入体也常反映断层的存在。

(5) 断层的工程地质评价

断层的存在,破坏了岩体的完整性,加速风化作用、地下水的活动及岩溶发育,在以下几个方面对工程建筑产生影响。

① 降低了地基的强度和稳定性,断层破碎带力学强度低、压缩性大,建于其上的建筑物由于地基的较大沉陷,易开裂或倾斜。断裂面对岩质边坡、桥基稳定常有重要影响。

② 跨越断裂构造带的建筑物,由于断裂带及其两侧上、下盘的岩性均可能不同,易产生不均匀沉降。

③ 隧洞工程通过断裂破碎带时易发生坍塌。

④ 断裂带在新的地壳运动的影响下,可能发生新的移动,从而影响建筑物的稳定。

因此,在选择工程建筑物地址时,应查明断层的类型、分布、断层面产状、破碎带宽度、充填物的物理力学性质、透水性和溶解性等。为了防止断层对工程的不利影响,要尽量避开大的断层破碎带,若确实无法避开,则必须采取有效的处理措施。

2.2.5 活断层

活断层即活动断层,或称活动断裂,是现今仍在活动或者近期有过活动,不久的将来还可能活动的断层。活断层的定义中"近期"有不同的标准,有的行业规范定为晚更新世(约12 万年)以来。在国家标准《岩土工程勘察规范》(GB 50021-2001)中将在全新世地质时期(1 万年)内有过地震活动或近期正在活动,在今后一百年可能继续活动的断裂叫作全新活动断裂。

活断层可使岩层产生错动位移或发生地震,对工程造成很大的甚至无法抗拒的危害。

1. 活断层的分类

活断层按两盘错动方向分为走向滑动性断层和倾向滑动性断层。走向滑动性断层最常见,其特点是断层面陡倾或直立,部分规模很大,断层中常蓄积有较高的能量,引发高震级的强烈地震。倾向滑动性断层以逆断层更为常见,多数是受水平挤压形成,断层倾角较缓,错动时由于上盘为主动盘,故上盘地表变形开裂较严重,岩体较下盘破碎,对建筑物危害较大。倾向滑动型的正断层的上盘也为主动盘,故上盘岩体也较破碎。

活断层按其活动性质分为蠕变型活断层和突发型活断层。蠕变型活断层只有长期缓慢的相对位移变形,不发生地震或只有少数微弱地震。突发型活断层错动位移是突然发生的,并同时伴发较强烈的地震。

活断层绝大多数常沿袭着老断层发生新的错动位移,因而具有继承性。

2. 活断层的识别标志

(1)地质特征

最新沉积物的地层错开,是活断层最可靠的地质特征,其断层破碎带是由松散的、未胶结的破碎物质所组成的。

(2)地貌标志

活断层往往是两种截然不同的地貌单元的分界线,并加强各地貌单元之间的差异性。典型的情况是:一侧为断陷区,堆积了很厚的第四系沉积物;而另一侧为隆起区,高耸的山地,叠次出现的断层崖、三角面、断层陡坎等呈线性分布,两者界线分明。走滑型活断层可使穿过它的河流、沟谷方向发生明显变化;当一系列的河谷向同一方向同步移错时,即可鉴别为活断层。

沿断裂带可能有线状分布的泉水出露,且植被发育。若为温泉,则水温和矿化度较高。此外,在活断裂带上滑坡、崩塌和泥石流等动力地质现象常呈线性密集分布。此外,在活动断裂带上滑坡、崩塌、泥石流等工程动力地质现象常呈线形密集分布。

(3)地震方面的标志

在断层带附近地区有现代地震、地面位移和地形形变以及微震发生。

3. 活断层的工程地质评价

建筑场地选择要尽量避开活动断裂带,若必须在活断层区修建建筑物时,在场址选择与建筑物形式和结构等方面要慎重地加以研究,以保障建筑物的安全可靠。活断层对工程的危害主要是活断层的地面错动和活断层快速滑动引起地震两个方面。

蠕变型的活断层,相对位移速率很小时,一般对工程建筑影响不大。当变形速率较大时,可能导致建筑地基不均匀沉陷,使建筑物拉裂破坏。

突发型的活断层伴随地震产生的错动距离通常较长,多在几十厘米至几百厘米之间,这种危害是无法抗拒的。因此在工程建筑地区有突发型的活断层存在时,任何建筑原则上都应避免跨越活断层以及与其有构造活动联系的分支断层,应将工程建筑物选择在无断层穿过的位置。

任务2.3　阅读地质图

地质图是指用规定的符号将某一地区的各种地质体(如地层、岩体、地质构造单元、矿床等)与地质现象按一定的比例缩小投影绘制在相应的地形图上的一种图件,它反映该地区各种地质体与地质现象的形态、产状、规模、时代及其分布和相互关系,是工程实践中搜集和研究的一项重要的形象化了的地质语言和地质资料。

2.3.1　地质图的基本知识

地质图的种类很多。主要用来表示地层、岩性和地质构造条件的地质图,称为普通地质图,简称为地质图。还有许多用来表示某一项地质条件,或服务于某项国民经济的专门性地质图,如专门表示第四纪沉积层的第四纪地质图;表示地下水条件的水文地质图等。但普通地质图是地质工作的最基本的图件,各种专门性的地质图一般都是在地质图的基础上绘制出来的。一幅完整的地质图应包括平面图、剖面图和柱状图(图2-18)。

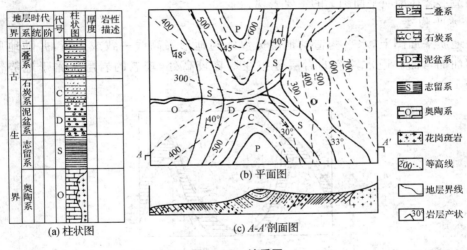

图2-18　地质图

1. 平面图

它是全面反映地表地质条件的图件,是地质图的主体。它一般通过野外地质勘测工作,直接填绘到地形图上。平面图中应标记出图名、图例、比例尺、编制单位和编制日期等。

2. 剖面图

它是反映地表以下某一断面地质条件的图。它可以通过野外测绘勘探工作编制,也可以在室内根据地质平面图来编制。编制时应注意水平比例尺与平面图的要素相同,垂直(高程)比例尺可比平面图的适当大些。

3. 柱状图

综合反映一个地区各地质年代的地层特征、厚度和接触关系等,又称综合地层柱状剖面图。为了较准确地表示出各时代不同岩层的厚度,柱状图的比例尺通常要比剖面图的还要大一些。

地质平面图全面地反映了一个地区的地质条件,是最基本的图件。地质剖面图是配合平面图,反映一些重要部位的地质条件,它对地层层序和地质构造现象的反映比平面图更直观更清晰。所以一般平面图都附有剖面图。

4. 图例和比例尺

地质图应有图名、图例、比例尺、编制单位和编制日期、校核人员等。在地质图的图例中,要求自上而下或自左而右顺序排列地层(从新地层到老地层)、岩石、构造等,所有的岩性图例、地质符号、地层代号及颜色都有统一规定。

比例尺的大小反映了图的精细程度,比例尺越大,图的精度越高,对地质条件的反映也越详细、越准确。比例尺的大小取决于地质条件的复杂程度和建筑工程的类型、规模及设计阶段的实际需要。工程建设地区的地质图,一般是大比例尺地质图。

2.3.2 地质构造在地质图上的表现

地质图是通过地层分界线(同一岩层层面和地面的交线)、地层年代符号、岩性符号和地质构造符号,把不同地质构造的形态特征和分布情况反映出来的。下面简要介绍不同情况下的构造形态在地质平面图上的主要表现。

1. 水平构造

在地质平面图上,水平构造的地层分界线与地形等高线一致或平行,并随地形等高线的弯曲而弯曲。通常较新的岩层分布在地势较高处,较老的岩层出露于地势较低处(图2-19)。

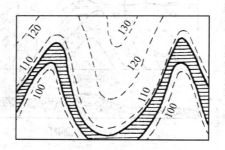

图2-19 水平岩层在地质图上的表现

2. 单斜构造

单斜构造地层分界线在地质平面图上是与地形等高线相交成"V"字形曲线,地层界限弯曲程度与岩层倾角和地形起伏有关。一般岩层倾角越小,V字形越紧闭;倾角越大,V字形越开阔。

当岩层的倾向与地形倾斜的方向相反时,岩层界限的弯曲方向(即V字形的尖端)与地形等高线的弯曲方向相同,只是曲率要小一点[图2-20(a)]。当岩层的倾向与地形倾斜的方向一致,而倾角大于地形坡度时,岩层界限的弯曲方向与等高线的弯曲方向相反[图2-20(b)];若岩层的弯曲方向与等高线的弯曲方向相同,但其曲率要比等高线的大[图2-20(c)]。

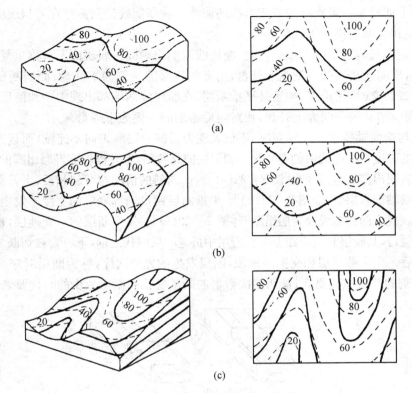

图 2-20 单斜岩层在地质平面图上的表现

3. 直立岩层

除岩层走向有变化外,直立岩层的界线在地质图上为一条与地形等高线相交的直线,不受地形的影响。

4. 褶曲

在地质平面图上主要通过地层分布、年代新老和岩层产状来分析。地表遭受剥蚀的水平褶曲,其地层分界线在地质平面图上呈带状分布,对称地大致向一个方向平行延伸(图 2-21)。倾伏褶曲的地层分界线在转折端闭合,当倾伏背斜与向斜相间排列时,地层分界线呈"之"字形或"S"形曲线(图 2-21)。如前可述,可根据岩层的新老关系和产状特征,进一步判别是向斜还是背斜。

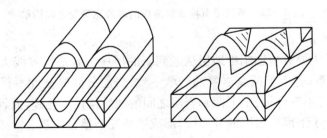

图 2-21 褶曲在地质图上的表现

5. 断层

通常情况下,在地质图上用断层线来表示断层。由于断层倾角一般较大,所以断层线在地质平面图上通常是一段直线或近于直线的曲线。在断层线的两侧存在着岩层中断、缺失、重复、宽窄变化及前后错动等现象。

在断层走向与岩层走向大致平行时，断层线两侧出现同一岩层的不对称重复或缺失，地面被剥蚀后，出露老岩层的一侧为上升盘，出露新岩层的一侧为下降盘；而当断层走向与岩层走向垂直或斜交时，无论正、逆还是平推断层，在断层线两侧都出现中断和前后错动现象，正、逆断层向前错动的一侧为上升盘，相对向后错动的一侧为下降盘。

当断层与褶曲轴线垂直或斜交时，不仅表现为翼部岩层顺走向不连续，而且还表现为褶曲轴部岩层的宽度在断层线两侧有变化。如果褶曲是背斜，上升盘轴部岩层出露的范围变宽，下降盘轴部岩层出露的范围变窄[图 2-22(a)]。而向斜的情况与背斜相反，上升盘轴部岩层变窄而下降盘轴部岩层变宽[图 2-22(b)]。平推断层两盘轴部岩层的宽度不发生变化，在断层线两侧仅表现为褶曲轴线及岩层错断开[图 2-22(c)]。发生断层的一套地层，被未发生断层的地层所覆盖，其断层时代应在上一套岩层中最老一层时代之前，下一套被切断岩层中最新一层时代之后。在多数断层相交割的地段，断层发生的先后次序，称为断层时序。被切割的断层比未切割的断层时代要老；被切割次数多的断层要比切割次数少的时代要老。

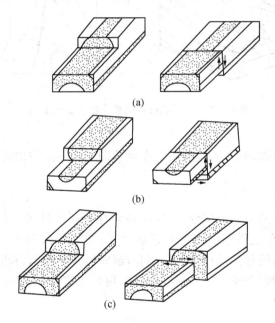

图 2-22　断层垂直褶曲轴造成的岩层宽窄变化和错动

6. 地层接触关系

地层接触关系主要分析图幅中地层从老到新的层序。若地层界线大致平行，没有缺层现象，则属整合关系；若上下两套岩层的产状一致，岩层分界线彼此平行，但地质年代不连续，此关系属于平行不整合；若上下两套岩层之间的地质年代不连续，而且产状也不相同，新岩层的分界线遮断了下部老岩层的分界线，形成了角度不整合关系。

2.3.3　阅读地质图的步骤

由于地质图的线条多，符号复杂，初次阅读时有一定的困难。如果能按照一定的读图步骤，由浅入深，循序渐进，对地质图进行仔细观察和全面分析，经过反复练习，读懂地质图并不困难。

需说明一点，由于长期风化剥蚀，破坏了出露地面的构造形态，会使基岩在地面出露的情况变得更为复杂，使我们在图上一下看不清构造的本来面目。所以，在读图时要注意与地质剖面图的结合，这样会更好地加深对地质图内容的理解。

阅读地质图使我们对一个地区的地质条件有一个清晰的认识，综合各方面的情况，也可以说明该区地质历史发展的情况。这样，我们就可以根据自然地质条件的客观情况，结合工程的具体要求，进行合理的工程布局和正确的工程设计。

复习思考题

1. 分析地层与岩层的区别。
2. 如何判断岩层之间的接触关系？并绘图说明之。
3. 熟记地质年代的顺序、名称和代号。
4. 说明岩层产状三要素及其野外测定方法。
5. 怎样认识褶曲的基本形态？对公路建设有何影响？
6. 节理按成因分为几种类型？在野外如何判别节理的发育程度？
7. 试绘图说明断层的基本类型及其组合形式的特征。在野外如何识别断层的存在？
8. 断裂构造对工程有何影响？
9. 地质图有哪些主要类型？
10. 地质平面图、剖面图及柱状图各反映了哪些地质内容？
11. 如何绘制地质剖面图？

项目 3　地质作用的分析

任务 3.1　地质作用的概念和分类

地球自形成至今一直处在不停地、永恒地运动和变化之中。现在我们所看到的地壳,不过是它发展过程中的一个阶段。地壳是地球最表面的坚硬外壳,它的表面形态、内部结构和物质成分时刻都在变化着,一些变化速度快,容易为人们感觉到,如地震和火山喷发等;另一些变化则进行得很慢,不易被人们发现,如地壳的缓慢上升、下降等。号称世界屋脊的喜马拉雅山区,是现代地球上海拔最高的地区,可是有足够的证据说明,在约 2000 万年以前这里还是一片汪洋大海,目前,它仍以每年 2.3 mm 的速度在上升。因此,虽然这些活动缓慢,但经过漫长的地质年代,可导致地球面貌的巨大变化。

在地质历史发展的过程中,促使地壳物质组成、构造和地表形态不断变化的作用统称为地质作用。由地质作用所引起的各种自然现象称为地质现象。按地质作用的动力来源不同,地质作用分为内动力地质作用和外动力地质作用。地质作用具有三个含义:地质作用是自然发生的复杂的物质运动形式;这个复杂的运动形式的表现是对地球的改造和建造;对地球的改造和建造是一对矛盾的统一。

3.1.1　内动力地质作用

地球的旋转能、重力能和地球内部的热能、结晶能和化学能等引起整个地壳物质成分、地壳内部构造、地表发生变化的地质作用叫内动力地质作用。根据动力和作用方式可分为以下四种情况。

1. 地壳运动

地壳运动是由内部能源引起地壳结构和面貌发生改变或相对位移的运动。按地壳运动的方向可分水平运动和升降运动。

(1) 水平运动

水平运动指地壳或岩石圈块体沿水平方向的移动。水平运动是地壳演变过程中,相对表现得较为强烈的一种形式,也是当前认为形成地壳表层各种构造形态的主要原因。水平运动使岩层产生褶皱、断裂,形成裂谷、盆地及褶皱山系,如我国的喜马拉雅山、天山等。

(2) 升降运动(即垂直运动)

垂直运动指相邻块体或同一块体的不同部分做差异性上升或下降,是地壳演变过程中,表现得比较缓和的一种运动形式。它可以使某些地区上升形成山岳、高原,另一些地区下降,形成湖、海、盆地,所谓"沧海桑田"即古人对地壳垂直运动的直观表述。喜马拉雅山上大量新生代早期的海洋生物化石的存在,反映了五六千万年前,这里曾是汪洋大海,由此可见垂直运动幅度之大。目前,我国地势西部总体相对上升,而东部相对下降。

同一地区构造运动的方向随着时间推移而不断变化，某一时期以水平运动为主，另一时期则以垂直运动为主，且水平运动的方向和垂直运动的方向也会发生更替。

地壳运动不断地改变地壳的原始状态，当地壳受到挤压、拉张、扭转等应力时，便形成各种各样的构造形态。在内力地质作用中地壳运动是诱发地震作用，影响岩浆作用和变质作用的重要条件，也影响外动力地质作用的强度和变化。因此，地壳运动在地质作用的总概念中是带有全球性的主导因素。

2. 岩浆作用

岩浆，通常是指 40～250 km 深处、呈高温黏稠状的、富含挥发组分、成分复杂的硅酸盐熔融体。岩浆在高温高压下常处于相对平衡状态，但当地壳运动使地壳出现破裂带，或其上覆岩层受外力地质作用发生物质转移时，造成局部压力降低，打破了岩浆的平衡环境，岩浆就会向低压方向运动，这种现象称为岩浆活动。其侵入地壳上部或喷出地表冷凝而成的岩石称岩浆岩。岩浆活动还使围岩发生变质现象，同时引起地形改变。

3. 变质作用

是指由于地壳运动、岩浆作用等引起地壳物理和化学条件发生变化，促使岩石在固体状态下改变其成分、结构和构造的作用。变质作用形成各种不同的变质岩。

4. 地震作用

地震是地壳快速颤动的现象，地壳运动和岩浆作用都能引起地震。地震作用是由地震引起的地壳物质迁移、地表形态变化的地质作用。按地震产生的原因可分为构造地震作用、火山地震作用和陷落地震作用。地震作用是地壳内应力调整的一种反映。

3.1.2 外动力地质作用

外动力地质作用是大气、水和生物在太阳能、重力能、天体引力能的影响下，产生的动力对地球表层所进行的各种作用的统称。外力地质作用能使地表形态发生变化和地壳化学元素的迁移、分布和富集，其具体表现方式有风化、剥蚀、搬运、沉积和成岩作用。

1. 风化作用

由于太阳辐射、大气、水和生物等风化营力的作用，地壳表层的岩石发生崩解、破碎以至逐渐分解等物理和化学的变化则称为风化作用。风化作用是外力作用中较为普遍的一种作用，在大陆的各种地理环境中都存在着风化作用。其作用在地表最显著，随着深度的增加，其影响就逐渐减弱以至消失。风化作用使岩石逐渐破裂，转变为碎石、砂和黏土。

风化作用使坚硬致密的岩石松散破坏，改变了岩石原有的矿物组成和化学成分，使岩石的强度和稳定性大为降低，对工程建筑条件起着不良的影响。此外，像滑坡、崩塌、碎落、岩堆及泥石流等不良地质现象，大部分都是在风化作用的基础上逐渐形成和发展起来的。所以了解风化作用，认识风化现象，分析岩石的风化程度，对评价工程建筑条件是十分必要的。风化作用按其占优势的营力及岩石变化的性质的不同，可分为物理风化作用、化学风化作用及生物风化作用三个密切联系的类型。

（1）物理风化作用

在地表或接近地表条件下，岩石、矿物在原地发生机械破碎而不改变其化学成分的过程叫物理风化作用。引起物理风化作用的主要因素是岩石释重和温度的变化。此外，岩石裂隙中水的冻结与融化、盐类的结晶与潮解等，也能促使岩石发生物理风化作用。

（2）化学风化作用

在地表或接近地表条件下，受大气和水溶液的影响，岩石、矿物在原地发生化学变化并产生新矿物的过程叫化学风化作用。引起化学风化作用的主要因素是水和氧等。自然界的水，不论是雨水、地面水或地下水，都溶解有多种气体（如 O_2、CO_2 等）和化合物（如酸、碱、盐等），因此自然界的水溶液可通过溶解、水化、水解、碳酸化等方式促使岩石发生化学风化。

（3）生物风化作用

岩石在动植物及微生物影响下发生的破坏作用，称为生物风化作用。生物风化作用主要发生在岩石的表层和土中。生物风化作用既有机械的风化，也有化学的风化。生物的机械破坏主要是通过生物的生命活动来进行的。如植物根系在岩石裂隙中生长，不断撑裂岩石，使裂隙扩大，从而引起岩石崩解。又如穴居动物田鼠、蚂蚁和蚯蚓等不停地挖掘洞穴，使岩石破碎、土粒变细；生物的化学破坏是通过生物的新陈代谢和生物死亡后的遗体腐烂分解来进行的。

地壳表层的岩石经长期风化作用后，残留原地的松散堆积物，称为残积物。残积物覆盖在地壳表面的风化基岩上，具有一定厚度的风化岩石层即风化壳，它是原岩在一定的地质历史时期各种因素综合作用的产物。

2. 剥蚀作用

剥蚀作用是将岩石风化破坏的产物从原地剥离下来的作用。通过风力、地面流水、地下水、湖泊、海洋和生物等各种外动力因素，把风化后的松散物从岩石表面搬离原地，并以风化物为工具，参与对岩石、矿物进行风化破坏的过程，统称为剥蚀作用。剥蚀作用在破坏组成地壳物质的同时，也不断地改变着地表的基本形态。按引起剥蚀作用的动能性质不同，可以分为风的吹蚀作用，流水的侵蚀作用，地下水的潜蚀和溶蚀作用，湖、海水的冲蚀作用，冰川的刨蚀作用等。

3. 搬运作用

风化剥蚀的产物，通过风力、流水、冰川、湖水、海水以及生物的动力，被搬离母岩后而转移空间的过程，称为搬运作用。搬运与剥蚀往往是在同一种动力下进行的。例如风和流水在剥蚀着岩石的同时，又将剥蚀下来的岩屑搬走。按搬运动力的不同，可以分为：风的搬运作用、流水的搬运作用、冰川搬运作用等，其中以流水为主要搬运力。

4. 沉积作用

被搬运的物质，由于搬运能力减弱、搬运介质的物理化学条件发生变化或由于生物的作用，从搬运介质中分离出来，形成沉积物的过程，称为沉积作用。按其沉积方式可以分为：机械沉积、化学沉积和生物沉积。按其沉积环境又可分为：风的沉积、河流沉积、冰川沉积、洞穴沉积、湖泊沉积和海洋沉积等。

5. 成岩作用

使松散堆积物固结为岩石的过程，称为成岩作用。在固结过程中，要经历物理的压实作用和化学的胶结作用。当沉积物达到一定厚度时，上覆沉积物的静压力使矿物颗粒互相靠紧，发生脱水，空隙减小，体积压缩，密度增大，再通过空隙中水溶胶结物质的化学沉淀，将松散碎屑物胶结、凝聚起来；同时，随着沉积物的埋深而升温、加压，使其中细粒矿物发生化学反应进行结晶而固化成岩。可见，此时地球的内能对成岩作用有着很大的意义。

3.1.3 内动力地质作用与外动力地质作用的相互关系

内、外力地质作用是在漫长地质年代里使地壳不断发生演变的强大动力因素,研究各种地质作用的运动规律是地质学的主要任务之一。

外力地质作用,一方面通过风化和剥蚀作用不断地破坏出露地面的岩石;另一方面又把高处剥蚀下来的风化产物,通过流水等介质搬运到低洼的地方沉积下来,重新形成新的岩石。外力作用总的趋势是切削地壳表面隆起的部分,填平地壳表面低洼的部分,不断使地壳的面貌发生变化。

内力地质作用总的趋势是形成地壳表层的基本构造形态和地壳表面大型的高低起伏,而外力地质作用则是破坏内力地质作用形成的地形或产物,外力地质作用总的趋势是削高补低,形成新的沉积物,并进一步塑造了地表形态。

内动力和外动力地质作用,自地壳形成以来在时间和空间两个方面都是一个连续的过程。虽然它们此起彼伏,时强时弱,有时这种作用占主导,有时另一种作用占主导,但始终是不断变化着的。由于地壳表层是内外动力地质作用共同活动、既对立又统一的场所,因而各种地质体无不留有内外动力作用的痕迹。但总的说来,内动力地质作用是居于主导的支配地位。

1. 地壳上升与剥蚀作用

风化剥蚀作用是外动力地质作用对地壳表层物质和结构的破坏作用的总称。风化剥蚀作用的强弱主要依赖于外动力能量的大小,但是能量大小与自然地理(如气候、地形等)和地质条件密切相关。例如河流的剥蚀作用如果没有一定的地形起伏是不可能进行的,山岳冰川受地形高低的控制,风、雨、海水等地质作用无一不与气候、地理、地质条件有关。

剥蚀作用的最终后果是降低地形高度、减小地形起伏。而地壳运动的结果总是进一步产生新的地形起伏,剥蚀作用力图抵消由地壳运动造成的地形差异,这就是两者的矛盾关系。

但是地形的高低起伏,主要是由地壳运动的性质和强度决定的。即地壳运动上升越快,幅度越大,持续时间越长的地区必然地形愈高。相邻地区的地壳运动差异越大,则地形起伏也越大。这样的地区剥蚀作用也特别强烈。这是剥蚀作用与上升运动的统一关系。

地壳上升的速度与剥蚀的速度是不会相等的,当地壳上升速度超过剥蚀作用速度时,地形高度才会增加。相反,则地形愈来愈低。这就是地形演变的实质。

一般地讲,地形愈高、起伏愈大的地区剥蚀作用强烈。由于剥蚀作用的产物将随时被搬走,长期以后,地形由高变低,相对起伏愈来愈小,剥蚀作用的强度亦随之减小,最终趋向停止。

2. 地壳下降与沉积作用

各种外动力作用将其剥蚀产物带到低处沉积下来,海洋盆地、内陆湖泊及平原区河床都是接受沉积物沉积的主要场所,但是形成大规模的巨厚沉积岩层,如果没有地壳的下降是不可能的。

研究证明,保存于地壳表层的大部分沉积岩(如砂岩、页岩、石灰岩等)都属于浅水沉积物,水深一般不超过 200 m。但有些地区的沉积岩层总厚度常超过 10 000 m,如果不是地壳不断下降是难以设想的。

地壳表层某些地区由于长期持续地上升,剥蚀作用持久地进行,因而古老的地层、岩石以及在地下较深部位形成的矿产露出地表。另一些地区由于地壳长期持续地下降,沉积作用持续地进行,因而古老岩层及有用矿产被深埋地下,表面被新的地层和岩石所覆盖。

地壳下降时,沉积作用加强,沉积物补偿了地壳下降的空间,同样力图减少地形的起伏。地壳下降速度与沉积作用速度之间的相互关系是形成沉积岩的类型、厚度和分布的决定因素。

3. 地壳长期稳定与准平原的形成

外动力地质作用对地表的改造是一个永不停息的剥蚀、搬运、沉积的过程,如果某一区域的地壳在运动长期相对稳定的条件下,外动力地质作用的结果,必然使地形高处的物质不断向低处运移,在高处剥蚀,低处沉积,地形的高差也逐渐减小,最后地形趋于平坦。原来高低起伏的地形可能成为一片平川。这种作用通常称为夷平作用,所形成的平坦地形称为准平原。

但是,地壳不会永远静止,常常是一个区域的地壳在一定时期的稳定之后,又转而上升或下降。当地壳下降时,海水可能随即浸漫准平原区,这时在已被夷平了的地面上又沉积了新的沉积岩层,在地质剖面里形成不整合。地质历史中,这种情况是屡见不鲜的。当地表上升时,原来的准平原地形又会受到剥蚀破坏变成山地,在山顶部分还残留有古准平原面,这种古准平原面称为夷平面,在现代山区可看到这种在不同高程上存在着高度相对一致的夷平面。根据这些夷平面的性质、分布的相对高差,可以研究该地区的地质发展史,特别是对该地区新第三纪以来地壳运动的上升幅度及间歇情况有很重要的意义。

任务 3.2 风化作用及其对工程的影响分析

3.2.1 风化作用

矿物和岩石是地质作用的产物,它稳定于一定的物理、化学条件。大部分矿物、岩石是在地下温度和压力较高的条件下形成的,当它们由于地壳运动等原因,一旦暴露于地面时,就进入了一个截然不同的新环境。这个环境处于常温常压的情况下,并与大气圈、水圈、生物圈直接接触。矿物、岩石为了适应新的物理、化学环境,它们在结构、构造上,甚至化学成分上也就随之发生变化,力图达到新的平衡。这样,岩石由坚硬变得松散,由大块变成了小块,甚至矿物也可随之破碎、分解,产生稳定于地表环境下的新矿物。这种由于温度的变化、大气、水溶液及生物的作用,岩石或矿物在原地发生物理、化学变化的过程叫风化作用。发生风化作用的因素主要是温度的变化,氧、水溶液和生物作用等。风化作用是一种原地破坏作用,其产物不发生显著位移,因而与其他外动力在运动状态下的破坏作用(即剥蚀作用)有严格的区别。另外,风化作用和风的地质作用在概念上是毫无关系的。

风化作用遍及地壳的表层,不论是大陆和水下,都有风化作用在进行。不过水下风化作用十分微弱,而且与有关水体的剥蚀作用难以分开。目前我们主要讨论大陆上岩石和矿物的风化。由于大气、水溶液和生物主要存在于地表,并向下减少,所以近地面的岩石和矿物风化的最强烈。由地面向深处,风化作用越来越微弱至最后停止。我们把风化层下面的完整岩石叫基岩。在自然界,基岩会由于某种原因出露地表,如风、冰川、河流等剥蚀及崩落,等等,这种露出地表的基岩叫露头。

1. 风化作用的类型

风化作用可以是单纯的机械破坏，岩石只是由大块变成小块，由小块变成粉末；也可以是化学反应使岩石或矿物分解，一部分被水溶解带走，一部分变成新的化合物而残留下来。生物活动对矿物、岩石的风化作用既有机械的破坏，又有化学的分解。因此，风化作用可以根据作用的性质和因素不同，分为三大类型：物理风化作用、化学风化作用及生物风化作用。

（1）物理风化作用

温度变化以及岩石空隙中水和盐分的物态变化，使岩石和矿物发生机械破坏而又不改变其化学成分的过程叫物理风化作用。物理风化作用使完整的岩石变成碎屑。温度变化引起的矿物与岩石体积的膨胀与收缩、岩石空隙中水的冻结与融化，以及岩石空隙中盐的结晶与潮解都会使矿物和岩石破碎。

① 矿物和岩石的热胀冷缩

温度有日变化和年变化。对于矿物和岩石的热胀冷缩来说，日变化影响大，年变化的影响小。昼夜温差变化较大的内陆干旱沙漠地区，物理风化作用最为强烈。如我国西北沙漠地区，夏季的白天气温可达 $47℃$，而夜间气温可降至 $-3℃$，昼夜气温差达到 $50℃$；又如北非的撒哈拉沙漠，夏季白天气温可达 $53℃$，而夜间气温可降至 $-8℃$，昼夜气温差达 $61℃$。由于岩石的热容量远小于水，因此在缺乏植被和水的内陆沙漠地区，地表岩石温度日变化就远大于气温的日变化，如苏联的卡拉库姆沙漠，当白天气温达 $43℃$ 的时候，沙粒温度高达 $80℃$；到了夜晚沙粒降温比空气快，最低温度降至 $-18℃$。

岩石多半是非均质体，组成岩石的不同矿物各有不同的体胀系数，如石英为 $31×10^{-6}$、普通角闪石为 $28.4×10^{-6}$、长石为 $17×10^{-6}$。当温度反复变化时，不同的矿物就有不同程度的膨胀或收缩。这样，原来连结在一起的不同矿物颗粒就会彼此离开，使完整的岩石破裂松散。另外，岩石是热的不良导体，当地表岩石的向阳面处在太阳光的直接辐射下时，岩石表层升温很快，由于热向岩石内部传递很慢，就使岩石内外之间出现温差。岩石各部分矿物就按自己的膨胀系数膨胀，于是在岩石向阳面内外之间出现与表面平行的风化裂隙。到了夜晚，向阳面吸收的太阳辐射热正继续以缓慢的速度向岩石内部传递时，岩石表面迅速散热降温，体积收缩，而内部岩石仍在缓慢地升温膨胀，此时出现的风化裂隙垂直于岩石表面，彼此网状相连。久而久之，这些风化裂隙日益扩大、增多，被这些风化裂隙割裂开来的岩石表皮层层脱落。这种现象称为鳞片状剥落（图 3-1）。坚硬完整的岩石就因温度变化而崩解成大大小小的碎块。

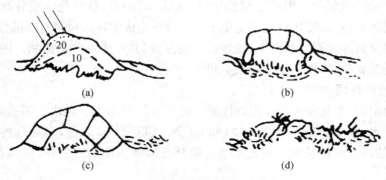

图 3-1　由温度变化引起的岩石风化破坏

② 地表岩石空隙中水的冻结与融化

地表岩石空隙中贮藏着的水,在气温降至冰点以下时就要结冰。体积比原来的水增大 1/11 左右。冰对岩石空隙两壁产生的压力可达 600 MPa。这样巨大的压力就会扩大和增加岩石的空隙。当气温升高至冰点以上时,冰又融化成水,体积减小,扩大的空隙中又有水进入,填满空隙。如此反复结冰融化,空隙扩大,这个过程称为冰劈作用。在高纬度地区和中纬度的高山区,昼夜的温度变化很大,冰劈作用最为发育。结果使完整的岩石破裂崩解。这种风化作用系由水的反复冻结所致,故称为寒冻风化作用。

③ 地表岩石空隙中盐的结晶与潮解

在降水量少、蒸发剧烈的干旱半干旱地区,岩石裂隙中含盐分较多。白天,在烈日的烤晒之下,气温升高,水分陆续蒸发,地下水通过毛细管作用向上迁移蒸发,毛细孔隙中盐分不断增多,浓度增大至过饱和时,盐分即要结晶。结晶时体积膨胀,对周围岩石产生压力,形成新裂隙。夜晚气温下降,盐分从大气中吸收水分变成盐溶液,渗入岩石的内部,同时将沿途遇到的盐溶解。结晶了的盐溶解时体积缩小,盐潜液又可渗透到结晶时所产生的新裂隙中去。如此日夜反复进行,岩石裂隙不断增多扩大以致崩解。

物理风化是一种机械的破坏作用,它使岩石破碎成粗细不等、棱角显著、没有层次的碎屑,覆盖在分水岭及缓坡的岩石表面。碎屑成分与其下伏的基岩成分一致。陡坡上的物理风化作用产物在重力作用下常坠落至陡坡下,形成堆积物,体积大或比重大的滚得远些,体积小或比重小的滚得近些,因而在陡坡的坡麓形成上部细粒、下部粗粒的半圆锥体地形,称为倒石锥。有时崩落的大岩块被松散的物质埋没了下部,易使人误以为是生根的基岩,其实是落石。陡坡上岩石经物理风化后,常有崩落物坠落下来,影响坡下各种工程甚至会造成重大的破坏,需要特别的重视。

(2)化学风化作用

化学风化作用是指氧、水溶液对岩石和矿物的破坏作用。它不仅使岩石或矿物发生破碎,而且也使它们的化学成分发生改变,使那些在地表条件下不稳定的原生矿物变成为稳定的次生矿物。

根据化学风化作用的因素,可将化学风化作用分为以下几种方式:

① 氧的作用——氧化作用

由于许多元素具有与氧结合的能力,氧化就成为一种普遍的自然现象,因此氧化作用是化学风化作用主要方式之一。日常生活中经常遇到金属制品的生锈,就是一种氧化现象。

黄铁矿(FeS_2)经氧化后形成了褐铁矿($Fe_2O_3 \cdot nH_2O$),显然化学成分改变了,颜色也由铜黄色变为褐黄色,硬度比重也都变小了。同时所生成的硫酸对岩石腐蚀性极强,可使岩石中某些矿物分解形成洞穴和斑点,使岩石疏松破碎,并产生一些新矿物。因此,若是岩石中含有较多的黄铁矿,用作建筑材料是不利的。

② 水溶液的作用

纯水具有溶解、水化和水解作用的性能。但是自然界不存在纯水。不论是雨水还是地面水或是地下水,水中溶解有许多气体(如 O_2、N_2、CO_2 和 NO_2 等)和化合物(如酸、碱、盐等),因此,自然界的水都是水溶液。水溶液除具有溶解作用能力之外,还具有碳酸化作用能力。

水中的二氧化碳的含量大大提高了水的溶解能力。若水中含有二氧化碳时则使难于溶解的碳酸盐会变成易溶解的重碳酸盐。溶解作用的结果，使易溶解的物质流失，难于溶解的物质残留原地，使岩石空隙增加，硬度减少，有利于剥蚀作用的进行。

水化作用形成的含水新矿物改变了矿物的原有结构，其硬度一般都低于无水矿物，这削弱了岩石抵抗风化作用的能力，同时水化作用常使矿物体积膨胀。如在硬石膏变成石膏的过程中，体积要增加30%。这一体积增大过程将对围岩产生巨大的压力，从而促使物理风化作用的进行。

有些矿物遇水后结构就改变了，形成带 OH^- 的新矿物，这种化学作用即水解作用。纯水虽是中性的，但它具有离解能力，有一部分 H_2O 离解成 H^+ 和 OH^- 离子。当弱酸强碱盐或强酸弱碱盐遇水后也会离解成带不同电荷的离子，它们分别与水中的 H^+ 和 OH^- 结合，生成新的化合物，此时反应是不可逆的。离解与化合继续下去，直至原有矿物被水解完为止。地壳中广泛分布的长石即强碱弱酸盐，它经水解作用后形成高岭土、氢氧化钾和二氧化硅。其中氢氧化钾和二氧化硅呈溶液或溶胶状态随水迁移，只有松散的高岭土残留原地。当水中溶有 CO_2 时，水解作用加速进行。因为水溶液中除 H^+ 和 OH^- 外，还有 CO_3^{2-}，并且 CO_3^{2-} 是主要的阴离子，所以称为碳酸化作用。硅酸盐矿物经碳酸化作用，硅酸盐中碱金属变成碳酸盐随水迁移。

化学风化作用破坏了原有的矿物、岩石，产生了新的矿物、岩石。虽然组成地壳的岩石种类繁多，但是它们经过彻底的化学风化作用之后，只形成少数几种化学风化产物，如残余红土、残余高岭土等。

（3）生物风化作用

生物风化作用是指生物在其生命活动中对岩石、矿物产生的破坏作用。这种作用可以是机械的，也可以是化学的。由于生物广泛分布在地壳表层，因此生物风化作用也是一种普遍的地质作用。

生物的机械风化作用主要表现在生物的生命活动上。如生长在岩石裂隙中的植物，随着植物的长大，其根从小变大、变长。植物根使岩石裂隙扩大从而引起岩石崩解的作用，称根劈作用（图 3-2）。植物根长大时对周围岩石产生的压力可达 1.0~1.5 MPa。至于动物的机械破坏，如穴居动物田鼠、蚂蚁和蚯蚓等不停地挖洞掘穴，使岩石破碎、土粒变细。此外，人类的活动尤其是工程建设，如打隧道、筑路、建水坝、挖水渠等，大大加速了工程地区岩石的风化过程。

图 3-2　生物生长破坏岩石

生物的化学风化作用是通过生物的新陈代谢和生物死亡后的遗体腐烂分解来进行的。

地壳上部的岩石、矿物在物理、化学风化作用以后,再经过生物的化学风化作用,就不只是一层由单纯的无机物组成的松散的物质了,它还具有植物生长必不可少的有机质——腐殖质。这种具有腐殖质、矿物质、水和空气的松散物质叫土壤。因此,土壤是物理风化、化学风化和生物风化作用的综合产物,其中尤以生物的化学风化作用为主。

2. 岩石风化的野外观察及分级

岩石风化以后,其物理力学性质要发生不同程度的变化,这种变化的大小主要取决于风化的强弱。风化程度影响建筑物的设计和施工。如铁路路堑的边坡、防护和加固方法、基础的埋置深度,隧道衬砌的厚度和施工方法的选择等,都与岩石风化程度有着密切的关系。因此,野外勘测工作不能仅限于对岩层风化现象的一般描述,而必须对风化程度做出分级评价。

(1)岩石风化程度的野外观察

① 岩石颜色的变化。岩石中矿物成分的变化首先反映到颜色上。未经风化的岩石,颜色和光泽鲜艳,风化愈严重,其颜色和光泽愈暗淡。野外观察时要注意岩石表面与内部颜色的比较,区分干燥时和潮湿时色调的不同。

② 岩石矿物成分的变化。观察时要特别注意岩石中那些易于风化的矿物成分的变化。如花岗岩中的正长石、黑云母在新鲜时可见到晶形,风化后不但见不到晶形,连矿物性质都发生改变,正长石变成高岭石,黑云母变成绿泥石。沉积岩风化较严重时常有次生矿物石膏和含水氧化铁出现。

③ 岩石的破碎程度。岩石破碎程度是判断岩石风化程度分级的重要标志之一。由基岩至地表,风化岩石的破碎程度是逐渐加强的,野外观察时要特别注意风化裂隙的长度、宽度、密度、形状、次生矿物的充填成分和性质,对破碎的岩块、岩屑的形状、大小也应详细地描述。

④ 岩石力学性质的改变。岩石的风化程度愈严重,其坚硬程度和整体性就愈低,力学性质也就愈差。在野外观察时可以利用手锤敲击、小刀刻画、用手折断和压碎等简易办法进行试验。根据需要也可做野外原地的压缩、剪切试验。

(2)岩石风化程度分级

野外判断岩石风化程度可按表 3-1 的标准进行分级。

表 3-1　岩石风化程度分级

风化程度分级	岩层分带	鉴定标准			
		岩石、矿物颜色	岩石结构	破碎程度	坚硬强度
未经风化	新鲜岩石	岩石、矿物及其胶结物颜色新鲜,保持原有颜色	保持岩体原有结构	除构造裂隙外,肉眼见不到其他裂隙,整体性好	除泥质岩类可用大锤击碎外,其余岩类不易击开,放炮才能掘进
风化轻微	微风化带	岩石、矿物颜色比较暗淡,只节理面附件部分矿物变色	岩体结构未变,只沿节理面稍有风化现象或有水锈	有少数风化裂隙,裂隙间距多数大于 40 cm,整体性仍较好	要用大锤和楔子才能剖开,泥质岩类用大锤可以击碎,放炮才能掘进

续表

风化程度分级	岩层分带	鉴定标准			
		岩石、矿物颜色	岩石结构	破碎程度	坚硬强度
风化颇重	中等风化带	岩石、矿物失去光泽,颜色暗淡,部分易风化的矿物已经变色(如长石、黄铁矿、橄榄石等);黑云母失去弹性,变为黄褐色	结构已部分破坏,裂隙可能出现风化夹层,一般呈块状或球状结构	风化裂隙发育,裂隙间距多数为 $20\sim40$ cm,整体性差	可用大锤击碎,用手锤不易击碎,大部分需放炮掘进
风化严重	强风化带	岩石及大部分矿物变色,形成次生矿物,如斜长石风化成高岭土,黑云母呈棕红色	结构已大部分破坏,形成碎块状或圆球状结构	风化裂隙很发育,岩体破碎,裂隙间距为 $2\sim20$ cm,完整性很差	用手锤即可击碎,用手镐即可掘进,用锹则很困难
风化极严重	全风化带	岩石、矿物已完全变色,大部分发生变异,长石变成高岭土、叶蜡石、绢云母;角闪石、绿泥石、黑云母变为蛭石	结构已完全破坏,仅外观保持有原岩矿物晶体间失去联结,石英松散成砂粒	风化破碎呈碎屑状或土状	用手可捏碎,用锹就可掘进

3. 风化作用的影响因素

风化作用的速度有快有慢,主要取决于自然地理条件和岩石矿物的性质。同一种岩石,在相同的时间内,不同的气候条件下,风化的程度不同,可以形成不同成分的风化产物。另外,在相同的自然地理条件下,不同的岩石或矿物,风化速度也有很大差别,一般来说,岩浆岩较变质岩、沉积岩风化得要快些。下面从气候、地形、岩石性质等方面来研究风化作用的速度和特点。

(1) 气候条件的影响

地表各处温度变化差异很大,各地降水性质与降雨量取决于该地的气候。由于影响水溶液性质的因素有温度、水中的 CO_2 及酸的含量等,可见水溶液性质与气候有关。至于生物界更受气候条件的限制。气候寒冷或干旱地区,生物稀少,降水多呈固态(寒冷地区)或很少(干旱地区),气温变化在 0℃ 上下,因此那些地区盛行物理风化作用,化学风化与生物风化作用微弱。岩石和矿物破碎,但很少形成黏土矿物。风化程度不深,大量硅酸岩矿物处于半风化状态,很难形成残余矿床。

气候潮湿炎热地区,温度很高,化学反应充分,降水充沛,水溶液富含酸类物质,有较强的风化作用能力。在这样的地区生物繁茂,生物的新陈代谢旺盛,产生大量的有机酸。这样的气候有利于化学风化和生物风化作用。硅酸盐矿物被分解得较彻底,形成大量的残余黏土,在有利的条件下可形成残余矿床。

(2) 地形条件的影响

地形影响气候,它使山地气候产生垂直分带现象,从而可在一个中、低纬度高山上看到不同高度处有不同类型的风化作用,以及不同的风化作用速度和程度。

阳坡和阴坡的风化作用不同。阳坡平均温度高,温度变幅也大些,因此风化作用要强些。地势的陡缓也有影响。陡坡上地下水位低,生物缺少,以物理风化作用为主。陡坡上的风化产物难保存,未经风化过的岩石不断暴露于地表接受风化,风化作用不彻底,很难形成黏土矿物。缓坡则情形不同,化学风化和生物风化作用强烈,风化作用产物留在原地,它保护了地下的基岩,而自身经受长期的风化后,矿物分解彻底,形成大量的黏土矿物至生成某些残余矿床。

(3) 岩石的矿物成分和化学成分的影响

岩石的矿物成分和化学成分影响风化作用的速度、程度和产物。

就岩石的矿物组成来说,少数岩石是单矿岩,多数岩石是复矿岩。单矿岩近于各向同性体,它们的颜色、导热率和膨胀系数一致,因此,单矿岩不易被物理风化作用所破坏,复矿岩则相反。所以花岗岩不如石英岩抗风化能力强,当它们共同出露于某一地区时,组成山巅的常为石英岩。

对于岩浆岩来说,基性岩中暗色矿物多,所以岩石的颜色较深,它们较酸性岩易于吸热和散热,所以基性岩浆岩易遭物理风化作用的破坏。

岩石化学成分的影响也是很显著的,特别是在化学风化作用和生物风化作用中,不同的元素有不同的化学活性(表现在由离子亲和力、离子半径、原子价所决定的化合能力、极化能力等方面),具有相同元素的不同化合物在风化作用中也有不同的反应,如在方解石中的含钙(Ca)化合物易风化,而斜长石中的含钙(Ca)化合物则较难风化。

岩浆岩及变质岩和陆源碎屑岩的化学成分主要是硅酸盐,它们比化学岩和生物化学岩抵抗化学风化作用和生物化学风化作用的能力强。

岩石性质对风化作用的影响极为深刻。在相同的风化作用条件下,由不同的矿物组成的岩块或由不同岩性组成的岩层,常常表现出程度不等的风化速度,因而在表面形成凸凹不齐的现象,称为差异风化现象。在露头不佳或互层的单一岩性沉积岩区,尤其是碳酸盐岩石地区,缺乏判定层理标志的夹层,它可帮助我们确定岩层产状。碎屑岩中的砂岩、泥质岩互层,碳酸盐岩石中的石灰岩与白云岩、燧石层及泥质层等相间时,经差异风化之后,层理显示出来了,甚至岩石内部的微细构造,如交错层、缝合线、流水冲刷的沟槽及生物遗迹等,均可清楚地显露出来。

(4) 岩石结构和构造的影响

岩石的结构有结晶质与非晶质、等粒与非等粒、细粒与粗粒之分。这一切都影响到风化作用的速度和程度。对于具有相同矿物组成的同样粒级的岩石,胶结疏松的岩石因空隙多,阻碍热传导,增加空气和水溶液的流动,因此有利于风化作用的进行。所以石英岩和砂岩比较,砂岩较易风化。具有相同矿物组成的两种岩石,一种等粒,另一种不等粒,等粒的岩石胀缩一致,因此较不等粒的岩石抗风化力强;而等粒结构中,粒度愈细的岩石,受温度变化的影响较小。另外,由于孔隙愈小,水溶液愈难流通,化学风化也就愈难于进行。

构造对岩石风化速度的影响也很显著,因为裂隙的存在,便于水溶液的流动和生物的活动,因而裂隙愈多的岩石愈易风化,构造破碎带在地形上往往成为洼地或沟谷。

3.2.2　岩石风化对工程的影响

1. 风化强度的影响

如对隧道围岩分类,主要取决于风化强度造成的岩体结构松散、破碎的程度,以及岩石中矿物成分的改变、强度的降低或岩层软硬不一的情况。具体应按岩层风化后的试验强度,重新确定岩石等级,以便增大相应的衬砌厚度。还应指出,当风化残积层下伏基岩表面倾斜时,在地下水的参与下,很容易产生路基滑动、边坡坍塌现象,从而影响路基的稳定性。其他如铁路桥墩、桥台建筑物基础工程等,也常有因风化层造成地基承载力的降低或沉陷量不均匀的问题。

2. 风化深度的影响

铁路桥台、路基挡土墙等基础工程,当地基承载力不够时,就需要考虑清除风化层、换土或其他加固基础措施以提高地基承载力。其他如隧道洞口位置及仰坡的决定,也都受风化层厚度的影响。

3. 风化速度的影响

不同的岩石其风化速度不同,如泥质岩和页岩比砂岩的风化速度要快得多;在砂页岩层中,常因岩石风化速度不同,造成路堑坡面的凹凸不平,甚至坍塌、落石等路基病害。所以,对处于容易风化的泥岩、页岩或软硬相间分布的路基地段,要在路基边坡开挖后,应立即进行防护工程,以免风化继续发展造成病害。

3.2.3　岩石风化的防治措施

1. 防治岩石风化的措施

为制定防治岩石风化的正确措施,首先必须查明建筑场地影响岩石风化的主要地质营力、风化作用的类型、岩石风化的速度、风化壳垂直分带及其空间分布、各风化带岩石的物理力学性质,同时必须了解建筑物的类型、规模及其对地质体的要求。

防治岩石风化的措施一般包括两个方面:一是对已风化产物的合理利用与处理;二是防止岩石进一步风化。

(1) 对已风化岩石的处理措施

① 清除风化岩石

当风化壳厚度较小,施工简单时,可将风化岩石全部挖除,使重型建筑物基础砌置在稳妥可靠的新鲜基岩上。

② 锚杆、水泥灌浆加固

当风化壳厚度虽较大,但经过处理后在经济上和效果上比挖除合理时,则不必挖除。如地基强度不能满足要求,可用锚杆或水泥灌浆加固,以加强地基岩体的完整性和坚固性。若为水工建筑物地基防渗要求,则可用水泥、沥青、黏土等材料进行防渗帷幕灌浆处理。

③ 必要的支挡、加固和防排水

开凿于强风化带中的边坡和地下洞室,应进行支挡、加固、防排水等措施,以确保施工及应用期间边坡岩体及洞室围岩的稳定性。

(2) 预防岩石风化的措施

预防岩石风化的基本思想是:通过人工处理后,使风化营力与被保护岩石隔离开,以使岩石免遭继续风化;降低风化营力的强度,以减慢岩石风化的速度。

① 在被保护的岩石表面用黏土或砂土铺盖。

② 用灌浆充填岩石空隙。

③ 当风化速度较快的岩石作为地基时,基坑开挖至设计高程后,立即浇注基础,回填封闭。

3.2.4 残积层

残积层是经各种风化作用而未经搬运的残留在原地的风化层,主要是覆盖在基岩上面的风化碎屑物质。

残积层的物质成分与下伏基岩的成分有关。如基岩是酸性岩浆岩,则残积层中除含有由长石分解而成的黏土矿物外,以富含石英颗粒的砂土为其特征;若基岩是砂岩,则残积层多呈砂土状;如基岩为页岩、黏土质岩石时,则残积层为黏土状物质。此外,气候条件对残积层的性质亦有很大影响:如在物理风化作用为主的地区,多形成碎屑残积层;在化学风化作用为主的地区,则多形成黏土残积层。

残积层的特征是:残积层由带棱角的岩块、碎石、黏性土等组成,无层理,它的破碎程度在地表最严重,愈向下愈轻,逐渐地过渡到未经风化的新鲜基岩,所以岩性和成分与基岩有密切关系,如图 3-3。同时,残积层松散多孔,成分与厚度很不均匀一致,当含水量较高时,强度和稳定性都较差。

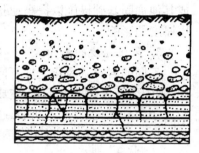

图 3-3 残积层剖面

任务 3.3 地表流水的地质作用分析

从陆地表面水流的不同动态来看,可将地表流水分为暂时性流水(如片流和洪流)和常年性流水(如河流)。暂时性流水是一种季节性、间歇性流水,它主要以大气降水为水源,所以一年中有时有水,有时干枯,如大气降水后沿山坡坡面或山间沟谷流动的水。常年性流水在一年中流水不断,它的水量虽然也随季节发生变化,但不会干枯无水,这就是通常所说的河流。一条暂时性流水的河谷,若能不间断地获得水源的供给,就会变成一条河流。暂时性流水与河流相互连接,脉络相通,组成统一的地表流水系统。

地表流水的地质作用主要包括侵蚀作用、搬运作用和沉积作用。

地表流水对坡面的洗刷作用及对沟谷及河谷的冲刷作用,均不断地使原有地面遭到破坏,这种破坏称为侵蚀作用。侵蚀作用造成地面大量水土流失、冲沟发展,引起沟谷斜坡滑塌、河岸坍塌等各种不良地质现象和工程地质问题。山区公路多沿河流前进,常修建在河谷斜坡和河流阶地上,因此,地表流水的侵蚀作用对公路工程的影响较大。

地表流水把地面被破坏的碎屑物质带走,称为搬运作用。搬运作用使被破碎的物质覆盖的新地面暴露出来,为新地面的进一步塑造创造了条件。在搬运过程中,被搬运物质对沿途地面加强了侵蚀。同时,搬运作用为沉积作用准备了物质条件。

当地表流水流速降低时,部分物质不能被继续搬运而沉积下来,称为沉积作用。沉积作用是地表流水对地面的一种建设作用,形成一些最常见的第四纪沉积层。第四纪沉积层生成年代最新,处于地壳最表层。工程建筑如果修筑在广阔的大平原上,往往遇到的就是第四纪沉积层。

3.3.1 暂时流水的地质作用

地表暂时性流水是指大气降水和冰雪融化后在坡面上和沟谷中运动着的水,因此雨季是它发挥作用的主要时间,特别是在强烈的集中暴雨后,它的作用特别显著,往往造成较大灾害。

1. 坡面流水(片流)地质作用及坡积层(Q^{dl})

(1)片流和细流的洗刷作用

片流,也称"漫洪",是大气降雨或冰雪融化后在斜坡上形成的面状流水。其特性是流程小、时间短、面积大、水层薄。在重力作用下,片流沿整个坡面将其松散的风化物带至斜坡下部,使坡面上部比较均匀地呈面状降低的过程,称为面状洗刷作用。面状洗刷作用与风化作用交替进行,导致基岩裸露,加速了对坡面的破坏、侵蚀,植被稀疏的坡面上这种现象最为突出。

细流,是指片流向下流动时受到坡面上风化物的影响,逐渐汇集成股状流动的水体。这样,坡面上水流从片流的面状洗刷作用变成细流股状冲刷,便会出现一些细小的侵蚀沟——即地貌学中的"纹沟"。

(2)坡积层(物)及其工程地质性质

由坡面流水的洗刷作用形成的坡积层(或坡积物),是一种山区常见的第四纪陆相沉积层,它顺着坡面沿山坡的坡脚或凹坡呈缓倾斜裙状分布,称为坡积裙。坡积层具有下述特征。

① 坡积层的厚度变化很大。就其本身来说,一般是中下部较厚,向山坡上部逐渐变薄以至尖灭。

② 坡积层多由碎石和黏性土组成,其成分与下伏基岩无关,而与山坡上部基岩成分有关。

③ 坡积物未经长途搬运,碎屑棱角明显,分选性差,坡积层层理不明显。

④ 坡积层松散、富水,作为建筑物地基强度很差。坡积层很容易滑动,坡积层下原有地面愈陡,坡积层中含水愈多,坡积层物质粒度愈小、黏土含量愈高,则愈容易发生坡积层滑坡。

除了下伏的基岩顶面的坡度平缓以外,坡积层多处于不稳定状态。实践证明,山区傍坡路线挖方边坡稳定性的破坏,大部分是在坡积层中发生的。影响坡积层稳定性的因素,主要有以下三个方面:① 下伏基岩顶面的倾斜程度;② 下伏基岩与坡积层接触带的含水情况;③ 坡积层本身的性质。

当坡积层的厚度较小时,其稳定程度首先取决于下伏岩层顶面的倾斜程度;而当坡积层与下伏基岩接触带有水渗入而变得软弱湿润时,将明显减低坡积层与基岩顶面的摩阻力,更易引起坡积层发生滑动。坡积层内的挖方边坡在久雨之后易产生坍方。

2. 山洪急流的地质作用及洪积层(Q^{pl})

山洪急流又称洪流或山洪,是暴雨或大量积雪消融时所形成的一种水量大、流速快并夹带大量泥沙于沟槽中运动的水流。山洪大多沿着凹形汇水斜坡向下倾泻，具有巨大的流量和流速，对它所流经的沟底和沟壁发生显著的破坏过程，称为洪流冲刷作用。由冲刷作用形成的沟谷，叫冲沟。洪流把冲刷下来的碎屑物质夹带到山麓平原或沟谷口堆积下来，形成洪积层。

（1）冲沟

如果地表岩石和土比较疏松、裂隙发育，地貌坡度较陡，加上地貌植被覆盖少，极易形成冲沟。人为的不合理开发等也能促进冲沟的发生和发展（图 3-4）。在冲沟发育的地区，地形变得支离破碎，路线布局往往受到冲沟的控制，由于冲沟的不断发展，截断路基，中断交通，或者由于洪积物掩埋道路，淤塞涵洞，影响正常运输。

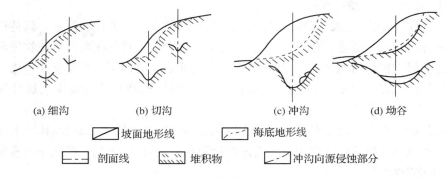

(a) 细沟　　　　　(b) 切沟　　　　　(c) 冲沟　　　　　(d) 坳谷

⟋ 坡面地形线　　　⤳ 海底地形线

⊏⊐ 剖面线　　　▨ 堆积物　　　⤳ 冲沟向源侵蚀部分

图 3-4　冲沟的形成和发展

冲沟的发展，是以溯源侵蚀（或向源侵蚀，详见本节"3.3.2 河流的地质作用"）的方式由沟头向上逐渐延伸扩展的。在厚度较大的均质土分布地区，冲沟的发展大致可分为冲槽阶段、下切阶段、平衡阶段、休止阶段四个阶段。

① 冲槽阶段（或细沟阶段）

地表流水顺斜坡由片流逐渐汇集成细流后，使纹沟扩大而形成沟槽［图 3-4(a)］，细沟的规模不大，宽<0.5 m，深 0.1～0.4 m，长数米或十余米。沟底的纵剖面与斜坡坡形基本一致，沟形不太固定，易造成水土流失。

细沟是冲沟的开始，若遍布于公路两侧任其发展，则会淤塞边沟，毁损路面，进而破坏路基。在此阶段，只要填平沟槽，不使坡面水流汇集，种植草皮保护坡面，即可制止细沟的发育。

② 下切阶段（或切沟阶段）

细沟进一步发展，下切加深形成切沟［图 3-4(b)］。切沟的宽、深均可以达到 1～2 m，沟长稍短于斜坡长。沟底纵剖面已有一部分与斜坡面不一致，沟头出现陡坎，下部蚀空，上部坍落，沟缘明显。在横剖面上，上段窄，呈"V"字形，下段宽，呈"U"字形；在沟口平缓地带开始有洪积物堆积。

在切沟发育地带，路线应避免从沟顶附近的沟壁通过，若从切沟的中下部通过，也应在沟顶修截水沟，以防向源侵蚀的延伸；或在沟头设置多级跌水石坎以减缓水的速度，降低冲刷下切力；在沟底可以采用铺石加固。

③ 平衡（冲沟）阶段

切沟进一步下切加深、加宽，向源头方向伸长，逐渐发展而形成冲沟［图 3-4(c)］。这一阶段,向源侵蚀已大为减缓或接近停止,沟床下切的纵剖面已达到平衡,但侧向侵蚀仍在进行,沟壁常有崩塌发生,沟槽不断加宽;在平缓的坡地上常形成密集的冲沟网。

平衡阶段的冲沟,其长度可达数公里或数十公里,深度和宽度达数米或数十米,有的可达数百米;沟底的平衡剖面呈凹形,上陡下缓,悬沟陡坎已经消失,沟底开始有洪积物堆积,沟壁常有坠积和坡积物。

在冲沟中展线设路,路基、桥涵设置的高度应在洪水位以上,桥涵孔径应大于沟谷的排洪量;对进、出沟的路线布设,应加固沟壁,防止侧蚀水毁路基及切坡后内边坡壁的失稳,以防止崩塌和滑坡的发生。

④ 休止(坳谷)阶段

冲沟进一步发展,沟坡由于崩塌及面状流水洗刷,逐渐变得平缓,沟底有较厚的洪积物堆积,并生长有植物或已垦为田园耕地[图3-4(d)]。坳谷底部宽阔平缓,横剖面呈浅而宽的"U"形,沟缘呈浑圆形。坳谷是冲沟的衰老期,或称为死冲沟。在坳谷的谷坡上可能有新的冲沟在发生和发展。在坳谷地区布设路线,除地形上应加考虑外,对公路工程已无特殊影响。

(2)洪积层

洪积层是由山洪急流搬运的碎屑物质组成的。当山洪夹带大量的泥沙、石块流出沟口后,由于沟床纵坡变缓,地形开阔,水流分散,流速降低,搬运能力骤然减小,所挟带的石块岩屑、砂砾等粗大碎屑先在沟口堆积下来,较细的泥沙继续随水搬运,多堆积在沟口外围一带。由于山洪急流的长期作用,在沟口一带形成扇形展布的堆积体,即为洪积扇。洪积扇的规模逐年增大,有时与邻谷的洪积扇互相连接起来,形成规模更大的洪积裙或洪积冲积平原。它也是第四纪陆相沉积物中的一种类型。

洪积层具有以下主要特征:组成物质分选不良,粗细混杂,碎屑物质多带棱角,磨圆度不佳;有不规则的交错层理、透镜体、尖灭及夹层等;山前洪积层由于周期性的干燥,常含有可溶性盐类物质,在土粒和细碎屑间,往往形成局部的软弱结晶联结,但遇水后,联结就会破坏。

在空间分布上,靠近山坡沟口的粗碎屑沉积物,空隙大,其透水性强,地下水埋藏深,压缩性小,有较高的承载力,是良好的天然地基;洪积层外围地段细碎屑沉积物,以粉砂和黏性土为主,如果在沉积过程中受到周期性的干燥,黏土颗粒产生凝聚并析出可溶盐时,则其结构较密实,承载力也较高;在沟口至外围的过渡带,多为砂砾黏土交错,由于受前沿地带细颗粒土(其渗透性极小)的影响,在此地带常有地下水溢出,水文地质条件差,对工程建筑不利,见图3-5。

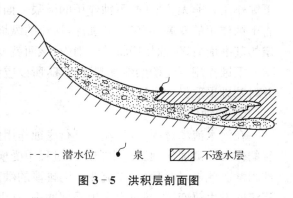

----- 潜水位　　• 泉　　▨ 不透水层

图3-5　洪积层剖面图

从地形上看,洪积层是有利于工程建筑的。洪积层(物)的工程地质性质,是影响公路构造物建筑条件的重要因素之一。在洪积层上修筑公路,首先要注意洪积层的活动性。正在活动的洪积层,每当暴雨季节,山洪急流会对路基产生直接冲刷,同时将发生新的洪积物沉积等种种病害问题。对于已停止活动的洪积层,应充分查清其物质成分及分布情况、地表水及地下水情况,评价公路通过洪积物不同部位的工程地质条件。野外识别洪积层的活动性的方法之一是观察植物生长情况,通常正在发展的洪积层上很少生长植物,已固定的洪积层上则有草或其他植被。

3.3.2 河流的地质作用

河流是指具有明显河槽的常年性的水流,由河流作用所形成的谷地称为河谷。

1. 河流的侵蚀、搬运和沉积作用

根据水文动态,河流可分为常流河和间歇河。在一个水文年度内,河水过程可划分为枯水期、平水期和洪水期。洪水期一般持续时间较短,但其流量和含沙量都远远超过平水期,是河流侵蚀、搬运和堆积作用进行得最活跃的时期。河谷形态的塑造及冲积物的形成,主要发生在洪水期。

(1)侵蚀作用

河流以河水及其所携带的碎屑物质,在流动过程中冲刷破坏河谷,不断加深和拓宽河床的作用称河流的侵蚀作用,按其作用方式的不同,包括机械侵蚀和化学溶蚀两种。机械侵蚀是河流侵蚀作用的主要方式,后者只在可溶岩类分布地区的河流才表现得比较明显。按照河流侵蚀作用的方向,分为底蚀作用和侧蚀作用。

① 底蚀作用

河水在流动过程中使河床逐渐下切加深的作用,称为河流的底蚀作用,又称下蚀作用。河水挟带固体物质对河床的机械破坏,是河流下蚀的主要因素。其作用强度取决于河水的流速和流量,同时也与河床的岩性和地质构造有密切的关系。河流下蚀作用总是从河的下游向河流源头方向扩展伸长,这种溯源推进的侵蚀过程称为溯源侵蚀,又称向源侵蚀。向源侵蚀的结果使河流加长,同时扩大了河流的流域面积、改造河间分水岭的地形并发生河流袭夺现象。

底蚀作用使河床不断加深,切割成槽形凹地,形成河谷。在山区,河流底蚀作用强烈,可形成深而窄的峡谷。例如金沙江虎跳峡,谷深达 3 000 m;长江三峡,谷深达 1 500 m。河流下蚀作用并非无止境的,下蚀作用的极限平面称为侵蚀基准面,如海平面、湖面等。因为随着下蚀作用的发展,河床不断加深,河流的纵坡逐渐变缓,流速降低,侵蚀能量削弱,达到一定的基准面后,侵蚀作用将趋于消失,该面就成为河流的侵蚀基准面。

下蚀作用可使桥梁地基遭受破坏,所以应将这些建筑物基础砌置深度大于下蚀的深度,并对基础采取保护措施。

② 侧蚀作用

在河水流动过程中,河流在进行底蚀作用的同时,河水在水平方向上冲刷两岸、拓宽河谷的作用即侧蚀作用。河水在运动过程中受横向环流的作用,是促使河流产生侧蚀的经常性因素。此外,如河水受支流或支沟排泄的洪积物以及其他重力堆积物的障碍顶托,致使主流流向发生改变,引起对岸产生局部冲刷,这也是一种在特殊条件下产生的河流侧蚀现象。在天然河道上能形成横向环流的地方很多,但在河湾部分最为显著[图 3-6(a)]。当运动的河水进入河湾后,由于受离心力的作用,表层流束以很大的流速冲向凹岸,使之冲刷变陡、后退;又由于凹岸水面相对压强增高,产生凹岸压向凸岸的底流,同时将在凹岸冲刷所获得的物质带到凸岸堆积下来[图 3-6(b)]。结果,由于横向环流的作用,使凹岸不断受到强烈冲刷,凸岸不断发生堆积,结果使河湾的曲率增大,并受纵向流的影响,使河湾逐渐向下游移动,因而导致河床发生平面摆动。古语说"三十年河东,三十年河西"描述的就是这种现象。这样天长日久,整个河床就被河水的侧蚀作用逐渐地拓宽。

通常侧蚀和下蚀作用是同时进行的,但是在下蚀作用十分强烈的情况下,侧蚀作用不是十分明显。随着下蚀作用的减弱,扩展河床的侧向侵蚀加强,甚至在下蚀作用完全停止的时候侧蚀还仍然在继续。

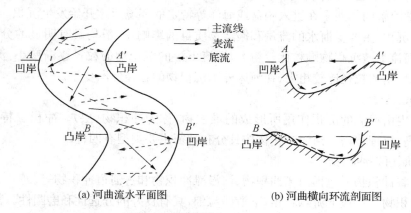

(a) 河曲流水平面图　　　(b) 河曲横向环流剖面图

图 3-6　河道横向环流示意图

山区河谷中,河道弯曲产生的"横向环流",对沿凹岸所布设的公路边坡所产生"水毁",而导致"局部断路"的现象常有发生。

平原地区的曲流对河流凹岸的破坏更大。河流侧蚀的不断发展,致使河流一个河湾接着一个河湾,并使河湾的曲率越来越大,河流的长度越来越长,使河床的比降逐渐减小,流速不断降低,侵蚀能量逐渐削弱,直至常水位时已无能量继续发生侧蚀为止。这时河流所特有的平面形态,称为蛇曲。有些处于蛇曲形态的河湾,彼此之间十分靠近,一旦流量增大,会截弯取直,流入新开拓的局部河道,而残留的原河湾的两端因逐渐淤塞而与原河道隔离,形成封闭的静水湖泊,称牛轭湖。受淤积影响,致使牛轭湖逐渐成为沼泽,以至消失。

沿河布设的公路,往往由于河流的侧蚀及水位变化,路基常发生水毁现象,特别是在河湾凹岸地段,最为显著。所以,在确定路线具体位置时,必须加以注意。由于河湾部分横向环流作用明显加强,易发生坍岸,并产生局部剧烈冲刷和堆积作用,河床易发生平面摆动,因此,对桥梁建筑也是很不利的。

(2) 搬运作用

河流在流动过程中沿途冲刷侵蚀下来的物质(泥沙、石块等)离开原地的移动作用,称为搬运作用。河流的侵蚀和堆积作用,在一定意义上都是通过搬运过程来实现的。河水搬运能量的大小,取决于河水的流量和流速,在流量相同时,流水搬运物质的颗粒大小和重量受流速的影响。因此,所搬运物质的颗粒一般是上游颗粒较粗,越向下游颗粒越细,这就是河流的分选作用。

河流搬运的物质,主要来自谷坡洗刷、崩落、滑塌下来的产物和冲沟内洪流冲刷出来的产物,其次是河流侵蚀河床的产物。在搬运的过程中,被搬运的物质与河床摩擦或相互之间碰撞,带棱角的颗粒就变成了圆形或亚圆形的颗粒,例如石块变成了卵石、圆砾。河流的搬运作用有浮运、推移和溶运三种形式。一些颗粒细和密度小的物质悬浮于水中随水搬运。比较粗大的沙子、砾石等,主要受河水冲击,沿河底推移前进。在含可溶性物质的河流里,河水搬运以溶运为主。

（3）沉积作用

河流搬运物在河水中沉积下来的过程称为沉积作用。河流在运动过程中,能量不断受到损失而减小,当河水夹带的泥沙、砾石等搬运物质超过了河水的搬运能力时,被搬运的物质便在重力作用下逐渐沉积下来,形成河流冲积层。河流沉积物几乎全部是泥沙、砾石等机械物,而化学溶解的物质多在进入湖盆或海洋等特定的环境后才开始发生沉积。

河流的沉积,主要受河水的流量和搬运物质量的影响,一般均具有明显的分选性,从总的情况看,河流上游沉积物颗粒比较粗大,河流下游的沉积物的粒径逐渐变小,流速较大的河床部分沉积物的粒径比较粗大,在河床外围沉积物的粒径逐渐变小。

2. 冲积层（Q^{al}）

在河谷内由河流的沉积作用所形成的堆积物,称为冲积物（层）。冲积层特征:分选性好,磨圆度高,层理清晰。河流冲积物按其分布特征主要类型有四种。

（1）平原河谷冲积物

平原河谷冲积物 包括河床冲积物、河漫滩冲积物和古河道冲积物等。

河床冲积物 一般上游颗粒粗,下游颗粒细,具有良好的分选性和磨圆性。其中较粗的砂和砾石层是良好的天然地基。

河漫滩冲积物 常具有二元结构,即下层为粗颗粒土,上层为泛滥形成的细粒土,局部有腐殖土。

古河道冲积物 由河流截弯取直改道以后的牛轭湖逐渐淤塞而成。这种冲积物存在较厚的淤泥、泥炭土,由于压缩性高、强度低,为不良地基。

（2）山区河谷冲积物

山区河谷冲积物多为漂石、卵石和砾石等,山区河谷一般流速大而河床的深度小,故冲积物的厚度一般不超过 15 m。在山间盆地和宽谷中的河漫滩冲积物,主要是含泥的砾石,具有透镜体和倾斜层理。

（3）山前平原洪积冲积物

山前平原堆积物一般常有分带性,即近山一带为冲积和部分洪积的粗粒物质组成,而向平原低地逐渐变为砾砂、砂土和黏性土。

（4）三角洲冲积物

三角洲冲积物是河流所搬运的大量物质在河口沉积而成的。三角洲沉积物的厚度很大,能达几百米,面积也很大。其冲积物大致可分为三层:顶积层沉积颗粒较粗;前积层颗粒变细;底积层颗粒更细.并平铺海底。三角洲冲积物颗粒细,含水率大,呈饱和状态,承载力较低。由于冲积层分布广,表面坡度比较平缓,多数大、中城市都坐落在冲积层上;公路也多选择,在冲积层上通过。作为工程建筑物的地基,砂、卵石的承载力较高,黏性土较低。特别应当注意冲积层中两种不良沉积物,一种是软弱土层,比如牛轭湖、泥炭等;另一种是容易发生流沙的细、粉砂层等。当修筑公路时遇到不良沉积物应当采取专门的设计和施工措施。

冲积层中的卵石、砾石和砂常被选作建筑材料。厚度稳定、延续性好的卵石、砾石和砂层是丰富的含水层,可以作为良好的供水水源。

3. 河谷地貌

河谷是在流域地质构造的基础上,经河流的长期侵蚀、搬运和堆积作用逐渐形成和发展起来的一种地貌。由于路线沿河谷布设,可使路线具有线形舒顺、纵坡平缓、工程量小等优点,所以河谷通常是山区公路争取利用的一种有利的地貌类型。

(1) 典型的河谷地貌

河谷一般都具有如图 3-7 所示的几个形态要素。

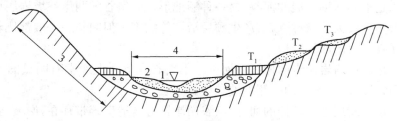

图 3-7　河谷横断面形态要素

1—河床;2—河漫滩;3—谷坡;4—谷底;T_1、T_2、T_3—阶地

① 谷底。是河谷地貌的最低部分,地势一般较平坦,其宽度为两侧谷坡坡麓之间的距离。谷底上分布有河床及河漫滩。河床是在平水期间为河水所占据的部分,河漫滩是在洪水期间才为河水淹没的河床以外的平坦地带。其中每年都能为洪水淹没的部分称低河漫滩;仅为周期性多年一遇的最高洪水所淹没的部分称高河漫滩。

② 谷坡。是高出谷底的河谷两侧的坡地。谷坡上部的转折处称为谷缘,下部的转折处称为坡脚或坡麓。

③ 阶地。是沿着谷坡走向呈条带状分布或断断续续分布的阶梯状平台。阶地有多级时,从河漫滩向上依次称为一级阶地、二级阶地、三级阶地等。每级阶地都有阶地面、阶地前缘、阶地后缘、阶地斜坡和阶地坡麓等要素(图 3-8)。在通常情况下,阶地面有利于布设线路,但有时为了少占农田或受地形等限制,也常在阶地坡麓或阶地斜坡上设线。还应指出,并不是所有的河流或河段都有阶地,由于河流的发展阶段以及河谷所处的具体条件不同,有的河流或河段并不存在阶地。

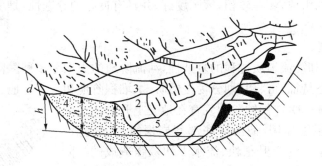

图 3-8　河流阶地的形态要素

1—阶地面;2—阶坡(陡坎);3—前缘;4—后缘;5—坡脚;

h—阶地平均高度;h_1—缘缘高度;h_2—后缘高度

（2）河谷的分类

① 按河谷的发展阶段。分为未成形河谷、河漫滩河谷和成形河谷。

② 按河谷走向与地质构造的关系。分为背斜谷、向斜谷、单斜谷、断层谷、横谷与斜谷等。

背斜谷　是沿背斜轴伸展的河谷，是一种逆地形。背斜谷多是沿长裂隙发育而成，尽管两岸谷坡岩层反倾，但因纵向构造裂隙发育，谷坡陡峻，所以岩体稳定性差，易产生崩塌。

向斜谷　是沿向斜轴伸展的河谷，是一种顺地形。向斜谷的两岸谷坡岩层均属顺倾，在不良的岩性和倾角较大的条件下，易产生顺层滑坡等病害。但向斜谷一般都比较开阔，使线路位置的选择有较大的回旋余地。

单斜谷　是沿单斜岩层走向伸展的河谷。单斜谷在形态上通常有明显的不对称性，岩层反倾的一侧谷坡较陡，顺倾的一侧谷坡较缓。

断层谷　是沿断层走向延伸的河谷，河谷两岸常有构造破碎带存在，岸坡岩体的稳定取决于构造破碎带岩体的破碎程度。

以上四种河谷，共同点是河谷的走向与构造线的走向一致，也可以称之为纵谷，而横谷和斜谷就是河谷的走向与构造线垂直或斜交。就岩层的产状条件来说，它们对谷坡的稳定性是有利的，但谷坡一般比较陡峻，在坚硬岩石分布地段，多呈峭壁悬崖地形。

（3）河流阶地

① 阶地的成因

河流阶地是在地壳的构造运动与河流的侵蚀、堆积的综合作用下形成的。过去不同时期的河床及河漫滩，由于地壳上升运动，河流下切使河床拓宽，被抬升高出现今洪水位之上，呈阶梯状分布于河谷谷坡之上的地貌形态，称为河流阶地。当地壳上升或侵蚀基准面相对下降时，河漫滩位置将不断相对抬高，并有新的阶地和河漫滩形成。由于第四纪（Q）构造运动的特点为"震荡式间歇性上升运动"，从而在河谷中形成多级阶地。河流阶地的存在就成为地壳新构造运动的强有力证据。由此可知，在河谷中阶地为依次向上，分别为一级阶地、二级阶地、三级阶地等，阶地愈高的形成时代愈老。

河流阶地是一种分布较普遍的地貌类型。阶地上保留着大量的第四纪冲积物，主要由泥沙、砾石等碎屑物组成，颗粒较粗，磨圆度好，并具有良好的分选性，是房屋、道路等建筑的良好地基。

② 阶地的类型

由于构造运动和河流地质过程的复杂性，河流阶地的类型是多种多样的，一般根据阶地的成因、结构和形态特征，可将其划分为侵蚀阶地、堆积阶地和基座阶地三种类型。

侵蚀阶地（图 3-9）　侵蚀阶地发育在地壳上升的山区河谷中，是由河流的侵蚀作用，使河床底部基岩裸露，并拓宽河谷，侵蚀阶地是由于地壳上升很快、流水下切极强造成的。阶地面上没有或很少有冲积物覆盖，即使保留有薄层冲积物，在阶地形成后也会被地表流水冲刷而消失。

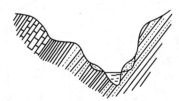

图 3-9　侵蚀阶地

堆积阶地（图 3-10）　堆积阶地是由河流的冲积物组成的，所以又称冲积阶地。这种阶地多见于河流的中、下游地段。当河流侧向侵蚀，河谷拓宽，同时，谷底发生大量堆积，形成宽阔的河漫滩，然后由于地壳上升,河水下切而形成了堆积阶地。第四纪以来形成的堆积阶地,除了更新统的冲积物具有较低的胶结成岩作用外,一般的冲积物均呈松散状态、易遭受河水冲刷,因而影响阶地的稳定。

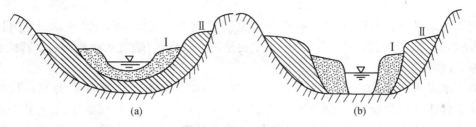

图 3-10 堆积阶地

基座阶地(图 3-11) 基座阶地是河流的沉积作用和下切作用交替进行下形成的。在侵蚀阶地面上覆盖了一层冲积物,再经地壳上升河水下切,切入了下部基岩以内一定深度而形成的。也就是侵蚀阶地与堆积阶地的复合式,也称侵蚀—堆积阶地。阶地是由基岩和冲积层两部分组成的,基岩上部冲积物覆盖厚度一般比较小,整个阶地主要由基岩组成,所以称作基座阶地。

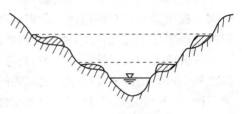

图 3-11 基座阶地

河谷地貌是山岭地区向分水岭两侧的平原呈缓慢倾斜的带状谷地,由于河流的长期侵蚀和堆积,成形的河谷一般都有不同规模的阶地存在。它一方面缓和了山谷坡脚地形的平面曲折和纵向起伏,有利于路线平纵面设计和减少工程量;另一方面又不易遭受山坡变形和洪水淹没的威胁,容易保证路基稳定。所以,通常阶地是河谷地貌中敷设路线的理想地貌部位。当有几级阶地时,除考虑过岭高程外,一般以利用一、二级阶地布设路线为好。

4. 河流地质作用与公路工程的关系

公路工程与河流关系非常密切。公路一般沿河前进,线路在河谷横断面上所处位置的选择,河谷斜坡和河流阶地上路基的稳定,也都与河流地质作用密切相关。公路跨过河流必须架设桥梁,桥梁墩台基础、桥渡位置选择都应充分考虑河流的地质作用。

对于沿河路线来说,一段线路位置的选择和路基在河谷横断面上位置的选择,从工程地质观点,主要包括边坡和基底稳定两方面。路线沿峡谷行进,路基多置于高陡的河谷斜坡上,经常会遇到崩塌、滑坡等边坡不良地质现象。路线沿宽谷或山间盆地行进,路基多置于河流阶地或较缓的河谷斜坡上,经常会遇到各种第四纪沉积层;路线在平原上行进,也常把路基置于冲积层上,常见的病害是受河流冲刷或路基基底含有软弱土层等。

对于桥梁,首先应该选择在河流顺直地段过河,以避免在河曲处过河遭受侧蚀影响而危及一侧桥台安全;应尽量使桥梁中线与河流垂直,以免桥梁长度增大。其次墩台基础位置应该选择在强度足够、安全稳定的岩层上。对于岩性软弱的土层、地质构造不良地带不宜设置墩台。墩台位置确定后,还必须准确决定墩台基础的埋置深度,埋置深度太浅会由于河流冲刷河底使基础暴露甚至破坏;埋置过深将大大增加工程费用和工期等。

任务 3.4　地下水的地质作用分析

埋藏在地表下土中孔隙、岩石孔隙和裂隙、岩石空洞中的水,称为地下水。它可以呈各种物理状态存在,但大多呈液态。地下水主要是由大气降水、融雪水和地表水沿着地表岩石的孔隙、裂隙和空洞渗入地下而形成的。

地下水是水资源的重要组成部分,水量约为地球上各种水体总量的 4.1%,仅次于海洋。从工程建设的角度来看,地下水的活动不仅对岩石和土产生机械破坏,而且作为一种溶剂还会使岩石产生化学侵蚀,尤其是对可溶性岩石的溶蚀作用更强烈。地下水的活动,能使土体和岩体的强度和稳定性削弱,以致产生滑坡、地基沉陷、道路冻胀和翻浆等不良现象,给公路工程建筑和正常使用造成危害;同时,地下水含有的侵蚀性物质 CO_3^{2-}、Cl^-、SO_4^{2-} 等对混凝土产生化学侵蚀作用,使其结构破坏。

在公路工程的设计和施工中,当考虑路基和隧道围岩的强度与稳定性、桥梁基础的砌置深度和基坑开挖深度及隧道的涌水等问题时,都必须研究有关地下水的问题,如地下水的埋藏条件、地下水的类型、地下水的理化性质、地下水的活动规律等,保证建筑物的稳定和正常使用。

3.4.1　地下水的基本知识

1. 地下水的来源

(1) 渗透水

大气降水、冰雪消融水、各种地表水都要通过土、岩石的孔隙和裂隙向下渗透而形成地下水。大气降水是地下水的主要补给源,年降水量是影响降水补给地下水的决定因素之一。年降水量越大,则入渗补给含水层的比值越大,降雨强度、降雨时间、地形、植被发育情况等亦影响大气降水对含水层的补给量。地表水也是地下水的主要来源,河水补给量的大小与河床透水性、河水位与地下水位的高差等有关。

(2) 凝结水

大气中的水蒸气在土或岩石空隙中遇冷凝结而成水滴渗入地下而成地下水,它是干旱或半干旱地区地下水的主要来源。

(3) 其他补给源

岩石形成过程中储存的水,比如原生水、封存水等。

2. 地下水的存在形式

岩土空隙中存在着各种形式的水,按其物理性质的不同,可以分为气态水、液态水和固态水。

(1) 气态水

以水蒸气状态和空气一起存在于岩石和土层的孔隙、裂隙中,常由水汽压力大的地方向水汽压力小的地方移动。气态水对岩土体的强度和性质无太大的影响。

(2) 固态水

指埋藏在常年温度 0℃ 以下的冻土中的冰。因为水冻结时体积膨胀,所以冬季在许多地方会有冻胀现象。土中水的冻结与融化影响着土的工程性质。

（3）液态水

① 结合水

由于岩石、土的颗粒以分子吸引力和静电引力将液态水牢固吸附在颗粒表面,这种水称为吸着水;在吸着水外围,水分子仍受静电引力的作用,被吸附在颗粒表面构成水膜,称为薄膜水。吸着水和薄膜水统称结合水,它们具有一定的抗剪强度,必须施加一定的外力才能使其发生变形,结合水的抗剪强度由内层向外层逐渐减弱。

② 毛细水

在岩石、土体细小孔隙、裂隙中,由于受表面张力和附着力的支持而充填的水,称毛细水,当两者的力量超过重力时,毛细水能上升到地下水面以上的一定高度。通常,土中直径小于 1 mm 的孔隙为毛细孔隙;岩石中宽度小于 0.25 mm 的裂隙为毛细裂隙。毛细水对土体的性质影响较大。

③ 重力水

岩石、土体中孔隙、裂隙完全被水充满时,在重力作用下能够自由流动的水,称重力水,重力水是构成地下水的主要部分。

3. 地下水的形成条件

地下水是在一定自然条件下形成的,它的形成与岩石、地质构造、地貌、气候、人为因素等有关。

（1）地质条件

岩石的空隙性是形成地下水的先决条件,它主要指岩土中的孔隙和裂隙大小、数量及连通情况等。按照岩土层透水性不同分为透水层和隔水层。孔隙和裂隙大而多,能使地下水流通过的岩土层,称为透水层。当透水层被水充满时称为含水层,含水层可以储存和供给并透过相当数量的水,比如砂岩层、砾岩层、石灰岩层等。孔隙和裂隙面少而小,透水很少或不透水的致密岩土层,称为不透水层或称隔水层,如页岩层、泥岩层等,如图 3-12 所示。

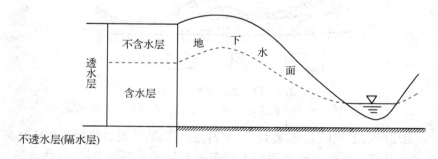

图 3-12　地下水储水构造示意图

地质构造对岩层的裂隙发育起着控制作用,因而影响着岩石的透水性。地质构造发育地带,岩层透水性增强,常形成良好的蓄水空间,如致密的不透水层,当其位于褶曲轴附近时可因裂隙发育而强烈透水,断层破碎带是地下水流动的通道。

（2）气候条件

气候条件对地下水的形成有着重要的影响,如大气降水、地表径流、蒸发等方面的变化将影响到地下水的水量。

（3）地貌条件

不同的地貌条件对地下水的形成关系密切。一般在平原、山前区易于储存地下水，形成良好的含水层；在山区一般很难储存大量的地下水。

（4）人为因素

比如大量抽取地下水，会引起地下水位大幅下降；修建水库，可促使地下水位上升等。

3.4.2 地下水的基本类型

为了有效地利用地下水和对地下水某些特征进行深入研究，必须进行地下水分类。地下水按埋藏条件可划分为包气带水、潜水和承压水三类。根据含水层空隙的性质可将地下水划分为孔隙水、裂隙水和岩溶水三类。

1. 地下水按埋藏条件分类

（1）包气带水

在地表往下不深的地带，土、岩石的空隙未被水充满，而含有相当数量的气体，故称为包气带。包气带水指位于潜水面以上包气带中的地下水，按其存在形式可分上层滞水和毛细水。

① 上层滞水

当包气带存在局部隔水层时，在局部隔水层上积聚具有自由水面的重力水，称为上层滞水。其隔水层主要是弱透水或不透水的透镜体黏土或亚黏土，它们能阻止水的下渗而成季节性的地下水（图3-13）。上层滞水分布接近地表，补给区与分布区一致，接受大气降水或地表水的补给，以蒸发形式排泄或向隔水底板边缘排泄。其分布范围很小，水量一般不大且随季节变化显著，雨季出现，旱季消失，极不稳定。水质变化较大，一般易受污染。

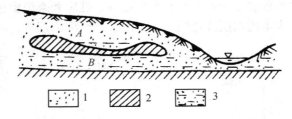

图3-13 上层滞水图示意图
A—上层滞水；B—潜水；1—透水砂层；2—隔水层；3—含水层

在雨季，上层滞水水位的上升，能使土、岩石强度降低，造成道路翻浆和导致路基稳定性的破坏。在基坑开挖工程中也经常遇到上层滞水突然涌入基坑的情况，妨碍施工，应注意排除。

② 毛细水

指埋藏在包气带土层中的水，主要以结合水和毛细水形式存在。它们靠大气降水的渗入、大气的凝结及潜水由下而上的毛细作用的补给。其中的毛细水由于地下潜水位上升，毛细水上升高度增大，常导致冻胀、翻浆现象发生，在路基设计中应充分重视。

（2）潜水

饱和带中第一个稳定隔水层之上、具有自由水面的含水层中的重力水，称为潜水。一般多储存在第四纪松散沉积物中，也可形成于裂隙性或可溶性基岩中。潜水没有隔水顶板，潜水的自由表面,称为潜水面。潜水面上任一点的高程称为该点的潜水位。从潜水面到地表的铅直距离为潜水埋藏深度,潜水面到隔水层顶板的铅直距离称为潜水含水层的厚度(图3-14)。潜水含水层的分布范围称为潜水的分布区,大气降水或地表水渗入补给潜水的地区称为潜水的补给区,潜水出流的地方称潜水排泄区。

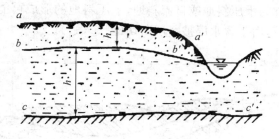

图3-14　潜水示意图

aa'—地表面;bb'—潜水面;cc'—隔水层;h_1—潜水埋藏深度;h—含水层厚度

① 潜水的主要特征

潜水含水层自外界获得水量的过程称补给。潜水通过包气带接受大气降水、地表水等补给,旱季时,潜水以蒸发的形式排入大气中,一般情况下潜水分布区与补给区一致。潜水的水位、水量和水质随季节不同而有明显的变化。在雨季,潜水补给充沛,潜水位上升,含水层厚度增大,埋藏深度变小;而枯水季节正好相反,所以潜水的动态具有明显的季节变化特征。

潜水由补给区流向排泄区的过程称为径流,潜水在重力作用下,由水位高的地方向水位低的地方径流。影响潜水径流的因素,主要是地形坡度、切割程度及含水层透水性。如果地面坡度大,地形切割较强烈、含水层透水性好,则径流条件较好,反之则差。

潜水含水层失去水量的过程称排泄。潜水的排泄通常有两种方式:一种是水平排泄,以泉的方式排泄或流入地表水等;另一种是垂直排泄,通过包气带蒸发进入大气,在干旱、半干旱地区,由于地下水的蒸发使地表土易于盐渍化。

潜水从补给到排泄是通过径流来完成的。因此,潜水的补给、径流和排泄组成了潜水运动的全过程。

② 潜水等水位线图

在公路的设计和施工中,为了弄清楚潜水的分布状态,需要绘制潜水等水位线图,即潜水面等高线图,它是潜水面上高程相同的点联结而成的(图3-15)。

(3) 承压水

充满于两个稳定隔水层之间、含水层中具有承压性质的重力水,称为承压水。承压水有上下两个稳定的隔水层,上面的称隔水层顶板,下面的称隔水层底板,隔水层顶、底板之间的距离为含水层厚度。因为有稳定的隔水顶板,所以可以明显地划分出补给区、承压区和排泄区三部分。

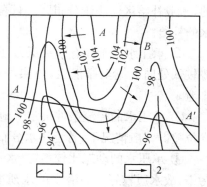

图3-15　潜水等水位线图

1—潜水等水位线;2—潜水流向

承压性是承压水的一个重要特征,承压水如果受地质构造影响或钻孔穿透隔水层时,地下水就会受到水头压力而自动上升,甚至喷出地表形成自流水。

最适宜形成承压水的地质构造有向斜构造和单斜构造两类。地下水处于向斜构造或适宜于承压水形成的盆地构造称为承压盆地(图 3 - 16),如四川盆地是典型的承压盆地;埋藏有承压水的单斜构造称为承压斜地或自流斜地,承压斜地的形成可能是由于含水层岩性发生相变或尖灭,也可能是由于含水层被断层所切(图 3 - 17)。

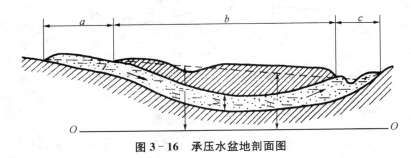

图 3 - 16　承压水盆地剖面图

a—承压水补给区;b—承压水承压区;c—承压水排泄区

M—承压水含水层厚度;H_1—正水头;H_2—负水头

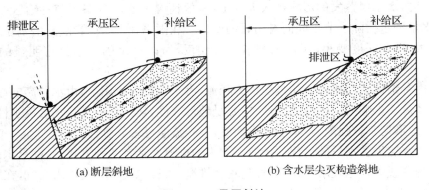

(a) 断层斜地　　　　　　　　(b) 含水层尖灭构造斜地

图 3 - 17　承压斜地

承压水与潜水相比具有如下特征。

① 承压水的上部由于有连续隔水层的覆盖,所以承压水的分布区和补给区是不一致的,一般补给区远小于分布区。只有在含水层直接出露的补给区,才能接受大气降水或地表水的补给。

② 承压水由于具有水头压力,所以它的排泄可以由补给区流向地势较低处,或者由地势较低处向上流至排泄区,以泉的形式出露地表,或者通过补给该区的潜水或地表水而排泄。

③ 承压水的径流条件决定于地形、含水层透水性、地质构造及补给区与分布区的承压水位差。一般情况下,若承压水分布广、埋藏浅、厚度大、空隙率高,水量就比较丰富且稳定。

④ 承压水的动态比较稳定,水量变化不大,主要原因是承压水受隔水层的覆盖,不易受污染,故水质较好。而潜水的水质变化较大,且易受到污染,对潜水的水源更应注意卫生保护。

在承压水地区开挖隧道、桥基时,应注意如果隔水层顶板的预留厚度不足时,会被承压水将隔水层顶板冲破成为"涌水"。在实际设计和施工时,应注意承压水的存在,预先做好防水工作和排水施工。

2. 地下水根据含水层空隙的性质分类

（1）孔隙水

孔隙水主要分布于第四系各种不同成因类型的松散沉积物中。其主要特点是水量在空间分布上相对均匀,连续性好。它一般呈层状分布,同一含水层的孔隙水具有密切的水力联系,具有统一的地下水面。

① 冲积物中的地下水

冲积物是河流沉积作用形成的。冲积物中地下水在埋藏、分布和水质、水量上的变化取决于冲积层的岩性、结构、厚度和构造上的变化。因此,它在河谷上、中、下游有很大差异。

河流上游峡谷内常形成砂砾、卵石层分布的河漫滩,厚度不大,河流上游冲积物中的地下水由河水补给,水量丰富,水质好,是良好的含水层,可作供水水源。

河流中游河谷变宽,形成宽阔的河漫滩和阶地。河漫滩常沉积有上细(粉细砂、黏性土)下粗(砂砾)的二元结构,有时上层构成隔水层,下层为承压含水层。含水层常由河水补给,水量丰富,水质好,也是很好的供水水源。但是,河漫滩和阶地位置地下水埋藏浅,不利于工程建设。

河流下游常形成滨海平原,松散沉积物很厚,常在 100 m 以上。滨海平原上部为潜水,埋深很浅,不利于工程建设。滨海平原下部常为砂砾石与黏性土互层,存在多层承压水。浅层承压水容易获得补给,水量丰富,水质好,是很好的开采层,但过量开采会引起地面沉降,同时,浅层承压水的水头压力威胁深基坑开挖和地下工程的施工。

② 洪积物中的地下水

洪积物是山区集中洪流携带的碎屑物在山口处堆积而形成的。洪积物广泛分布于山间盆地的周缘和山前的平原地带,常呈以山口为顶点的扇状地形,称为洪积扇。

从洪积扇顶部到边缘地形由陡逐渐变缓,洪水的搬运能力逐渐降低,因而沉积物颗粒由粗逐渐变细。根据地下水埋深、径流条件、化学特征等,可将洪积扇中的地下水大致分为三带:潜水深埋带、溢出带和潜水下沉带。

潜水深埋带　位于洪积扇的顶部,地形较陡,沉积物颗粒粗,多为卵砾石、粗砂,径流条件好,是良好的供水水源。

潜水溢出带　位于洪积扇中部,地形变缓,沉积物颗粒逐渐变细,由砂土变为粉砂、粉土,径流条件逐渐变差。上部为潜水,且埋深浅,常以泉或沼泽的形式溢出地表,下部为承压水。

潜水下沉带　处于洪积扇边缘与平原的交接处,地形平缓,沉积物为粉土、粉质黏土与黏土。潜水埋藏变深,因径流条件较差,矿化度高,水质也变差。

（2）裂隙水

裂隙水是埋藏于基岩裂隙中的地下水。在裂隙发育的地方,含水丰富;裂隙不发育的地方,含水甚少。所以在同一区域内,含水性和富水性有很大变化,形成裂隙水聚集的不均一性。

裂隙,特别是构造裂隙的发育具有方向性,在某些方向上裂隙的张开程度连通性比较好,在这些方向上导水性强、水力联系好,常成为地下水径流的主要通道。在另一些方向上裂隙闭合,导水性差,水力联系也差,径流不通畅。所以裂隙岩石的导水性呈现出明显的各向异性。

根据埋藏条件裂隙水可分为面状裂隙水、层状裂隙水和脉状裂隙水三种。

① 面状裂隙水　埋藏在各种基岩表层的风化裂隙中,又称为风化裂隙水。它储存在山区或丘陵区的基岩风化带中,一般在浅部发育。

② 层状裂隙水　是指埋藏在成层的脆性岩层(如砂岩)中,或在成岩裂隙和构造裂隙构成的层状裂隙中的地下水。其分布一般与岩层的分布一致,因而具有一定的成层性。层状裂隙水在不同的部位和不同的方向上,因裂隙的密度、张开程度和连通性有差异,其透水性和涌水量有较大的差别,具有不均一的特点。

③ 脉状裂隙水　埋藏于构造裂隙中,其沿断裂带呈脉状分布,长度和深度远比宽度大,具有一定的方向性;可切穿不同时代、不同岩性的地层,并可通过不同的构造部位,因而导致含水带内地下水分布的不均一性;地下水的补给源较远,循环深度较大,水量、水位较稳定,有些地段具有承压性;脉状裂隙水水量一般比较丰富,常常是良好的供水水源,但对隧道工程往往造成危害,可能会发生突然涌水事故等。

（3）岩溶水

储存和运动于可溶性岩石中的地下水称为岩溶水。它在运动过程中,不断地与可溶性岩石发生作用,从而不断改变着自己的赋存和运动条件。岩溶水的特点,主要表现在以下三个方面。

① 富水性在水平和垂直方向的变化显著。在岩溶体内存在着含水和不含水体、强含水体和弱含水体、均匀含水体和集中渗流通道共存的特点,这与岩溶发育程度、各种形态岩溶通道的方向性以及连通情况在不同方向上的差异有关。因此,常常可以见到不同的地段,岩溶的富水差别很大,即使是同一地段,相距很近的两个钻孔,或者是同一钻孔不同的深度,富水性差别也很显著。

② 水力联系的各向异性。当岩溶化岩层的某一个方向岩溶发育比较强烈,通道系统发育比较完善,水力联系好时,这个方向就成为岩溶水运动的主要方向;在另一些方向上,由于岩溶裂隙微小,或因通道系统被其他物质所堵塞,致使水流不畅,水力联系差,因此,在岩溶含水层不同的方向上,透水性能差别很大,出现水力联系各向异性的特点。

③ 动态变化显著。岩溶水的动态变化非常显著,尤其是岩溶潜水。动态的特点之一是变化幅度大,例如水位的年变化幅度,一般可达数十米,流量的年变化幅度可达数十倍,甚至数百倍。动态的特点之二是对大气的反应灵敏,有的在雨后一昼夜甚至几小时就出现峰值等。

3.4.3　地下水对公路建设的影响

地下水的存在,对建筑工程有着不可忽视的影响。尤其是地下水位的变化,水的侵蚀性和流沙、潜蚀(管涌)等不良地质作用,都将对建筑工程的稳定性、施工及正常使用带来很大的影响。

1. 地基沉降

地下水位下降,容易引起地表塌陷、地面沉降等。如果土质不均匀或地下水位突然下降,也可能使建筑物产生变形破坏。进行深基础施工时,往往需要采用抽水的办法人工降低地下水位。若降水不当,会使周围地基土层产生固结沉降,轻者造成邻近建筑物或地下管线的不均匀沉降;重者使建筑物基础下的土体颗粒流失或掏空,导致建筑物开裂和危及安全等。

2. 地下水的侵蚀性

地下水侵蚀性的影响主要体现为水对混凝土、可溶性石材、管道以及金属材料的侵蚀危害。土木工程建筑物,如桥梁基础、地下洞室衬砌和边坡支挡建筑物等,都要长期与地下水相接触,地下水中各种化学成分与建筑物中的混凝土、钢筋等产生化学反应,使其中某些物质被溶蚀,强度降低,影响着建筑物的稳定性。

3. 流沙和潜蚀(管涌)

在饱和的砂性土层中施工,由于地下水水力状态的改变,使土颗粒之间的有效应力等于零,土颗粒悬浮于水中,随水一起流出的现象称为流沙。

流沙是一种不良地质现象,在建筑物深基础工程和地下建筑工程的施工中,轻微流沙增加了施工区域的泥泞程度;严重流沙有时会像开水初沸时的翻泡,给施工带来很大困难,致使地表塌陷或建筑物的地基破坏,甚至影响邻近建筑物的安全。

4. 地下水的浮托作用

当建筑物基础底面位于地下水位以下时,地下水对其将产生浮力作用。如果基础位于透水性强的岩土层,比如粉性土、砂性土、碎石土和节理发育的岩石地基,则按地下水 100% 计算浮托力;如果基础位于节理不发育的岩石地基上,则按地下水 50% 计算浮托力;如果基础位于黏性土地基上,其浮托力较难准确地确定,应结合地区的实际经验考虑。

5. 基坑涌水现象

在建筑物基坑下有承压水时,开挖基坑会减小基坑底下承压水上部的隔水层厚度,减小过多会使承压水的水头压力冲破基坑底板形成涌水现象。涌水会冲毁基坑,破坏地基,给工程带来损失。

3.4.4　公路水毁原因分析

影响路基路面稳定的水体可分为地面水和地下水两类。地面水主要有两种来源,一是雨雪直接落至路面的大气降水;二是贯穿路基的沟、溪、河流水。

来自不同水源的水对路基路面造成的破坏是不同的:暴雨径流直接冲毁路肩、边坡和路基;积水的渗透和毛细水的上升可导致路基湿软,强度降低,重者会引起路基冻胀、翻浆或边坡塌方,甚至整个路基沿倾斜基底滑动;进入结构层内的水分可以浸湿无机结合料处治的粒料层,导致基层强度下降,使沥青面层出现剥落和松散;水泥混凝土路面由于接缝多,从接缝中渗入的水分聚集在路面结构中,在重载的反复作用下,产生很大的动水压力,导致接缝附近的细颗粒集料软化,形成唧泥,产生错台、断裂等病害。总之,水的作用加剧了路基路面结构的损坏,降低了路面使用性能,缩短了路面的使用寿命。

1. 沿河路基水毁

(1)沿河路基水毁成因

沿河(溪)公路受洪水顶冲和淘刷,路基发生坍塌或缺断,影响行车安全,乃至中断交通。沿河路基水毁常发生在弯曲河岸和半填半挖路段。主要成因有下列几种。

① 路线与河道并行,一面傍山,一面临河,许多路基是半挖半填或全部为填方筑成。路

基边坡多数未做防冲刷加固措施,路基因洪水顶冲与淘刷发生坍塌破坏,出现许多缺口和坍塌半个以上路基。

② 路基防护构造物因基础处理不当或埋置深度不足而遭破坏,引起路基水毁。

③ 半填半挖路基地面排水不良,路面、边沟严重渗水,路基下边坡坡面渗流、普遍出露、局部管涌引起路基坍垮。

④ 洪水位骤降,在路基边坡内形成自路基向河道的反向渗流,产生渗透压力和孔隙压力,造成边坡失稳。

⑤ 不良地质、地形路段,山体滑坡或路基滑移。

⑥ 道路防洪标准低,路面设计洪水位高程不够,或涵洞孔径偏小,道路排水系统不完善,造成洪水漫溢路面,水洗路面甚至冲毁路基。

⑦ 原有道路施工质量不佳,挡墙砌筑砂浆强度达不到设计要求,砂浆砌筑不饱满,石料偏小,砌体整体强度不够。

⑧ 原有路基边坡坡度太陡,没有达到设计要求。

⑨ 较陡的山坡填筑路基,原地面未清除杂草或挖人工台阶,坡脚未进行必要支撑,填方在自重或荷载作用下,路基整体或局部下滑。

⑩ 填方填料不佳,压实不够,在水渗入后,重度增大,抗剪强度降低,造成路基失稳。

⑪ 植被破坏,水土流失,在强降雨形成的地面径流冲击下,造成边坡坍方。

⑫ 道路养护工作跟不上,涵洞淤塞,导致排水不畅,造成水洗路面甚至冲毁路基。

(2)防治沿河路基水毁的措施

防治沿河路基水毁的常用方法有:铺草皮、植树、抛石、石笼及浸水挡土墙等。

① 种草防护适用于土质路堤、路堑有利于草类生长的边坡,它可以防止雨水冲刷坡面。但经常浸水或长期浸水的路堤边坡,草类不易生长,故不宜采用此法防护。

② 铺草皮的作用与种草相同,当河床比较宽阔,铺设处只容许季节性浸水,流速小于1.8 m/s,水流方向与路线近于平行条件下可以使用。

③ 植树一般是在路基斜坡上和沿河路堤之外漫水河滩上种植,直接加固了路基和河岸,并使水流速度降低,防止和减少水流对路基或河岸的冲刷。

④ 砌石防护分为干砌和浆砌两种。干砌片石用以防护边坡免受大气降水和地面径流的侵蚀,以及保护浸水路堤边坡免受水流冲刷作用,一般有单层铺砌、双层铺砌。在片石下面应设置垫层,它主要起整平的作用,并可防止水流将干砌片石下面边坡上的细颗粒土壤携带出来冲走,还能使防护的坡面具有一定弹性,从而增加对波浪、流冰及漂浮物冲击的抵抗力,使之不易破坏。干砌片石所用的石料,应是坚硬的、耐冻的和未风化的石块,为防水浸水及提高整体强度,可用水泥砂浆勾缝。

当水流流速较大(如4~5 m/s),波浪作用较强,以及可能有流冰、流木等冲击作用时,宜采用浆砌片石护坡;必要时,可与浸水挡土墙或护面墙同时设置。

⑤ 抛石防护主要用于防护水下部分的边坡和坡脚,免受水流冲刷及淘刷,也可用于防止河床冲刷,最适用于砾石河床。它不受水位高低变动的影响,亦不受施工季节的限制,新筑堤岸尚未沉实之前亦可施工。在附近盛产石料,沿线废石方较多的情况,应优先考虑此种防护措施。

⑥ 石笼防护的使用范围比较广泛,可用于防护河岸或路基边坡、加固河床,防止淘刷。

⑦ 浸水挡土墙,是用来支撑天然边坡或人工边坡,以保证土体稳定的建筑物。

⑧ 丁坝,是指坝根与岸滩相接,坝头伸向河槽,坝身与水流方向成某一角度,能将水流挑离河岸的结构物。丁坝是用来束水归槽、改善水流状态、保护河岸等。

图 3-18 是我国西北地区某公路路基排水综合设计的一个实例,该路段长约 2.8 km,路堑地段出现地下渗水,严重影响路基稳定。设计中采用纵横填石渗沟(盲沟),形成地下排水网,利用边沟将地面水汇集在一起,引到涵洞,排出路基范围以外,20年来该段路基一直完好。

2. 桥梁水毁

桥梁受洪水冲击,墩台基础冲空危及安全或产生桥头引道缺、断,乃至桥梁倒坍,称为桥梁水毁。其主要有下列两种:桥梁压缩河床,水流不顺,桥孔偏置时,缺少必要的水流调治构造物;基础埋置深度浅又无防护措施。

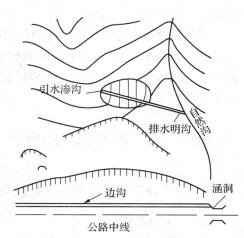

图 3-18　路基排水综合设计示例

为防止桥梁水毁,可分情况增建各种水流调治构造物和墩台基础防护构造物。

(1) 增建水流调治构造物防治桥梁水毁

① 稳定、次稳定河段上桥梁水毁防治

稳定、次稳定河段上桥梁水毁防治措施,可根据调整桥下滩流、河床冲淤分布的实际需要以及水流流向等分情况加以选择。

a. 正交桥位,两侧有滩地对称分布时,两侧桥头布置对称的曲线形流堤。

b. 两侧有滩地但不对称分布时,两侧导流堤一般布置成口朝上游的喇叭形。大滩侧为曲线形导流堤,小滩侧为两端带曲线的直线形导流堤。

c. 桥位在河流弯道上,凹岸布置直线形导流堤,凸岸布置曲线形导流堤。

d. 桥位与河槽正交,一侧引道向上游与滩地斜交,另一侧引道与滩地正交时,斜交侧桥头布置梨形堤,引道上游侧设置短丁坝群。

e. 桥位与河槽正交、一侧引道伸向下游与滩地斜交形成"水袋",另一侧引道与滩地正交时,斜交侧桥头设置曲线形导流堤,引道上游进行边坡加固,并在适当位置设置小型排水构造物,以排除"水袋"积水;正交侧桥头设置直线形导流堤。若斜交侧滩地不宽,可设封闭导流堤岸消除"水袋"。

f. 斜交桥位,两侧有滩地对称分布时,根据河槽流向,锐角侧设梨形堤,另一侧设两端带曲线的直线形导流堤。

② 不稳定河段上桥梁水毁防治

不稳定河段上桥梁的水毁防治,可根据河岸条件、河床地貌以及桥孔位置等分情况采取下列措施。

a. 桥梁位于出山口附近的喇叭形河段上,封闭地形良好,宜对称布置封闭式导流堤。

b. 引道阻断支岔,上游可能形成"水袋"。为控制洪水摆动,防止支岔水流冲毁桥头引道,视单侧或双侧有岔及地形情况,可对称或不对称设置封闭式导流堤。

c. 一河多桥时,为防止水流直冲两桥间引道路基,可结合水流和地形条件,在各桥间设置分水堤。

d. 桥梁位于冲积流河段的扩散淤积区,一河多桥而流水沟槽又不明显时,宜设置漫水隔坝,并加强桥间路堤防护。

（2）增设冲刷防护构造物防治桥梁墩台水毁

桥梁墩台明挖（浅埋）基础,应根据跨径大小、桥位河段稳定类型,分别增建基础防护构造物。当河床较稳定,冲刷范围小时,宜采用立面防护措施;当河床稳定,冲刷范围较大时,用平面防护措施。

任务 3.5 路基翻浆的分析

3.5.1 路基翻浆产生的原因及条件

1. 路基翻浆的定义

路基翻浆主要发生在季节性冰冻地区的春融时节,以及盐渍、沼泽等地区。因为地下水位高、路基土质不良、排水不畅、含水过多,经行车反复作用,路基会出现弹簧、裂缝、冒泥浆等现象。

2. 土基冻胀与翻浆的条件

（1）土质。粉性土具有最强的冻胀性,最容易形成翻浆,构成了冻胀与翻浆的内因。粉性土毛细上升速度快,作用强,为水分向上积聚创造了条件。黏性土的毛细水上升虽高,但速度慢,只在水源供给充足且冻结速度缓慢的情况下,才能形成比较严重的冻胀与翻浆。

（2）水。冻胀与翻浆的过程,实质上就是水在路基中迁移、相变的过程。地面排水困难,路基填土高度不足,边沟积水或利用边沟作农田灌溉,路基靠近坑塘或地下水位较高的路段,为水分积聚提供了充足的水源。

（3）气候。多雨的秋天,暖和的冬天,骤热的晚春,春融期降雨等都是加剧湿度积聚和翻浆现象的不利气候。

（4）行车荷载。公路翻浆是通过荷载的作用最后形成和暴露出来的。通过过大的交通量或过重的汽车,能加速翻浆发生。

（5）养护。不及时排除积水,弥补裂缝,会促成或加剧翻浆的出现。

3. 路基翻浆形成与发生的过程

秋季,是路基水的聚积时期。降水或灌溉的影响,地面水下渗,地下水位升高,使路基水分增多。

冬季,气温下降,路基上层的土开始冻结,路基下部土温仍较高。水分在土体内,由温度较高处向温度较低处移动,使路基上层水分增多,并冻结成冰,使路面冻裂或隆起,发生冻胀。

春季（有的地区延至夏季）,气温逐渐回升,路基上层的土首先融化,土基强度很快降低,以至失去承载能力,在行车作用下形成翻浆。

天气渐暖,蒸发量增大,冻层化透,路基上层水分下渗,土变干,土基强度又能逐渐恢复。以上就是路基翻浆发展的全过程。

3.5.2 路基翻浆的分类和分级

根据导致路基翻浆的水类来源不同,翻浆可分为五类,如表 3-2 所示。根据翻浆高峰期路基、路面的变形破坏程度,翻浆又可分为三个等级,见表 3-3。

表 3-2 翻浆分类

翻浆类型	导致翻浆的水类来源
地下水类	受地下水的影响,土基经常潮湿,导致翻浆。地下水包括上层滞水、潜水、承压水、裂隙水、泉水、管道漏水等。潜水多见于平原区,承压水、裂隙水、泉水多见于山区
地表水类	受地表水的影响,使土基潮湿,地表水主要指季节性积水,也包括路基、路面排水不良造成的路旁积水和路面渗水
土体水类	因施工遇雨或用过湿的土填筑路堤,造成土基原始含水率过大,在负温度作用下使上部含水率显著增加导致翻浆
气态水类	在冬季强烈的温差作用下,土中水主要以气态形式向上运动,聚积于土基顶部和路面结构层内,导致翻浆
混合水类	受地下水、地表水、土体水或气态水等两种以上水类综合作用产生的翻浆。此类翻浆需要根据水源主次定名

表 3-3 翻浆分级

翻浆等级	路面变形破坏程度
轻型	路面龟裂、湿润,车辆行驶时有轻微弹簧现象
中型	大片裂纹、路面松散、局部鼓包、车辙较浅
重型	严重变形、翻浆冒泥,车辙很深

3.5.3 防治路基翻浆的工程措施

1. 做好路基排水

良好的路基排水条件可防止地面水或地下水浸入路基,使路基保持干燥,减少冻结过程中水分聚留的来源。

路基范围内的地面水、地下水都应通过顺畅的途径迅速引离路基,以防水分停滞浸湿路基。注意沟渠排水纵坡和出水口的设计;在一个路段内,使排水沟渠与桥涵组成一个通畅的排水系统。

降低路基附近的地下水位,可以设置盲沟,截断地下水潜流,使路基保持干燥。

2. 提高路基填土高度

提高路基填土高度是一种简便易行、效果显著且比较经济的常用措施,同时也是保证路基路面强度和稳定性,减薄路面,降低造价的重要途径。

提高路基填土高度,增大了路基边缘至地下水或地面水位间的距离,从而减小了冻结过程中水分向路基上部迁移的数量,使冻胀减弱,使翻浆的程度和可能性变小。

3. 设置透水性隔离层

隔离层的位置应在地下水位以上,一般在土基 50~80 cm 深度处(在盐土地区的翻浆路

段,其深度应同时考虑防止盐胀和次生盐渍化等要求),用粗集料(碎石或粗砂)铺筑,厚度约
10～20 cm,分别自路基中心向两侧做成 3% 的横坡。为避免泥土堵塞,隔离层的上下两面
各铺 1～2 cm 厚的苔藓、泥炭、草皮或土工布等其他透水性材料作防淤层。连接路基边坡部
位,应铺大块片石防止碎落。隔离层上部与路基边缘之高差不小于 50 cm,底部高出边沟底
20～30 cm,见图 3 - 19。

4. 设置不透水隔离层

在路面不透水的路基中,可设置不透水隔离层,设置深度与透水隔离层相同。当路基宽
度较窄,隔离层可横跨全部路基,称为贯通式;当路基较宽时,隔离层可铺至延出路面边缘外
50～80 cm,称为不贯通式,见图 3 - 17。

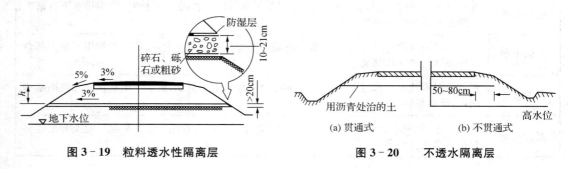

图 3 - 19　粒料透水性隔离层　　　　　图 3 - 20　　不透水隔离层

（1）不透水隔离层所用材料和厚度

① 8%～10% 的沥青土或者 6%～8% 的沥青砂,厚度 2.5～3.0 cm。

② 沥青或柏油,直接喷洒,厚度 2～5 cm。

③ 油毡纸、不透水土工布(一般为 2～3 层)或不易老化的特制塑料薄膜摊铺(盐渍地区
不可用塑料薄膜)。

（2）隔离层的适用条件

隔离层对新旧路线翻浆均可采用,特别适用于新线;不透水隔离层适用于不透水路面的
路基中;在透水路面下只能设透水隔离层;在盐渍土地区的翻浆路段,隔离层深度应同时考
虑防止盐胀和次生盐渍化等要求。

5. 设置隔温层

为防止水的冻结和土的膨胀,可在路基中设置隔温层(一般为北方严重冰冻地区),以减
少冰冻深度。厚度一般不小于 15 cm。隔温材料可用泥炭、炉渣、碎砖等,直接铺在路面下。
宽度每边宽出路面边缘 30～50 cm,见图 3 - 21。

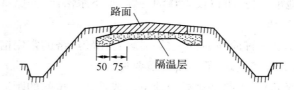

图 3 - 21　隔温层的式样(尺寸单位:cm)

6. 换土

采用水稳性好、冰冻稳定性好、强度高的粗颗粒土换填路基上部,可以提高土基的强度和稳定性。换土的厚度一般可根据地区情况、公路等级、行车要求以及换填材料等因素确定换土厚度。一些地区的经验认为,在路基上部换填 60~80 cm 厚的粗粒土,路基可以基本稳定。

7. 加强路面结构

铺设砂(砾)垫层以隔断毛细水上升,增进融冰期蓄水、排水作用,减小冻结或融化时水的体积变化,减轻路面冻胀和融沉作用。砂垫层的铺设厚度见表 3-4。砂垫层的材料可选用砂砾、粗砂或中砂,要求砂中不含杂质、泥土等。铺设水泥稳定类、石灰稳定类、石灰工业废渣类等路面基层结构层以增强路面的板体性、水稳定性和冻稳定性,提高路面的力学强度。

表 3-4　砂(砾)垫层的经验厚度表

土基潮湿类型	砂垫层厚度(cm)
中湿	15~20
潮湿	20~30

复习思考题

1. 试比较坡积层和洪积层的主要特点,当公路通过这两种堆积区时,应分别注意哪些工程地质条件的影响?

2. 阶地按成因有几种类型? 公路利用阶地布线有何意义?

3. 蛇曲发育阶段公路布线应注意哪些问题?

4. 试述冲沟的发育阶段及公路工程在冲沟发育的不同阶段布线应注意的问题。

5. 地下水的形成必须具备哪些条件?

6. 什么叫含水层和隔水层?

7. 什么叫潜水? 潜水主要埋藏在哪些岩土层中?

8. 简述潜水的主要特征。

9. 根据潜水等水位线可解决一些什么问题?

10. 什么叫承压水? 承压水有哪些主要特征?

11. 按矿化度将地下水分为哪几类? 研究它们有什么意义?

12. 地下水的硬度是根据什么判定的? 水按硬度可分为哪些类型? 研究它们有何意义?

13. 地下水对公路工程有哪些影响?

项目4 地貌及第四纪地质 与公路布线关系分析

由于内、外力地质作用的长期进行,在地壳表面形成的各种不同成因、不同类型、不同规模的起伏形态,称为地貌。地貌不同于地形,地形是指地球表面起伏形态的外部特征。

第四纪是地质年代中新近的一个纪。第四纪沉积物是由地壳的岩石风化后,在风、地表流水、湖泊、海洋等地质作用下形成的,是一种松散的堆积物。由于沉积环境比较复杂,沉积物的性质、结构、厚度在水平方向或垂直方向都具有很大的差异性。

公路、铁路是建筑在地壳表面的线形建筑物,在勘测设计、桥隧位置选择等方面,经常会遇到各种不同的地貌和第四纪地质问题。

任务4.1 地貌分级分类的认知

4.1.1 地貌的形成和发展

多种多样的地貌形态主要是在内、外力地质作用共同作用下产生的。内力地质作用形成了地壳表面的基本起伏,对地貌的形成和发展起着决定性的作用,它不仅使地壳岩层受到强烈的挤压、拉伸或扭动,形成一系列褶皱带和断裂带,而且还在地壳表面造成大规模的隆起区和沉降区,使地表变得高低不平,隆起区将形成大陆、高原、山岭,沉降区就形成了海洋、平原、盆地。

外力地质作用则对内力地质作用所形成的基本地貌形态,不断地雕塑、加工,使之复杂化。外力地质作用总的结果,总是不断地进行着剥蚀破坏,同时把破坏了的碎屑物质搬运堆积到由内力地质作用所造成的低地和海洋中去。因此外力地质作用的总趋势是:削高补低,力图将地表夷平。但内力地质作用不断造成地表的上升或下降会不断地改变地壳已有的平衡,从而引起各种外力地质作用的加剧。由于内、外力地质作用始终处于对立统一的发展过程之中,因而在地壳表面便形成了各种各样的地貌形态。

4.1.2 地貌的分级与分类

1. 地貌基本要素

地貌基本要素包括地形面、地形线和地形点,它们是地貌形态的最简单的几何组分,决定了地貌的形态特征。

(1)地形面

如山坡面、山顶面和平原面等,它们可以是平面,也可以是曲面或波状面。

(2)地形线

两个地形面相交构成地形线。地形线可以是直线,可以是曲线或折线。比如分水线等。

（3）地形点

两条地形线的交点，或由孤立的微地形体构成地形点。例如山脊线相交构成山峰点等。

2. 地貌形态测量特征

主要的形态测量特征有高度、坡度和地面切割程度等，必须在野外实际测定。

3. 地貌的分级

不同等级的地貌其成因不同，形成的主导因素也不同，地貌等级一般划分为下列五级。

（1）星体地貌。是把地球作为一个整体来研究，反映地球形体的总特征。

（2）巨型地貌。如大陆与海洋，大的内海及大的山系。巨型地貌几乎完全是由内力作用形成的，所以又称为大地构造地貌。

（3）大型地貌。如山脉、高原、山间盆地等，基本上也是由内力作用形成的。

（4）中型地貌。大型地貌内的次一级地貌，如河谷以及河谷之间的分水岭等。主要由外力作用造成的。内力作用产生的基本构造形态是中型地貌形成和发展的基础，而地貌的外部形态则决定于外力作用的特点。

（5）小型地貌。是中型地貌的各个组成部分，如残丘、阶地、沙丘、小的侵蚀沟等。小型地貌的形态特征，主要取决于外力地质作用，并受岩性的影响。

4. 地貌的分类

（1）地貌的形态分类

是按地貌的绝对高度、相对高度以及地面的平均坡度等形态特征进行分类。表4-1是山地和平原的一种常见的分类方案。

表4-1 地貌的形态分类

形态类别		绝对高度(m)	相对高度	平均坡度(°)	举 例
山地	高山	＞3500	＞1 000	＞25	喜马拉雅山
	中山	3 500～1 000	1 000～500	10～25	庐山、大别山
	低山	1 000～500	500～200	5～10	川东平行岭谷
	丘陵	＜500	＜200		闽东沿海丘陵
平原	高原	＞600	＞200		青藏、内蒙古、黄土、云贵高原
	高平原	＞200			成都平原
	低平原	0～200			东北、华北、长江中下游
	洼地	低于海平面高度			吐鲁番盆地

（2）地貌的成因分类

目前还没有公认的地貌成因分类方案，根据公路工程的特点，在此只介绍以地貌形成的主导因素作为分类基础的方案，可分为内生地貌和外生地貌两大类。再根据内、外力地质作用中的不同性质，可将两大类地貌分为若干类型，如表4-2所示。

表 4-2　地貌的成因分类

地貌类型		成类型	地貌形态举例
内生地貌	构造地貌	由构造运动所形成的地貌	单面山、断块山、构造平原等
	火山地貌	由火山喷发作用所形成的地貌	火山锥、熔岩盖等
外生地貌	流水地貌	由地表流水所塑造的地貌	冲沟、河谷阶地、洪积扇等
	岩溶地貌	由地下水、地表水溶蚀作用所形成的地貌	石林、溶洞等
	冰川地貌	冰川的地质作用所形成的地貌	冰斗、角峰等
	风沙地貌	风的地质作用所形成的地貌	风蚀谷、沙丘等
	重力地貌	不稳定的岩土体在重力作用下形成的地貌	崩塌、滑坡等

各种地貌类型众多,其他项目已有所涉及,这里主要介绍与公路工程关系密切的山地地貌,并简要介绍平原地貌。

任务 4.2　山地地貌与公路布线关系分析

4.2.1　山地地貌的形态要素

山地地貌的特点是它具有山顶、山坡、山脚等明显的形态要素。

山顶是山岭地貌的最高部分。山顶呈长条状延伸时叫山脊,山脊高程较低的鞍部称为垭口。山顶的形状与岩性和地质构造等条件有着密切关系。一般来说,山体岩性坚硬,岩层倾斜或因受冰川的刨蚀,多呈尖顶[图 4-1(a)];在气候湿热、风化作用强烈的花岗岩及其他松软岩石分布地区,多呈圆顶[图 4-1(b)];在水平岩层或谷夷平面分布地区,则多呈平顶[图 4-1(c)]。

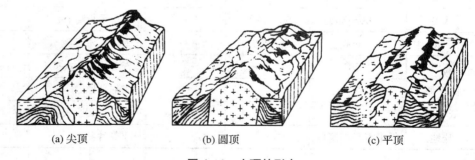

(a) 尖顶　　　　　　(b) 圆顶　　　　　　(c) 平顶

图 4-1　山顶的形态

山坡是山地地貌的重要组成部分。山坡有直线形、凹形、凸形以及复合形等各种类型,这取决于新构造运动,岩体结构以及坡面剥蚀和堆积的演化过程等因素。

山脚是山坡与周围平地的交接处。山脚地貌带通常有一个起着缓坡作用的过渡地带(图 4-2),它主要由一些坡积裙、冲积扇、洪积扇以及岩堆、滑坡堆积体等流水堆积地貌和重力堆积地貌组成。

图 4-2　山前缓坡过渡地带

4.2.2　山地地貌的类型

1. 形态分类

山地地貌最突出的特点，是具有一定的海拔高度、相对高度和坡度，故其形态分类一般多是根据这些特点进行划分的(表 4-1)

2. 成因分类

根据前面所讲的地貌成因分类方案、山地地貌的成因类型可划分如下。

(1) 构造变动形成的山地

① 单面山

由单斜岩层构成的沿岩层走向延伸的一种山地。单面山的两坡一般不对称，与岩层倾向相反的一坡短而陡，称为前坡。它多是由外力的剥蚀作用所形成；与岩层倾向一致的一坡长而缓，称后坡。若岩层倾角超过 40°，则两坡的坡度和长度均相差不大，其所形成的山岭外形很像猪背，所以又称猪背岭。

单面山的前坡，由于地形陡峻，若岩层裂隙发育，风化强烈，则易发生崩塌，且其坡脚常分布有较厚的坡积物和倒石堆，稳定性差，故对布设线路不利。后坡由于山坡平缓，坡积物较薄，所以常是布设线路的理想部位。但在岩层倾角大的后坡上深挖路堑时，应注意边坡的稳定问题。因为开挖路堑后与岩层倾向一致的一侧，会因坡脚开挖而失去支撑，尤其是当地下水沿着其中的软弱岩层渗透时，易产生顺层滑坡。

② 褶皱山

是由褶皱岩层所构成的一种山地。在褶皱形成的初期，往往是背斜形成高地，向斜形成凹地，这样的地形是顺应构造的，即称为顺地形[图 4-3(a)]。但随外力作用的不断进行，背斜因长期剥蚀而形成谷地，而向斜则形成山岭，这种与褶皱构造形态相反的地形称为逆地形[图 4-3(b)]。

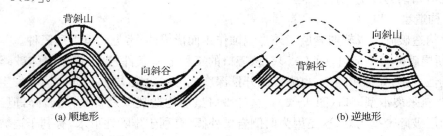

(a) 顺地形　　　　　　　　　　　　　　　(b) 逆地形

图 4-3　顺地形和逆地形

③ 断块山

是由断裂变动所形成的山地。它可能只在一侧有断裂,也可能两侧均由断裂所控制(图 4-4)。

图 4-4 断块山

a—断层面;*b*—断层三角面

④ 褶皱断块山

上述山地都是由单一的构造形态所形成,但在更多情况下,山地常常是由它们的组合形态所构成,由褶皱和断裂构造的组合形态构成的山地,称为褶皱断块山。

(2) 火山作用形成的山地

火山作用形成的山地,常见有锥状火山和盾状火山。锥状火山是多次火山活动造成的,其熔岩黏性较大,流动性小,冷却后便在火山口附近形成坡度较大的锥状外形。盾状火山则是由黏性较小、流动性大的熔岩冷凝形成,所以其外形呈基部较大、坡度较小的盾状。如日本的富士山就是锥状火山,高达 3 758 m;大同的马蹄山为盾状火山等。

(3) 剥蚀作用形成的山地

是指在山体地质构造的基础上,经长期外力(流水、冰川、岩、溶等)剥蚀作用所形成的山地。这类山地的形态特征主要决定于山体的岩性、外力的性质以及剥蚀作用的强度和规模。如地表流水侵蚀作用所形成的河间分水岭;冰川刨蚀作用所形成的刃脊、角峰;地下水溶蚀作用所形成的峰丛、石林等。

4.2.3 垭口与山坡

在山区公路勘测中,常遇到选择过岭垭口和展线山坡的问题。

1. 垭口

山岭垭口是在山地地质构造的基础上经外力剥蚀作用而形成的。山地的岩性、地质构造和外力作用的性质、强度决定了垭口特点及其工程地质条件。根据垭口形成的主导因素,可以将垭口归纳为以下三种基本类型。

(1) 构造型垭口

是由构造破碎带或软弱岩层经外力剥蚀作用而形成的,常见的有下列三种。

① 断层破碎带型垭口(图 4-5)。该垭口的工程地质条件较差,由于岩体破碎严重,不宜采用隧道方案,如采用路堑,也需控制开挖深度或考虑边坡防护,以防止边坡发生崩塌。

② 背斜张裂带型垭口(图 4-6)。这种垭口虽然构造裂隙发育,岩层破碎,但工程地质条件较断层破碎带型为好,这是因为两侧岩层外倾,有利于排除地下水,有利于边坡稳定,一般可采用较陡的边坡坡度。

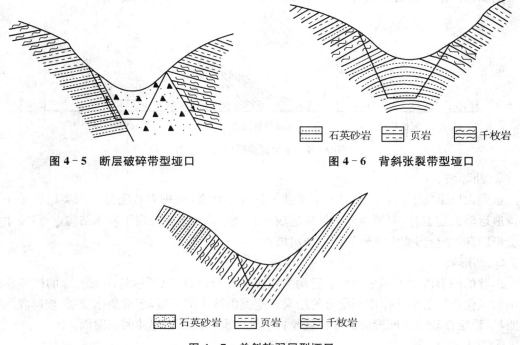

图 4-5　断层破碎带型垭口　　　　　图 4-6　背斜张裂带型垭口

　　　　　　石英砂岩　　　　页岩　　　　千枚岩

图 4-7　单斜软弱层型垭口

　　③ 单斜软弱层型垭口(图 4-7)。该垭口主要由页岩、千枚岩等易于风化的软弱岩层构成。两侧边坡多不对称,一坡岩层外倾可略陡一些,由于岩性松软,风化严重,稳定性差,所以不宜深挖,否则须放缓边坡并采取防护措施。

　　(2)剥蚀型垭口

　　是指以外力强烈剥蚀为主导因素所形成的垭口。其特点是松散覆盖层很薄,基岩多半裸露。垭口的肥瘦和形态特点主要取决于岩性、气候以及外力的切割程度等因素。

　　(3)剥蚀—堆积型垭口

　　是指在山体地质结构的基础上,以剥蚀和堆积作用为主导因素所形成的垭口。这类垭口外形浑缓,垭口宽厚,松散堆积层的厚度较大,有时还发育有湿地或高地沼泽,水文地质条件较差,故不宜降低过岭高程,通常多以低填或浅挖的断面形式通过。

　　2. 山坡

　　不论越岭线还是山坡线,路线的绝大部分都设在山坡或靠近岭顶的斜坡上的。山坡的外形包括山坡的高度、坡度及纵向轮廓等。山坡的外部形态是各种各样的,根据山坡的纵向轮廓和山坡的坡度,将山坡概括为下面几种类型。

　　(1)按山坡的形状轮廓分类

　　① 直线形坡

　　直线形山坡,有三种情况,如图 4-8 所示。第一种是山坡岩性单一,经长期的强烈冲刷剥蚀,形成纵向轮廓比较均匀的直线形山坡,此山坡的稳定性一般较高。第二种是由单斜岩层构成的直线形山坡,这种山坡在讲单面山时曾指出过,有利于布设线路,但开挖路基后遇到的都是顺倾向边坡,在不利的岩性和水文地质条件下,很容易发生大规模的顺层滑坡。第三种情况是由于山体岩性松软或岩体相当破碎,在气候干燥寒冷、物理风化强烈的条件下,经长期剥蚀碎落和坡面堆积而形成的直线形山坡,这种山坡稳定性最差。

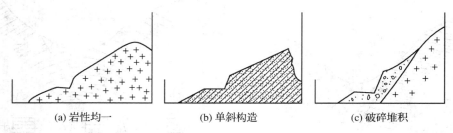

(a) 岩性均一   (b) 单斜构造   (c) 破碎堆积

图 4-8   几种直线形山坡示意图

② 凸形坡

这类山坡上缓下陡,坡度渐增,下部甚至呈直立状态,坡脚界线明显。该类山坡是由于新构造运动加速上升,河流强烈下切所造成。其稳定条件主要决定于岩体结构,一旦发生坡体变形破坏,则会形成大规模的崩塌或滑坡。

③ 凹形坡

山坡的凹形曲线可能是新构造运动的减速上升所造成,也可能是山坡上部的破坏作用与山麓风化产物的堆积作用相结合的结果。这类山坡上陡下缓,下部急剧变缓,坡脚界线很不明显,稳定性较差。凹形坡面往往就是古滑坡的滑动面或崩塌体的依附面。

④ 阶梯形坡

阶梯形坡有三种不同的情况。第一种是由软硬不同的岩层或微倾斜岩层组成的基岩山坡,由于软硬岩层的差异风化而形成阶梯状的山坡外形,稳定性一般比较高。第二种是由于山坡曾经发生过大规模的滑坡变形,由滑坡台阶组成的次生阶梯状斜坡,多存在于山坡的中下部,如果坡脚受到强烈冲刷或不合理的切坡,或者受到地层的影响,可能引起古滑坡复活、威胁建筑物的稳定。第三种是有河流阶地组成的,其工程地质性质在河流地质作用中已经介绍过,这里不再重述。

(2) 按山坡的纵向坡度分类

按山坡的纵向坡度,坡度小于 15° 的为微坡;介于 16°~30° 之间的为缓坡;介于 31°~70° 之间的为陡坡;山坡坡度大于 70° 的为垂直坡。

从路线角度来讲,山坡稳定性高,坡度平缓,对布设路线是有利的。特别对越岭线的展线山坡,坡度平缓不仅便于展线回头,而且可以拉大上下线间的水平距离,既有利于路基稳定,又可减少施工时的干扰。但半缓山坡特别是在山坡的一些坳洼部分,一则常有厚度较大的坡积物和其他重力堆积物分布,再则坡面径流易在这里汇聚,当这些堆积物与下伏基岩的接触面因开挖而被揭露后,遇到不良水文情况,很易引起堆积物沿基岩顶面发生滑动。

任务 4.3   平原地貌与公路布线关系分析

平原是在地壳升降运动微弱或长期稳定的条件下,经长期外力作用的夷平或补偿沉积而形成的。其特点是:地势开阔平缓,地面起伏不大。

按高程,平原可分为高原、高平原、低平原和洼地(表 4-1)。

按成因,平原可分为构造平原、剥蚀平原和堆积平原。

4.3.1　构造平原

构造平原主要是由地壳构造运动所形成,特点是地形面与岩层面一致,堆积物厚度不大。构造平原又分为海成平原和大陆拗曲平原,前者是由地壳缓慢上升海水不断后退所形成,其地形面与岩层面一致,上覆堆积物多为泥沙和淤泥,并与下伏基岩一起微向海洋倾斜;后者是由地壳沉降使岩层发生拗曲所形成,岩层倾角较大,平原面呈凹状或凸状,其上覆堆积物多与下伏基岩有关。由于基岩埋藏不深,所以构造平原的地下水一般埋藏较浅。在干旱或半干旱地区若排水不畅,易形成盐渍化,在多雨的冰冻地区则易造成道路的冻胀和翻浆。

4.3.2　剥蚀平原

剥蚀平原是在地壳上升微弱的条件下,经外力的长期剥蚀夷平所形成,特点是地形面与岩层面不一致,上覆堆积物常常很薄,基岩常裸露地表,只是在低洼地段有时才覆盖有厚度稍大的残积物、坡积物、洪积物等。按外力剥蚀作用的动力性质不同,剥蚀平原又可分为河成剥蚀平原、海成剥蚀平原、风力剥蚀平原和冰川剥蚀平原等,其中前两种最常见。河成剥蚀平原是由河流长期侵蚀作用所造成的侵蚀平原,也称准平原,其地形起伏较大,并向河流上游逐渐升高,有时在一些地方则保留有残丘,如山东泰山外围的平原。海成剥蚀平原是由海洋的海蚀作用所造成,其地形一般极为平缓,微向现代海平面倾斜。

4.3.3　堆积平原

堆积平原是由于地壳长期缓慢而稳定的下降运动,地面不断地接受了各种不同成因的堆积物,补偿了下沉而形成的。实质上,堆积平原是局部地壳下降运动和堆积作用的综合产物,表面分布着厚度很大的松散堆积物。如华北平原和成都平原为洪积、冲积及冰水沉积等作用形成的复合式堆积平原。

堆积平原按堆积物成因不同,可将堆积平原分为:洪积平原、冲积平原、湖积平原、海积平原、风积平原和冰碛平原等。

1. 河流冲积平原

是由河流改道及多条河流共同沉积所形成。它大多分布于河流的中、下游地带,因为这些地带河床往往很宽,堆积作用很强,且地面平坦,排水不畅。每当雨季,洪水易于泛滥,其所携带的大量碎屑物质便堆积在河床两岸,形成天然堤。当河水继续向河床以外广大面积淹没时,流速锐减,堆积面积越来越大,堆积物也逐渐变细,久而久之,便形成了广阔的冲积平原。

冲积平原的冲积层厚度大,一般可达几十米,有的可达数百米,如长江中下游冲积层达300 m 以上。

河流冲积平原地形开阔平坦,对公路选线十分有利。但其下伏基岩往往埋藏较深,第四纪堆积物很厚;且地下水一般埋藏较浅,地基土的承载力较低,在冰冻潮湿地区道路的冻胀翻浆问题比较突出。还应注意,为避免洪水淹没,路线应设在地形较高处,而在淤泥层分布地段,还应注意其对路基、桥基的强度和稳定性的影响。

2．山前洪积冲积平原

其成因及洪积冲积特征，在上一项目中已经详细介绍，这里不再重复。

3．湖积平原

是由河流注入湖泊时，将所挟带的泥沙堆积湖底使湖底逐渐淤高，湖水溢出后干涸所形成，地形十分平坦。湖积平原的堆积物，由于是在静水条件下形成的，因此淤泥和泥炭的含量较多，其总厚度一般也较大。其中往往夹有多层呈水平层理的薄层细砂或黏土，很少见到圆砾或卵石，且土颗粒由湖岸向湖心逐渐由粗变细。

湖泊平原地下水一般埋置较浅。其沉积物由于富含淤泥和泥炭，常具可塑性和流动性，孔隙度大，压缩性高，所以承载力很低。

4．三角洲平原

在河流入海的河口地区，河流所挟带的碎屑、泥沙、淤泥等大量堆积而形成的平原，称为三角洲平原。泥沙在河口堆积，先是一个个的沙滩，然后逐渐露出水面称为沙洲，各个沙洲缓慢连成一片，成为三角形平地，并继续向外扩大。我国的长江三角洲就是这样形成的，至今还在向海洋延伸。此种沉积物含水率高，承载力低。

任务 4.4　第四纪地质与公路布线关系分析

第四纪是地球发展历史最近的一个时期，它包括更新世和全新世。在第四纪时期内，地球上进行着各种地质作用，任何一种外力地质作用，在塑造地貌形态的同时，也形成第四纪沉积物，是地下水主要赋存场所，人类的工程活动对第四纪自然地理条件的变化起着重要影响。第四纪沉积物的类型和特征，也影响着人类工程活动。

4.4.1　第四纪地层的主要特征

第四纪地层又称为沉积物或沉积层。例如，河流地质作用形成的"冲积物"或"冲积层"；风化作用形成的"残积物"或"残积层"；洪流作用形成的"洪积物"或"洪积层"等。第四纪沉积物可分为陆相沉积物和海相沉积物，陆相沉积物类型复杂多样，而海相沉积物类型比较简单。

1．第四纪陆相沉积物的一般特征

（1）第四纪陆相沉积物形成时间短，或正处在形成之中，普遍呈松散或半固结状态，易于发生流动和破坏，对工程建筑产生不良影响。

（2）第四纪陆相沉积分布于地表，直接受到阳光、大气和水的影响，易受物理风化和化学风化。

（3）第四纪陆相沉积物分布于起伏不平的地表，受到各种地质营力影响，故其成因复杂，岩性、岩相、厚度变化大。

（4）第四纪陆相沉积物，各种粒径的比例变化范围较大，多为沙砾层、砾质砂土、砂质黏土、含泥质碎石和碎石土块等混合碎屑层岩类；第四纪有机物有泥炭、有机质淤泥和有机质碎屑沉积物。

2．第四纪海相沉积物的一般特征

海洋随深度和地貌条件不同，其动力条件、压力、光照和含氧量均不相同，第四纪海相沉积物亦有很大区别。根据海洋地貌和动力条件,第四纪海洋沉积可分为近岸沉积、大陆架沉积和深海沉积。

（1）近岸沉积。分布于从海岸到海底受波浪作用显著的水下岸坡部分。岩石海岸沉积带宽仅数十米,泥岸可达数十公里。由于近岸动力多样性,形成的沉积物成分复杂,有砾石、砂、淤泥、泥炭和生物贝壳等,碎屑物主要来自于陆地。砂质沉积分布最广泛。

（2）大陆架沉积。大陆架范围内有粗粒沉积、砂质沉积和淤泥质沉积。粗粒碎屑沉积主要来源于水下岸坡破坏、河流和冰川搬运物质;砂质沉积主要是河流挟入物,在河流入海处最发育;淤泥质沉积分布极广,离岸 $2\sim300$ km 内都有陆源碎屑淤泥质分布,在大河口则可分布到 $400\sim600$ km。淤泥质沉积中常含有机质、硫化铁、氧化锰和绿泥石,呈现不同颜色。

（3）深海沉积。深海由于水深、低温、压力大,大型软体生物很少,河流挟入物达不到,故其沉积以浮游性动植物钙质或硅质沉积为主,其次为火山灰沉积、化学沉积（锰结核等）和局部的浮冰碎屑沉积。深海沉积缓慢,故深海第四纪沉积物厚度不大。

3. 第四纪陆相沉积层的常见成因类型

第四纪陆相沉积物按成因大致可分为残积物、坡积物、冲积物、洪积物、湖积物、风积物、有机质和泥炭沉积物、混合沉积物等几种类型。

（1）残积层（Q^{el}）

残积层是岩石风化后就地堆积的松散物。其特点是:位于基岩风化壳上部,向下则渐变为半风化的半坚硬的岩石,其成分、颜色等都和下伏基岩没有明显界限,是逐渐过渡变化的。基岩的成分影响着残积层的成分和工程地质性质。岩浆岩多含长石等硅酸盐矿物等,经化学风化后,残积层含多量黏土矿物,而形成砂黏土或黏土;如含多量的石英,则成为黏质砂土或砂土。沉积岩风化后,如细砂岩风化后还是细砂土,黏土页岩风化后仍为黏土,砾岩风化产物为砾石。

工程中,残积层很少用来作为建筑物的地基,但是山区路线往往通过风化严重的岩石山坡,由于开挖路堑,会引起边坡的不稳。

（2）坡积层（Q^{dl}）

坡积层是由于水和重力的作用将山坡的碎屑物质搬运或崩塌在斜坡下部较低洼地带堆积而形成的。其特点是:稍具分选,一般从坡顶到坡脚颗粒有逐渐变细的规律;颗粒具有棱角,岩体松散。由重力作用所形成的崩塌式的坡积物堆积在陡坡下,称为崩积物（Q^{col}）。

坡积层由于所处的自然环境不同,其厚度、物质成分和结构变化很大,因而其工程地质性质变化也大。一般说来,常具有较高的空隙率,较大的压缩性,透水性较小,抗剪强度较低等。坡积层易于沿斜坡发生滑动,尤其是在坡积物中开挖路堑和基坑时,常常导致滑坡。

（3）洪积层（Q^{pl}）

山区暴雨后洪水携带碎屑物质堆积在山间河谷或山前平原地带,称洪积层。常发育在干旱、半干旱地区,往往在山间河谷形成洪积扇,并与坡积物、冲积物交互沉积在一起,形成山麓的坡积洪积裙和山前洪积冲积平原。洪积物的颗粒组成在近山区地带为粗碎屑土,而远处则为细碎屑土和黏性土,分选性和磨圆性都比较差。洪积物的工程地质性质与所处的部位有关,近山口的粗碎屑土的空隙率和透水性都很大,压缩性小,承载力大;而远离山口的细碎屑土和黏性土,它的透水性小,压缩性大。

(4) 冲积层(Q^{al})

冲积物是由河流所挟带的物质沉积下来的。山区河谷中只发育单层砾石结构的河床相沉积,而山间盆地和宽谷中有河漫滩相沉积,有斜层理的出现,厚度不大,一般不超过 $10\sim15$ m,多与崩塌堆积物交错混合。

平原河流具有河床相、河漫滩相和牛轭湖相沉积。正常的河床相沉积的结构是:底部河槽被冲刷后,底部由厚度不大的块石、粗砾组成;其上是由粗砂、卵石土组成的透镜体;上面为分选较好的具斜层理与交错层理、由砂或砾石组成的浅滩沉积。河漫滩沉积的主要特征是上部的细砂和黏性土与下部河床相沉积组成二元结构,具有层理构造。牛轭湖相沉积是由少量黏性土和淤泥组成的,含有有机质,呈暗灰色、黑色等,具有水平层理和斜层理构造。冲积物的性质各异,河床相沉积物是粗颗粒,具有很大的透水性,也是良好的建筑材料;当其为细砂时,饱和后在开挖基坑时往往会发生流沙现象。河漫滩相沉积物一般为细碎屑土和黏性土,结构较为紧密,形成阶地,大多分布在冲积平原的表层,成为各种建筑物的地基,牛轭湖相的沉积物因含多量的有机质,有的甚至成泥炭,故压缩性大,承载力小,不宜作为建筑物的地基。

(5) 湖积层(Q^l)

湖积物是湖水中沉积的物质。湖泊沉积物主要指沼泽沉积层中的残余堆积腐朽植物、分解程度不同的泥炭、淤泥和淤泥质土,以及部分黏性土和细砂。它们具有不规则的层理,泥炭的有机质含量达 60% 以上。

淤泥是一种工程性质很差的土,天然含水率常高于液限,在自然界中可保持潜液态;孔隙比为 $1.0\sim2.0$ 左右,内摩擦角为 $0°\sim5°$,内聚力为 $0.0002\sim0.015$ MPa;干燥时体积收缩可达 $50\%\sim90\%$,压缩性大,具有触变性。当它的结构受到破坏时,力学强度突然降低,使建筑物毁坏,故不适宜直接作为建筑物的地基。

(6) 风积层(Q^{eol})

风积层如风成沙、风成黄土、沙漠等,它们经过风的搬运而沉积下来的堆积物。其成分由沙和粉粒组成。其岩性松散,一般分选性好,空隙度高,活动性强。通常不具层理,其工程性质较差。

(7) 其他类型

陆相沉积物还有冰碛物(Q^{gl})、冰水堆积物(Q^{fgl})、冰湖堆积物(Q^{lgl})等。

4.4.2　中国第四纪地层的特征

我国第四纪沉积分布广泛,沉积类型多样,发育齐全,富含生物化石、人类化石等,是全世界第四纪研究程度最高的地区之一。

1. 岩相、沉积类型的复杂性

第四纪地层的岩相基本类型可分为海相和陆相(有时又分出海陆交互相)。第四纪陆相沉积除受地质构造及古地理条件影响外,还受古气候的影响。我国第四纪海相沉积主要分布在东南部,如台湾、海南岛、沿海一带及距海一定范围的大陆地区。我国第四纪陆相沉积可分为下列几种类型。

（1）湖相沉积。在更新世,我国湖泊面积比现在大,湖相沉积分布范围相当广泛。如山西、河南、河北、内蒙古、云南等地区,均有更新世湖相地层。

（2）洞穴—裂隙堆积。我国华北、华南皆有分布。在华南更新世各时期皆有这种堆积,而在华北主要分布在太行山及北京西山地区,且时代主要是中更新世,也有少数是早、晚更新世。

（3）河流及洪流堆积。我国的南方及西北各省区均有分布。在南方,如长江、珠江流域,早、中更新世的河流相砾石堆积分布很广。在西北的山区,如祁连山、天山等山麓地带,洪积相砾石堆积也很广,且厚度大,一般在数百米甚至达千余米。

（4）土状堆积。土状堆积是指黄土及红色土堆积。如黄土堆积主要分布在黄河流域的广大地区内,其成因十分复杂,有洪积的、坡积的、坡—洪积的、风积的、残积的、残—坡积的等,在山麓地带,土状堆积的底部常有冲积沙砾层。

（5）冰川堆积。更新世的冰川堆积,在长江中下游(如庐山等)及其他高山地区皆有分布;近代的冰川堆积主要分布在西部的高山高原地区。

（6）火山堆积。我国的华北和东北地区,更新世初期及晚期火山喷出的玄武岩,台湾和云南更新世火山喷出的玄武岩和安山岩,都属于这一类型。

2. 沉积物分布的分带性

第四纪沉积物呈明显的带状分布,带状分布主要受气候条件和地貌条件的影响。在山地主要为冰碛物和冰缘沉积;在山麓则长期进行冰水沉积和洪积,并向内陆盆地方向过渡为洪积—冲积物、黄土状沉积物;在内陆盆地中心则以风成堆积为主,并有局部的盐湖、盐沼化学沉积。我国西北部分带性最明显,例如,塔里木盆地及其周围山地,由山地至盆地中心可分为四个带:山地冰碛及冰缘沉积带;山麓坡积及洪积带;洪积冲积带;盆地内风成、湖泊及盐类化学沉积带。

我国南部,第四纪洞穴—裂隙堆积物在时间上分带性十分明显。如广西早更新世的“巨猿”洞穴堆积高出地面约 90 m,中—晚更新世的洞穴堆积高出地面 35～40 m,近代洞穴堆积在地面以下。

随着气候带的不同,我国自北向南,沉积物呈纬向的带状分布。寒带的冻土、温带的黑土、暖温带的黄土及红色土、亚热带和热带的红土。随着距海的远近,气候由干变湿,我国自西向东,沉积物呈经向的带状分布。这在我国北部表现明显:干旱区的戈壁和风成砂、半干旱区的黄土、潮湿区的冲积物、沿海的海相堆积。

3. 人类发展的阶段性

第四纪时间虽短,但它是地球上生物进化最伟大的时期。生物的不断演化,终于导致了人类的出现,这是一个重大飞跃。我国发现大量的人类化石,是我国第四纪地层的一大特征。这些各个不同阶段的人类化石体现了人类演化的四个阶段:古猿、猿人、古人和新人。因此,人类化石在确定第四纪地质年代上具有重要意义。

复习思考题

1. 简述地貌类型的划分。
2. 分析各种山地地貌与公路布线的关系。
3. 常见的垭口有几种类型，试从工程地质条件方面做出评价。
4. 山坡按纵向轮廓分几种类型？并分析其与公路布线的关系。
5. 堆积平原有几种成因类型？各种堆积平原在公路布线时应注意什么问题？
6. 第四纪堆积物的主要成因类型有哪几种？各有什么特点？
7. 简述坡积土、洪积土和冲积土的形成和主要特征。

模块二　工程地质分析

项目5　岩体边坡稳定性分析

岩体由一种或多种岩石组成，甚至可以是不同成因岩石的组合体，并在其形成过程中经受了构造变动、风化等各种内外力地质作用的破坏与改造。因此，岩体被层面、节理、断层、片理面等各种地质界面所切割，使其成为具有一定结构的多裂隙体。把切割岩体的这些地质界面称为结构面。岩体是地质历史过程中形成的，由岩石组成的岩块及在结构面切割下具有一定结构和构造的地质体。

岩体的多裂隙性特点决定了岩体与岩石（单一岩块）的工程地质性质有明显不同。两者最根本的区别就是岩体中的岩石被各种结构面所切割。这些结构面的强度与岩石相比要低得多，并且破坏了岩石的连续性和完整性。岩体的工程性质首先取决于这些结构面的性质，其次才是组成岩体的岩石性质。因此，在工程实践中，研究岩体的特征比研究单一岩块的特征更为重要。

任务5.1　岩体结构特征认知

岩体结构指岩体中结构面和结构体两个要素的组合特征。岩体中各种地质界面包括物质分界面、断裂面、软弱夹层和溶蚀面，规模大者如断层带，小者如节理统称为结构面。结构体是由不同产状的结构面组合起来，将岩体切割成各种形状的单元块体。结构面和结构体是一个问题的两个侧面，它们的特性决定岩体的不均一性和不连续性，因此岩体可看为受结构面切割的结构体的组合。在岩体的变形和破坏中，起主导作用的是岩体结构。大部分岩体因工程施工、风化作用和环境应力的改变，会发生整体的积累变形和破坏，主要是结构体沿着结构面的剪切滑移、拉裂、倾倒。所以研究岩体的关键在于研究岩体结构，其重点在于分析结构面。

5.1.1　结构面

1. 结构面的类型及特征

岩体中的结构面是在各种不同的地质作用下生成和发展的，具有一定方向、力学强度相对（上下岩层）较低、双向延伸（或具一定厚度）的地质界面（或带）。结构面不仅是岩体力学分析的边界，控制着岩体的破坏方式；而且由于其空间的分布和组合，在一定的条件下将形成可滑移或倾倒的块体，小者如落石，大者如崩塌和滑坡等。

我国学者谷德振将结构面按地质成因不同分为五种类型，并提出岩体质量的评定方法，结构面的地质类型和主要特征见表5-1。

表 5-1 岩体结构面类型及其特征

成因类型	地质类型	主要特征			工程地质评价
		产状	分布	性质	
原生结构面	沉积结构面 1. 层理层面 2. 软弱夹层 3. 假整合面 4. 不整合面 5. 沉积间断面	一般与岩层产状一致,为层间结构面	在海相岩层中此类结构面分布稳定,结构面在陆相岩层中呈交错状,易尖灭	层面、软弱夹层等结构面较为平整;第3、4结构面多由碎屑、泥质物构成,起伏粗糙不平整	含泥质、炭质等软弱结构,易受构造及次生影响,造成滑坡等病害
	火成结构面 1. 侵入岩与围岩接触界面 2. 岩脉、岩墙接触面 3. 原生冷凝节理 4. 岩浆喷溢时形成的软弱面	岩脉受构造结构面控制,而原生节理受岩体接触面控制	接触面延伸较远,比较稳定,而原生节理往往短小密集	接触可具熔合及破坏两种不同的特征;原生节理一般张裂而较粗糙不平	一般不造成大规模的岩体破坏,但与构造断裂配合,也可形成岩体滑移
	变质结构面 1. 片理 2. 片岩软弱夹层	产状与岩层或构造线方向一致	片理短小,分布极密,片岩软弱层延展较远,较固定	结构面光滑、平直,片理在岩体深部往往闭合成隐蔽结构面;片岩软弱夹层含片状矿物,鳞片状;遇水滑润	在变质较浅的沉积变质岩(如千枚岩)的堑坡常见塌方,片岩中软弱夹层,对稳定性影响大
构造结构面	1. 构造节理 2. 断层 3. 层间错动面 4. 破碎带	产状与构造线呈一定关系,层间错动与岩层一致	张性断裂较短小;剪切断裂延展较远;压性断裂(如断层)规模巨大,但有时横断层切割成不连续	张性断裂不平直,呈锯齿状,常具次生充填。剪切断裂较平直,具羽状裂隙,压性断裂具多种构造岩,呈带状分布,往往含断层泥糜棱岩	对岩体稳定性影响很大,在许多岩体破坏过程中大都有构造结构面的配合作用
次生结构面	1. 卸荷裂隙 2. 风化裂隙 3. 风化夹层 4. 泥化夹层 5. 次生泥层 6. 溶蚀面 7. 爆破松动带	受地形及原结构面控制	分布上远区呈不连状透镜体,延展性差,主要在地表风化带内发育	一般为泥质物充填,水理性很差	常在山坡及堑坡上造成崩塌、滑坡等病害

（1）原生结构面

原生结构面指在岩体成岩过程中形成的结构面。

① 沉积结构面

沉积结构面是在沉积成岩过程中所形成的物质分界面,包括反映沉积间歇性的层面和层理;显示沉积有间断的不整合面和假整合面;由于岩性变化形成的原生软弱夹层,如坚硬石灰岩中夹泥灰岩、炭质页岩,在坚硬的砂、砾岩中夹页岩、泥岩等,后期因风化和地下水的作用以及构造变动等易形成泥化夹层,对工程岩体稳定性威胁很大。

② 火成结构面

火成岩的原生结构面是在岩浆侵入、喷溢和冷凝过程中形成的。包括大型岩浆岩边缘的流层流线，与围岩的接触面、软弱的蚀变带、挤压破碎带、岩体冷凝时产生的张节理等。接近地表的这些结构面，经风化后往往形成软弱结构面，或为泥质物所充填。

③ 变质结构面

它是在区域变质中形成的结构面。如片理和板理，它们是在巨大压力作用下，岩石中鳞片状矿物呈定向排列或薄层平行的特殊构造现象。片理是呈绢丝状的绢云母片聚集体，是千枚岩和片岩的典型特征。片理表面光滑又很密集，云母、绿泥石、滑石等片状矿物之间联结力低，遇水软化易构成软弱结构面。

（2）构造结构面

构造结构面指岩体在地应力作用下所形成的结构面，包括断层、层间错动面、节理等地质类型。按其受力性质又分为以下三类，如图 5-1 所示。

① 剪（扭）裂面

产状稳定，断面平直，表面光滑多呈闭合状，结构比较紧密，常平行成群出现，将岩石切割成板状，少数情况下出现共轭的 X 节理，将岩石切割成菱形块状。

② 张裂面

较为短小粗糙，不平整，呈锯齿状，透水性强，常有次生矿物充填。

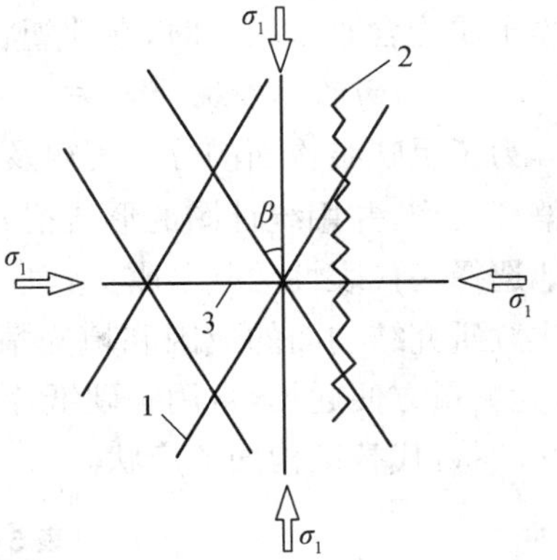

图 5-1　构造结构面按力学性质分类
1-剪裂面；2-张裂面；3-挤压面；β-剪裂角

③ 挤压面

垂直于最大主应力方向，如褶皱轴面、冲断层或逆掩断层等。以断层角砾岩、断层泥、糜棱岩为主，擦痕一般较陡，岩层与岩脉错开位置，显示上盘向上位移。

（3）次生结构面

次生结构面指由外动力地质作用形成的结构面。

① 卸荷裂隙

如开挖路堑、隧道等都要造成岩体中地应力向着临空面释放和调整，如未能适时支护，在重力、地下水和风化作用下，逐渐发生裂隙。在脆性岩体中尤为多见，但在蠕变初期不易觉察。

② 风化裂隙

一般沿原生夹层和原有结构面发育，且限于表层风化带内。如原岩含易风化矿物则可延至较深部位。

③ 泥化夹层及次生夹泥层

它们在泥岩、炭质页岩、泥质板岩及泥灰岩的顶部较为发育。次生夹泥层主要由地下水带来泥质矿物，在裂隙中重新沉积充填而成。

上述结构面中，物质软弱松散，含黏土矿物多，抗剪强度很低，遇水易软化或泥化，对岩体稳定影响很大的结构面称之为软弱结构面。大量的工程实践表明，边坡岩体的破坏，地基岩体的滑移，以及隧道岩体的坍塌，大多数是沿着岩体中的软弱结构面发生的。岩体结构在岩体的变形与破坏中起到了主导作用。

2. 软弱夹层的特征

软弱夹层是有一定厚度的特殊的岩体软弱结构面。它与周围岩体相比,具有显著低的强度和显著高的压缩性。在岩体中只占很少的数量,却是岩体中最关键部位。其特点是厚度薄,层次较多,岩相变化显著,常呈尖灭和互层,对水的作用敏感。变质型的软弱夹层多有绢云母等片状矿物,遇水润滑。表5-1中所列五种结构面,其中都夹有软弱结构面,如沉积岩中常夹有泥灰岩、泥页岩或炭质页岩,称为沉积结构型软弱夹层。

构造型软弱夹层多为层间破碎软弱夹层,有构造角砾岩、糜棱岩和断层泥等。风化型软弱夹层常带有局部性质,其分布规律随地形地质条件、裂隙产状和水的作用等因素而定。其中泥化夹层多为构造裂隙和层间错动带,是在长期的地下水和风化作用下形成的。夹层中的黏土矿物含水率较大时,在软塑状态下其工程性质最差。

3. 结构面的调查统计方法

为了反映结构面的分布规律及其对岩体稳定性的影响,需要进行野外调查和室内资料的整理工作,并用统计图的形式把岩体结构面的分布情况表示出来。调查结构面时,应先在工地选择一代表性的基岩露头,对一定面积内的结构面,按表5-2所列内容进行测量,同时要注意研究结构面的成因和填充情况。测量结构面产状的方法和测量岩层产状的方法相同,为测量方便起见,常用一硬纸片,当结构面出露不佳时,可将纸片插入结构面,用测得的纸片产状,代替结构面的产状。

表 5-2　结构面野外测量记录表

编号	结构面产状			长度	宽度	条数	填充情况	结构面成因类型
	走向	倾向	倾角					
1	N307°W	N37°E	18°			22	结构面夹泥	扭性结构面
2	N332°W	N62°E	10°			15	结构面夹泥	扭性结构面
3	N7°E	N277°W	80°			2	结构面夹泥	张性结构面
4	N15°E	N285°W	60°			4	结构面夹泥	张性结构面

统计结构面,有各种不同的图式,结构面玫瑰图是其中比较常见的一种。结构面玫瑰图可以用结构面走向编制,也可以用结构面倾向编制,其编制方法如下。

(1)结构面走向玫瑰图

在任意半径的半圆上,画上刻度网。把所测得的结构面按走向以每5°或每10°分组,统计每一组内的裂隙数并算出其平均走向。自圆心沿半径引射线,射线的方位代表每组结构面平均走向的方位,射线的长度代表每组结构面的条数。然后用折线把射线的端点连接起来,即得结构面走向玫瑰图[图5-2(a)]。

图中的每一个"玫瑰花瓣",代表一组结构面的走向,"花瓣"的长度,代表这个方向上的结构面的条数,"花瓣"越长,反映沿这个方向分布的结构面越多。从图上可以看出,比较发育的结构面有:走向330°、30°、60°、300°及走向东西的共五组。

(2)结构面倾向玫瑰图

先将测得的结构面按倾向以每5°或每10°分组,统计每一组内的结构面数并算出其平均倾向。自圆心沿半径引射线,射线的方位代表每组结构面平均倾向的方位,射线的长度代表每组结构面的条数。然后用折线把射线的端点连接起来,即得结构面倾向玫瑰图[图 5 - 2(b)]。

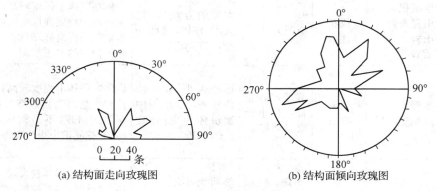

(a) 结构面走向玫瑰图　　　　　(b) 结构面倾向玫瑰图

图 5 - 2　结构面玫瑰花图

如果用平均倾角表示半径方向的长度,用同样方法可以编制结构面倾角玫瑰图。同时也可以看出,结构面玫瑰图表示方法简单,但最大的缺点是不能在同一张图上把结构面的走向、倾向和倾角同时表示出来。

4. 结构面的工程性质评价

（1）稳定性好强度大的结构面应是闭合的,或者没有软弱物质,只为后期岩脉所充填。如结构面上有方解石或石英脉,对岩体有补强作用,加强了结构面的强度,被称为硬性结构面。

（2）工程性质中等的结构面,如较短小不连贯张开的结构面,为粉粒和碎屑物质所充填,黏粒很少量。或结构面是闭合的,但有泥质薄膜微渗水。结构面强度取决于结构面的起伏差、填充物性质及其亲水性。

（3）工程性质差很可能造成失稳的是软弱结构面,如原生软弱夹层,夹层中有黏土矿物,次生泥化作用明显,在空间呈连续分布,延展较长,或为两个交叉的切割面形成可能崩塌的楔体。这些结构面强度最差,如其产状倾向临空面,则控制着岩体的破坏形式。

（4）岩体的渗透性主要取决于结构面的特性、分布和组合规律。由此构成岩体渗透的不均一性和各向异性。岩体中渗流和渗透压力影响岩体的应力和稳定性,特别是对软弱结构面的软化和泥化起作用,并降低其抗剪强度。

5.1.2　结构体和岩体结构

在岩体中被结构面切割的岩块称为结构体,它也体现了岩石的内部构造和外貌特征。根据外形特征,结构体可以分为块状、板状、柱状、楔形、菱形和锥形等多种,有的岩石致密硬脆,有的疏松柔韧。岩体受构造、变质和风化作用较强烈时,还会变成散粒碎块或鳞片状。结构面和结构体的组合称为岩体结构,岩体结构特征实际上就是结构面和结构体的性状及组合特征的反映,它决定着岩体的物理力学性质和稳定性。综合考虑这些因素,一般将岩体结构划分为六种类型,不同结构类型的岩体,其工程地质性质不同,各类结构岩体的基本特征见表 5 - 3。

表 5-3 岩体结构类型及特征

岩体结构类型	岩体地质类型	结构体主要形式	结构面发育情况	结构体特征	岩体工程地质评价
块状结构	厚层沉积岩 火山侵入岩 火山岩 变质岩	块状 柱状	节理为主	大型的方块体、菱块体、柱体；强度一般≥60 MPa	岩体在整体上强度较高，变形特征上接近于均质弹性各向同性体，工程地质条件良好，但要注意不利于岩体稳定的平缓节理
镶嵌结构	火成侵入岩 非沉积变质岩	菱形 锥形	节理比较发育，有小断层错动带	形态大小不一，棱角显著，以小～中型块体为主；强度＞60 MPa	岩体在整体上强度较高，但不连续性较为显著。当边坡过陡时以崩塌形式出现，不易构成较大滑坡体，开挖隧道中很少塌方
碎裂结构	构造破碎较强烈的岩体	碎块状	节理、断层及断层破碎带交叉劈理发育	形状大小不一，以小型块体、碎块体为主；含微裂隙，强度＜30 MPa	岩体完整性破坏较大，其强度受断层及软弱结构面控制，并易受地下水作用影响，岩体稳定性较差。边坡有时出现较大的塌方，宜支护紧跟
层状结构	薄层沉积岩 沉积变质岩	板状 楔形	层理、片理、节理比较发育	中～大型层块体、柱体、菱柱体；强度＞30 MPa	岩体呈层状，接近均一的各向异性介质，边坡稳定与岩层产状关系密切，要结合工程实际考虑，一般陡立的较为稳定，如倾向线路并临空，易发生事故，宜早预防
层状碎裂结构	较强烈的褶皱及破碎的层状岩体	碎块状 片状	层理、片理、节理、断层、层间错动带发育	形态大小不一，以小～中型的板柱体、板模体、碎块体为主；骨架硬结构体，强度≥30 MPa	岩体完整性破坏较大，整体强度降低，软弱结构面发育，易受地下水不良作用，稳定性很差。要求堑坡较缓，适当防护加固
散体结构	断层破碎带 风化破碎带	鳞片状 碎屑状 颗粒状	断层破碎带 风化带 次生结构面	以块度不均、的小碎块体、岩屑及夹泥为主；碎块体，手捏即碎	岩体强度遭到极大破坏，接近于松散介质，稳定性最差，开挖后易沿下覆基岩或次生结构面坍塌

（1）块状结构。组成颗粒均匀致密各向同性，如花岗岩、闪长岩、石英岩、大理岩等。

（2）层状构造。是沉积岩的特有结构，由于沉积物质成分的变换或沉积间断，表现出软硬互层各向异性和横向渗透性较大等特性。

（3）碎裂结构。由于构造破坏和风化作用而形成，一般含有多组密集结构面的岩体，岩体常被分割成碎块状。此外还有镶嵌、层状碎裂和散体结构等类型。

任务 5.2 岩体的天然应力状态分析

岩体的天然应力也称地应力、原岩应力、初始应力、一次应力，是指早期存在于地壳岩体中的应力。由于工程开挖，一定范围内岩体中的应力受到扰动而重新分布，则称为二次应力或扰动应力,在地下工程中称为围岩应力。

岩体是天然状态下长期、复杂的地质作用过程的产物,岩体中的地应力场是多种不同成因、不同时期应力场叠加的综合结果。地应力包括岩体自重应力、地质构造应力、地温应力、地下水压力以及结晶作用、变质作用、沉积作用、固结脱水作用等引起的应力。在通常情况下,构造应力和自重应力是地应力中最主要的成分和经常起作用的因素。

1. 自重应力

在重力场作用下生成的应力为自重应力。其中垂直应力

$$\sigma_V = \gamma h \tag{5-1}$$

式中:γ——岩石的容重,N/m;

h——该点的埋深,m;

σ_V——垂直应力,N。

另外,由于泊松效应(即侧向膨胀)造成的水平应力

$$\sigma_h = \frac{\mu}{1-\mu}\sigma_V = \lambda\sigma_V \tag{5-2}$$

式中:u——泊松比;

λ——侧压力系数;

σ_V——垂直应力,N;

σ_h——水平应力,N。

对于大多数坚硬岩体,μ 为 0.2~0.3,即 λ 为 0.25~0.43。对于半坚硬岩体,λ 大于0.43,且当上覆荷载大,下部岩体呈塑流时,μ 接近 0.5,λ 接近 1,即近似静水压力状态。

2. 构造应力

地壳运动在岩体内形成的应力称为构造应力。构造应力可分为活动构造应力和剩余构造应力两类。活动构造应力是指地壳内现在正在积累的能够导致岩石变形和破裂的应力,其与区域稳定和岩体稳定密切相关。剩余构造应力是古构造运动残留下来的应力。

3. 地应力基本规律

从实测地应力结果中减去岩体自重应力场,便可用来评价地质构造应力特征。构造应力场多出现在新构造运动比较强烈的地区。根据国内外实测地应力资料,最大测深已超过3 km,但大部分测点位于地下 1 km 范围之内。从实测地应力资料分析,地应力基本规律可归纳为如下几点。

(1)在浅部岩层,地应力垂直应力值接近于岩体自重应力;大约 3/4 的实测资料表明,水平应力大于垂直应力。

(2)在深部岩层,如 1 km 以下,两者渐趋一致,甚至垂直应力大于水平应力。

(3)水平应力有各向异性。

(4)最大主应力在平坦地区或深层受构造方向控制,而在山区则和地形有关,在浅层往往平行于山坡方向。

(5)由于大多数岩体都经历过多次地质构造运动,组成岩石的各种矿物的物理、力学性质也不相同,因而地应力中的一部分以"封闭"或"冻结"状态存在于岩石中。

在岩土工程,特别是地下工程建设中,地应力有十分重要的意义。在高地应力地区修筑的隧道及地下洞室中,常遇到坚硬岩层中的岩爆现象和软弱岩层中的流变现象,给工程施工带来了危害。

任务 5.3 岩体质量及工程分级认知

影响岩体稳定性的因素很多,有岩性、岩石结构构造、结构面特征及其组合、岩体结构及其完整性、地下水、地应力,等等。为了评价各方面因素对岩体性质及稳定性的影响,为岩石工程设计和施工提供依据,并保证岩石工程建设与运营安全、经济,工程中引入了工程岩体分类(分级)。

1. **工程岩体分类的独立影响因素**

(1) 岩石材料的质量

岩石材料的质量主要表现在岩石的强度和变形性质方面,可以通过单轴抗压强度试验以及点荷载试验结果对其进行评价。

(2) 岩体的完整性

岩体的完整性取决于不连续面的组数和密度,可用结构面频率、间距、岩芯采取率、岩石质量指标(RQD)以及完整性系数作为定量指标对其进行描述。这些定量指标是表征岩体工程性质的重要参数。

(3) 地下水的影响

地下水的影响表现为渗流、软化、膨胀、崩解、静水压力及动水压力等。

(4) 地应力

地应力难以测定,它对工程的影响程度也难以确定,因此,其影响一般在综合因素中反映。

2. **工程岩体分类(分级)方法**

工程岩体分类(分级)方法较多,有定性、半定量和定量等分类方法。考虑的因素也比较多,有考虑单因素和多因素的分类方法,还有考虑施工因素的影响的分类方法。以下给出几种国内外典型的工程岩体分类(分级)方法。

(1) 按岩石质量指标(RQD)分类

RQD(rock quality designation index)是指在钻孔时,用大于 75 mm 双层岩芯管、金刚石钻头获取的大于 10 cm 的岩芯段累计长度与计算总长度的百分比,即岩芯采样率。迪尔(Deer,1967)提出根据钻探得到的岩芯来定量评价岩体的质量。他认为钻探时岩芯的采取率、岩芯的平均长度和最大长度受岩体的原始裂隙、硬度、均匀性支配,岩体质量好坏取决于长度小于 10 cm 以下的细小岩块所占的比例。RQD 值定义为长度大于 10 cm 的岩芯总长度与钻进总进尺的比值,以百分数表示,即

$$RQD = \frac{L(f10 \text{ cm 的岩芯断块长度})}{L_t(\text{岩芯进尺总长度})} \times 100\% \tag{5-3}$$

用 RQD 值来描述岩石的质量分级见表 5-4。

表 5 - 4　按 RQD 大小来进行的岩石工程分级

等级	RQD(%)	工程分级
Ⅰ	90～100	极好的
Ⅱ	75～90	好的
Ⅲ	50～75	中等的
Ⅳ	25～50	差的
Ⅴ	0～25	极差的

（2）按岩体地质力学（RMR）分类

Bieniawski 岩体分级（RMR）法最初以 300 多条隧道的记录为基础,数据库开始主要以非洲的经验为基础,此后在世界范围内不断扩充数据,在 1976 年第 1 版得到广泛传播之后,Bieniawski 对 RMR 参数进行了多次修改,目前应用的版本是 RMR_{89}。

RMR 分级法是采用 5 个岩体特征参数量化值,即岩石强度 A_1（点荷载强度系数 I_s、单轴抗压强度 σ_c）、岩石质量指标 A_2（RQD）、结构面间距 A_3、不连续结构面特征 A_4、地下水 A_5,计算出岩体分级基数（RMR_{bastc}）,然后通过不连续结构面修正系数 B,综合计算出标准 RMR（或 RMR_{89}）值,RMR 值为在 0～100 范围内的数值。计算如下。

$$RMR_{bast\,c} = A_1 + A_2 + A_3 + A_4 + A_5 \tag{5-4}$$

$$RMR_{89} = RMR_{bast\,c} + B \tag{5-5}$$

下面详细介绍各个岩体特征参数评分标准。

① 岩石强度 A_1 和岩石质量指标 A_2

根据点荷载强度系数 I_s、单轴抗压强度 σ_c 和岩石质量 RQD 值,按照表 5 - 5 确定对应项的评分值。

表 5 - 5　岩石强度和岩石质量指标评分表

	完整岩石强度	点荷载强度系数 I_s（MPa）	>10	4～10	2～4	1～2	0～1	
A_1		单轴抗压强度 σ_c（MPa）	>250	100～250	50～100	25～50	5～25	1～5	<1
	分　值		15	12	7	4	2	1	0
A_2	岩石质量 RQD		90%～100%	75%～90%	50%～75%	25%～50%	<25%		
	分　值		20	17	13	8	3		

② 结构面间距 A_3

对岩体结构面进行调查,统计结构面平均间距,按照表 5 - 6 进行评分。

表 5 - 6　结构面间距评分表

	结构面间距	>2 m	0.6～2 m	200～600 mm	60～200 mm	<60 mm
A_3	分　值	20	15	10	8	5

③ 不连续结构面特征 A_4

对岩体结构面进行调查,根据不连续结构面的长度、间距、粗糙程度、填充物情况和结构面处岩石风化程度等,按照表5-7进行评分。

表5-7 不连续结构面特征评分表

	不连续结构面特征	表面很粗糙、不连续、无间距、围岩没有风化	表面粗糙、间距小于1 mm、围岩轻度风化	表面粗糙、间距小于1 mm、围岩风化严重	擦痕面、填充物厚度小于5 mm、结构面间距1~5 mm、连续	低硬度、填料厚度大于5 mm、结构面间距1~5 mm、连续
	分值	30	25	20	10	0
	不连续结构面长度	<1 m	1~3 m	3~10 m	10~20 m	>20 m
	分值	6	4	2	1	0
A_4	不连续结构面间距	无	<0.1 mm	0.1~1 mm	1~5 mm	>5 mm
	分值	6	5	4	1	0
	粗糙程度	非常粗糙	粗糙	微粗糙	光滑	擦痕面
	分值	6	5	3	1	0
	空隙填充物	无	硬填充物小于5 mm	硬填充物大于5 mm	软填充物小于5 mm	软填充物大于5 mm
	分值	6	4	2	2	0
	岩石风化程度	未受风化	轻微风化	中等风化	严重风化	分解
	分值	6	5	3	1	0

④ 地下水 A_5

根据隧道掘进过程中地下水水量和水压的测定以及渗漏水情况的直观判断,按照表5-8进行评分。

表5-8 地下水条件评分表

	隧道每10 m的进水量(L/min)	无	<10	10~25	25~125	>125
A_5	水压(MPa)	0	<0.1	0.1~0.2	0.2~0.5	>0.5
	总体特征	整体干燥	潮湿	湿	滴水	流水
	分 值	15	10	7	4	0

⑤ 不连续结构面方向修正系数 B

根据不连续面的走向和隧道轴线的关系、隧道掘进方向和不连续结构面的倾角,评定不连续面的影响程度(见表5-9),然后确定不连续结构面方向修正系数,如表5-10所示。

表 5-9 不连续结构面影响程度评价表

不连续结构面的走向和隧道轴线的关系			
走向垂直于隧道轴线		走向平行于隧道轴线	
隧道沿倾向方向掘进		倾角 45°～90°:很好	倾角 20°～45°:一般
倾角 45°～90°:很好	倾角 20°～45°:好		
隧道逆倾向方向掘进		倾角 0°～20°:一般(不考虑方向)	
倾角 45°～90°:一般	倾角 20°～45°:差		

表 5-10 不连续结构面方向修正系 B 数评分表

不连续结构面走向及倾向	很好	好	一般	差	极差
分 值	0	-2	-5	-10	-12

⑥ 围岩级别划分

通过对围岩的 $A_1 \sim A_5$ 的 5 个岩体特征参数和修正系数 B 进行评分,然后计算出 $RMR_{89} = A_1 + A_2 + A_3 + A_4 + A_5 + B$ 值,按照表 5-11 可得出围岩的级别。

表 5-11 围岩级别划分表

RMR_{89} 值	100～81	80～61	60～41	40～21	<21
围岩级别	Ⅰ	Ⅱ	Ⅲ	Ⅳ	Ⅴ
评价结论	岩质非常好	岩质好	岩质一般	岩质差	岩质极差

(3) 我国《工程岩体分级标准》(GB 50218-1994) 定级方法

根据我国国家标准《工程岩体分级标准》(GB 50218-1994),岩体基本质量分级,应根据岩体基本质量的定性特征和岩体基本质量指标(BQ)两者相结合,按表 5-12 确定。

表 5-12 岩体基本质量分级

基本质量级别	岩体基本质量的定性特征	岩体基本质量指标（BQ）
Ⅰ	坚硬岩,岩体完整	>550
Ⅱ	坚硬岩,岩体较完整; 较坚硬岩,岩体完整	451～550
Ⅲ	坚硬岩,岩体较破碎; 较坚硬岩或软硬岩互层,岩体较完整; 较软岩,岩体完整	351～450
Ⅳ	坚硬岩,岩体破碎 较坚硬岩,岩体较破碎至破碎 较软岩或软硬岩互层,且以软岩为主,岩体较完整至较破碎; 软岩,岩体完整至较完整	251～350
Ⅴ	较软岩,岩体破碎;软岩,岩体较破碎至破碎; 全部极软岩及全部极破碎岩	≤250

岩体基本质量的定性特征,应按表 5－13 和表 5－14 所确定的岩石坚硬程度和岩体完整程度来组合确定。

表 5－13 岩石坚硬程度的定性划分

名 称		定性鉴定	代表性岩石
硬质岩	坚硬岩	锤击声清脆,有回弹,震手,难击碎;浸水后大多无吸水反应	未风化至微风化的:花岗岩、正长岩、闪长岩、辉绿岩、玄武岩、安山岩、片麻岩、石英片岩、硅质板岩、石英岩、硅质胶结的砾岩、石英砂岩、硅质石灰岩等
	较坚硬岩	锤击声较清脆,有轻微回弹,稍震手,较难击碎;浸水后,有轻微吸水反应	弱风化的坚硬岩; 未风化至微风化的:熔结凝灰岩、大理岩、板岩、白云岩、石灰岩、硅质胶结的砂岩等
软质岩	较软岩	锤击声不清脆,无回弹,较易击碎;浸水后,指甲可刻出印痕	强风化的坚硬岩; 弱风化的较坚硬岩; 未风化至微风化的:凝灰岩、千枚岩、砂质泥岩、泥灰岩、泥质砂岩、粉砂岩、页岩等
	软岩	锤击声哑,无回弹,有凹痕,浸水后,手可掰开	强风化的坚硬岩; 弱风化至强风化的较坚硬岩; 弱风化的较软岩; 未风化的泥岩等
	极软岩	锤击声哑,无回弹,有较深凹痕,手可捏碎;浸水后,可捏成团	全风化的各种岩石; 各种半成岩

表 5－14 岩体完整程度的定性划分

完整程度	结构面发育程度		主要结构面的结合程度	主要结构面类型	相应结构类型
	组数	平均间距（m）			
完整	1～2	＞1.0	结合好或结合一般	节理、裂隙、层面	整体状或巨厚层状结构
较完整	1～2	＞1.0	结合差	节理、裂隙、层面	块状或厚层状结构
	2～3	0.4～1.0	结合好或结合一般		块状结构
较破碎	2～3	0.4～1.0	结合差	节理、裂隙、层面、小断层	次块状或中层厚状结构
	≥3	0.2～0.4	结合好		镶嵌或碎裂结构
			结合一般		中、薄层状结构
破碎	≥3	0.2～0.4	结合差	各种类型结构面	镶嵌或碎裂 结构
		≤0.2	结合一般或结合差		碎裂状结构
极破碎	无序		结合很差		散体状结构

注:平均间距指主要结构面(1～2 组)间距的平均值。

岩体基本质量指标(BQ),应根据分级因素的定量指标 Rc 和岩体完整性系数 K_v 按下式计算。

$$BQ = 90 + 3Rc + 250K_v \qquad (5-6)$$

式中:Rc—— 分级因素的定量指标;

K_v —— 岩体完整性系数;

BQ ——岩体基本质量指标。

使用式（5-6）时,应遵守下列限制条件。

① 当 $Rc > 90K_v + 30$ 时,应以 $Rc = 90K_v + 30$ 和 K_v 代入计算 BQ 值。

② 当 $K_v > 0.04Rc + 0.4$ 时,应以 $K_v = 0.04Rc + 0.4$ 和 Rc 代入计算 BQ 值。

岩石坚硬程度的定量指标,应采用岩石单轴饱和抗压强度(Rc)。Rc 与定性划分的岩石坚硬程度的对应关系,可按表 5-15 确定。

表 5-15 Rc 与定性划分的岩石坚硬程度的对应关系

Rc(MPa)	>60	60~30	30~15	15~5	≤5
坚硬程度	硬质岩		软质岩		
	坚硬岩	较坚硬岩	较软岩	软岩	极软岩

岩体完整程度定量指标应采用实测的岩体完整性系数 K_v,其值按表 5-16 划分;当无条件取得实测值时,也可用岩体体积节理数 J_v,按表 5-17 确定 K_v 值。

表 5-16 岩体完整性程度定量指标

K_v	>0.75	0.75~0.55	0.55~0.35	0.35~0.15	<0.5
完整程度	完整	较完整	较破碎	破碎	极破碎

注:岩体完整性系数 K_v 指岩体声波纵波速度与岩石声波纵波波速之比的平方。

表 5-17 Jv 与 Kv 对照表

J_v	<3	3~10	10~20	20~35	>35
K_v	>0.75	0.75~0.55	0.55~0.35	0.35~0.15	<0.5

注 :岩体体积节理数 J_v 指单位岩体体积内的节理(机构面)数目。

对工程岩体进行初步定级时,宜按表 5-11 规定的岩体基本质量级别作为岩体级别。对工程岩体进行详细定级时,应在岩体基本质量分级的基础上,结合不同类型工程的特点,考虑地下水状态、初始应力状态、工程轴线或走向线的方位与主要软弱结构面产状的组合关系等必要的修正因素,确定各类工程岩体的基本质量指标修正值。

任务 5.4 岩体边坡的变形破坏类型认知

5.4.1 影响边坡稳定性的因素

1. 地质条件

（1）岩土体的工程地质性质

岩土体的力学性质决定了边坡失稳的方式。坚硬岩石边坡失稳以崩塌和结构面控制型失稳为主;软弱岩石边坡失稳以应力控制型失稳为主。对由其他因素决定的边坡,岩土体的工程地质性质越优良,边坡稳定性越好。

（2）地质构造

地质构造表现为结构面的发育程度、规模、连通性、充填程度及充填物成分和结构面的产状对边坡稳定性的影响。在评价结构面对边坡稳定性的影响时，要特别注意结构面的产状与边坡面的相互关系。结构面与边坡面的组合不同，边坡的稳定性也不同，当结构面与边坡面反倾或结构面与陡坡顺倾时边坡稳定；当结构面与边坡顺倾时，易发生边坡失稳。

2. 水文地质条件

"十个边坡九个水"，这句话形象地反映了边坡失稳往往与地下水的活动有密切的关系这一客观事实。水文地质条件包括地下水的赋存、补给、径流和排泄条件。地下水的富集程度与气候条件、水文地质条件有关。由于岩土体的力学性质受水的影响很大，地下水富集程度的提高，一方面增大坡体下滑力，另一方面降低软弱夹层和结构面的抗剪程度，引起孔隙水压力上升，降低滑动面上的有效正应力，导致滑动面的抗滑力减小。因此，地下水富集程度的改变相应地引起边坡稳定性发生改变。有不少边坡失稳与边坡水文地质条件恶化有关，而治理边坡也往往是由于改善了水文地质条件而获得成功。

3. 新构造运动

新构造运动往往引起边坡形态、产状及水文地质条件的改变，从而导致边坡失稳。强烈的新构造运动——地震，对边坡稳定性的影响极大。地震往往伴有大量的边坡失稳，这是由于地震作用产生水平地震附加力，当水平地震附加力的作用方向不利时，边坡的下滑力增大，滑动面的抗滑力减小。另外，在地震作用下，岩土中的孔隙水压力增加和岩土体强度降低，均会对边坡的稳定性产生不利影响。

4. 地貌因素

边坡的形态和规模等地貌因素对边坡稳定性的影响是显而易见的。不利形态和规模的边坡往往在坡顶产生张应力，并引起张裂缝；在坡脚产生的强烈的剪应力，会形成剪切破坏带，这些作用极大地降低了边坡的稳定性。边坡面与地质结构面的不利组合还会导致边坡结构面控制型失稳。

5. 气候因素

大气降雨是地下水的主要补给源。气候类型不同，大气降雨量也不同。由于不同地区的大气降雨量不同，即使其他条件相同，边坡的稳定性也不同。暴雨或长期降雨以及融雪过后，会出现边坡失稳增多的现象，这说明大气降雨等对边坡的稳定性有很大的影响。大气降雨、融雪的增加提高了地下水的补给量，一方面降低岩体的强度，增加孔隙水的压力，使边坡滑动面的抗滑能力降低，另一方面增大边坡的下滑力，两者结合起来极大地降低了边坡的稳定性，从而导致裂隙增加、扩大，影响边坡稳定性。岩石风化速度、风化层厚度以及岩石风化后的物理变化和化学变化（矿物成分改变）均与气候有关。

6. 风化作用

风化作用使岩土的抗剪强度减弱，裂隙增加、扩大，影响边坡的形状和坡度，透水性增加，使地面水易于侵入，改变地下水的动态；沿裂隙风化时，可使岩土体脱落或沿斜坡发生崩塌、堆积、滑移等。

7. 人类的工程活动因素

（1）削坡

不当的削坡往往使坡脚结构面或软弱夹层的覆盖层变薄或切穿，减小坡体滑动面抗滑力,而边坡下滑力却没有相应减少,这样边坡的稳定性降低。当结构面或软弱夹层的覆盖层被切穿时,结构面与边坡面构成不利组合,导致边坡出现结构面控制型失稳。

（2）坡顶加载

对边坡稳定性产生的不利因素表现在两方面:一是在增加坡体下滑力的同时,没有成比例地增加滑动面的抗滑力;二是加大了坡顶张应力和坡脚剪应力的集中程度,使边坡岩土体破坏,强度降低,因而引起边坡稳定性降低。当边坡加载物为松散物时,情况就更为严重,因为松散加载物能减少大气降雨的地表径流,增加大气降雨的入渗量,也会降低边坡的稳定性。

（3）地下开挖

地下开挖主要包括采矿和开掘铁路、公路、引水隧道等,这类活动所引起的地表移动与边坡失稳常与三个因素有关。一是与地下开挖位置有关。地下开挖越接近边坡面,地表移动和边坡失稳越强烈,但其范围却显著减小;近地表的地下采掘往往引起小范围沉降和塌陷,边坡的变形和破坏是局部的;当地下开挖埋深较大时,地表移动和边坡失稳的范围比较大,失稳往往是整体的。二是与地下开挖规模有关。地下开挖规模越大,边坡的应力场改变就越大,在坡顶和坡脚引起的应力集中也越强烈,边坡稳定性的降低也就越大。三是与边坡地质条件有关。地下开挖对边坡影响程度受边坡地质条件控制,在顺倾边坡中,地下采掘工程如果平行于边坡走向,开挖活动往往切割边坡的锁固段,降低了边坡稳定性,甚至使其失稳。如果地下工程垂直于边坡走向,地下开挖对边坡的影响就要小得多。地下开挖引起的地表移动和边坡失稳具有先沉陷、后开裂、再滑动的活动规律。地下开挖首先引起边坡地表移动,当地表移动到一定程度时,在边坡坡顶附近拉裂,并出现拉裂缝,坡脚附近出现剪切破坏带。当边坡岩土体破坏较严重时,拉裂缝与剪切破坏带贯通或近乎贯通,边坡滑动面的抗滑力急剧下降,边坡的稳定性显著降低,甚至失稳。

5.4.2　边坡的变形破坏类型

边坡在形成过程中,边坡岩土体内原始应力重新分布,导致岩土体原有平衡状态发生变化。在此条件下,坡体将发生不同程度的局部或整体的变形,以达到新的平衡。边坡变形破坏的发展过程,可以是漫长的,也可以是短暂的。边坡变形破坏的形式和过程是边坡岩土体内部结构、应力作用方式、外部条件综合影响的结果,因此边坡变形破坏的类型是多种多样的。对边坡变形破坏的基本类型进行划分是研究边坡的基础。

1. 土质路堑边坡的变形破坏类型

土质路堑边坡一般高度不大,多为几米到二三十米,但也有个别土质路堑边坡高达三十米以上(如天兰线高阳至云图间的黄土高边坡)。边坡在动静荷载、地下水、雨水、重力和各种风化营力的作用下,可能发生变形破坏。根据人们的观察和分析,变形破坏现象可分为两大类:一类是小型的坡面局部破坏,另一类是较大规模的边坡整体性破坏。

（1）坡面局部破坏

坡面局部破坏包括剥落、冲刷和表层滑塌等类型。表层土的松动和剥落是这类变形破坏的常见现象。它们是由于水的浸润与蒸发、冻结与融化、日光照射等风化营力对表层土产生复杂的物理化学作用所导致的。边坡冲刷是指雨水在边坡面上形成的径流因动力作用带走边坡上较松散的颗粒,形成条带状的冲沟。表层滑塌是由于边坡上有地下水出露,形成点状或带状湿地,产生的坡面表层滑塌现象,这类破坏由雨水浸湿、冲刷也能产生。上述这些变形破坏往往是边坡更大规模的变形破坏的前奏。因此,应对轻微的变形破坏及时进行整治,以免其进一步发展,引起大的灾害。对于因径流引起的冲刷,应做好地面排水,使边坡水流量减至最小。对已形成的冲沟,应在维修中予以嵌补,以防其继续向深处发展。对因地下水所引起的表层滑塌,应及时截断地下水或疏导地下水工程,以制止边坡变形的发展。

（2）边坡整体性破坏

边坡整体坍滑和滑坡均属这类边坡变形破坏。土质边坡在坡顶或上部出现连续的拉张裂缝并下沉,或边坡中、下部出现鼓胀现象,都是边坡整体性破坏和滑动的征兆。一般地区这类破坏多发生在雨季或雨季后。对于有软弱基底的情况,边坡破坏常与基底的破坏连在一起。对于这类破坏,在征兆期应加强预报,以防发生事故。在处理前必须查明产生破坏的原因,切忌随意清挖,以免进一步坍塌,扩大破坏范围。当边坡上层为土、下层为基岩,且层间接触面的倾向与边坡方向一致时,由于水的下渗使接触面润滑,会造成上部土质边坡沿接触面滑走的破坏。因此,在勘察、设计过程中必须要对水体在路基中可能引起的不良影响予以充分重视。

由上述可知,第一类边坡变形破坏,只要在养护维修过程中,采用一定措施就可以制止或减缓它的发展,其危害程度也不如第二类边坡破坏严重。第二类变形破坏,危及行车安全,有时甚至会造成线路中断,处理起来也较费事。因此,在勘察设计阶段和施工阶段,应分析边坡可能发生的变形破坏,防患于未然。对于高边坡更应给予重视。

2. 岩质边坡变形破坏的基本形式

我国是一个多山的国家,地质条件十分复杂。山区道路、房屋多傍河而建或穿越分水岭,因而会遇到大量的岩质边坡稳定问题。边坡的变形破坏,会影响工程建筑物的稳定和安全。

岩质边坡的变形是指边坡岩体只发生局部位移或破裂,没有发生显著的滑移或滚动,不致引起边坡整体失稳的现象。而岩质边坡的破坏是指边坡岩体以一定速度发生了较大位移的现象,如边坡岩体的整体滑动、滚动和倾倒。变形和破坏在边坡岩体变化过程中是密切联系的,变形可能是破坏的前兆,而破坏则是变形进一步发展的结果。边坡岩体变形破坏的基本形式可概括为松动、松弛张裂、蠕动、剥落、滑移破坏、崩塌落石等。

（1）松动

斜坡形成初始阶段,坡体表部往往出现一系列与坡向近于平行的陡倾角张开裂隙,被这种裂隙切割的岩体便向临空方向松开、移动,这种过程和现象称为松动。它是一种斜坡卸荷回弹的过程和现象。

存在于坡体的这种松动裂隙,有些是在应力重分布中新生的,但大多是沿原有的陡倾角裂隙发育而成的。它仅有张开而无明显的相对滑动,张开程度及分布密度由坡面向深处而逐渐减小。当保证坡体应力不再增加和结构强度不再降低的前提下,斜坡变形不会剧烈发展,坡体稳定不致破坏。

边坡常有各种松动裂隙,实践中把发育有松动裂隙的坡体部位,称为边坡卸荷带,在此可称为边坡松动带。其深度通常用坡面线与松动带内侧界线之间的水平间距来度量。

边坡松动使坡体强度降低,又使各种营力因素更易深入坡体,加大坡体内各种营力因素的活跃程度。边坡松动是边坡变形与破坏的初始表现。所以,划分松动带（卸荷带）,确定松动带范围,研究松动带内岩体特征,对论证边坡稳定性,特别是确定开挖深度或灌浆范围,都具有重要意义。

边坡松动带的深度,除与坡体本身的结构特征有关外,主要受坡形和坡体原始应力状态控制。显然,坡度愈高、愈陡,地应力愈强,边坡松动裂隙便愈发育,松动带深度也愈大。

(2) 松弛张裂

松弛张裂是指边坡岩体由卸荷回弹而出现的张开裂隙的现象。松弛张裂是在边坡应力调整过程中出现的变形。例如,由于河谷的不断下切,在陡峻的河谷岸坡上形成卸荷裂隙;路堑边坡的开挖可使岩体中原有的卸荷裂隙得到进一步的发展,或者由于开挖也可能形成新的卸荷裂隙。这种裂隙通常与河谷坡面、路堑边坡面相平行,如图5-3所示。而在坡顶或堑顶,则由于卸荷引起的拉应力作用形成张裂带。边坡愈高、愈陡,张裂带也愈宽。如通过大渡河谷的成昆铁路,有的路堑边坡堑顶紧接着高陡的自然山坡,其上的张裂带宽度可达一二百米,自地表向下的深度也可达百

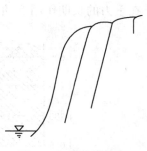

图5-3　松弛张裂

米以上。一般来说,路堑边坡的松弛张裂变形多表现为顺层边坡层间结合的松弛、边坡岩体中原有节理裂隙的进一步扩展以及岩块的松动等现象。

(3) 蠕动

蠕动是指边坡岩体在重力作用下长期缓慢的变形。这类变形多发生于软弱岩体(如页岩、千枚岩、片岩等)或软硬互层岩体(如砂岩页岩互层、页岩灰岩互层等)中,常形成挠曲型变形。边坡岩体为反坡向的塑性薄层岩层时,向临空面一侧发生弯曲,形成"点头弯腰"变形,很少折断,如图5-4(a)的所示,如贵昆线大海哨一带就有这种岩体变形。边坡岩体为顺坡向的塑性岩层时,在边坡下部常产生揉皱型弯曲,甚至发生岩层倒转,如成昆线铁西滑坡附近就有这种变形,图5-4(b)所示。由于这种变形是在地质历史期中长期缓慢地形成的,因此,在边坡上见到的这类变形都是自然山坡上的变形。当人工开挖边坡切割山体时,边坡上的变形岩体在风化作用和水的作用下,某些岩块可能沿节理转动,出现倾倒式的蠕动变形现象。变形再进一步发展,可使边坡发生破坏。

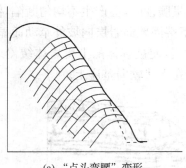

(a) "点头弯腰"变形

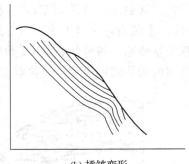

(b) 揉皱变形

图5-4　弯曲型蠕动变形

边坡蠕动大致可分为表层蠕动和深层蠕动两种基本类型。

① 表层蠕动

边坡浅部岩土体在重力的长期作用下,向临空面方向缓慢变形构成一剪变带,其位移由坡面向坡体内部逐渐降低直至消失,这便是表层蠕动。

破碎的岩质边坡及疏松的土质边坡,表层蠕动甚为典型。当坡体剪应力还不能形成连续滑动面之前,会形成一剪变带,出现缓慢的塑性变形。

岩质边坡的表层蠕动,常称为岩层末端"挠曲现象",系岩层或层状结构面较发育的岩体在重力的长期作用下,沿结构面滑动和局部破裂而成的屈曲现象,如图 5-5 所示。

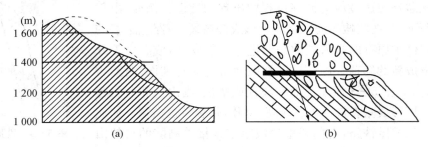

图 5-5 岩质边坡表层蠕动

(a) 阿尔卑斯山谷反倾岩层中的蠕动;(b) 湖南五强溪板溪群
轻度变质砂岩、石英岩、板岩中的蠕动,深达四五十米

表层蠕动的岩层末端挠曲,广泛分布于页岩、薄层砂岩或石灰岩、片岩、石英岩,以及破碎的花岗岩体所构成的边坡上。软弱结构面愈密集,倾角愈陡,走向愈近于坡面走向时,其发育愈明显。它使松动裂隙进一步张开,并向纵深方向发展,影响深度有时竟达数十米。

② 深层蠕动

深层蠕动主要发育在边坡下部或坡体内部,按其形成机制特点,深层蠕动有软弱基座蠕动和坡体蠕动两类。

坡体基座产状较缓且有一定厚度的相对软弱岩层,在上覆层重力作用下,基座部分向临空方向蠕动,并引起上覆层的变形与解体,是"软弱基座蠕动"的特征。软弱基座塑性较大,坡脚主要表现为向临空方向蠕动、挤出(图 5-6);而软弱基座中存在脆性夹层,它可能沿张性裂隙发生错位。软弱基座蠕动会引起上覆岩体变形与解体。上覆岩体中软弱层会出现"揉曲",脆性层又会出现张性裂隙;当上覆岩体整体呈脆性时,会产生不均匀断陷,使上覆岩体破裂解体。上覆岩体中裂隙由下向上发展,且其下端因软弱岩层向坡外牵动而显著张开。此外,当软弱基座略向坡外倾斜时,蠕动更进一步发展,使被解体的上覆岩体缓慢地向下滑移,且被解体的岩块之间可完全丧失联结,如同漂浮在下伏软弱基座上。

图 5-6 软弱基座挤出

坡体沿缓倾软弱结构面向临空方向缓慢移动变形,称为坡体蠕动。它在卸荷裂隙较

发育并有缓倾结构面的坡体中比较普遍(图5-7);有缓倾结构面的岩体又发育有其他陡倾裂隙时,构成坡体蠕动基本条件。缓倾结构面夹泥,抗滑力很低,便会在坡体重力作用下产生缓慢的移动变形。这样,坡体必然发生微量转动,使转折处首先遭到破坏。这里首先出现张性羽裂,将转折端切断(切角滑移);继续破坏,形成次一级剪切面,并伴随有架空现象;进一步便会形成连续滑动面。滑面一旦形成,其推滑力超过抗滑力,便导致边坡破坏。

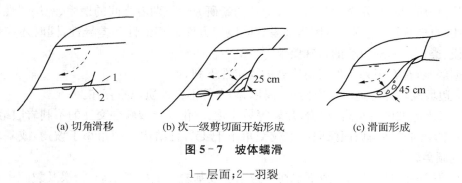

(a) 切角滑移   (b) 次一级剪切面开始形成   (c) 滑面形成

图5-7 坡体蠕滑

1—层面;2—羽裂

(4) 剥落

剥落指的是边坡岩体在长期风化作用下,表层岩体破坏成岩屑和小块岩石,并不断向坡下滚落,最后堆积在坡脚,而边坡岩体基本上是稳定的。产生剥落的原因主要是各种物理风化作用使岩体结构发生破坏。如阳光、温度、湿度的变化、冻胀等,都是表层岩体不断风化破碎的重要因素。对于软硬相间的岩石边坡,由于软弱易风化的岩石常常先风化破碎,所以,首先发生剥落,从而使坚硬岩石在边坡上逐渐突出,在这种情况下,突出的岩石可能发生崩塌。因此,风化剥落在软硬互层边坡上可能引起崩塌。

(5) 滑移破坏

滑移破坏是指边坡上的岩体沿一定的面或带向下移动的现象,它是岩质边坡岩体常见的变形破坏形式之一。在边坡中的具体破坏形式多为顺层滑动和双面楔形体滑动。

(6) 崩塌落石

崩塌是指陡坡上的巨大岩体在重力作用下突然向下崩落的现象;而落石是指个别岩块向下崩落的现象。

任务5.5 岩体边坡稳定性分析

随着人类工程活动向更深层次发展,在经济建设过程中,遇到了大量的边坡工程,且其规模越来越大,重要程度也越来越高,有时还会影响人类工程活动。人们越来越注重由于边坡失稳造成的地质灾害,故边坡稳定性研究一直是重中之重。边坡稳定性分析与评价的目的,一是对与工程有关的天然边坡稳定性做出定性和定量评价;二是要为合理地设计人工边坡和边坡变形破坏的防止措施提供依据。在公路工程实践中,遇到的各种各样工程地质问题,归纳起来,主要就是路堑边坡稳定问题,路、桥地基稳定问题和隧道围岩稳定问题。这三方面的问题,实质上就是一个岩体的稳定问题。所谓岩体稳定,它是一个相对的概念,是指在一定的时间内,一定的自然条件和人为因素的影响下,岩体不产生破坏性的剪切滑动、塑性变形或张裂破坏。岩体的稳定性,岩体的变形与破坏,主要取决于岩体内各种结构面的性质及其对岩体的切割程度。在进行岩体的稳定分析时,目前一般多采用岩体结构分析、力学分析及对比分析的方法。三者互相结合,互相补充,互相验证,对岩体稳定作出综合评价。

1. 边坡稳定的对比分析——工程地质类比法

该法是将已有的天然边坡或人工边坡的研究经验(包括稳定的或破坏的),用于新研究边坡的稳定性分析,如坡角或计算参数的取值、边坡的处理措施等。类比法具有经验性和地区性的特点,应用时必须全面分析已有边坡与新研究边坡两者之间的地貌、地层岩性、结构、水文地质、自然环境、变形主导因素及发育阶段等方面的相似性和差异性,同时还应考虑工程的规模、类型及其对边坡的特殊要求等。

根据经验,存在下列条件时对边坡的稳定性不利。

(1) 边坡及其邻近地段已有滑坡、崩塌、陷穴等不良地质现象存在。

(2) 岩质边坡中有页岩、泥岩、片岩等易风化、软化岩层或软硬交互的不利岩层组合。

(3) 软弱结构面与坡面倾向一致或交角小于 45°,且结构面倾角小于坡角,或基岩面倾向坡外且倾角较大。

(4) 地层渗透性差异大,地下水在弱透水层或基岩面上积聚流动,断层及裂隙中有承压水出露。

(5) 坡上有水体漏水,水流冲刷坡脚或因河水位急剧升降引起岸坡内动力水的强烈作用。

(6) 边坡处于强震区或邻近地段,采用大爆破施工。采用工程地质类比法选取的经验值(如坡角、计算参数等)仅能用于地质条件简单的中、小型边坡。表 5-18 为边坡坡度容许值,以供参考。

表 5-18 岩质边坡容许坡度值

岩土类别	岩土性质	容许坡度值(高宽比)		
		坡高在 8 m 以内	坡高在 8~15 m	坡高在 15~30 m
硬质岩石	微风化	1:0.10~1:0.20	1:0.20~1:0.35	1:0.35~1:0.50
	中等风化	1:0.20~1:0.35	1:0.35~1:0.50	1:0.50~1:0.75
	强风化	1:0.35~1:0.50	1:0.50~1:0.75	1:0.75~1:1.00
软质岩石	微风化	1:0.35~1:0.50	1:0.50~1:0.75	1:0.75~1:1.00
	中等风化	1:0.50~1:0.75	1:0.75~1:1.00	1:1.00~1:1.50
	强风化	1:0.75~1:1.00	1:1.00~1:1.25	

注:① 使用本表时,应考虑地区性的水文、气象等条件,结合具体情况予以校正;
② 本表不适用于岩层层面或主要节理面有顺坡向滑动可能的边坡。

2. 岩体稳定的结构分析——赤平极射投影图法

岩体的破坏,往往是一部分不稳定的结构体沿着某些结构面拉开,并沿着另一些结构面向着一定的临空面滑移的结果。这就揭示了岩体稳定性破坏所必须具备的边界条件(切割面、滑动面和临空面)。所以,通过对岩体结构要素——结构面和结构体的分析,明确岩体滑移的边界条件是否具备,就可以对岩体的稳定性做出判断。这就是岩体稳定的结构分析的基本内容和实质。其分析步骤大致如下。

（1）对岩体结构面的类型、产状及其特征进行调查、统计、研究。

（2）对各种结构面及其空间组合关系以及结构体的立体形式进行图解分析。调查统计结构面时，应和工程建筑物的具体方位联系起来，按一般野外地质调查方法进行。对多组结构面切割的岩体，要注意分清主次和结构面相互间的组合关系，再逐一测量，这样才能较充分的表达出结构体的特征。

岩体结构的图解分析，在实践中多采用赤平极射投影并结合实体比例投影来进行。赤平极射投影方法，它主要用于岩质边坡的稳定性分析、工程地质勘察资料分析、地下洞室围岩稳定分析等。利用赤平极射投影来表示和测读空间上的平面、直线的方向、角度和角距，用图解的方法代替繁杂的公式运算，并可达到相当的精度。

利用赤平极射投影图可以初步判断边坡的稳定性，具体如下。

（1）当结构面或结构面交线的倾向与坡面倾向相反时，边坡为稳定结构。

（2）当结构面或结构面交线的倾向与坡面倾向基本一致但其倾角大于坡角时，边坡为基本稳定结构。

（3）当结构面或结构面交线的倾向与坡面倾向之间夹角小于45°且倾角小于坡角时，边坡为不稳定结构。

3. 边坡稳定的定量分析——极限平衡法

边坡稳定性定量分析需按构造区段及不同坡向分别进行。根据每一区段的岩体技术剖面，确定其可能的破坏模式，并考虑所受的各种荷载（如重力、水作用力、地震或爆破振动力等），选定适当的参数进行计算。定量分析的方法主要有极限平衡法、有限元法和概率法三种，其中极限平衡法属经典的方法。

极限平衡法是将滑体视为刚性体，不考虑其本身的变形；除楔形破坏外，其余的破坏多简化为平面问题，选取有代表性的剖面进行计算；边坡岩土的破坏遵从库仑—摩尔定律；并认为当边坡的稳定系数 $F_S = 1$ 时，滑体处于临界状态。

（1）无张裂隙破坏（图 5-8）

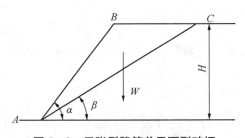

图 5-8　无张裂隙简单平面型破坏

① 单宽滑体体积 V_{ABC}：

$$V_{ABC} = \frac{H^2 \sin(\alpha - \beta)}{2\sin\alpha\sin\beta} \tag{5-7}$$

② 单宽滑体自重 W：

$$W = \frac{\gamma H^2 \sin(\alpha - \beta)}{2\sin\alpha\sin\beta} \tag{5-8}$$

③ 稳定系数 F_s：

$$F_s = \frac{2c\sin\alpha}{\lambda H\sin(\alpha-\beta)} + \frac{\tan\varphi}{\tan\beta} \qquad (5-9)$$

式中：γ——岩石的天然重度（kN/m³）；

　　　φ——结构面的内摩擦角（°）；

　　　C——结构面的黏聚力（kPa）。

④ 当 $F_s=1$ 时，临界坡高 H_{cr}：

$$H_{cr} = \frac{4c\sin\alpha\cos\varphi}{\gamma[1-\cos(\alpha-\varphi)]} \qquad (5-10)$$

当 $\alpha=90°$时

$$H_{cr} = \frac{4c}{\gamma}\tan\left(45°+\frac{\varphi}{2}\right) \qquad (5-11)$$

（2）坡顶（或坡面）有张裂隙破坏（图 5-9）

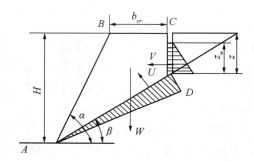

图 5-9　有张裂隙简单平面型破坏

① 单宽滑体自重：

当张裂隙位于坡顶时

$$W = \frac{1}{2}\lambda H\{[1-(z/H)^2]\cot\beta - \cot\alpha\}$$

当张裂隙位于坡面时

$$W = \frac{1}{2}\lambda H\{[1-(z/H)^2]\cot\beta(\cot\beta\tan\alpha-1)\}$$

② 稳定系数：

$$F_s = \frac{cA+(\cos\beta-U-V\sin\beta)\tan\varphi}{W\sin\beta+V\cos\beta} \qquad (5-12)$$

$$A = (H-z)\csc\beta$$

$$U = \frac{1}{2}\gamma_w z_w(H-z)\csc\beta$$

$$V = \frac{1}{2}\gamma_w z_w^2$$

式中：A——单宽滑体面积；

　　γ_w——水的重度。

其余符号见图 5-4。

③ 临界张裂隙位置 b_{cr}：

$$b_{cr}=H(\sqrt{\cot\beta\cot\alpha}-\cot\alpha) \tag{5-13}$$

④ 临界张裂隙深度 Z_{cr}：

$$Z_{cr}=H(1-\sqrt{\cot\beta\cot\alpha}) \tag{5-14}$$

⑤ 平均临界坡角 α_{cr} 的经验公式：

$$\alpha_{cr}=\beta+\frac{9\,420\,(c/\gamma H)^{4/3}}{\beta-\varphi[1-0.1\,(D/H)^2]} \tag{5-15}$$

式中：D——坡顶面后部最大年地下水位高度。

⑥ 平均临界坡高近似值：

$$H_{cr}=\beta+\frac{956c}{\gamma(\alpha-\beta)\{\beta-\varphi[1-0.1\,(D/H)^2]\}} \tag{5-16}$$

⑦ 考虑地震力时，稳定系数：

$$F_s=\frac{cA+(W\cos\beta-U-V\sin\beta)\tan\varphi}{W\sin\beta+V\cos\beta+EW\cos\beta} \tag{5-17}$$

式中：E——水平地震系数。

任务 5.6　边坡加固与防护措施

随着人口的增长和土地资源的开发，边坡问题已变成同地震和火山相并列的全球性三大地质灾害（源）之一。近年来，随着人类工程活动规模的不断扩大和场区工程地质条件的限制，因边坡失稳引起的崩塌、滑坡、泥石流等地质灾害给人们的生命和财产带来了巨大损失，边坡的稳定性问题日益突出。它涉及高层建筑基坑边坡、公路边坡、铁道边坡、水电工程边坡、矿山开采工程边坡。在工程施工过程中，边坡稳定与加固一直是影响工程质量与进度的关键因素，所以边坡治理非常重要，并且应先于主体工程进行治理。边坡的治理包括减载、边坡开挖和压坡、排水和防渗、坡面防护、边坡锚固及支挡结构设置等措施，岩石和土质边坡支护措施各不相同，根据现场情况确定合适的开挖坡比和支护措施。

1. 边坡防治原则

在选择边坡防治措施前，要具体调查地形、地质和水文条件；认真研究和确定边坡的类型及其发展阶段；对潜在滑坡体，要分析其形成滑坡的主次要因素及彼此的联系；结合公路的重要程度、施工条件及其他各种情况综合考虑。对于性质复杂的大型边坡，可以绕避时应尽量绕避。当绕避有困难或在经济上显著不合理时，应视边坡规模、公路与边坡的相互影响程度、防治费用等条件，设计几种具体方案进行比选。对于可能忽然发生急剧变形的边坡，应采取迅速有效的工程措施。对于已经缓慢滑动的大型边坡，宜全面规划，分期整治，仔细观察每期工程的效果,以采取相应的治理措施。对于施工及运营中产生的大型边(滑)坡,应慎重制订出绕避方案或局部改移路线和防治措施相结合的方案等,在进行全面综合比较后决定取舍。对于古滑坡,应采取预防措施,避免其复活或产生新的滑坡。对于性质简单的中小型边(滑)坡,可进行整治,路线不需要绕避。但应注重调整路线平、纵面位置,以求整治简单、工程量小、施工方便、经济合理。路线通过边(滑)坡位置,一般边(滑)坡上缘或下缘比边(滑)坡中部好。边(滑)坡下缘的路基宜设成路堤形式,以增加抗滑力;边(滑)坡上缘的路基宜设成路堑形式,以减轻滑体重量;对于窄长而陡峭的边(滑)坡,可采用旱桥通过。边(滑)坡整治之前,一般应先做好临时排水系统,以减缓滑坡的发展,然后针对引起滑坡滑动的主要因素,采取相应的措施。

2. 边坡防治措施

(1) 排水

① 地表排水

滑坡体以外的地表水,应予以拦截引离;滑坡体上的地表水,要注重防渗,并尽快汇集引出。

② 地下排水

排除滑坡地下水的工程措施有渗沟、盲洞及平孔等。渗沟按其作用不同可分为支撑渗沟、边坡渗沟及截水沟三种。盲洞主要适用于截排或引排集中于滑面四周埋藏又较深的地下水。对于地面上的其他含水层,可在渗水隧洞顶上设置若干渗井或渗管将水引入洞内;对于渗水隧洞以下的承压含水层,可在洞的底部设渗水孔将水引入洞内。平孔主要用于排除滑坡地下水,具有施工方便、工期较短、节省材料和劳动力的特点,是一种经济有效的措施。

(2) 减重

减重是在滑坡后部挖出一定数量的滑体而使滑坡稳定下来。它适用于推动式滑坡或由错落转化的滑坡,并且滑床上陡下缓,滑坡后部及两侧的地层稳定,不致因为塌方引起滑坡向后及向两侧发展。在一般情况下,滑坡减重只能减小滑体的下滑力,不能改变其下滑的趋势,因此减重常与其他整治措施配合使用。

(3) 支挡

① 重力式抗滑挡土墙

重力式抗滑挡土墙以墙身自重来维持挡土墙在土压力作用下的稳定,它是我国在公路滑坡防治中最常用的一种挡墙形式。重力式抗滑挡土墙的墙背坡度一般采用1∶0.25,墙后常设卸荷平台,墙基一般做成倒坡或台阶形,墙高和基础的埋深必须按地基的性质、承载力的要求、地形和水文地质等条件,通过验算来确定。此外,为避免因地基不均匀沉陷而引起墙身开裂,应根据地质条件的变化和墙高、墙身断面的变化来设置沉降缝和伸缩缝。

② 抗滑桩

抗滑桩是穿过滑体深入滑床以下稳定部分以固定滑体的一种桩柱。多根抗滑桩组成的桩群共同支撑滑体的下滑力,阻止其滑动。同抗滑挡墙相比,抗滑桩的抗滑能力大,施工较复杂,但效果显著,因而应用广泛。抗滑桩在滑坡治理中是造价最大的工程项目,因此优化抗滑桩设计显得尤为重要,从理论上应该采用优化数学模型。由于桩结构计算和约束条件的数学表达模型过于复杂,目前国内外尚无这方面的科研成果和程序。可行的做法是根据经验初步拟定桩结构尺寸,不断试算、验算,直到满足要求。

③ 预应力锚固

预应力锚固是近十多年发展起来的边坡加固的一种新型防护工程措施,在公路滑坡防治中也有许多成功的工程实例。它对岩质陡坡和危岩的加固,滑移面埋深浅的岩质滑坡加固效果很好,也可以用于强风化岩质陡边坡加固喷锚护壁。预应力锚固岩体边坡的优越性在于能为节理岩体边坡、断层、软弱带等提供一种强有力的"主动"支护手段。预应力锚固经常与抗滑桩结合使用,形成预应力锚索抗滑桩。由于在桩上增加了预应力锚索,桩的埋深变浅,断面变小,可以节省材料和投资,经济效益显著。

④ 坡面防护工程

在对山区公路滑坡采取适当的工程措施整治之后,仍可能有松散的岩体进入线路,因此有必要采取防护措施加以保护。在坡面植草防止坡面表层被水冲刷侵蚀、土层流失和风化作用,是最简便、最经济的护坡措施,适用于土质和风化基岩或失水易干裂的半岩土边坡。另外,也可以采用构筑物护坡,常用的构筑物护坡工程及其适用条件简述如下。

a. 干砌石及混凝土砌块护坡。适用于坡度缓于1∶1、高度3 m以下且有涌水情况的边坡,涌水大的地方应设置反滤层或暗沟。

b. 格状框条护坡。这种护坡措施是将边坡分割成格状,起防止表层滑动的作用。框格内可用植被防护。

⑤ 锚喷护坡

在坡面上按一定的间距、行距、角度、深度,设置一定数量的锚杆,而后布上钢筋网,喷射混凝土,形成锚杆与薄壁钢筋混凝土联合作用的护坡体系。

复习思考题

1. 什么是结构面和结构体?结构面按成因分几种类型?
2. 什么叫地应力?地应力受哪些因素影响?其分布有何规律?
3. 影响工程岩体分类的因素有哪些?
4. 什么是软弱夹层?岩体中软弱夹层的存在对工程建筑会产生怎样的影响?
5. 影响岩质边坡稳定性的因素有哪些?
6. 试述岩质边坡的破坏类型。
7. 岩体稳定性分析有哪些方法?
8. 岩石边坡加固常见的方法有哪些?

项目6　不良地质现象的工程地质问题分析

地壳上部岩土体,在遭受内、外动力地质作用和人类工程活动的影响之后,地形、地貌发生变化,形成了各种各样的地质现象。其中有些地质现象对工程建筑的安全和使用有不同程度的不良影响,有的甚至危害很大,这些地质现象称为不良地质现象,如崩塌、滑坡、泥石流、岩溶和地震等。在公路建设中,经常会遇到各种各样的不良地质地区(地段)。它们给路线的合理布局、工程设计和施工带来困难,尤其是像大型高速滑坡和灾害性泥石流,其规模大、突发性强、破坏力大,是重大的地质灾害,它们甚至给工程建筑物的稳定和正常使用造成严重危害。因此,认识和了解不良地质现象的形成条件和发展规律意义重大。

任务6.1　崩塌的认知

6.1.1　崩塌的类型

崩塌,又称崩落、垮塌或塌方,它是指陡峻斜坡上的岩土体在重力作用下,脱离母岩,突然而猛烈的由高处崩落下来,堆积在坡脚(或沟谷)的地质现象。崩塌物下坠的速度很快,一般为5~200 s,有的可达自由落体的速度。

崩塌不仅发生在山区的陡峻斜坡上,也可以发生在河流、湖泊及海边的高陡岸坡上,还可以发生在公路路堑的高陡边坡上。当岩崩的规模巨大涉及山体者,又称山崩。在陡崖上个别较大岩块崩落、翻滚而下的则称为落石。斜坡上岩体在强烈物理风化作用下,较细小的碎块、岩屑沿坡面坠落或滚动的现象称为剥落。

崩塌是山区公路常见的一种突发性的病害现象,小的崩塌对行车安全及路基养护工作影响较大;大的崩塌不仅会破坏公路、桥梁,击毁行车,有时崩积物堵塞河道,引起路基水毁,严重影响着交通营运及安全,甚至会迫使放弃已成道路的使用。

6.1.2　崩塌的成因条件

1. 坡面条件

江、河、湖(水库)、沟的岸坡及各种山坡,铁路、公路边坡等各类人工边坡都是有利崩塌产生的地貌部位,一般在陡崖临空面高度大于30 m、坡度大于50°的高陡斜坡、孤立山嘴或凸形陡坡及阶梯形山坡均为崩塌形成的有利地形。

2. 岩性条件

岩性对岩质边坡的崩塌具有明显的控制作用。通常岩性坚硬的岩浆岩、变质岩及沉积岩类中的石灰岩、石英砂岩等,具有较大的抗剪强度和抗风化能力,能形成高峻的斜坡,在外界因素影响下,一旦斜坡稳定性遭到破坏,即产生崩塌现象。所以,崩塌常发生在坚硬性脆的岩石构成的斜坡上。此外,在软硬互层的悬崖上,因差异风化硬质岩层常形成突出的悬崖,软质岩层易风化形成凹崖坡,使其上部硬质岩失去支撑也容易引起较大的崩塌。

土质边坡按土质类型,稳定性从好到差的程序为:碎石土＞黏砂土＞砂黏土＞裂隙黏土;按土的密实程度,稳定性由大到小的顺序为:密实土＞中密土＞松散土。崩塌的类型有溜塌、滑塌和堆塌,统称为坍塌。

3. 构造条件

如果斜坡岩层或岩体完整性好,就不容易发生崩塌。实际上,自然界的斜坡,经常是由性质不同的岩层以各种不同的构造和产状组合而成的,而且常常为各种结构面所切割,从而削弱了岩体内部的联结,为产生崩塌提供了条件。各种软弱结构面,如裂隙面、岩层层面、断层面、软弱夹层及软硬互层的坡面对坡体的切割、分离,为崩塌的形成提供脱离母体(山体)的边界条件。当其软弱结构面倾向于临空面且倾角较大时,易于发生崩塌。或者坡面上两组呈楔形相交的结构面,当其组合交线倾向临空面时,也会发生崩塌。坡面条件、岩性条件、构造条件三者又统称地质条件,它是形成崩塌的基本条件。

4. 诱发崩塌的外界因素

(1)振动。地震、人工爆破和列车行进时产生的振动可能诱发崩塌。地震使土石松动,易引起大规模的崩塌,一般烈度在七度以上的地震都会诱发大量崩塌的发生。不适宜的采用大爆破施工等也会导致崩塌发生。

(2)大气降雨和地下水。大规模的崩塌多发生在暴雨或久雨之后。这是因为边坡和山坡中的地下水,往往可以直接得到大气降水的补给。充满裂隙中的地下水及其流动,对潜在崩塌体产生静水压力和动水压力;产生向上的浮托力;岩体和充填物由于水的浸泡,抗剪强度大大降低;充满裂隙的水使不稳定岩体和稳定岩体之间的侧向摩擦力减小。通过雨水和地下水的联合作用,使斜坡的潜在崩塌体更易于失稳。

(3)地表水的冲刷、浸泡。河流等地表水体不断地冲刷坡脚或浸泡坡脚,削弱坡体支撑或软化岩、土,降低坡体强度,也能诱发崩塌的发生。

(4)风化作用。斜坡上的岩体在各种风化营力的长期作用下,其强度和稳定性不断降低,最后导致崩塌。比如强烈的物理风化作用剥离、冰胀等都能促使斜坡上岩体发生崩塌。

(5)人类活动的影响。修建铁路或公路、采石、露天开矿等人类大型工程开挖常使自然边坡的坡度变陡,从而诱发崩塌。特别是边坡设计过高过陡,公路路堑开挖过深更容易引起崩塌。

6.1.3　确定崩塌体的边界

崩塌体的边界特征决定崩塌体的规模大小。崩塌体边界的确定主要依据坡体的地质结构。

(1)应查明坡体中所发育的裂隙面、岩层面、断层面等结构面的延伸方向、倾向和倾角大小及规模、发育密度等,即构造面的发育特征。通常情况下,平行斜坡延伸方向的陡倾构造面,易构成崩塌体的后部边界;垂直坡体延伸方向的陡倾构造面或临空面常形成崩塌体的两侧边界;崩塌体的底界常由倾向坡外的构造层或软弱带组成,也可由岩土体自身折断形成。

(2)调查各种构造面的相互关系、组合形式、交切特点、贯通情况及它们能否将或已将坡体切割,并与母体(山体)分离。

（3）综合分析调查结果，那些相互交切、组合可能或已经将坡体切割与其母体分离的构造面就是崩塌体的边界面。其中，靠外侧、贯通（水平及垂直方向上）性较好的构造面所围的崩塌体的危险性最大。

例如，1980 年 6 月 3 日发生在湖北省远安县盐池河磷矿区的大型岩石崩塌体，它的边界面就是由后部垂直裂缝、底部白云岩层理面及其他两个方向的临空面组成的。黄土高原地区常见的黄土崩塌体的边界面多由 90°交角的不同方向的垂直节理面、临空面及底面黄土与其他相异岩性的分界面组成。此外，明显地受断层面控制的崩塌体也是非常多见的。

6.1.4　崩塌的防治

1. 防治原则

由于崩塌发生得突然而猛烈，治理比较困难而且十分复杂，所以一般应遵循以防为主的原则。在选线时，应根据斜坡的具体条件，认真分析发生崩塌的可能性及其规模。对有可能发生大、中型崩塌的地段，应尽量避开。若完全避开有困难，可调整路线位置，离开崩塌影响范围一定距离，尽量减少防治工程；或考虑其他通过方案（如隧道、明洞等），以确保行车安全。对可能发生小型崩塌或落石的地段，应视地形条件，进行经济比较，确定绕避还是设置防护工程。

在设计和施工中，避免使用不合理的高陡边坡，避免大挖大切，以维持山体的平衡稳定。在岩体松散或构造破碎地段，不宜使用大爆破施工，避免因工程技术上的失误而引起崩塌。

2. 防治措施

（1）排水。在有水活动的地段，布置排水构筑物，以进行拦截疏导，防止水流渗入岩土体而加剧斜坡的失稳。排除地面水可修建截水沟、排水沟；排除地下水，可修建纵、横盲沟等。

（2）刷坡清除。山坡或边坡坡面崩塌岩块的体积及数量不大，岩石的破碎程度不严重，可采用全部清除并放缓边坡。

（3）坡面加固。边坡或自然坡面比较平整、岩石表面风化易形成小块岩石呈零星坠落时，宜进行坡面防护，以阻止风化发展，防止零星坠落。可采用水泥砂浆封面、护面等措施，有时也可用支护墙，既可防护坡面，又起支撑作用。当坡面渗水或者岩层节理发育，风化程度严重时，还需相应采用挂网喷射水泥砂浆、锚固等措施。

（4）拦截防御。岩体严重破碎，经常发生落石路段，宜采用柔性防护系统或拦石墙与落石槽等拦截构造物。拦石墙与落石槽宜配合使用，设置位置可根据地形合理布置，落石槽的槽深和底宽通过现场调查或试验确定。拦石墙墙背应设缓冲层，并按公路挡土墙设计，墙背压力应考虑崩塌冲击荷载的影响。

（5）危岩支顶。对在边坡上局部悬空的岩石，但是岩体仍较完整，有可能成为危岩石，并且清除困难时，可视具体情况采用钢筋混凝土立柱、浆砌片石支顶或柔性防护系统。

（6）遮挡工程。当崩塌体较大、发生频繁且距离路线较近而设拦截构造物有困难时，可采用明洞、棚洞等遮挡构造物处理。

对于上述的各种防治措施如何结合使用，应根据地形、地质条件、有关技术标准运用，并与工程造价等方面进行全面的经济技术比较后再确定。

任务 6.2 滑坡的认知

斜坡上岩体或土体在重力作用下沿一定的滑动面(或滑动带)整体地向下滑动的现象叫滑坡,俗称"走山""垮山""地滑"等。

滑坡是山区公路的主要病害之一。由于山坡或路基边坡发生滑坡,常使交通中断,影响公路的正常运输。大规模的滑坡能堵塞河道、摧毁公路、破坏厂矿、掩埋村庄,对山区建设和交通设施危害很大。西南地区为我国滑坡分布的主要地区,该地区滑坡类型多、规模大、发生频繁、分布广泛、危害严重,已经成为影响国民经济发展和人身安全的制约因素之一。西北黄土高原地区,以黄土滑坡广泛分布为其显著特征。东南、中南的山岭、丘陵地区滑坡、崩塌也较多。在青藏高原和兴安岭的多年冻土地区,也分布有不同类型的滑坡。

对滑坡的处理,一般依照"以防为主,防治结合"的原则,所以应该重视滑坡的调查工作。首先要判定滑坡的稳定程度,以便确定路线通过的可能性。路线通过大、中型滑坡,又不易防止其滑动时,一般均采取绕避;对一般比较容易处理的中、小型滑坡,则须查清产生的原因,分清主次,采取适当的处理措施。

为了正确地识别滑坡的存在,必须了解有关滑坡的形态特征、形成机理、类型,以利于制定防治措施。

6.2.1 滑坡的形态

发育完整的滑坡,一般都有下列的基本组成部分,见图 6-1。

(1)滑坡体。指滑坡的整个滑动部分,即依附于滑动面向下滑动的岩土体,简称滑体。滑体的规模大小不一,大者达几亿立方米到十几亿立方米。

(2)滑动面。指滑坡体沿着滑动的面称为滑动面。滑动带指平行滑动面受揉皱及剪切的破碎地带,简称滑带;滑动面(带)是表征滑坡内部结构的主要标志,它的位置、数量、形状和

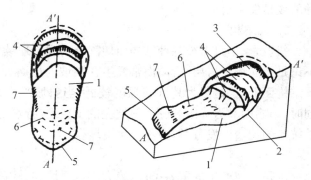

图 6-1 滑坡形态要素
1—滑坡体;2—滑动面;3—滑坡后壁;
4—滑坡台阶;5—滑坡舌;6—滑坡鼓丘;7—滑坡裂隙

滑动面(带)土石的物理力学性质,对滑坡的推力计算和工程治理有重要意义。滑动面的形状,因地质条件而异,一般说来,发生在均质黏性土和软质岩体中的滑坡,一般多呈圆弧形;沿岩层层面或构造裂隙发育的滑坡,滑动面多呈直线形或折线形。滑坡床指滑体滑动时所依附的下伏不动体,简称滑床。

(3)滑坡后壁。指滑坡发生后,滑坡体后缘和斜坡未动部分脱开的陡壁称为滑坡后壁。有时可见擦痕,以此识别滑动方向。滑坡后壁在平面上多呈圈椅状,后壁高度自几厘米到几十米,陡坡坡度一般为 $60°\sim80°$。

(4)滑坡台阶。指滑体滑动时由于各段土体滑动速度的差异,在滑坡体表面形成台阶

状的错台,称为滑坡台阶。

（5）滑坡舌。指滑坡体前缘形如舌状的凸出部分。

（6）滑坡鼓丘。指滑坡体前缘因受阻力而隆起的小丘。

（7）滑坡裂隙。由于各部分移动的速度不等,在其内部及表面所形成的一系列裂隙。位于滑体上（后）部多呈弧形展布者在张裂隙,因受滑坡体向下滑动的拉力而产生。位于滑体中部两侧又常有羽毛状排列的裂隙称剪裂隙;滑坡体前部因滑动受阻而隆起形成的张性裂隙称鼓张裂隙;位于滑坡体中前、尤其滑舌部呈放射状展布者称扇状裂隙。

（8）滑坡周界。指滑坡体和周围不动体在平面上的分界线。

（9）滑坡洼地。指滑动时滑坡体与滑坡后壁间拉开成的沟槽,或中间低四周高的封闭洼地。

较老的滑坡由于风化、水流冲刷、坡积物覆盖,使原来的构造、形态特征往往遭到破坏,不易被观察。但是一般情况下,必须尽可能地将其形态特征识别出来,以助于确定滑坡的性质和发展状况,为整治滑坡提供可靠的资料。

6.2.2　滑坡发生的条件

1. 岩土类型

岩土体是产生滑坡的物质基础。通常各类岩、土都有可能构成滑坡体,其中结构松软、抗剪强度和抗风化能力较低,在水的作用下其性质易发生变化的岩、土,如松散覆盖层、黄土、红黏土、页岩、泥岩、煤系地层、凝灰岩、片岩、板岩、千枚岩等及软硬相间的岩层所构成的斜坡易发生滑坡。

2. 地质构造

斜坡岩、土只有被各种结构面切割分离成不连续状态时,才可能具备向下滑动的条件。不论是土层还是岩层,滑动面常发生在顺坡的层面、大节理面、不整合面、断层面（带）等软弱结构面上,这是因为其抗剪强度较低,当斜坡受力情况突然改变时,都可能成为滑动面。同时,结构面又为降雨等进入斜坡提供了通道,特别是当平行和垂直斜坡的陡倾构造面及顺坡缓倾的构造面发育时,最易发生滑坡。

3. 水

水是滑坡产生的重要条件,绝大多数滑坡都是沿饱含地下水的岩体软弱结构面产生的,它的作用主要表现在:软化岩、土,降低岩、土体强度,潜蚀岩、土,增大岩、土重度,对透水岩石产生浮托力等。尤其是对滑坡（带）的软化作用和降低强度作用最突出。

诱发滑坡发生的因素还有:地震;降雨和融雪;河流等地表水体对斜坡坡脚的不断冲刷;违反自然规律,破坏斜坡稳定条件的人类活动,如开挖坡脚、坡体堆载、爆破、水库蓄（泄）水、矿山开采等都可诱发滑坡。

6.2.3　滑坡的类型

依滑坡体物质组成、滑坡体厚度、滑动面与层面关系划分出下列几种类型。

1. 按滑坡体的物质组成分类[图6-2(a)]

黄土滑坡　发生于黄土地区,多属崩塌性滑坡,滑动速度快,变形急剧,规模及动能巨大,常群集出现。

　　黏土滑坡　发生于第四系与第三系地层中未成岩或成岩不良及有不同风化程度以黏土层为主的地层中,滑坡地貌明显,滑床坡度较缓,规模较小,滑速较慢,多成群出现。

　　堆积层滑坡　发生于斜坡或坡脚处的堆积体中,物质成分多为崩积、坡积土及碎块石,因堆积物成分、结构、厚度不同、滑坡的形状、大小不一,滑坡结构以土石混杂为主。

　　岩层滑坡　发育在两种地区,一种是在软弱岩或具有软弱夹层的岩层中,另一种是在硬质岩层的陡倾面或结构面上。

2. 按滑体厚度分类

　　浅层滑坡,滑体厚度<6 m;中层滑坡,滑体厚度在6～20 m;深层滑坡,滑体厚度>20 m,规模较大,具典型的发育完全的滑坡地貌。

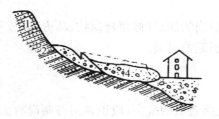

碎石土滑坡

1—砾石;2—砂岩与在土页岩互层;
3—松散碎石土;4—将动的碎石土体

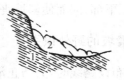

均质层滑坡

1—泥岩;2—滑披体

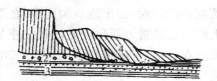

黄土滑坡

1—黄土层;2—含水沙砾层;3—砂、页岩互层;
4—滑落黄土和砾层

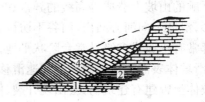
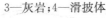

切层滑坡

1—砂岩;2—页岩;
3—灰岩;4—滑披体

黏土滑坡

1—具有裂隙的黏土;2—沙砾层;
3—页岩;4—滑落黏土

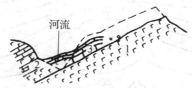

顺层滑坡

1—玄武岩;2—凝灰岩夹层;
3—滑坡体将两流堵塞

　　(a) 按滑坡体的物质组成分类　　　(b) 按滑动面与层面的关系分类

图6-2　滑坡的类型

3. 按滑动面与层面的关系分类[图6-2(b)]

　　均质层滑坡　均质层滑坡多发生在岩性均一的软弱岩层中(如强烈风化的岩浆岩体或土体中),其滑动面常呈圆弧形。

顺层滑坡　滑体沿着岩层的层面发生滑动,岩层走向与斜坡走向一致。此类滑坡是自然界分布最广的滑坡。

切层滑坡　滑坡面切过岩层面而发生的滑坡,此类滑坡多发生在逆向坡中,滑面很不规则。

4. 按滑坡体的规模分类

小型滑坡,滑坡体积小于 3 万立方米;中型滑坡,滑坡体积在 3 万～50 万立方米;大型滑坡,滑坡体积在 50 万～300 万立方米;巨型滑坡,滑坡体积大于 300 万立方米。

5. 按滑坡的力学条件分类

牵引式滑坡　主要是由于斜坡坡脚处任意挖方、切坡或流水冲刷,下部失去原有岩土的支撑而丧失其平衡引起的滑坡。

推移式滑坡　主要是由于斜坡上方不恰当的加载(修建建筑物、填方、堆放重物等)使上部先滑动,挤压下部,因而使斜坡丧失平衡引起的滑坡。

6.2.4　滑坡的野外识别

在沿河谷布设路线时,为防止滑坡对道路造成的危害,应识别河谷两岸有无古滑坡的存在和是否有可能发生滑坡的地段。

1. 古滑坡外貌特征的识别

在发生过滑坡的古坡上,必然留下地形、地貌、地层及地物等方面的标志(图 6 - 3),常在较平顺的山坡上造成等高线的异常和中断,使斜坡不顺直、不圆滑而造成圈椅状地形和槽谷地形;滑坡舌向河心凸出,河谷不协调;沿滑坡两侧切割较深,常出现双沟同源;在滑坡体的中部常有一级或多级异常台阶状平地;滑坡体下部因受推挤力而呈现微波状鼓丘及滑坡裂缝;滑坡体表面的植物因受不匀速滑移而呈零散分布,树木歪斜零乱呈“醉树”;若滑动之前滑坡体上曾建有建筑物,会出现开裂、倾斜、错位等现象。

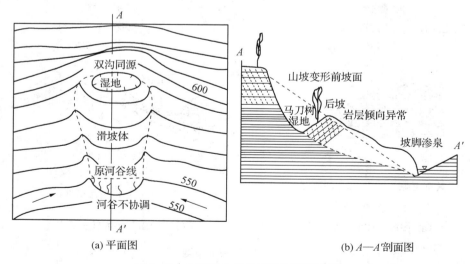

(a) 平面图　　　　　　　　(b) A—A′剖面图

图 6 - 3　古滑坡外貌特征的识别示意图

岩质滑坡的地层产状与原生露头有明显的变化,其整体连续性遭到破坏,出现层位缺失或有升降、散乱的现象,构造不连续(如裂隙不连贯,发生错动)等。

2. 滑坡先兆现象的识别

不同类型、不同性质、不同特点的滑坡,在滑动之前,均会表现出各种不同的异常现象,显示出滑动的预兆(先兆),归纳起来常见的有以下几种。

大滑动之前,在滑坡前缘坡脚处,有堵塞多年的死水复活现象,或者出现泉水(水井)突然干枯、井(钻孔)水位突变等类似的异常现象。

在滑坡体前缘土石零星掉落,坡脚附近土石被挤紧,并出现大量鼓张裂缝。这是滑坡向前推挤的明显迹象。

如果在滑坡体上有长期位移观测资料,那么大滑动之前,无论是水平位移量还是垂直位移量,均会出现加速变化的趋势,这是明显的临滑迹象。

坡面上树木逐渐倾斜,建筑物开始开裂变形,此外还可发现山坡农田变形、水田漏水、动物惊恐异常等现象,这些均说明该处滑坡在缓慢滑动阶段。

6.2.5　判定滑坡体的稳定性

在野外,从宏观角度观察滑坡体,可以根据一些外表迹象和特征,粗略地判断它的稳定性。已稳定的堆积层老滑坡体有以下特征:

(1) 后壁较高,长满了树木,找不到擦痕,且十分稳定。

(2) 滑坡平台宽、大且已夷平,土体密实无沉陷现象。

(3) 滑坡前缘的斜坡较缓,土体密实,长满树木,无松散坍塌现象。前缘迎河部分有被河水冲刷过的迹象。

(4) 目前的河水已远离滑坡舌部,甚至在舌部处已有漫滩、阶地分布。

(5) 滑坡体两侧的自然冲刷沟切割很深,甚至已达基岩。

(6) 滑坡体较干燥,地表一般没有泉水或湿地,坡脚有清晰的泉水流出。

不稳定的滑坡具有下列迹象:

(1) 滑坡后壁高、陡,未长草木常能找到擦痕和裂缝。

(2) 有滑坡平台,面积不大,且不向下缓倾,有未夷平现象。

(3) 滑坡表面有泉水、湿地,舌部泉水流量不稳定,且有新生冲沟。

(4) 滑坡前缘土石松散,小型坍塌时有发生,并面临河水冲刷的危险。

(5) 滑坡前缘正处在河水冲刷的条件下。

需要指出的是,以上标志只是一般而论,要做出较为准确的判断,尚需做进一步的观察和研究。

6.2.6　防治滑坡的主要工程措施

滑坡的防治,贯彻"以防为主,整治为辅"的原则。在选择防治措施前,一定要查清滑坡的地形、地质和水文地质条件,认真研究和确定滑坡的性质及其所处的发展阶段,了解产生滑坡的原因,结合工程建筑的重要程度、施工条件及其他情况进行综合考虑。

1. 滑坡的防治原则

(1) 由于大型滑坡的整治工程量大,技术上也很复杂,因此,在勘测阶段应尽可能采用绕避方案。

(2) 对于中、小型滑坡的地段,一般情况下不必绕避,但是应注意调整路线平面位置,以求得工程量小、施工方便、经济合理的路线方案。

（3）路线通过古滑坡时，应对滑坡体的结构、性质、规模、成因等做详细勘察后，再对路线的平、纵、横作出合理布设；对施工中开挖、切坡、弃方、填土等都要作通盘考虑，防止古滑坡的复活。

2. 滑坡的防治措施

整治滑坡的工程措施很多，归纳起来分为三类：一是消除或减轻水的危害；二是改变滑坡体外形、设置抗滑建筑物；三是改善滑动带土石性质。

（1）消除或减轻水的危害——排水（图6-4）

① 排除地表水。排除地表水是整治滑坡中不可缺少的辅助措施，而且应是首先采取并长期运用的措施。其目的在于拦截、旁引滑坡外的地表水，避免地表水流入滑坡区；或将滑坡范围内的雨水及泉水尽快排除，阻止雨水、泉水进入滑坡体内。

排水的主要工程措施有：在滑坡体周围修截水沟；滑坡体上设置干枝排水系统，汇集旁引坡面径流于滑坡体外排出；整平地表、填塞裂缝和夯实松动地面；筑隔渗层，减少地表水渗流并使其尽快汇入排水沟内，防止沟渠渗漏和溢流于沟外。

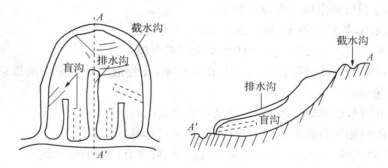

图6-4　排除滑坡地表水和地下水示意图

② 排除地下水。对于地下水，可疏而不可堵。其主要工程措施有：截水盲沟用于拦截和旁引滑坡外围的地下水；支撑盲沟，兼具排水和支撑作用；仰斜孔群用近于水平的钻孔把地下水引出。此外还有盲洞、渗管、渗井、垂直钻孔等用于排除滑体内地下水的工程惜施。

③ 防止河水、库水对滑坡体坡脚的冲刷。主要工程措施有：设置护坡、护岸、护堤，在滑坡前缘抛石、铺设石笼等防护工程或导流构造物，以使坡脚的土体免受河水冲刷（图6-5）。

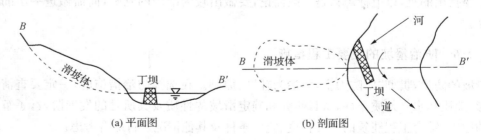

(a) 平面图　　　　(b) 剖面图

图6-5　河岸防护堤示意图

（2）减重和反压

对推移式的滑坡，在上部主滑地段减重，常起到根治的效果。对其他性质的滑坡，在主滑地段减重也能起到减小下滑力的作用。减重一般适用于滑坡床为上陡下缓、滑坡后壁及两侧有稳定的岩土体，不至于因减重而引起滑坡向上和向两侧发展造成后患的情况。对于错落转变成的滑坡，采用减重使滑坡达到平衡，效果比较显著。对有些滑坡的滑带土或滑坡体，具有卸荷膨胀的特点，减重后使滑带土松弛膨胀，尤其是地下水浸湿后，其抗滑力减小，引起滑坡。因此具有这种特点的滑坡，不能采用减重法。另外减重后将增大暴露面，有利于地面水渗入坡体和使坡体岩石风化，这些不利因素应充分考虑。

在滑坡的抗滑段和滑坡体外前缘堆填土石加重，如做成堤、坝等，能增大抗滑力而稳定滑坡。但是必须注意只能在抗滑段加重反压，不能填于主滑地段。而且填方时，必须做好地下排水工程，不能因填土堵塞原有地下水出口，造成后患。

对于某些滑坡根据设计计算后，确定需减少的下滑力大小，同时在其上部进行部分减重和下部反压。减重和反压后，应检验滑面从残存的滑体薄弱部位及反压体底面滑出的可能性。

（3）修筑支挡工程

因失去支撑而引起滑动的滑坡，或滑坡床陡、滑动可能较快的滑坡，采用修筑支挡工程的办法，可增加滑坡的重力平衡条件，使滑体迅速恢复稳定。

支挡建筑物有抗滑桩、抗滑挡墙、锚杆和锚固桩等。

抗滑挡墙　一般指重力式挡墙，挡墙的设置位置一般位于滑体的前缘。如滑坡为多级滑动，当推力太大，在坡脚一级支挡施工量较大时，可分级支挡。

抗滑桩　适用于深层滑坡和各类非塑性流滑坡，对缺乏石料的地区和处理正在活动的滑坡，更为适宜。

锚（杆）索挡墙　这是近20年来发展起来的新型支挡结构，它可节约材料，成功地代替了庞大的混凝土挡墙。锚（杆）索挡墙由锚杆、肋柱和挡板三部分组成。滑坡推力作用在的板上，由挡板将滑坡推力传于柱肋，再由肋柱传至锚杆上，最后通过锚（杆）索传到滑动面以下的稳定地层中，靠锚（杆）索的锚固来维持整个结构的稳定。

（4）改善滑动带土石性质

一般采用焙烧法（>800℃）、压浆及化学加固等物理化学方法对滑坡进行整治。

由于滑坡成因复杂、影响因素多，因此常常需要上述几种方法同时使用、综合治理，方能达到目的。

6.2.7　滑坡防治实例

通过预应力锚杆（锚索）来增加结构面的正应力，从而使失稳的岩体保持长期稳定，这是一种治理滑坡非常有效的方法。

下面以陕西省兰小二级汽车专用公路 K41＋177～K41＋420 路段滑坡治理为例，来说明预应力锚索在边坡防护中的应用。

K41＋177～K41＋420 路段边坡为一古滑坡，治理前其处于相对稳定状态，但筑路开挖使坡面临空，从长远看存在复活的可能性。该处存在的主要问题是滑体表层松散土体及块石的滑塌崩落，该处表层土体渗水性很好，其下部上层渗水性较差。在连续降雨的情况下，雨水下渗至两层土体之间，在临空面处携带泥土排泄，导致土体下沉，在坡面产生一道道牵引裂缝，在雨水的长期作用下，土体就会沿裂缝一级级地滑落。针对该处的特点，设计采用锚拉式井字梁的治理方法,锚索深达古滑坡面以下,钢筋混凝土梁可以从整体上提高岩体的稳定性,在井字梁中间干摆(坡角较大时浆砌)片石,既可起到反压作用,又可起到滤水作用,以达到治理表层土滑坡的目的。

锚索设计抗拔力为 500 kN,预应力为抗拔力的 100%。锚固段 $L_e \geqslant 6$ m,单根锚索采用 6 束 $7\phi 5$ mm 的低松弛钢绞线,锚孔孔径 $D \geqslant 90$ mm,锚索俯角为 $15°\sim 20°$,锚孔水平间距为 $5\sim 6$ m,梅花形布置。锚索固结使用水泥净浆,水灰比为 0.45,采用强度等级不低 32.5 级的硅酸盐水泥。

整个锚索结构(图 6-6)由混凝土垫层、钢垫板、锚头、锚固段、自由段组成。锚固段每 2 m 放置一个定位扩张环,并扎紧在钢绞线上;自由段涂黄油,套装 $\phi 20$ mm 塑料管,塑料管端头用防水胶布扎紧;内锚头焊接于 $\phi 50$ mm 钢管制作的锥形管套上。锚具扩张环等都为定型产品。

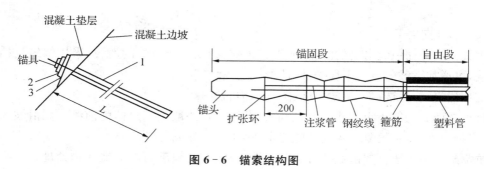

图 6-6 锚索结构图

1—锚孔;2—锚头;3—钢垫板

施工采用钻机成孔,将编好的锚索下入孔内后进行锚固段注浆,注浆用注浆管从孔底向外压浆,注满为止,并进行二次补浆。注浆 7 天后,用 1 200 kN 双向千斤顶及电动油泵带压力表分根逐级进行锚索张拉,张拉完毕后锁定锚索,并用 C20 混凝土封闭外锚头。

任务 6.3 泥石流的认知

泥石流是山区特有的一种不良地质现象,系山洪水流挟带大量泥沙、石块等固体物质,突然以巨大的速度从沟谷上游奔腾直泻而下,来势凶猛,历时短暂,具有强大破坏力的一种特殊洪流。

泥石流的地理分布广泛,据不完全统计,泥石流灾害遍及世界 70 多个国家和地区,主要分布在亚洲、欧洲和南、北美洲。我国的山地面积约占国土总面积的 2/3,自然地理和地质条件复杂,加上几千年人文活动的影响,目前是世界上泥石流灾害最严重的国家之一。主要分布在西南、西北及华北地区,在东北西部和南部山区、华北部分山区及华南、台湾、海南岛等地山区也有零星分布。

通过大量调查观测,对统计资料分析发现,泥石流的发生具有一定的时空分布规律。时间上多发生在降雨集中的雨季或高山冰雪消融的季节,空间上多分布在新构造活动强烈的陡峻山区。我国泥石流在时空分布上构成了"南强北弱、西多东少、南早北晚、东先西后"的独特格局。

6.3.1　泥石流的主要危害方式

泥石流是一种水、泥、石的混合物，泥石流中所含固体体积一般超过 15%，最高可达 80%，其重度可达 18 kN/m³。泥石流在一个地段上往往突然爆发，能量巨大，来势凶猛，历时短暂，复发频繁。

泥石流的前锋是一股浓浊的洪流，固体含量很高，形成高达几米至十几米的"龙头"顺沟倾泻而下，冲刷、搬运、堆积十分迅速，可在很短的时间内运出几十万至数百万立方米固体物质和成百上千吨巨石，摧毁前进途中的一切，掩埋村镇、农田，堵塞江河，造成巨大生命财产损失。

因此，"冲"和"淤"是泥石流的主要活动特征和主要危害方式。"冲"是以巨大的冲击力作用于建筑物而造成直接的破坏；"淤"是构造物被泥石流搬运停积下来的泥、沙、石淤埋。

"冲"的危害方式主要有冲刷、冲击、冲毁、磨蚀、直进性爬高等多种危害形式。

"淤"的危害方式主要有堵塞、淤埋、冲毁、堵河阻水、挤压河道，使河床剧烈淤高、冲刷对岸，使山体失稳，淤塞涵洞，淤埋道路，直接危害工程效益和使用寿命。

6.3.2　泥石流形成的基本条件

泥石流的形成必须同时具备以下 3 个条件：陡峻的便于集水、集物的地形地貌；丰富的松散物质；短时间内有大量的水源。

1. 地形地貌条件

在地形上具备山高沟深、地势陡峻、沟床纵坡降大、流域形态有利于汇集周围山坡上的水流和固体物质等条件。在地貌上，泥石流的地貌一般可分为形成区（上游）、流通区（中游）和堆积区（下游）三部分。上游形成区的地形多为三面环山、一面出口的瓢状或漏斗状，山体破碎、植被生长不良，这样的地形有利于水和碎屑物质的集中；中游流通区的地形多为狭窄陡深的峡谷，谷床纵坡降大，使上游汇集到此的泥石流形成迅猛直泻之势；下游堆积区为地势开阔平坦的山前平原或河谷阶地，使倾泻下来的泥石流到此堆积起来。

2. 地质条件

泥石流常发生于地质构造复杂、断裂褶皱发育、新构造活动强烈、地震烈度较高的地区。地表岩层破碎，滑坡、崩塌、错落等不良地质现象发育，为泥石流的形成提供了丰富的固体物质来源；另外，岩层结构疏松软弱、易于风化、节理发育，或软硬相间成层地区，因易受破坏，也能为泥石流提供丰富的碎屑物来源。

3. 水文气象条件

水既是泥石流的重要组成部分，又是泥石流的重要激发条件和搬运介质（动力来源）。泥石流的水源有强度较大的暴雨、冰川积雪的强烈消融和水库突然溃决等。

4. 人为因素

滥伐乱垦会使植被消失、山坡失去保护、土体疏松、冲沟发育，大大加重水土流失，使山坡稳定性遭到破坏，滑坡、崩塌等不良地质现象发育，结果就很容易产生泥石流，甚至那些已退缩的泥石流又有重新发展的可能。

修建铁路、公路、水渠以及其他建筑的不合理开挖，不合理的弃土、弃渣、采石等也可能形成泥石流。

6.3.3 泥石流的类型

1. 泥石流按其物质成分分类

由大量黏性土和粒径不等的沙粒、石块组成的叫泥石流;西藏波密、四川西昌、云南东川和甘肃武都等地区的泥石流,均属于此类。

以黏性土为主,含少量沙粒、石块,黏度大,呈稠泥状的叫泥流,这种泥流主要分布在我国西北黄土高原地区。

由水和大小不等的沙粒、石块组成的称为水石流。它是石灰岩、大理岩、白云岩和玄武岩分布地区常见的类型,如华山、太行山、北京西山等地区分布这种类型的泥石流。

2. 泥石流按其物质状态分类

一是黏性泥石流,含大量黏性土的泥石流或泥流。其特征是:黏性大,密度高,有阵流现象。固体物质占40%～60%,最高达80%。水不是搬运介质,而是组成物质。稠度大,石块呈悬浮状态,爆发突然,持续时间短,不易分散,破坏力大。二是稀性泥石流,以水为主要成分,黏土、粉土含量一般小于5%,固体物质占10%～40%,有很大分散性。搬运介质为浑水或稀泥浆,沙粒、石块以滚动或跃移方式前进,具有强烈的下切作用。其堆积物在堆积区呈扇状散流,停积后似"石海"。

6.3.4 泥石流的防治

1. 泥石流的防治原则

选线是泥石流地区公路设计的首要环节。选线恰当,可避免或减少泥石流危害;选线不当,可导致或增加泥石流危害。路线平面及纵面的布置,基本上决定了泥石流防治可能采取的措施,所以,防治泥石流要从选线开始考虑。

(1)高等级公路最好避开泥石流地区。在无法避开时,也应按避重就轻的原则,尽量避开规模大、危害严重、治理困难的泥石流沟,而走危害较轻的一岸,或在两岸迂回穿插。如过河绕避困难或不适合时,也可在沟底以隧道或明洞穿过。

(2)当大河的河谷很开阔,洪积扇未达到河边时,可将公路线路选在洪积扇淤积范围之外通过。这时路线线形一般比较舒顺,纵坡也比较平缓,但可能存在以下问题:洪积扇逐年向下延伸淤埋路基;大河摆动,使路基遭受水毁。

(3)路线跨越泥石流沟时,应先考虑从流通区或沟床比较稳定、冲淤变化不大的堆积扇顶部用桥跨越。但应注意这里的泥石流搬运力及冲击力最强,还应注意这里有无转化为堆积区的趋势。因此,要预留足够的桥下排洪净空。

(4)如泥石流的流量不大,在全面考虑的基础上,路线也可以在堆积扇中部以桥隧或过水路面通过。采用桥隧时,应充分考虑两端路基的安全措施。这种方案往往很难克服排导沟的逐年淤积问题。

(5)通过散流发育并有相当固定沟槽的宽大堆积扇时,宜按天然沟床分散设桥,不宜改沟归并。如堆积扇比较窄小,散流不明显,则可集中设桥,一桥跨过。

2. 泥石流的防治措施

对泥石流灾害,应进行调查,通过访问、测绘、观测等获得第一手资料,掌握其活动规律,有针对性地采取"预防为主、以避为宜、以治为辅,防、避、治相结合"的方针。

泥石流的治理要因势利导,顺其自然,就地论治,因害设防和就地取材,充分发挥排、挡、固防治技术的联合特殊作用。

(1) 跨越工程

桥梁适用于跨越流通区的泥石流沟或洪积扇区的稳定自然沟槽;隧道适用于路线穿过规模大、危害严重的大型或多条泥石流沟,隧道方案应与其他方案作技术、经济比较后确定;泥石流地区不宜采用涵洞,在活跃的泥石流洪积扇上禁止使用涵洞。对于三、四级公路,当泥石流规模不大、固体物质含量低、不含有较大石块,并有顺直的沟槽时,方可采用涵洞;过水路面适用于穿过小型坡面泥石流沟的三、四级公路。

(2) 防护工程

指对泥石流地区的桥梁、隧道、路基及其他重要工程设施,修建一定的防护建筑物,用以抵御或消除泥石流对主体建筑物的冲刷、冲击、侧蚀和淤埋等危害。防护工程主要有护坡、挡墙、顺坝和丁坝等。

(3) 排导工程

在泥石流下游设置排导措施,使泥石流顺利排除。其作用是改善泥石流流势、增大桥梁等建筑物的泄洪能力,使泥石流按设计意图顺利排泄。排导工程包括渡槽、排导沟、导流堤等。其中排导沟适用于有排沙地形条件的路段,其出口应与主河道衔接,出口标高应高出主河道 20 年一遇的洪水水位。渡槽适用于排泄量小于 $30\ m^3/s$ 的泥石流,且地形条件应能满足渡槽设计纵坡及行车净空要求。

(4) 拦挡工程

指在中游流通段,用以控制泥石流的固体物质和雨洪径流,用于改变沟床坡降,降低泥石流速度,以减少泥石流对下游工程的冲刷、撞击和淤埋等危害的工程设施。拦挡措施有:拦挡坝、格栅坝、停淤场等。拦挡坝适用于沟谷的中上游或下游没有排沙或停淤的地形条件且必须控制上游产沙的河道,以及流域来沙量大,沟内崩塌、滑坡较多的河段。格栅坝适用于拦截流量较小、大石块含量少的小型泥石流。

在地貌上,应在泥石流的形成区(上游)以预防措施为主;流通区(中游)以拦截措施为主;堆积区(下游)以排导措施为主。

对于防治泥石流,常采取多种措施相结合,这比用单一措施更为有效。

6.3.5　减轻崩塌、滑坡、泥石流灾害的生物措施

滑坡、崩塌、泥石流三者常常具有相互联系、相互转化和不可分割的密切关系。

滑坡和崩塌,它们常相伴而生,产生于相同的地质构造环境中和相同的地层岩性构造条件下,且有着相同的触发因素,容易产生滑坡的地带也是崩塌的易发区。崩塌、滑坡在一定条件下可互相诱发、互相转化。

1. 滑坡、崩塌与泥石流的关系

滑坡、崩塌与泥石流的关系十分密切,易发生滑坡、崩塌的区域也易发生泥石流,并且崩塌和滑坡的物质经常是泥石流的重要固体物质来源。滑坡、崩塌还常常在运动过程中直接转化为泥石流等,即泥石流是滑坡和崩塌的次生灾害,泥石流与滑坡、崩塌有着许多相同的促发因素。

2. 减轻崩塌、滑坡、泥石流灾害的生物措施

生物措施是防治水土流失,减轻崩、滑、泥石流灾害的主要措施之一。乱砍滥伐、毁林开荒、过度放牧以及人类不合理的生产生活活动所致的生态环境破坏,是水土流失的主要原因,许多崩塌、滑坡、泥石流灾害即水土流失恶性发展的直接结果。

减轻崩塌、滑坡、泥石流灾害的生物措施主要有:植树造林、封山育草,改良耕作技术,以及改善对生态环境有重要影响的农、牧业管理方式等。其主要作用是:保护坡面、减少坡面物质的流失量、固结土层、调节坡面水流、削减坡面径流量、增大坡体的抗冲蚀能力等。

任务6.4　岩溶的认知

岩溶是水对可溶性岩石进行以溶蚀作用为主的作用所形成的地表和地下形态的总称,又称岩溶地貌。它以溶蚀作用为主,还包括流水的冲蚀、潜蚀,以及坍陷等机械侵蚀过程,这种作用及其产生的现象统称为喀斯特。喀斯特原是南斯拉夫西北部沿海一带(现属克罗地亚)石灰岩高原的地名,当地称为 Karst,因那里发育各种石灰岩地貌,故借用此名。

中国喀斯特地貌分布广、面积大,其中在桂、黔、滇、川东、川南、鄂西、湘西、粤北等地连片分布的就达 55 万平方千米,尤以桂林山水、路南石林闻名于世。

岩溶与人类的生产和生活息息相关。人类的祖先——猿人,曾经栖居在岩溶洞穴中;许多岩溶地区,因地表缺水或积水成灾,对农业生产影响很大;许多矿产资源、矿泉和温泉与岩溶有关。

在岩溶地区,由于地上地下的岩溶形态复杂多变,给公路测设定位带来相当大的困难。对于现有的公路,会因地下水的涌出、地面水的消水洞被阻塞而导致路基水毁;或因溶洞的坍顶,引起地面路基坍陷、下沉或开裂。但有时可利用某些形态,如利用"天生桥"跨越河道、沟谷、洼地;利用暗河、溶洞以扩建隧道等。因此,在岩溶区修建公路时,应认真勘察岩溶发育的程度和岩溶形态的空间分布规律,以便充分利用某些可利用的岩溶形态,避免或防止岩溶病害对路线布局和路基稳定造成不良影响。

6.4.1　岩溶形成的基本条件

1. 岩石的可溶性

可溶性岩体是岩溶形成的物质基础。可溶性岩石有 3 类:碳酸盐类岩石(石灰岩、白云岩、泥灰岩等);硫酸盐类岩石(石膏、硬石膏和芒硝);卤盐类岩石(钾、钠、镁盐岩石等)。在可溶性岩石中,以碳酸盐类岩石分布最广,其矿物成分均一,可以全部被含有 CO_2 的水溶解,是发育岩溶的最主要地层。凡是我国分布有碳酸盐类岩层的地方,都有岩溶发育。

2. 岩体的透水性

岩体的透水性是岩溶发育的另一个必要条件,岩层透水性愈好,岩溶发育也愈强烈。岩层透水性主要取决于裂隙和孔洞的多少和连通情况,因此,岩石中裂隙的发育情况往往控制着岩溶的发育情况。

3. 有溶解能力的水活动

水的溶解能力随着水中侵蚀性 CO_2 含量的增加而加强。水的溶蚀能力与水的流动性关系密切,只有当地下水不断流动,与岩石广泛接触,富含 CO_2 的水不断补充更新,才能经常保

持侵蚀性,溶蚀作用才能持续进行。

6.4.2　岩溶地貌类型

喀斯特地貌在碳酸盐岩地层分布区最为发育,常见的地表喀斯特地貌(图6-7)有石芽、石林、峰林等喀斯特正地形,还有溶沟、落水洞、盲谷、干谷、喀斯特洼地(包括漏斗、喀斯特盆地)等喀斯特负地形;地下喀斯特地貌有溶洞、地下河、地下湖等;以及与地表和地下密切关联的喀斯特地貌有竖井、天生桥等。

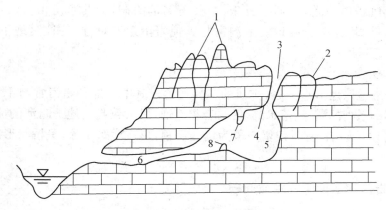

图6-7　岩溶形态示意图

1—石林;2—溶沟;3—漏斗;4—落水洞;5—溶洞;6—暗河;7—钟孔石;8—石笋

1. 石芽和溶沟

水沿可溶性岩石的裂隙,进行溶蚀和冲蚀所形成的沟槽间突起与沟槽形态,形成的沟槽其深度由数厘米至几米,或者更大些,浅者为溶沟,深者为溶槽;沟槽间的突起称石芽。其底部往往被土及碎石所充填。在质纯层厚的石灰岩地区,可形成巨大的林立的石芽,称为石林,如云南路南石林,最高可达到50 m。

2. 落水洞

指流水沿裂隙进行溶蚀、机械侵蚀以及塌陷形成的近于垂直的洞穴。它是地表水流入喀斯特含水层和地下河的主要通道,其形态不一,深度可达十几米到几十米,甚至达百余米。中国各地对落水洞称谓有无底洞、消水洞等名称。落水洞进一步向下发育,形成井壁很陡、近于垂直的井状管道,称为竖井,又称天然井。

3. 溶蚀漏斗

溶蚀漏斗是地面凹地汇集雨水,沿节理垂直下渗,并溶蚀扩展成漏斗状的洼地。其直径一般几米至几十米,底部常有落水洞与地下溶洞相通。

4. 干谷和盲谷

喀斯特区地表水因渗漏或地壳抬升,使原河谷干涸无水而变为干谷。干谷又称死谷,其底部较平坦,常覆盖有松散堆积物,沿干河床有漏斗、落水洞成群地作串球状分布,往往成为寻找地下河的重要标志。盲谷是一端封闭的河谷,河流前端常遇石灰岩陡壁阻挡,石灰岩陡壁下常发育落水洞,遂使地表水流转为地下暗河。这种向前没有通路的河谷,称为盲谷,又称断尾河。常发育于地下水水力坡降变陡处,是地下河袭夺地表河所致。

5. 溶蚀洼地

指岩溶作用形成的小型封闭洼地。它的周围常分布着陡峭的峰林,面积一般只有几平方公里到几十平方公里,底部有残积—坡积物,且高低不平,常附生着漏斗。

6. 溶洞

溶洞的形成是石灰岩地区地下水长期溶蚀岩层的结果。石灰岩的主要成分是碳酸钙($CaCO_3$),在有水和二氧化碳时发生化学反应生成碳酸氢钙[$Ca(HCO_3)_2$],后者可溶于水,于是有孔洞形成并逐步扩大。在洞内常发育有石笋、石钟乳和石柱等洞穴堆积。洞中这些碳酸钙沉积琳琅满目,形态万千,一些著名的溶洞,如北京房山县云水洞、桂林七星岩和芦笛岩等,均为游览胜地。溶洞常与其他岩溶形态相连,往往是地下水活动的场所和通道。

7. 暗河与天生桥

暗河是岩溶地区地下水汇集、排泄的主要通道。其中一部分暗河常与干谷伴随存在,通过干谷底部一系列的漏斗、落水洞,使两者相连通,可大致判明地下暗河的流向。近地表的溶洞或暗河顶板塌陷,有时残留一段为塌陷洞顶,形成横跨水流,呈桥状形态,故称为天生桥。

6.4.3　岩溶地区的工程地质问题

在岩溶发育的地方,气候潮湿多雨,岩石的富水性和透水性都很强,岩溶作用使岩体结构发生变化,以致岩石强度降低。岩溶发育对公路工程建设影响很大,主要表现为如下四种。

1. 被溶蚀的岩石强度大为降低

岩溶水在可溶岩层中溶蚀,使岩层产生孔洞。最常见的是岩层中有溶孔或小洞,所谓溶孔,是指在可溶岩层内部溶蚀有孔径不超过 $20\sim30$ cm 的,一般小于 $1\sim3$ cm 的微溶蚀的孔隙。遭受溶蚀后,岩石产生孔洞,结构松散,从而降低了岩石强度。

2. 造成基岩面不均匀起伏

石芽、溶沟、溶槽的存在,使地表基岩参差不齐、起伏不均匀。如利用石芽或溶沟发育的场地作为地基,则必须进行处理。

3. 降低地基承载力

建筑物地基中若有岩溶洞穴,将大大降低地基岩体的承载力,容易引起洞穴顶板塌陷,使建筑物遭到破坏。

4. 造成施工困难

在基坑开挖和隧道施工中,岩溶水可能突然大量涌出,给施工带来困难等。

6.4.4　岩溶地区路基整治措施

当岩溶地基稳定性不能满足要求时,必须事先进行处理,做到防患于未然。通常应视具体条件合理选择相应的措施,对岩溶和岩溶水的处理措施可以归纳为疏导、跨越、加固、堵塞等几个方面。

1. 堵塞

对基本停止发展的干涸的溶洞,一般以堵塞为宜。如用片石堵塞路堑边坡上的溶洞,表面以浆砌片石封闭。对路基或桥基下埋藏较深的溶洞,一般可通过钻孔向洞内灌浆注水泥砂浆、混凝土、沥青等加以堵塞,提高其强度。

2. 疏导

对经常有水或季节性有水的空洞,一般宜疏不宜堵。应采取因地制宜,因势利导的方法。路基上方的岩溶泉和冒水洞,宜采用排水沟将水截流至路基外。对于路基基底的岩溶泉和冒水洞,可设置集水明沟或渗沟,将水排出路基。

3. 跨越

对位于路基基底的开口干溶洞,当洞的体积较大或深度较深时,可采用构造物跨越。对于有顶板但顶板强度不足的干溶洞,可炸除顶板后进行回填,或设构造物跨越。

4. 清基加固

为防止基底溶洞的坍塌及岩溶水的渗漏,经常采用以下加固方法。

(1)洞径大,洞内施工条件好时,可采用浆砌片石支墙、支柱等加固。如需保持洞内水流畅通,可在支撑工程间设置涵管排水。

(2)深而小的溶洞不能使用洞内加固办法时,可采用石盖板或钢筋混凝土盖板跨越可能的破坏区。

(3)对洞径小、顶板薄或岩层破碎的溶洞,可采用爆破顶板用片石回填的办法。如溶洞较深或须保持排水者,可采用拱跨或板跨的办法。

(4)对于有充填物的溶洞,宜优先采用注浆法、旋喷法进行加固,不能满足设计要求时宜采用构造物跨越。

(5)如需保持洞内流水畅通时,应设置排水通道。

隧道工程中的岩溶处理较为复杂。隧道内常有岩溶水的活动,若水量很小,可在衬砌后压浆以阻塞渗透;对成股水流,宜设置管道引入隧道侧沟排除;若水量大时,可另开横洞(泄水洞);长隧道可利用平行导坑(在进水一侧),以截除涌水。

在建筑物使用期间,应经常观测岩溶发展的方向,以防岩溶作用继续发生。

任务 6.5 地震的认知

地震是一种地球内部应力突然释放的表现形式,同台风、暴雨、洪水、雷电一样,是一种自然现象,但地震是自然灾害之首恶。全世界每年大约发生 500 万次地震,绝大多数地震因震级小,人感觉不到。其中有感地震约 5 万多次,其中能造成破坏作用的约 1 000 次,七级以上的大地震仅有十几次。

一次强烈地震,会造成种种灾害,一般我们将其分为直接灾害和次生灾害。直接灾害是指地震发生时直接造成的灾害损失,地震可导致建筑物直接破坏和地基、斜坡的振动破坏(地裂、地陷、砂土液化、滑坡、崩塌等);次生灾害则指大震时造成的河水倾溢、水坝崩塌等引起的水灾等。1976 年唐山的 7.8 级地震,极震区的大部分房屋化为废墟,人员伤亡惨重,直接经济损失达 100 多亿元。

地震是工程地质学研究的对象之一,它是区域稳定性分析的重要因素。工程地质学着重研究地震波对建筑物的破坏作用,不同工程地质条件场地的地震效应、地震区建筑场地的选择,以及防震、抗震措施的工程地质论证等,为不同地震区各类工程的规划、设计提供了依据。

6.5.1　地震的成因类型

地震按成因不同,一般可分为人工地震和天然地震。由人类活动(如开山、开矿、爆破等)引起的叫人工地震,除此之外统称为天然地震。地震按其成因可划分为构造地震、火山地震、陷落地震和激发地震。

1. 构造地震

地球在不停地运动变化,内部产生巨大的作用力称为地应力。在地应力长期缓慢的积累和作用下,地壳的岩层发生弯曲变形,当地应力超过岩石本身能承受的强度时,岩层产生断裂错动,其巨大的能量突然释放,迅速传到地面,这就是构造地震。世界上90%以上的地震,都属于构造地震。强烈的构造地震破坏力很大,是人类预防地震灾害的主要对象。

2. 火山地震

由于火山活动时岩浆喷发冲击或热力作用而引起的地震叫火山地震。这种地震的震级一般较小,影响范围不大且为数较少,只占地震总数的7%左右。我国很少发生火山地震,它主要分布在南美和日本等地。

3. 陷落地震

由于地下水溶解了可溶性岩石,使岩石中出现空洞并逐渐扩大,或由于地下开采形成了巨大的空洞,造成岩石顶部和土层崩塌陷落,引起地震,叫陷落地震。陷落地震震级都很小,数量也少,影响范围小,这类地震约占地震总数的3%左右。

4. 诱发地震

在特定的地区因某种地壳外界因素诱发引起的地震,叫诱发地震,如水库蓄水、地下核爆炸、油井灌水、深井注液、采矿等也可诱发地震,其中最常见的是水库地震,也是当前要严加关注的地震灾害之一。

6.5.2　地震波与地震力

地震发生时,震源释放的能量以弹性波的形式向四处传播,这种弹性波就是地震波。地下发生地震的地方为震源,震源正对着的地面是震中。震中附近振动最大,一般是破坏性最严重的地区,也叫极震区。从震中到地面上受地震破坏影响的任何一点的距离叫震中距。

地震力是指由地震波传播时引起地面振动所产生的惯性力。这种惯性力作用于建筑物,当其超过建筑物所能承受的极限时,即造成破坏,地震力愈大,造成的破坏也愈大。地震力具有方向性,即有水平分力和垂直分力。由于水平方向的地震力对建筑物的破坏作用最大,因而一般对地震的水平分力较为重视。抗震的一个重要内容就是要针对可能发生水平方向地震力的大小,采取预防措施。

根据静力系数法,作用于建筑物的水平地震力 P,可按下式计算:

$$P = \frac{a}{g}G = k_c \cdot G \tag{6-1}$$

式中：a——地震最大水平加速度（cm/s²）；

g——重力加速度；

G——建筑物的自重力；

k_c——地震系数，无单位，$k_c \approx 0.001a$。

6.5.3 震级和烈度

地震能否使某一地区的建筑物受到破坏，主要取决于地震强度的大小和该区距震中的远近，距震中越远则受到的振动越弱，所以需要有衡量地震本身强度大小和某一地区地面及建筑物振动强烈程度的两个标准，即震级和烈度。

1. 震级

地震的震级是表示地震强度大小的度量，它与地震所释放的能量有关。震级是根据地震仪记录到的最大振幅，并考虑到地震波随着距离和深度的衰减情况而得来的。一次地震只有一个震级，小于 3 级的地震，人不易感觉到，只有仪器才能记录到，称为"微震"；3～5 级地震是"弱震"；5～7 级地震是"强震"，建筑物有不同程度的破坏；7 级以上地震为大震，会在大范围内造成极其严重的破坏。迄今记录到的地球上的最大地震为 1960 年 5 月 22 日智利 8.9 级特大地震。震级每相差一级，其能量相差约为 30 多倍。可见，地震越大，震级越高，释放的能量越多。

2. 烈度

通常把地震对某一地区的地面和各种建筑物遭受地震影响的强烈程度叫地震烈度。烈度是根据受震物体的反应、房屋建筑物破坏程度和地形地貌改观等宏观现象来判定的。地震烈度的大小，与地震大小、震源深浅、离震中远近、当地工程地质条件等因素有关。因此，一次地震，震级只有一个，但烈度却是根据各地遭受破坏的程度和人为感觉的不同而不同。一般说来，烈度大小与距震中的远近成反比，震中距越小，烈度越大，反之烈度愈小。我国地震烈度采用 12 度划分法，是根据地震时人的感觉、家具及物品的振动情况、房屋及建筑物受破坏的程度，以及地面出现的破坏现象等情况来确定的，见表 6－1。

表 6－1　地震烈度划分标准表

烈度	名称	加速度	地震系数 kc	地震情况
Ⅰ	无感震	<0.25	<1/4 000	人不能感觉，只有仪器可以记录到
Ⅱ	微震	0.26～0.5	1/4 000～1/2 000	少数在休息中极宁静的人能感觉到，住在楼上者更容易
Ⅲ	轻震	0.6～1.0	1/2 000～1/1 000	少数人感觉地动，不能即刻断定是地震；振动来方向或持续时间有时约略可定
Ⅳ	弱震	1.1～2.5	1/1 000～1/400	少数人在室外的人和绝大多数在室内的人都感觉，家具等有些摇动，盘碗及窗户玻璃振动有声，屋梁天花板等格格作响，缸里的水或敞口皿中的液体有些荡漾，个别情形惊醒睡觉的人

烈度	名称	加速度	地震系数 kc	地震情况
V	次强震	2.6～5.0	1/400～1/200	差不多人人感觉,树木摇晃,如有风吹动。房屋及室内物件全部振动,并格格作响。悬吊物如帘子、灯笼、电灯等来回摆动,挂钟停摆或乱打,盛满器皿中的水溅出。窗户玻璃出现裂纹,睡觉的人惊逃户外
Ⅵ	强震	5.1～10.0	1/200～1/100	人人感觉,大部分惊骇跑到户外,缸里的水剧烈荡漾,墙上挂图、架上书籍掉落,碗碟器皿打碎,家具移动位置或翻倒,墙上灰泥发生裂缝,坚固的庙堂房屋亦不免有些地方掉落一些泥灰,质量不好的房屋受相当损伤,但还是轻的
Ⅶ	损害震	10.1～25.0	1/100～1/40	室内陈设物品及家具损伤甚大。庙里的风铃叮当作响,池塘里腾起波浪并翻起浊泥,河岸沙礴处有崩滑,井泉水位有改变,房屋有裂缝,灰泥及雕塑装饰大量脱落,烟囱破裂,骨架建筑的隔墙亦有损伤,不好的房屋严重损伤
Ⅷ	破坏震	25.1～50.0	1/40～1/20	树木发生摇摆,有时断折。重的家具物件移动很远或抛翻,纪念碑从座上扭转或倒下,建筑较坚固的房屋也被损害,墙壁裂缝或部分裂坏,骨架建筑隔墙倾脱,塔或工厂烟囱倒塌,建筑特别好的烟囱顶部亦遭须坏。陡坡或潮湿的地方发,奋些地方涌出泥水
Ⅸ	毁坏震	50.1～100.0	1/20～1/10	坚固建筑物等损坏颇重,一般砖砌房屋严重破坏,有相当数量的倒塌,而且不能再居住。骨架建筑根基移动,骨架歪斜,地上裂缝颇多
Ⅹ	大毁坏震	100.1～250.0	1/10～1/4	大的庙宇、大的砖墙及骨架建筑连基础遭受破坏,坚固的砖墙发生危险的裂缝,河堤、坝、桥梁、城垣均严重损伤,个别的被破坏,钢轨挠曲,地下输送管道破坏,马路及铺油街道起了裂缝与皱纹,松散软湿之地开裂,有相当宽而深的长沟,且有局部崩滑。崖顶岩石有部分剥落,水边惊涛拍岸
Ⅺ	灾震	250.1～500.0	1/4～1/2	砖砌建筑全部坍塌,大的庙宇与骨架建筑只部分保存。坚固的大桥破坏,桥柱崩裂,钢梁弯曲(弹性大的大桥损坏较轻)。城墙开裂破坏,路基、堤坝断开,错离很远,钢轨弯曲且突起,地下输送管道完全破坏,不能使用。地面开裂甚大,沟通纵横错乱,到处地滑山崩,地下水夹泥从地下涌出
Ⅻ	大灾震	500.0～100.0	>1/2	一切人工建筑物无不毁坏,物体抛掷空中,山川风景变异,河流堵塞,造成瀑布,湖底升高,地崩山摧,水道改变等

注:本表摘自《工程地质》(同济大学等三院校编写)。

在工程勘察、设计中,经常采用的地震烈度有基本烈度、场地烈度和设计烈度。

(1)基本烈度。是指在今后一定时期内,某一地区在一般场地条件下可能遇到的最大地震烈度。基本烈度所指的地区,并非是一个具体的工程建筑物地段,而是指一个较大范围的地区。一般场地条件是指在上述地区范围内普遍分布的地层岩性条件及一般的地形地貌、地质构造和地下水条件等。

（2）场地烈度。场地烈度是指建筑场地内因地质、地貌和水文地质条件等的差异而引起基本烈度的降低或提高的烈度。场地烈度根据建筑场地的具体条件，一般可比基本烈度提高或降低 0.5～1.0 度。

（3）设计烈度。又称设防烈度，是指抗震设计所采用的烈度。它是根据建筑物的重要性、永久性、抗震性以及工程的经济性等条件对基本烈度进行适当调整后的烈度。永久性的重要建筑物需提高基本烈度作为设计烈度，并尽可能避免设在高烈度区，以确保工程安全。临时性建筑和次要建筑物可比永久性建筑或重要建筑物低 1～2 度。

6.5.4　全球和我国的地震分布

1. 全球的地震分布情况

地震的地理分布受一定的地质条件控制，具有一定的规律。地震大多分布在地壳不稳定的部位，如大陆板块和大洋板块的接触处及板块断裂破碎的地带，全球地震主要分布在两大区带上。一是环太平洋地震带，该带基本沿着南、北美洲西海岸，经堪察加半岛、千岛群岛、日本列岛，至我国的台湾省和菲律宾群岛，一直到新西兰，是地球上最活跃的地震带。二是地中海—喜马拉雅地震带，主要分布于欧亚大陆，又称欧亚地震带，大致从印尼西部，缅甸经我国横断山脉喜马拉雅山地区，经中亚细亚到地中海。

2. 我国的地震分布情况

我国处在世界两大地震带之间，是世界上地震活动较多且强烈的地区。我国地震主要分布在：① 东南部的台湾和福建广东沿海，台湾省的强震密度和平均震级都占全国首位；② 华北地震带；③ 西藏—滇西地震带；④ 横贯中国的南北向地震带等。

任务 6.6　不良地质现象对地下工程选址的影响分析

地下工程是指建筑在地面以下及山体内部的各类建（构）筑物，如地下交通运输用的铁道和公路隧道、地下铁道等；地下工业用房的地下工厂、电站和变电所及地下矿井巷道、地下输水隧洞等；地下储存库房用的地下车库、油库、水库和物资仓库等；地下生活用房的地下商店、影院、医院、住宅等。此外，地下军事工程用的地下指挥所、掩蔽部和各类军事装备库等。也有将这些地下建（构）筑物称为地下洞室。它具有隔热、恒温、密闭、防震、隐蔽、不占地面空间等许多优点。因而自古以来国内外都广为采用。由于地下洞室被包围于岩土体介质（称围岩）中，会遇到比较复杂的工程地质问题，既要考虑如何防止周围介质对地下工程的不良影响，如围岩塌方、地下水渗漏等，又要考虑如何尽量利用周围介质的有利功能，如把围岩改造成洞室本身的支护结构，发挥围岩的自承能力。由此可见，为确保地下洞室的安全和使用，应研究围岩的稳定性和自承能力而出现的地质问题。

下面着重就建洞山体的基本工程地质条件、地下工程总体位置和洞口、洞轴线的选择要求，分别加以分析和讨论。

6.6.1　地下工程总体位置的选择

在进行地下工程总体位置选择时，首先要考虑区域稳定性，此项工作的进行主要是向有关部门收集当地的有关地震、区域地质构造史及现代构造运动等资料,进行综合地质分析和评价。特别是对于区域性深大断裂交会处,近期活动断层和现代构造运动较为强烈的地段,尤其要引起注意。

一般认为,具备下列条件是宜于建洞的:

(1)基本地震烈度一般小于 8 度,历史上地震烈度及震级不高,无毁灭性地震;

(2)区域地质构造稳定,工程区无区域性断裂带通过,附近没有发震构造;

(3)第四纪以来没有明显的构造活动。

区域稳定性问题解决以后,即地下工程总体位置选定后,进一步就要选择建洞山体,一般认为理想的建洞山体具有以下条件:

(1)在区域稳定性评价基础上,将洞室选择在安全可靠的地段;

(2)建洞区构造简单,岩层厚且产状平缓,构造裂隙间距大、组数少,无影响整个山体稳定的断裂带;

(3)岩体完整,成层稳定,且具有较厚的单一的坚硬或中等坚硬的地层,岩体结构强度不仅能抵抗静力荷载,而且能抵抗冲击荷载;

(4)地形完整,山体受地表水切割破坏少,没有滑坡、塌方等早期埋藏和近期破坏的地形。无岩溶或岩溶很不发育,山体在满足进洞生产面积的同时,具有较厚的洞体顶板厚度作为防护地层;

(5)地下水影响小,水质满足建厂要求;

(6)无有害气体及异常地热;

(7)其他有关因素,例如与运输、供给、动力源、水源等因素有关的地理位置等。

上述因素实际上往往不能十全十美,应根据具体情况综合考虑。

6.6.2 洞口选择的工程地质条件

洞口选择的工程地质条件,主要是考虑洞口处的地形及岩性、洞口底的标高、洞口的方向等问题。至于洞口数量和位置(平面位置和高程位置)的确定必须根据工程的具体要求,结合所处山体的地形、工程地质及水文地质条件等慎重考虑,因为出入口位置的确定,一般来说,基本上就决定了地下洞室轴线位置和洞室的平面形状。

1. 洞口的地形和地质条件

洞口宜设在山体坡度较大的一面(大于 30°),岩层完整,覆盖层较薄,最好设置在岩层裸露的地段,以免切口刷坡时刷方太大,破坏原来的地形地貌。一般来说洞口不宜设在悬崖峭壁之下,免使岩块掉落堵塞洞口。特别是在岩层破碎地带,容易发生山崩和土石塌方,堵塞洞口和交通要道。

2. 洞口底标高的选择

洞口底的标高一般应在谷底最高洪水位以上 0.5～1.0 m 的位置(千年或百年一遇的洪水位),以免在山洪暴发时,洪水泛滥倒灌流入地下洞室;如若离谷底较近,易聚集泥石流和有害气体,各个洞口的高程不宜相差太大,要注意洞室内部工艺和施工时所要求的坡度,便于各洞口之间的道路联系。

3. 洞口边坡的物理地质现象

在选择洞口位置时,必须将进出口地段的物理地质现象调查清楚。洞口应尽量避开易产生崩塌、剥落和滑坡等地段，或易产生泥石流和雪崩的地区。以免对工程造成不必要的损失。

6.6.3　洞室轴线选择的工程地质条件

洞室轴线的选择主要是由地层岩性、岩层产状、地质构造以及水文地质条件等方面综合分析来考虑确定。

1.布置洞室的岩性要求

洞室工程的布置对岩性的要求是：尽可能使地层岩性均一，层位稳定，整体性强，风化轻微，抗压与抗剪强度较大的岩层中通过。一般说来，凡没有经受剧烈风化及构造运动影响的大多数岩层都适宜修建地下工程。

岩浆岩和变质岩大部分均属于坚硬岩石，如花岗岩、闪长岩、辉长岩、辉绿岩、安山岩、流纹岩、片麻岩、大理岩、石英岩等。在这些岩石组成的岩体内建洞，只要岩石未受风化，且较完整，一般的洞室（地面下不超过 200～300 m，跨度不超过 10 m）的岩石强度是不成问题的。也就是说，在这些岩石所组成的岩体内建洞，其围岩的稳定性取决于岩体的构造和风化等方面，而不在于岩性。在变质岩中有部分岩石是属于半坚硬的，如黏土质片岩、绿泥石片岩、千枚岩和泥质板岩等，在这些岩石组成的岩体内建洞容易崩塌，影响洞室的稳定性。

沉积岩的岩性比较复杂。总的来说，比上述两类岩石差。在这类岩石中较坚硬的有岩溶不太发育的石灰岩、硅质胶结的石英砂岩、砾岩等，而岩性较为软弱的有泥质页岩、黏土岩、泥砂质胶结的砂、砾岩和部分凝灰岩等，这些较软弱的岩石往往具有易风化的特性。例如：四川红层中的黏土页岩，从其中取出的新鲜岩石试件两个月后就碎裂成 0.5 cm 的碎块。辽宁某地采得的凝灰岩新鲜岩石试件两个月后裂成 1.0 cm 碎块。在这类岩体中建洞，施工时围岩容易变形和崩塌，或只有短期的稳定性。

2.地质构造与洞室轴线的关系

洞室轴线的位置确定，纯粹根据岩性好坏往往是不够的，通常与岩体所处的地质构造的复杂程度有着密切的关系。在修建地下工程时，岩层的产状及成层条件对洞室的稳定性有很大影响，尤其是岩层的层次多、层薄或夹有极薄层的易滑动的软弱岩层时，对修建地下工程很不利。当岩层无裂隙或极少裂隙的倾角平缓的地层中压力分布情况是：垂直压力大，侧压力小。相反，岩层倾角陡，则垂直压力小，而侧压力增大。

下面进一步分析有关洞室轴线与岩层产状要素以及与地质构造的关系。

（1）当洞室轴线平行于岩层走向时，根据岩层产状要素和厚度不同大体有如下三种情况：

① 在水平岩层中（岩层倾角＜5°～10°），若岩层薄，彼此之间联结性差，又属不同性质的岩层，在开挖洞室（特别是大跨度的洞室）时，常常发生塌顶，因为此时洞顶岩层的作用如同过梁，它很容易由于层间的拉应力到达极限强度而导致破坏。如果水平岩层具有各个方向的裂隙，则常常造成洞室大面积的坍塌。因此，在选择洞室位置时，最好选在层间联结紧密、厚度大（即大于洞室高度二倍以上者）不透水、裂隙不发育，又无断裂破碎带的水平岩体部位，这样对于修建洞室是有利的（图 6-8）。

② 在倾斜岩层中，一般说来是不利的，因为此时岩层完全被洞室切割，若岩层间缺乏紧密联结，又有几组裂隙切割，则在洞室两侧边墙所受的侧压力不一致，容易造成洞室边墙的

变形(图6-9)。

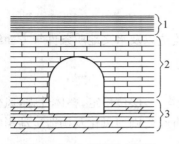

图6-8　水平岩层中洞址

1—页岩；2—石灰岩；3—泥灰岩

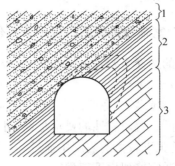

图6-9　倾斜岩层中洞址

1—砂砾岩；2—页岩；3—石灰岩

③ 在近似直立的岩层中,与上述倾斜岩层出现类似的动力地质现象,在这种情况下,最好限制洞室同时开挖的长度,而应采取分段开挖。若整个洞室位置处在厚层、坚硬、致密、裂隙又不发育的完整岩体内,其岩层厚度大于洞室跨度一倍或更大者,则情况例外。但一定要注意不能把洞室选在软硬岩层的分界线上(图6-10)。特别要注意不能将洞室置于直立岩层厚度与洞室跨度相等或小于跨度的地层内(图6-11)。因为地层岩性不一样,在地下水作用下更易促使洞顶岩层向下滑动,破坏洞室,并给施工造成困难。

图6-10　陡立岩层中洞址

1—石灰岩；2—页岩

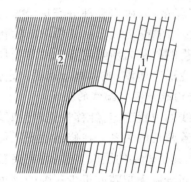

图6-11　岩层岩性分界面处洞址

1—石灰岩；2—页岩

（2）洞室轴线与岩层走向垂直正交,为较好的洞室布置方案。因为在这种情况下,当开挖导洞时,由于导洞顶部岩石应力再分布的结果,断面形成一抛物线形的自然拱,因而由于岩层被开挖对岩体稳定性的削弱要小得多,其影响程度取决于岩层倾角大小和岩性的均一性。

① 当岩层倾角较陡,各岩层可不需依靠相互间的内聚力联结而能完全稳定。因此,若岩性均一,结构致密,各岩层间联结紧密,节理裂隙不发育,在这些岩层中开挖地下工程最好(图6-12)。

② 当岩层倾角较平缓,洞室轴线与岩层倾斜的夹角较小,若岩性又属于非均质的、垂直或斜交层面节理裂隙又发育时,在洞顶就容易发生局部石块坍落现象,洞室顶部常出现阶梯形特征(图6-13)。

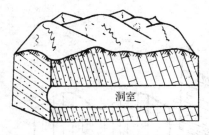

图6-12　单斜（陡倾立）构造中洞址

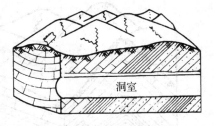

图6-13　单斜（缓倾斜）构造中洞址

（3）洞室轴线穿过褶曲地层时，由于地层受到强烈褶曲后，其外缘被拉裂，内缘被挤压破碎，加上风化营力作用，岩层往往破碎厉害。因而在开挖时遇到的岩层岩性变化较大，有时在某些地段会遇到大量的地下水，而在另一些地段可能发生洞室顶板岩块大量塌落。一般洞室轴线穿越褶曲地层时可遇到以下几种情况：

① 洞室横穿向斜层。在向斜的轴部有时可遇到大量地下水的威胁和洞室顶板岩块崩落的危险。因轴部的岩层遭到挤压破碎常呈上窄下宽的楔形石块（图6-14），组成倒拱形，因而使其轴部岩层压力增加，洞顶岩块最容易突然地坍落到洞室。另外，由于轴部岩层破碎又弯曲呈盆形，在这些地带往往是自流水储存的场所。若当洞室开挖在多孔隙的岩层中，在高压力下，大量的地下水将突然涌入洞室；如果所处岩层是属致密的坚硬岩石，则承压状态的地下水将出现于许多节理中，对洞室围岩稳定和施工将会造成很大的威胁（图6-15）。

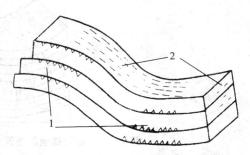

图6-14　褶曲构造中裂隙的分布
1—张开裂隙　2—剪切裂隙

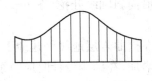

图6-15　向斜地段洞室轴线上压力强度分布示意图

② 洞室轴线横穿背斜层。由于背斜呈上拱形，虽岩层被破碎然犹如石砌的拱形结构，能很好地将上覆岩层的荷重传递到两侧岩体中去。因而地层压力既小又较少发生洞室顶部坍塌的事故。但是应注意若岩层受到剧烈的动力作用被压碎，则顶板破碎岩层容易产生小规模掉块。因此，当洞室穿过背斜层也必须进行支撑和衬砌（图6-16）。

③ 当洞室轴线与褶曲轴线重合时，也可有几种不同情况。

当洞室穿过背斜轴部时，一方面从顶部压力来看，可以认为比通过向斜轴部优越，因为在背斜轴部形成了自然拱圈。但是另一方面，背斜轴部的岩层处于张力带，遭受过强烈的破坏，故在轴部设置洞室一般是不利的（图6-17中的1号洞室）。

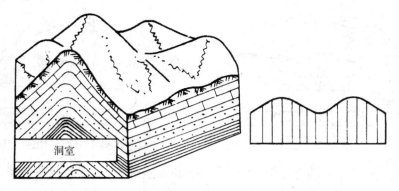

图 6-16　背斜地段洞室轴线上压力强度分布示意图

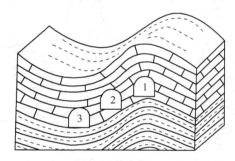

图 6-17　在褶曲地区当洞室轴线与褶曲轴线重合时位置比较示意图

1—洞室轴线与背斜轴线重合;2—洞室置于褶曲之翼部;3—洞室轴线与向斜轴线重合

当洞室置于背斜的翼部(图 6-17 中的 2 号洞室),此时,顶部及侧部均处于受剪切力状态,在发育剪切裂隙的同时,由于地下水的存在,将产生动水压力,因而倾斜岩层可能产生滑动时而引起压力的局部加强。

当洞室沿向斜轴线开挖(图 6-17 中的 3 号洞室),对工程的稳定性极为不利,应另选位置。

若必须在褶曲岩层地段修建地下工程,可以将洞室轴线选在背斜或向斜的两翼,这时洞室的侧压力增加,在结构设计时应慎重分析,采取加固措施。

④ 在断裂破碎带地区洞室位置的布置,应特别慎重。一般情况下,应避免洞室轴线沿断层带的轴线布置,特别在较宽的破碎带地段,当破碎带中的泥沙及碎石等尚未胶结成岩时,一般不允许建筑洞室工程,因为断层带的两侧岩层容易发生变位,导致洞室的毁坏;断层带中之岩石又多为破碎的岩块及泥土充填,且未被胶结成岩,最易崩落,同时亦是地表水渗漏的良好通道,故对地下工程危害极大,如图 6-18 中的 1 号洞室。

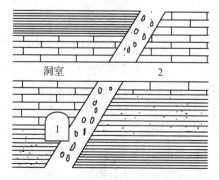

图 6-18　洞室轴线与断层轴线关系示意图

当洞室轴线与断层垂直时(图 6-18 中的 2 号洞室),虽然断裂破碎带在洞室内属局部地段,但在断裂破碎带处岩层压力增加,有时还能遇到高压的地下水,影响施工。若断层两侧为坚硬致密的岩层,容易发生相对移动。特别遇到有几组断裂纵横交错的地段,洞室轴线应尽量避开。因为这些地段除本身压力增高外,还应考虑压力沿洞室轴线及其他相应方向重新分布,这是由几组断裂切割形成的上大下小的楔形山体可能将其自重传给相邻的山体,而使这些部位的地层压力增加(图6-19)。

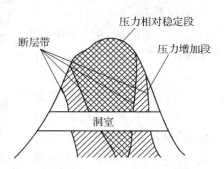

图6-19　洞室被几组断裂切割,洞室承受压力不同示意图

在新生断裂或地震区域的断裂,因还处于活动时期,断裂变位还在复杂的持续过程中,这些地段是不稳定的,不宜选作地下工程场地。若在这类地段修建地下工程,将会遇到巨大的岩层压力,且易发生岩体坍塌,压裂衬砌造成结构物的破坏。

总之,在断裂破碎带地区,洞室轴线与断裂破碎带轴线所成的交角大小,对洞室稳定及施工的难易程度关系很大。如洞室轴线与断裂带垂直或接近垂直,则所需穿越的不稳定地段较短,仅是断裂带及其影响范围岩体的宽度;若断裂带与洞室轴线平行或交角甚小,则洞室不稳定地段增长,并将发生不对称的侧向岩层压力。

任务6.7　不良地质现象对道路选线的影响分析

道路是以线型工程的特点而展布的,它的工程是由三类建筑物组成的:路基工程(路堤和路堑)、桥隧工程(桥梁、隧道、涵洞等)和防护建筑物(明洞、挡土墙、护坡、排水盲沟等)。由于线路往往要穿过许多地质条件复杂的地区和不同的地貌单元,特别是在山区线路中往往遇到滑坡、崩塌、泥石流和岩溶等的不良地质现象,并成为对线路工程的主要威胁,从而增加了道路结构的复杂化。为此,在道路选线中对不良地质现象的处置是一个重要的关键问题。

6.7.1　地质构造对路基工程的影响

路基边坡包括天然边坡、旁山线路的半填半挖路基边坡,以及深路堑的人工边坡等。

任何边坡都具有一定坡度和高度,在重力作用下,边坡岩土体均处于一定的应力状态,在河流冲刷或工程影响下,随着边坡高度的增长和坡度的增大,其中应力也不断变化,导致边坡不断发生变形或沿着软弱夹层和结构面而破坏,以致发生滑坡、崩塌等不良地质现象。

土质边坡的变形主要决定于土的矿物成分,特别是亲水性强的黏土矿物及其含量,在路基边坡或路堑的边坡中,在雨水作用下,必然加速边坡的变形或土体滑动。

岩质边坡的变形主要决定于岩体中各软弱结构面的性质及其组合关系,它对边坡的变形和破坏起着控制作用、在天然或人工边坡形成临空面的条件下,当边坡岩体具备了临空面、切割面和滑动或破裂面三个基本条件时,岩质边坡就会导致变形而发生滑坡、崩塌等不良地质现象。因而在路基选线时需注意如下的地质构造影响。

(1) 在单斜谷中,路线应选择在岩层倾向背向山坡的一岸(图6-20)。

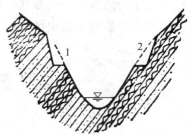

图6-20 单斜谷的路线选择

1—有利情况;2—不利情况

(2) 在断裂谷中,两岸山坡岩层破碎,裂隙发育,对路基稳定很不利,如不能避免沿断层裂谷布线时,应仔细比较两岸边坡岩层的岩性、倾向和裂隙组合情况,选择边坡相对稳定性大的一岸。

(3) 在岩层褶皱的边坡中,当路线方向与岩层走向大致平行时,则应注意岩层倾向与边坡的关系,为向斜构造时,向斜山两侧边坡对路基稳定有利[图6-21(a)];如为背斜山时,则两侧边坡对路基稳定不利[图6-21(b)];如为单斜山时,则两侧边坡的稳定性条件就不同,背向岩层倾向的山坡对路基稳定性有利,顺向岩层倾向的一侧山坡就相对的不利[图6-21(c)]。

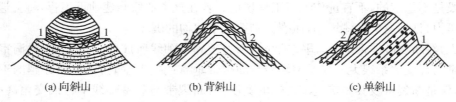

    (a) 向斜山   (b) 背斜山   (c) 单斜山

图6-21 山坡岩层地质构造的影响

1—有利情况;2—不利情况

6.7.2 滑坡地段选线

通过滑坡地段调查和勘探,了解了滑坡的滑体规模、稳定状态和影响滑坡稳定的各种因素之后,就可以确定路线是否通过滑坡。

对于小型滑坡(滑坡体积一般小于10 000 m³,或滑面最大埋深小于5 m、滑坡分布面积小于2 500 m²),路线一般不必绕越。可根据滑动原因,采取调治地表水与地下水、清方、支挡等工程措施进行处理,并注意防止其进一步发展(图6-22)。

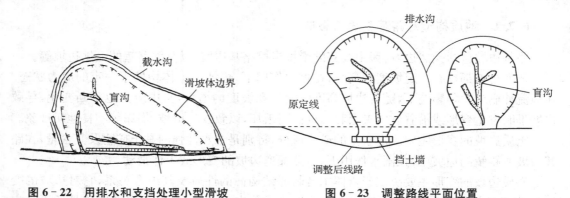

图6-22 用排水和支挡处理小型滑坡   **图6-23 调整路线平面位置**

对于中型滑坡(滑坡体积约为 10 000～100 000 m³,或滑面最大埋深 5～20 m、滑坡分布面积约 2 500～8 000 m²),路线一般可以考虑通过。但需慎重考虑滑坡的稳定性,注意调整路线平面位置,选择较有利部位通过,并采取相应的综合工程处理措施。路线通过滑坡的位置,一般以滑坡上缘或下缘比滑坡中部好。滑坡下缘的路基宜设计成路堤型以增加抗滑力;上缘路基宜设计成路堑式,以减轻滑体重量;滑坡上的路基均应避免大填、大挖,以防止产生路堤或路堑边坡失稳现象。

如图 6-23 为一中小型滑坡地带,路线原定线为直线通过滑坡体下缘,由于左侧滑坡体较大,经过力学计算其下滑力使所设计的挡土墙都难以保证墙的滑动稳定性和倾覆稳定性。若将路线下移 50～80 m,则挡土墙体积减小,稳定性也可保证;对于右侧滑坡体,设置一段高度 3 m 的挡墙即可;为此将左侧路线偏移以一大的平曲线通过滑坡体下方。

对于大型滑坡(体积大于 100 000 m³,或滑面最大埋深大于 20 m、滑坡分布面积大于 8 000 m²),路线应首先考虑绕避方案。如绕避困难或路线增长过多时,应结合滑坡稳定程度、道路等级和处理难易程度,从经济与施工条件等方面做出绕避与整治两个方案进行比较。

6.7.3 岩堆地段选线

在岩堆地段选线,必须是在调查勘测了解岩堆的规模和稳定程度后进行。

对处于发展阶段的岩堆,若上方山坡可能有大中型崩塌,则以绕避为宜。将路线及早提坡,让路线从岩堆上方山坡稳定的地带通过是一种可行的方案;如系沿溪线,有时需将路线转移到对岸,避开岩堆后再返回原岸,此时需建两桥,建桥绕行的费用和不避开而用工程措施处理的费用对比结果可为方案选择提供依据。

对趋于稳定的岩堆,路线可不必避让。如地形条件允许,路线宜在岩堆坡脚以外适当距离以路堤通过;如受地形限制,也可在岩堆下部以路堤通过。

对稳定的岩堆,路线可选择在适当位置以低路堤或浅路堑通过。路堤设置在岩堆体上部不利于稳定,因此路线应定在岩堆下部较合适(图 6-24)。设计路堑,则要将岩堆体本身的稳定性和边坡稳定性都考虑,如图 6-25 所示,方案Ⅲ的断面是不稳定的,因岩堆上方剩余土体容易向下坍塌,方案Ⅰ则比较稳定。岩堆中路堑边坡宜取与岩堆天然安息角相应的坡度。

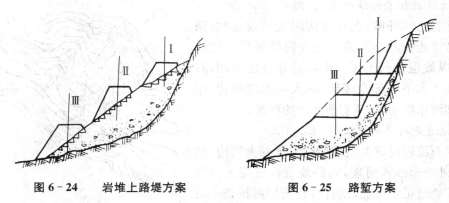

图 6-24　岩堆上路堤方案　　　　图 6-25　路堑方案

当岩堆床坡度较陡时,不宜在岩堆中、上部设计高填土路堤与高挡土墙,因额外增加很大荷重,易引起岩堆整体滑动或沿基底下的黏性土夹层滑动,因而只能采用低填、浅挖、半填半挖与低挡土墙方案。

6.7.4 泥石流地段选线

在泥石流地段选线,要根据泥石流的规模大小、活动规律、处治难易、路线等级和使用性质,分析路线的布局。一般有下列几种布线方式:

1. 通过流通区的路线(图 6-26)

流通区地段一般常为槽形,沟壁比较稳定,沟床一般不淤积,以单孔桥跨比较容易,也不受泥石流暴发的威胁。但这种方案平面线形可能较差,纵坡较大,沟口两侧路堑边坡容易发生坍方、滑坡。因为沿河线一般标高低,爬上跨沟处可能高差较大而需展线进沟时,线形技术指标有可能降低。此外,还应当考虑目前的流通区,有无转化为形成区的可能。

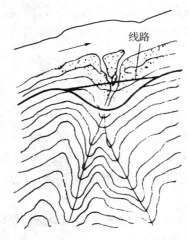

图 6-26 通过流通地段的路线方案

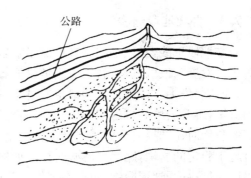

图 6-27 通过洪积扇顶部的方案

2. 通过洪积扇顶部的路线(图 6-27)

如洪积扇顶部沟床比较稳定、冲淤变化较小,而两侧有较高台地连接路线,则在洪积扇顶部布线是比较理想的方案。应尽可能使路先靠近流通地段,调查扇顶附近路基和引道有无不稳定问题和变为堆积地段的可能性。

3. 通过洪积扇外缘的路线(图 6-28)

当河谷比较开阔、泥石流沟距大河较远时,路线可以考虑走洪积扇外缘。这种路线线形一般比较舒顺,纵坡也比较平缓。但可能存在以下问题:洪积扇逐年向下延伸淤埋路基;大河水位变化;岸坡冲刷和河床摆动、路基有遭水毁的可能。

4. 绕道走对岸的路线(图 6-29)

若泥石流规模较大洪积扇已发展到大河边,整治困难,外缘布线不可能,将路线提高进沟至流通区或顶部跨过也不可能,则宜将路线用两桥绕走对岸。显然,这一方案工程量大。在采用这一方案

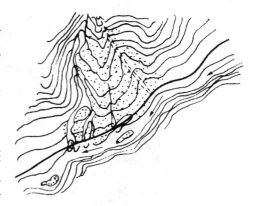

图 6-28 遇过洪积扇外缘的方案

时,还要勘测对岸有无地质问题,设线是否可能。

5. 用隧道穿过洪积扇的路线(图6-29)。

当绕走对岸也存在较大困难时,如对岸地质不稳定,桥址条件差,桥头引线标准太低,两桥工程费用太大,等等,可考虑用隧道通过洪积扇的方案。这一方案,平纵线形都比较好,不受泥石流发展的威胁,但造价较高。

6. 通过洪积扇中部的路线 (图6-30)

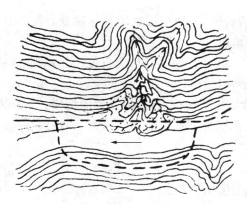

图6-29　绕走对岸的方案和隧道穿过方案　　　　图6-30　通过洪积扇中部方案

在泥石流分布很宽,上述各方案实现均有困难时,可考虑采用从洪积扇中部通过的方案。布线时,要注意根据洪积扇处的淤积速度、冲淤变化、沟槽稳定程度,拟定路线通过的防护措施;一般应设计成路堤,用单孔桥通过,而不宜用路堑;要预留一定设计标高,以免受到回水影响和河床淤高的影响。

6.7.5　岩溶地段选线

岩溶地段广泛发育有溶沟、漏斗、槽谷、落水洞、竖井、溶洞、暗河等的不良地质现象,这些现象对修筑道路会产生如下问题:① 地下岩溶水的活动,或因地面水的消水洞穴被阻塞,导致路基基底冒水和水泡路基;② 地下洞穴顶板的坍塌,引起位于其上的路基及其附属构造物发生坍陷、下沉或开裂;③ 洞穴或暗河的发展,使其上边坡丧失稳定。因而在岩溶地带选线对岩溶发育的程度和岩溶的空间分布规律以及今后岩溶发展的方向要调查清楚,以便选取既能避开岩溶病害或降低岩溶程度的影响,又能合理布局的线路。

岩溶地带的选线原则:① 尽可能将线路选择在较难溶解的岩层(如泥灰岩、矿质灰岩等)上通过。② 在无难溶岩的岩溶发育区,尽量选择地表覆盖层厚度大、洞穴已被充填或岩溶发育相对地微弱的地段,以最短线路通过。对于线路要在质纯的中厚层易溶岩层上通过,则要进行溶洞暗河等的发育程度和顶板稳定性分析,以便采取技术措施,合理地确定线路位置。③ 尽可能避开构造破碎带、断层、裂隙密集带,这些构造破碎带一般都有良好的岩溶水交替条件,使岩溶易于发育,若要通过这些构造带,应使线路与主要构造线呈大角度相交。④ 应避开可溶岩层与非可溶岩层的接触带,特别是与不透水层的接触带,以及低地、盆地和低台地等岩溶易发育地带,应把线路选在陷穴极少的分水岭和高台地上。

6.7.6　桥位选择

桥址位置的选择要充分注意不良地质现象的因素。在选桥位时应考虑如下工程地质方面的原则：

（1）桥址应选在河床较窄、河道顺直、河槽变迁不大、水流平稳、两岸地势较高而稳定、施工方便的地方。避免选在具有迁移性（强烈冲刷的、淤积的、经常改道的）河床，以及活动性大河湾、大沙洲或大支流汇处。

（2）选择覆盖层薄、河床基底为坚硬完整的岩体，若覆盖层太厚则尽量避开泥炭、沼泽淤泥沉积的软弱土层地区以及有岩溶或土洞的地段。

（3）在山区应特别注意两岸的不良地质现象，发生滑坡、崩塌、泥石流、岩溶等应查明其规模、性质和稳定性。论证其对桥梁危害的程度，以做出合理的桥址位置。

（4）选择在区域地质构造稳定性条件好，地质构造简单，断裂不发育的地段。桥线方向应与主要构造线垂直或大交角通过。桥墩和桥台尽量不置于断层破碎带上，特别在高地震基本烈度区，必须远离活动断裂和主断裂带。

任务 6.8　不良地质现象对海港建设的影响分析

海港是海陆运输的枢纽，它由水域和陆域两大部分组成。水域是供船舶航行、运输、锚泊和停泊装卸之用，设有航道、停泊区、防波堤、导流坝、灯塔等建筑。陆域是位于海港的岸上，与水面相毗连，设有码头、栈桥、船坞、船台、仓库、道路、车间、办公楼等建筑物。由于海港工程建筑物种类繁多，各自所处的自然环境不同，遇到的工程地质问题必然是多种多样的，这里着重讨论不良地质现象对海岸稳定性的影响。

6.8.1　海岸的升降变化对建港的影响

这里应注意海平面升降变化的影响，海平面变化可分两类：一是全球气候变暖导致全球性的绝对海平面变化，这种全球海平面称为平均海平面；二是区域性的海平面变化，它是受区域性的地壳构造升降和地面沉降等因素的影响，这种区域性海平面称为相对海平面，它反映了该地区海平面变化的实际情况。据统计，近百年来全球海平面呈上升趋势，平均海平面上升速率每年为 1.0～1.5 mm，近年还有加速之势，至于相对海平面，它与该地的陆地构造升降和地面沉降等有关，在我国沿海地带各地的构造升降和地面沉降的速率不同，因而海平面有表现为上升的，也有表现为下降的。一般地区相对海平面平均升降速率每年为 1～2 mm，如果有过大的地面沉降的海岸，则相对海平面每年可达 5～10 mm，对处于相对海平面上升的港湾，建港后随着海岸的下降，港口将有淹没的危险，因此，要判明其下降的速度，以便合理地布置建筑物；对于相对上升的港湾，建港后灌池将会随陆地上升而变浅，从而使港口失效，所以在建港前也必须判明陆地上升的速度，以便作出合理规划和防治措施。

为确定相对海平面的升降变化，工程地质工作应着重在：① 收集全球性的海平面变化在我国沿海地带的升降速率；② 调查该港口的地质构造稳定性，特别是构造的升降、断裂带的活动性；③ 调查该港口及其邻近因抽取地下水造成的地面沉降而使海平面升降有影响的情况；④ 调查该港口及其邻近地区因土层的天然压密或建筑物及交通的荷载而导致陆地面下沉的情况；⑤ 综合上述各类因素的影响，做出相对海平面的上升速率和对港口影响的估计。

6.8.2　海岸稳定性对建港的影响

1. 海岸带的冲蚀与堆积

海岸带的形状、结构、物质组成以及岸线的位置是可变的，在促成这些变化的因素中，以波浪的作用最为重要，此外，潮汐、海流和入海河流的作用在某些岸带上也起巨大的作用。但相比之下，影响海岸稳定性是以波浪为主要动力。在沿岸线海区，波浪由于消能变形、破碎而产生的波浪，也称激浪（图 6-31）。激浪对海岸的冲击造成一系列海岸冲蚀地形，如海蚀洞穴、海蚀崖、海石柱及浅滩等，迫使海蚀岸不断地

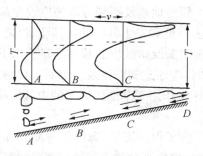

图 6-31　波浪向岸边推进时水质点运动、波形的变化图

A—深水波；B—浅水波；C—破浪（击岸浪）D—浪

节节后退，在海岸带形成沿岸陡崖、波蚀穴、磨蚀与堆积阶地（图 6-32）等地形。

当波浪的传播方向与岸线正交时，波浪进入岸带后往往造成进岸流和退岸流（图 6-31），从水质点的运动轨迹上可看出，在靠近水底部分作往返运动，位于水下岸坡上的泥沙颗粒在波浪力与重力的联合作用下，作进岸和离岸的运移。当泥沙颗粒不断地作向岸移动，至波浪能量减缓时，往往使泥沙堆积于岸滩上而成浅滩；当泥沙颗粒随回流而离岸时，波浪能量不断减弱，而于水下岸坡堆积而成堆积平台，如果不断发展，往往在此平台上不断堆积而增高，而造成砂坝。此外，波浪作用方向因受海流、风向及河口水流的干扰，因而波浪作用方向往往是与岸线斜交的，含泥沙的水流对岸带的改造是很复杂的，形成各种各样的滩地和岸外砂坝。这些滩地和砂坝随着该地的地形，风向、水文以及河流和地质等因素的变化而发生迁移，因而岸滩、砂坝是不稳定的，若工程上要利用这些滩坝，则要采取防护措施。

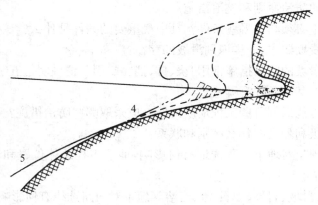

图 6-32　在波浪冲击下冲蚀台阶的形成

1—岸边陡崖；2—波蚀穴；3—浅滩；4—水下磨蚀阶地；5—水下堆积阶地

2. 海岸带的保护

海岸受波浪、海流和潮汐的影响发生冲蚀作用和堆积作用是普遍存在的，冲蚀作用可使边岸坍塌，也称坍岸，它使原有岸线后退；堆积作用可使水下坡地回淤，使本来可以利用的水

深发生回淤现象,以至水深变浅,海床增高。这些岸线后退和海床增高都会对港口工程有影响。为此在选择港口时,应对这些不良地质现象做出估计。

(1) 沿岸线的工程设施,首先应该进行坍岸线的研究,预测坍岸线的距离,工程定位时在坍岸线以外尚应留一定的间距。

(2) 厂房地基及路基等设施应设在最高海水位之上,以免浸泡地基及工程设施,导致地基承载力降低和发生其他的如液化、沉陷、土体滑动等现象。

(3) 码头及防破堤的基础是建于水下海床上的,受水淹泡和波浪作用,因而在考虑地基承载力时,应注意到海流及波浪对工程的作用,会对地基施加动荷载和倾斜力,会使地基在一个比正常作用于基础底面上的力低的荷载下就发生破坏,此外,尚需考虑地基发生滑动的可能性。

(4) 为了保护海岸、海港免遭冲刷和岸边建筑物的安全,以及防止海岸、港口免遭淤积的危害,应提供当地的工程地质资料,特别是不良地质现象和地基承载力等资料。在此基础上提出防治冲刷、回淤及其他不良地质现象的措施。

对于防治冲刷、回淤的措施可分为三大类:① 整流措施,这是利用一定的水工建筑物调整水流,创造对防止冲刷或淤积有利的水文动态条件,改变局部地区海岸形成作用的方向,例如建筑防浪堤、破浪堤、丁坝等防止冲刷和淤积。② 直接防蚀措施,这是修建一定的水工建筑物,直接保护海岸,免遭冲刷。例如修筑护岸墙、护岸衬砌等。③ 保护海滩措施,海滩是海岸免于冲刷的天然屏障。为保护海滩免遭破坏,可修筑丁坝以促进海滩堆积;限制在海滩采砂或破坏原海滩堆积的水文条件等。

复习思考题

1. 什么叫崩塌? 崩塌给公路工程造成哪些危害?

2. 崩塌的形成必须具备哪些基本条件?

3. 简述崩塌的防治原则和整治措施。

4. 滑坡的发生必须具备哪些条件? 其中最重要的条件是什么? 试分析其原因。

5. 在野外路线勘测中,怎样识别滑坡的存在?

6. 工程上对滑坡的防治措施常用"绕、排、挡、减、固",请说明这五字措施的含义。

7. 岩溶形成的基本条件有哪些?

8. 岩溶地区可能遇到哪些工程地质问题? 应采取哪些防治措施?

9. 地震的震级和烈度有什么区别和联系?

10. 不良地质现象对地下工程选址有何影响,地下工程总体位置和轴线的选择应注意哪些工程地质问题?

11. 地质构造、滑坡、岩堆、泥石 流、岩溶等地带对道路选线有何影响?

12. 桥位选择应注意哪些工程地质问题?

13. 海平面升降变化以及海浪冲蚀与堆积造成哪些海岸地质现象它对海岸稳定性和海港建设有何影响,如何防护?

项目7 地下洞室围岩稳定性评价

地下洞室泛指修建于地下岩土体内,具有一定断面形状和尺寸,并有较大延伸长度的各种形式和用途的建筑。地下洞室是岩土工程中重要组成部分,目前已广泛应用于交通、采矿、水利水电、国防等部门,公路工程建设中的地下建筑物主要是隧道等。

由于地应力的存在,地下洞室开挖势必打破原来岩(土)体的自然平衡状态,引起地下洞室周围一定范围内的岩(土)体应力重新分布,产生变形、位移、甚至破坏,直至出现新的应力平衡为止。工程中将开挖后地下洞室周围发生应力重新分布的岩(土)体称为围岩。地下洞室突出的工程地质问题是围岩稳定问题。国内外建筑史上因洞室围岩失稳而造成的事故,为数不少。

案例:澳大利亚悉尼输水压力隧洞的混凝土衬砌,使用期间,在300 m的地段上发现洞内有压水大量渗入围岩而达地表。放空检修发现,三叠系砂岩中节理发育,岩石强度很低,在100 m的内水头作用下,不合要求的衬砌被破坏,洞顶围岩被掀起,出现裂缝错距达1.0~2.0 cm。因此,围岩的稳定性是地下洞室能否在服务年限内正常使用的关键因素。

任务7.1 围岩的工程分类认知

围岩分级(类)就是对不同地质条件特征的围岩进行类别及稳定性等级的划分,这种划分是隧道与地下工程进行工程类比设计的重要依据,是围岩稳定性评价的重要基础,是隧道设计、施工的依据,是进行科学管理及正确评价经济效益、确定结构荷载(围岩压力)、设计衬砌结构的类型及参数、制定劳动定额及材料消耗标准等的基础。

项目五中的任务3阐述了岩体的工程分类。有关围岩的工程分类,下面给出我国《铁路隧道设计规范》(TB 10003 - 2005)、《公路隧道设计规范》(JTG D70 - 2004)中关于围岩工程分类的方法。

1.《铁路隧道设计规范》(TB 10003 - 2005)围岩分类

(1)围岩基本分级

围岩基本分级由岩石坚硬程度和岩体完整程度两个因素确定,而岩石坚硬程度和岩体完整程度分级采用定性划分和定量指标综合确定。岩石坚硬程度采用岩石单轴饱和抗压强度 σ_{cw} 这一定量指标,按表7 - 1进行划分。

表 7‑1 岩石坚硬程度的划分

岩石等级		单轴饱和抗压强度 σ_{cw}（MPa）	代表性岩石
硬质岩	极硬岩	$\sigma_{cw} > 60$	未风化或微风化的花岗岩、片麻岩、闪长岩、石英岩、硅质灰岩、钙质胶结的砂岩或砾岩等
	硬岩	$30 < \sigma_{cw} \leqslant 60$	弱风化的极硬岩，未风化或微风化的熔结凝灰岩、大理岩、板岩、白云岩、灰岩、钙质胶结的砂岩、结晶颗粒较粗的岩浆岩等
软质岩	较软岩	$15 < \sigma_{cw} \leqslant 30$	强风化的极硬岩，弱风化的硬岩，未风化或微风化的云母片岩、千枚岩、砂质泥岩、钙泥质胶结的粉砂岩和砾岩、泥灰岩、泥岩、凝灰岩等
	软岩	$5 < \sigma_{cw} \leqslant 15$	强风化的极硬岩，弱风化至强风化的硬岩，弱风化的较软岩和未风化或微风化的泥质岩类
	极软岩	$\sigma_{cw} \leqslant 5$	全风化的各类岩石和成岩作用差的岩石

岩体完整程度根据结构面特征、结构面发育的组数和岩体结构类型等定性特征及定量指标——岩体完整性系数 K_V，按表 7‑2 进行划分。

表 7‑2 岩体完整程度的划分

完整程度	结构面特征	结构类型	岩体完整性系数
完整	结构面为 1～2 组，以构造型节理或层面为主，密闭型	巨块状整体结构	$K_V > 0.75$
较完整	结构面为 2～3 组，以构造型节理和层面为主，裂隙多呈密闭型，部分为微张型，少有充填物	块状结构	$0.5 < K_V \leqslant 0.75$
较破碎	结构面一般为 3 组，以节理和风化裂隙为主，在断层附近受构造影响较大，裂隙以微张型和张开型为主，多有充填物	层状结构，块石、碎石状结构	$0.35 < K_V \leqslant 0.55$
破碎	结构面多于 3 组，以风化裂隙为主，在断层附近受构造作用较大，裂隙以张开型为主，多有充填物	碎石角砾状结构	$0.15 < K_V \leqslant 0.35$
极破碎	结构面杂乱无序，在断层附近受断层作用影响大，裂隙全被泥质或泥夹碎屑充填，充填物厚度大	散体状结构	$K_V \leqslant 0.15$

以岩石坚硬程度和岩体完整程度的分级为基础，结合定量指标——围岩弹性纵波速度，按表 7‑3 确定围岩基本分级。

表 7‑3 围岩基本分级

围岩级别	岩体特征	土体特征	弹性波纵波速度（km/s）
Ⅰ	极硬岩，岩体完整	——	>4.5
Ⅱ	极硬岩，岩体较完整；硬岩，岩体完整	——	$3.5\sim4.5$

续表

围岩级别	岩体特征	土体特征	弹性波纵波速度（km/s）
Ⅲ	极硬岩,岩体较破碎;硬岩或软硬岩互层,岩体较完整;较软岩,岩体完整	——	2.5～4.0
Ⅳ	极硬岩,岩体破碎;硬岩,岩体较破碎或破碎;较软岩或软硬岩互层,且以软岩为主,岩体较完整或较破碎;软岩,岩体完整或较完整	具压密或成岩作用的黏性土、粉土及砂类土,一般钙质、铁质胶结的粗角砾土、粗圆砾土、碎石土、卵石土、大块石土、黄土（Q_1、Q_2）	1.5～3.0
Ⅴ	软岩,岩体破碎至极破碎;全部极软岩及全部极破碎岩（包括受构造影响严重的破碎带）	一般第四系坚硬、硬塑黏性土,稍密及以上、稍湿及潮湿的碎（卵）石土,粗、细圆砾土,粗、细角砾土、粉土及黄土（Q_3、Q_4）	1.0～2.0
Ⅵ	受构造影响很严重,呈碎石、角砾及粉末、泥土状的断层带	软塑状黏性土、饱和的粉土、砂类土等	>1.0（饱和状态的土小于1.5）

（2）隧道围岩分级修正

隧道围岩级别应在围岩基本分级的基础上,结合隧道工程的特点,考虑地下水状态、初始地应力状态等必要的因素进行修正。地下水状态的分级按表7-4确定。

表7-4 地下水状态的分级表

级　　别	状　　态	渗水量($L/min \cdot 10$ m)
Ⅰ	干燥或湿润	<10
Ⅱ	偶有渗水	10～25
Ⅲ	经常渗水	25～125

地下水影响对围岩级别的修正按表7-5进行。

表7-5 地下水影响对围岩级别的修正

围岩基本级别 地下水状态分级	Ⅰ	Ⅱ	Ⅲ	Ⅳ	Ⅴ	Ⅵ
Ⅰ	Ⅰ	Ⅱ	Ⅲ	Ⅳ	Ⅴ	——
Ⅱ	Ⅰ	Ⅱ	Ⅳ	Ⅴ	Ⅵ	——
Ⅲ	Ⅱ	Ⅲ	Ⅳ	Ⅴ	Ⅵ	——

对于围岩初始地应力状态,当无实测资料时,可根据隧道工程的埋深、地形地貌、地质构造运动史、主要构造线与开挖过程中出现的岩爆、岩芯饼化等特殊地质现象,按表7-6做出评估。

表 7 - 6　初始地应力状态评估

初始地应力状态	主要现象	评估基准 (σ_{cw}/σ_{max})
极高应力	硬质岩:开挖过程中有岩爆发生,有岩块弹出,洞壁岩体发生:剥离,新生裂隙多,成洞性差	<4
	软质岩:岩芯常出现饼化现象,开挖过程中洞壁岩体发生剥离,位移极为明显,甚至发生大位移,持续时间长,不易成洞	
高应力	硬质岩:开挖过程中可能出现岩爆,洞壁岩体有剥离和掉块现象,新生裂隙较多,成洞性较差	4~7
	软质岩:岩芯时有饼化现象,开挖过程中洞壁岩体位移明显,持续时间较长,成洞性差	

注:σ_{max} 为最大地应力值(MPa)。

初始地应力状态对围岩级别的修正可按表 7 - 7 进行。

表 7 - 7　初始地应力状态对回岩级别的修正

初始地应力状态 ＼ 围岩基本级别	Ⅰ	Ⅱ	Ⅲ	Ⅳ	Ⅴ
极高应力	Ⅰ	Ⅱ	Ⅲ或Ⅳ	Ⅴ	Ⅵ
高应力	Ⅰ	Ⅱ	Ⅳ	Ⅳ或Ⅴ	Ⅵ

2.《公路隧道设计规范》(JTG D70 - 2004) 围岩分级

1990 年,我国颁布的《公路隧道设计规范》(JTJ 026 - 1990) 中将其称为"围岩分类",共分为Ⅰ~Ⅵ 类,Ⅵ类围岩质量和稳定性最好,Ⅰ类围岩质量和稳定性最差。为了与国家标准《工程岩体分级标准》(GB 50218 - 2014) 相一致,2004 年颁布的《公路隧道设计规范》(JTG D70 - 2004) 中改称"围岩分级"。新规范中的围岩分级采用了与国家标准《工程岩体分级标准》(GB 50218 - 2014) 完全相同的分级思路和方法,即采用了两步分级法,只是分级的对象和范围更广,包括了土体。

首先根据岩石的坚硬程度和岩体的完整程度两个基本因素确定岩体基本质量指标 BQ,进行初步分级,然后在围岩详细定级时,考虑地下水条件、主要软弱结构面产状以及地应力状态的影响因素,给出影响修正系数 K_1、K_2、K_3,按修正后的岩体质量指标[BQ],结合岩体的定性特征进行综合评价,并确定围岩的级别。K_1、K_2、K_3 的取值分别参见表 7 - 8、表 7 - 9、表 7 - 10。

表 7 - 8　地下水影响修正系数 K_1 取值表

地下水状态 ＼ K_1 ＼ BQ	>450	450~350	350~250	<250
潮湿或点滴状出水	0	0.1	0.2~0.3	0.4~0.6

续表

地下水状态 K_1　BQ	>450	450~350	350~250	<250
淋雨状或涌流状出水,水压小于等于 0.1 MPa 或单位水量 10 L/min	0.1	0.2~0.3	0.4~0.6	0.7~0.9
淋雨状或涌流状出水,水压大于 0.1 MPa 或单位水量 10 L/min	0.2	0.4~0.6	0.7~0.9	1.0

表 7-9　主要软弱结构面产状影响修正系数 K_2 取值表

结构面产状及其与洞轴线的组合关系	结构面走向与洞轴线夹角 $\alpha \leqslant$ 30°,倾角 β 为 30°~75°	结构面走向与洞轴线夹角 $\alpha >$ 60°,倾角 $\beta > 75°$	其他组合
K_2	0.4~0.6	0~0.2	0.2~0.4

表 7-10　天然应力影响修正系数 K_3 取值表

天然应力状态 K_3　BQ	>550	550~450	450~350	350~250	<250
极高应力区	1.0	1.0	1.0~1.5	1.0~1.5	1.5
高应力区	0.5	0.5	0.5	0.5~1.0	0.5~1.0

注:极高应力区指 $\sigma_{cw}/\sigma_{max} < 4$,高应力指 σ_{cw}/σ_{max} 为 4~7。σ_{max} 为垂直洞轴线方向平面内的最大天然应力。

$$[BQ] = BQ - 100(K_1 + K_2 + K_3) \qquad (7-1)$$

新的公路隧道围岩分级级序与国家标准及铁路隧道围岩分级一致,将围岩分为Ⅰ~Ⅵ级,(见表 7-11)。

表 7-11　公路隧道围岩分级

围岩级别	围岩主要定性特性	围岩基本质量指标 BQ 或修正的围岩基本质量指标[BQ]
Ⅰ	坚硬岩,完整岩体,整体状或巨厚层状结构	>550
Ⅱ	坚硬岩,岩体较完整,块状或厚层状结构;坚硬岩,岩体完整,块状整体结构	451~550
Ⅲ	坚硬岩,岩体较完整,巨块(石)碎(石)状镶嵌结构;较坚硬岩或软硬岩层,岩体较完整,块状体或中厚层结构	351~450
Ⅳ	岩体:坚硬岩,岩体破碎,碎裂结构;较坚硬岩,岩体较破碎至破碎,镶嵌碎裂结构;较软岩或软硬岩互层,且以软岩为主,岩体较完整至较破碎,中薄层状结构 土体:压密或成岩作用的黏性土及砂性土;黄土(Q_1、Q_2);一般钙质、铁质胶结的碎石土、卵石土、大块石土	251~350

续表

围岩级别	围岩主要定性特性	围岩基本质量指标 BQ 或修正的围岩基本质量指标[BQ]
V	岩体：较软岩，岩体破碎；软岩，岩体较破碎至破碎；极破碎的各类岩体，碎裂状，松散结构	≤250
	土体：一般第四系的半干硬至硬塑的黏性土及稍湿的碎石土，卵石土，原砾、角砾土及黄土（Q_3、Q_4）。非黏性土呈松散结构，黏性土及黄土呈松软结构	
VI	软塑状黏性土及潮湿、饱和粉细砂层、软土等	——

任务7.2　围岩压力及弹性抗力分析

7.2.1　围岩应力重新分布的一般特征

洞室开挖前，岩土体一般处于天然应力平衡状态，称一次应力状态或初始应力状态。在岩体内开挖地下洞室将引起围岩内部的应力重新分布，出现二次应力，这就打破了原来岩体的自然应力平衡状态，势必导致围岩产生变形和破坏，这种重新分布的应力称为围岩应力。在围岩应力作用下，地下洞室的支护结构上引起应力和位移的不断变化，围岩不断变形并逐渐向洞室移动，一些强度较低的岩石由于应力超过强度的极限值而破坏，破坏了的岩石在重力作用下塌落。

围岩应力重分布与岩体的初始应力状态及洞室断面的形状等因素有关。如对于侧压力系数λ＝1的圆形地下洞室，开挖后应力重分布的主要特征是径向应力 σ_r 向洞壁方向逐渐减小，至洞壁处为零，而切向应力 σ_0 向洞壁方向逐渐增大（图7-1）。通常所说的围岩，就是指受应力重新分布影响的那部分岩体。

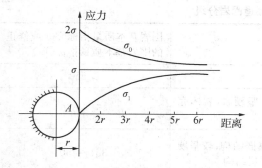

图7-1　隧道开挖洞周应力状态

σ_0—切向应力；σ_r—径向应力

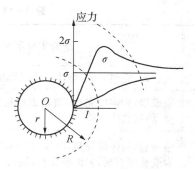

图7-2　围岩的松动圈和承载圈

Ⅰ—松动圈；Ⅱ—承载圈；Ⅲ—原始应力区

由此可见，地下开挖后由于应力重分布，引起洞周产生应力集中现象。当围岩应力小于岩体的强度极限（脆性岩石）或屈服极限（塑性岩石）时，洞室围岩稳定。当围岩应力超过了岩体屈服极限时，围岩就由弹性状态转化为塑性状态，形成一个塑性松动圈，如图7-2所示。在松动圈形成的过程中，原来洞室周边集中的高应力逐渐向松动圈外转移，形成新的应力升高区,该区岩体挤压得紧密,宛如一圈天然加固的岩体,故称为承载圈。

应当指出,如果岩体非常软弱或处于塑性状态,则洞室开挖后,由于塑性松动圈的不断扩展,自然承载圈很难形成。在这种情况下,岩体始终处于不稳定状态,开挖洞室十分困难。如果岩体坚硬完整,则洞室周围岩石始终处于弹性状态,围岩稳定不形成松动圈。

在生产实践中,确定洞室围岩松动圈的范围是非常重要的。因为松动圈一旦形成,围岩就会坍塌或向洞内产生大的塑性变形,要维持围岩稳定就要进行支撑或衬砌。

7.2.2　围岩压力的类型

洞室围岩由于应力重分布而形成塑性变形区,在一定条件下,围岩稳定性便可能遭到破坏,为保证洞室的稳定,常需要在洞内进行必要的支护和衬砌,洞室支护和衬砌上便必然受到围岩变形与破坏的岩土体的压力。这种由于围岩的变形与破坏而作用于支护或衬砌上的压力称为围岩压力,也称为山岩压力、地压等。狭义的围岩压力是指围岩作用于支护上的压力,显然是将围岩和支护看成独立的两个体系。广义的围岩压力是将支护与围岩看作一个共同体,二次应力的全部作用力视为围岩压力。

围岩压力是设计支护或衬砌的依据之一,它关系到洞室正常运用、安全施工、节约资金和施工进度等问题,围岩稳定程度的判别与围岩压力的确定紧密相关。如果围岩强度高,开挖扰动产生的二次应力不会使围岩产生较大变形或破坏,支护结构上的压力则很小,有时不用支护围岩也不会坍塌。因此,围岩破坏与否取决于围岩能否承受二次地应力的作用。不同的岩体开挖洞室后,会有不同的围岩压力。目前,根据岩体类型和围岩压力特征,把围岩压力分成松动压力、变形压力、冲击压力和膨胀压力。

1. 松动压力

由于开挖而引起围岩松动或坍塌的岩体以重力形式作用在支护结构上的压力称为松动压力,亦称散体压力。松动压力是因为围岩个别岩石块体的滑动、松散围岩以及在节理发育的裂隙岩体中,围岩某些部位沿软弱结构面发生剪切破坏或拉张破坏等导致局部滑动引起的。这种压力直接表现为荷载形式,顶压大、侧压小。造成松动压力的因素很多,如围岩地质条件、岩体破碎程度、开挖施工方法等。

① 在块状结构甚至整体结构的岩体中,可能出现个别松动掉块的岩石对支护结构造成落石压力。

② 在碎裂结构岩体中,由于岩体节理发育,某些部位的岩体会沿软弱面发生剪切破坏或拉坏,形成局部塌落的松动压力。

③ 在散体结构岩体中,由于岩体软弱破碎洞室顶部和两侧对支护结构就会形成散体压力。

2. 变形压力

开挖必然引起围岩变形,支护结构为抵抗围岩变形而承受的压力称为变形压力。因此,变形压力除与围岩应力有关外,还与支护的施工方法、支护刚度等因素有关。按其成因有下列几种情况。

（1）弹性变形压力

当采用紧跟开挖面进行支护的施工方法时,开挖面的"空间效应"使支护受到一部分围岩的弹性变形作用而产生的压力称为弹性变形压力。

（2）塑性变形压力

在过大的二次应力作用下，围岩发生塑性变形而使支护受到的压力称为塑性变形压力。

（3）流变压力

在流变性很显著的围岩中，一定的二次应力会使围岩发生随时间而增加的变形。这种变形会使围岩鼓出，引起很大的洞室收敛变形。由此变形在支护上产生的压力称为流变压力，其特点是压力会随时间变化。合理设置支护会使流变压力最终趋于稳定，否则会随着时间推移而使支护受到破坏。

3. 冲击压力

在坚硬完整岩体中，地下建筑开挖后的洞体应力，如果在围岩的弹性界限之内，则仅在开挖后的短时期内引起弹性变形，而不致产生围岩压力。但当建筑物埋深较大，或由于构造作用使初始应力很高，开挖后洞体应力超过了围岩的弹性界限，这些能量突然释放所产生的巨大压力，称为冲击压力。冲击压力发生时，伴随着巨响，岩石以镜片状或叶片状高速迸发而出，因此冲击压力也称岩爆。

4. 膨胀压力

某些岩体由于遇水后体积发生膨胀，从而产生膨胀压力。膨胀压力与变形压力的基本区别在于它是围岩吸水膨胀引起的。膨胀压力的大小，主要取决于岩体的物理力学性质和地下水的活动特征等。

7.2.3 弹性抗力

围岩的弹性抗力是指衬砌受力朝向围岩变形时围岩对衬砌呈现出的一种被动抗力。弹性抗力的存在，说明衬砌与围岩共同工作，从而可以减小由荷载特别是内水压力产生的衬砌内力，对衬砌是有利的。围岩抗力愈大，愈有利于衬砌的稳定。围岩抗力承担了一部分内水压力，从而减小了衬砌所承受的内水压力，起到了保护衬砌的作用。充分利用围岩抗力，可以大大地减小衬砌的厚度，降低工程造价。因此，对围岩的弹性抗力的估算不能过高或过低，应认真研究，并采取灌浆等措施，以保证衬砌与围岩紧密结合。

弹性抗力不仅与围岩的岩性和构造有关，还与围岩是否能承受所分担的荷载，即与围岩的强度和厚度有关。对于有压隧洞，考虑弹性抗力应满足以下条件。

① 围岩厚度大于隧洞开挖直径的 3 倍。

② 洞周没有不利的滑动面，在内水压力作用下不致产生滑动和上抬。

③ 衬砌和围岩的空隙必须回填密实。

④ 围岩厚度大于内水压力水头的 0.4 倍。

任务7.3　洞室围岩的变形与破坏分析

洞室开挖后，地下形成了自由空间，原来处于挤压状态的围岩，由于解除束缚而向洞室空间松胀变形；这种变形大小超过了围岩所能承受的能力，便发生破坏，从母岩中分离、脱落，导致坍塌、滑动、隆破和岩爆等。

洞室围岩的变形与破坏程度一方面取决于地下天然应力、重分布应力及附加应力；另一方面与岩土体的结构及其工程地质性质密切相关。

7.3.1　围岩的变形

导致围岩变形的根本原因是地应力的存在。地下洞室开挖前,岩(土)体处于自然平衡状态,内部储蓄着大量的弹性能,地下洞室开挖后,这种自然平衡状态被打破,弹性能释放,一定范围内的围岩发生弹性恢复变形。另一方面,由于围岩应力重新分布,各点的应力状态发生变化,导致围岩产生新的弹性变形。这种弹性变形是不均匀的,从而导致地下洞室周边位移的不均匀性。

重新分布的围岩应力在未达到或超过其强度以前,围岩以弹性变形为主。一般认为,弹性变形速度快、量值小,可瞬间完成,一般不易觉察。当应力超过围岩强度时,围岩出现塑性区域,甚至发生破坏,此时围岩变形将以塑性变形为主。塑性变形延续时间长、变形量大,发生压碎、拉裂或剪破。塑性变形是围岩变形的主要组成部分。

当围岩裂隙十分明显或者围岩破坏严重时,节理间的相互错位、滑动及裂隙张开或压缩变形将会占据主导地位,而岩块本身的变形成分居次要地位。按照岩体结构力学的原理,由于岩体中大小结构面的存在,围岩的变形都会或多或少地存在结构面的变形。

此外,由于岩石的流变效应十分明显,围岩长期处于一种动态变化的高应力作用之中,流变也是围岩变形不可忽略的组成部分。

从围岩变形与时间的关系上看,典型的曲线形状如图 7-3 所示,它的形状与岩石的蠕变曲线很相似。OA 段代表围岩开挖初期的变形,它主要是弹性变形和部分塑性变形,这一段时间一般在 15~30 d;AB 段为围岩应力调整期的变形阶段,这时的变形主要是塑性变形,时间约 1 个月或更长;BC 段为围岩的稳定期,这个阶段基本没有变形,时间可长可短,由于地下洞室绝大多数采取了支护措施,一般可保持在使用期限内;CD 段为加速变形阶段,该阶段表明围岩即将破坏,变形特征以结构面的滑移和张裂为主。

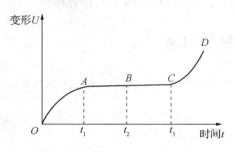

图 7-3　围岩变形与时间的关系

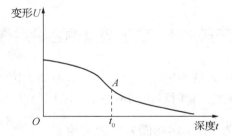

图 7-4　围岩变形与深度的关系

从围岩变形与深度的关系(图 7-4)上看,地下洞室的表面最大,随着深度的加大,变形将趋于零。曲线上的拐点 A 是弹、塑性区的分界点;变形的零点就是地下洞室对围岩影响范围的终点。

7.3.2　常见围岩破坏类型

洞室开挖后,围岩破坏就其表现形式分为洞顶坍塌、边墙滑落和洞底隆胀。其一,围岩应力重新分布导致洞顶和两边中部成为最先破坏的起点;其二,结构面的不同组合,形成局部切割块体不稳定而滑移;其三,地下洞室开挖后由于风化作用、围岩遇水软化或围岩本身强度较低,引起地下洞室围岩破坏或围岩膨胀。

1. 洞顶坍塌

常称为冒顶。顶板塌落后的形状与地下洞室围岩有很大关系,它在重力作用下与围岩母体脱离,突然塌落而形成塌落拱,绝大多数顶板坍塌与结构面的切割有关。

2. 边墙滑落

边墙的滑落与顶板坍塌情形类似,结构面的影响是主要的,由于侧围原有的和新生的结构面相互汇合、交截、切割,构成一定大小、数量、性状的分离体,当有具备滑动条件的结构面时,便向洞室滑塌。

3. 洞底隆胀

地下洞室开挖后底板的隆胀是很常见的,特别是在围岩塑性变形显著、岩性软弱和埋深较大的地下洞室,表现得最明显,有时也造成洞壁挤出现象。实际上,由于我们在地下洞室支护中常常不支护底板,因而几乎所有地下洞室均有不同程度的底板隆胀现象。

4. 岩爆

洞室开挖过程中,周壁岩石有时会骤然以爆炸形式,呈透镜体碎片或岩块突然弹出或抛出,并发生类似射击的啪啪声响,这就是所谓“岩爆”。坚硬而无明显裂隙或者裂隙极细微而不连贯的弹脆性岩体,如花岗岩、石英岩等,在围岩的变形大小极不明显,并在短时间内完成这种变形。由于应力解除,其体积突然增加,而在洞室周壁上留下凹痕或凹穴。岩爆对地下工程常造成危害,可破坏支护、堵塞坑道,或造成重大人员伤亡事故。

5. 围岩破坏导致地面沉降

洞室围岩的变形和破坏,导致洞室周围岩体向洞室空间移动。如果洞室位置很深或其空间尺寸不大,围岩的变形破坏将局限在较小范围以内,不致波及地面。但是,当洞室位置很浅或其空间尺寸很大,特别在矿山开发中,地下开采常留下很大范围的采空区,围岩变形与破坏将会扩展或影响波及地面,引起地面沉降,有时会出现地面塌陷和裂缝等。

任务 7.4　地下洞室围岩稳定性的分析方法

围岩的稳定性是指在开挖后不加支护的情况下围岩自身的稳定程度,可分为充分稳定、基本稳定、暂时稳定和不稳定等不同等级。

7.4.1　影响围岩稳定的因素

地下洞室结构体系的稳定性受两个方面的影响:一方面是地质因素,包括岩性及岩石的力学强度、岩体的地质结构构造特征(完整性、软弱结构面发育及分布、风化作用等),以及原岩应力状态和地下水状况;另一方面是工程因素,包括地下空间的断面形式、尺寸、埋深、施工方法、支护结构类型及支护时间等。地质因素的影响由于比较明显而往往受到人们的重视,而工程因素的影响由于人们对它的作用机理缺乏足够的认识而容易被忽视。

1. 岩性的影响

坚硬完整的岩石一般对围岩稳定性影响较小,而软弱岩石则由于岩石强度低、抗水性差、受力容易变形和破坏,对围岩稳定性影响较大。

岩石由于其矿物成分、结构和构造的不同,物理力学性质差别很大。如果地下洞室围岩为整体性良好、裂隙不发育的坚硬岩石,岩石本身的强度远高于结构面的强度。这种情况下,岩石性质对围岩的稳定性影响很小。

如果地下洞室围岩强度较低、裂隙发育、遇水软化,特别是具有较强膨胀性的围岩时,则二次应力使围岩产生较大的塑性变形,或较大的破坏区域。同时裂隙间的错动,滑移变形也将增大,势必给围岩的稳定带来重大影响。

2. 岩体结构的影响

块状结构的岩体作为地下洞室的围岩,其稳定性主要受结构面的发育和分布特点所控制,这时的围岩压力主要来自最不利的结构面组合,同时与结构面和临空面的切割关系密切相关。碎裂结构围岩的破坏往往是由于变形过大,导致块体间相互脱落,连续性被破坏而发生坍塌,或某些主要连通结构面切割而成的不稳定部分整体冒落,其稳定性最差。

3. 地质构造的影响

地质构造对于围岩的稳定性起重要作用,当洞室通过软硬相间的层状岩体时,易在接触面处变形或坍落。若洞室轴线与岩层走向近于直交,可使工程通过软弱岩层的长度较短;若与岩层走向近于平行而不能完全布置在坚硬岩层里,断面又通过不同岩层时,则应适当调整洞室轴线高程或左右变移轴线位置,使围岩有较好的稳定性。洞室应尽量设置在坚硬岩层中,或尽量把坚硬岩层作为顶围。

当洞室通过背斜轴时,顶围向两侧倾斜,由于拱的作用,利于顶围的稳定。而向斜则相反,两侧岩体倾向洞内,并因洞顶存在张裂,对围岩稳定不利。另外,向斜轴部多易储存聚集地下水,且多承压,更削弱了岩体的稳定性。

当洞室邻近或处在断层破碎带,若断层带宽度愈大,走向与洞室轴交角愈小,则它在洞内出露越长,对围岩稳定性影响就越大。

4. 构造应力的影响

构造应力随地下洞室的埋深增加而增大,因此一般地下洞室埋藏越深,稳定性越差。根据经验,沿构造应力最大主应力方向延伸的地下洞室比垂直最大主应力方向延伸的地下洞室稳定;地下洞室的最大断面尺寸沿构造应力最大主应力的方向延伸时较为稳定,这是由围岩应力分布决定的。一般地质构造复杂的岩层中,构造应力十分明显,尽量避开这些岩层,对地下洞室的稳定非常重要。

5. 地下水的影响

围岩中地下水的赋存、活动状态,既影响着围岩的应力状态,又影响着围岩的强度。当洞室处于含水层中或地下洞室围岩透水性强时,这些影响更为明显。静水压力作用于衬砌上,等于给衬砌增加了一定的荷载,因此,衬砌强度和厚度设计时,应充分考虑静水压力的影响。另外,静水压力使结构面张开,减小了滑动摩擦力,从而增加了围岩坍塌、滑落的可能性;动水压力的作用促使岩块沿水流方向移动,也冲刷和带走裂隙内的细小矿物颗粒,从而增加裂隙的张开程度,增加围岩破坏的程度。地下水对岩石的溶解作用和软化作用,也降低了岩体的强度,影响围岩的稳定性。

6. 工程建设的影响

影响洞室稳定性的工程建设因素是指岩土体在原始地形地貌的情况下后期形成的外在因素。这些因素可能有如下几点。

① 由于设计的洞室断面形状不当或尺寸过大,产生的应力集中。

② 施工方法不当,如不采用光面爆破且炸药量过多或全断面开挖时没有及时支护。

③ 洞顶开挖时超挖形成积水,向洞内逐渐渗漏。

④ 地下冷库设计或施工不当,使围岩发生冻胀,支护结构发生变形破坏。

⑤ 在已成洞室旁边开挖洞室,或在已成洞室下采煤(或挖洞),使已成洞室遭受破坏。

⑥ 围岩在地震、爆破等震动作用下,因岩土抗剪强度降低而产生变形或破坏等。

综上所述,工程因素包括洞室的埋深、形状、跨度、轴向、间距及所选取的施工方法、围岩暴露时间、支护形式等,并与使用期间有无地震、振动作用和相邻建筑的影响等有关。

7.4.2 地下洞室围岩稳定性的分析方法

由于不同结构类型的岩体变形和失稳的机制不同,不同类型的地下洞室对稳定性的要求不同,围岩稳定性分析和评价的方法多种多样,目前有以下几种方法。

1. 围岩稳定分类法

围岩稳定分类法以大量的工程实践为基础,以稳定性观点如工程岩体进行分类,并以分类指导稳定性评价。围岩稳定分类方法很多,大体上可归纳为三类:岩体完整性分类、岩体结构分类、岩体质量的综合分类。

2. 工程地质类比法

即根据大量实际资料分析统计和总结,将不同围岩压力的经验数值,作为后建工程确定围岩压力的依据。这种方法是常用的传统方法,其适用条件必须是被比较的两个地下工程具有相似的工程地质特征。

3. 岩体结构分析法

(1) 借助赤平极射投影等投影法进行图解分析,初步判断岩体的稳定性。

(2) 在深入研究岩体结构特征基础上建立地质力学模型,通过有限单元法或边界元计算,得出工程岩体稳定性的定量指标,判断围岩的稳定性。

4. 数学力学计算分析法

岩体稳定性分析正处于由定性向定量阶段发展,数学力学计算方法已得到广泛的应用。

5. 模拟试验法

即在岩体结构和岩体力学性质研究的基础上,考虑外力作用的特点,通过物理模拟和数学模拟方法,研究岩体变形、破坏的条件和过程,由此得出岩体稳定性的直观结果。

任务7.5 保障地下洞室围岩稳定性的处理措施

研究地下洞室围岩稳定性,不仅在于正确地据以进行工程设计与施工,也为了有效地改造围岩,提高其稳定性。提高围岩稳定性的措施充分利用围岩稳定性,可以减少人为的支护结构,这就要求保护和提高围岩的稳定性。通常采用光面爆破、掘进机开挖等先进的施工方法以及对围岩采取灌浆、锚固、支撑和衬砌等加固措施。从工程地质观点出发,保障地下洞室围岩稳定性的途径有两种:第一,保护地下洞室围岩原有的强度和承载能力,如及时封闭围岩以防风化,适时衬砌阻止围岩产生过大变形和松动;第二,赋予围岩一定的强度,使其稳定性有所提高,如给围岩注浆、封闭裂隙、用锚杆加固危岩等。前者主要是采用合理的施工和支护衬砌方案,后者主要是加固围岩。

7.5.1　合理施工,尽量减少围岩的扰动

围岩稳定程度不同,应选择不同的施工方案;尽可能全断面开挖,多次开挖会损坏岩体。当地下洞室断面较大,一次开挖成型困难时,可采用分部开挖逐步扩大的施工方法,并根据围岩的特征,采用不同的开挖顺序以保护围岩的稳定性。传统的矿山施工方法有明挖法和暗挖法两种。暗挖法又分为矿山法和盾构法两大类。矿山法包括全断面法、台阶法、台阶分步法、上下导坑法、单侧壁导坑法、双侧壁导坑法等。例如,当洞顶围岩不稳定而边墙围岩稳定性较好时,应先在洞顶开挖导洞并立即做好支撑,当洞顶全部轮廓挖出做好永久性衬砌后,再扩大下部断面。如整个洞室的围岩均不甚稳定时,则应先开挖侧墙导洞并做好衬砌后,再开挖上部断面。

7.5.2　支撑、衬砌与锚喷加固

支撑是临时性加固洞壁的措施,衬砌是永久性加固洞壁的措施。此外还有喷浆护壁、喷射混凝土、锚筋加固、锚喷加固等。

1. 支撑

支撑按材料可分为木支撑、钢支撑和混凝土支撑等。在不太稳定的岩体中开挖时,应考虑及时设置支撑,以防止围岩早期松动。支撑是保护围岩稳定性的简易可行的办法。

2. 衬砌

衬砌的作用与支撑相同,但经久耐用,使洞壁光坦。砖、石衬砌较便宜,钢筋混凝土、钢板衬砌的成本最高。衬砌主要有锚喷衬砌和复合式衬砌,基本不再使用整体式衬砌。复合式衬砌由初期支护和二次衬砌所组成,初期支护(喷射混凝土、锚杆等)帮助围岩达到施工期间的初步稳定,二次衬砌(混凝土或钢筋混凝土等)则提供安全储备或承受后期围岩压力。衬砌一定要与洞壁紧密结合,填严塞实其间空隙才能起到良好效果。做顶拱的衬砌时,一般还要预留压浆孔。衬砌后,再回填灌浆,在渗水地段也可起防渗作用。

3. 锚喷加固

锚喷加固即充分利用围岩自身强度来达到保护围岩并使之稳定的目的。锚喷加固在我国的应用日益广泛,国外也普遍采用。

锚喷支护是喷射混凝土支护与锚杆支护的简称,其特点是通过加固地下洞室围岩,提高围岩的自承载能力来达到维护地下洞室稳定的目的。它是近三十年来发展起来的一种新型支护方式。这种支护方法技术先进、经济合理、质量可靠、用途广泛,在世界各地的矿山、铁路交通、地下建筑以及水利工程中得到广泛使用。

在支护原理上,锚喷支护能充分发挥围岩的自承能力,从而使围岩压力降低,支护厚度减薄。在施工工艺上,喷射混凝土支护实现了混凝土的运输、浇筑和捣固的联合作业,且机械化程度高,施工简单,因而有利于减轻劳动强度和提高工效;在工程质量上,通过国内外工程实践表明是可靠的。锚喷支护在危岩加固、软岩支护等方面均有其独到的支护效果。但是到现在为止,锚喷支护仍在发展和完善之中,无论是作用机理的探讨,还是设计与施工方法的研究,均有待于科学技术工作者做出新的成就,以缩短理论和实践的差距。

(1)喷层的力学作用有两个方面,其一是防护加固围岩,提高围岩强度。地下洞室掘进后立即喷射混凝土,可及时封闭围岩暴露面,由于喷层与岩壁密贴,故能有效地隔绝水和空

气,防止围岩因潮解风化产生剥落和膨胀,避免裂隙中充填料流失,防止围岩强度降低。此外,高压高速喷射混凝土时,可使一部分混凝土浆液渗入张开的裂隙或节理中,起到胶结和加固作用,提高了围岩的强度。其二是改善围岩和支架的受力状态。含有速凝剂的混凝土喷射液,可在喷射后几分钟内凝固,及时向围岩提供了支护抗力(径向力),使围岩表层岩体由未支护时的双向受力状态变为三向受力状态,提高了围岩强度。

(2)锚杆的力学作用。目前比较成熟和完善的有关锚杆的支护力学原理有悬吊作用、减跨作用和组合作用。

悬吊作用　悬吊作用认为,锚杆可将不稳定的岩层悬吊在坚固的岩层上,以阻止围岩移动或滑落,这样,锚杆杆体中所受到的拉力即危岩的自重,只要锚杆不被拉断,支护就是成功的。当然,锚杆也能把结构面切割的岩块连接起来,阻止结构面张开。

减跨作用　在地下洞室顶板岩层打入锚杆,相当于在地下洞室顶板上增加了新的支点,使地下洞室的跨度减小,从而使顶板岩石中的应力较小,起到了维护地下洞室的作用。

组合作用　在层状岩层中打入锚杆,把若干薄岩层锚固在一起,类似于将叠置的板梁组成组合梁,从而提高了顶板岩层的自支撑能力,起到维护地下洞室稳定的作用,这种作用称为组合梁作用。另一种组合作用——组合拱,其支护力学原理是:深入到围岩内部的锚杆,由于围岩变形使锚杆受拉,或在预应力作用下锚杆内受力,这样相当于在锚杆的两端施加一对压力 P;由于这对力的作用,使沿锚杆方向一个圆锥体范围的岩体受到控制。这样按一定间距排列的多根锚杆的锥体控制区连成一个拱圈控制带,这就是组合拱。组合拱间的围岩相互挤压相当于天然的拱圈,从而起到维护围岩的作用。

4. 灌浆加固

在裂隙发育严重的岩体和极不稳定的第四纪堆积物中开挖地下洞室,常需要加固围岩以增大其稳定性,降低其渗水性。最常用的加固方法有水泥灌浆、沥青灌浆、水玻璃灌浆等。通过灌浆加固,可在围岩中大体形成一圆柱形或球形的固结层,然后进行开挖作业。

任务 7.6　地质作用对公路隧道施工的影响分析

我国地域辽阔、山岭重丘较多,山区公路建设任务十分繁重,在山峦耸立、地形起伏多变、峡谷深涧、地形蜿蜒曲折的地区,路线可以沿山坡依地形盘山而过,但是往往更为合理的方案应该是修建隧道穿行。修建隧道可以缩短路线长度,减缓纵坡,从而提高车辆运行速度和改善交通运输条件。因此,在山岭重丘区修建高等级公路,可缩短运营里程、改善线形及保护国土环境,昔日那种"逢山尽量绕着走"的做法,势必将被隧道所代替。

公路隧道是道路从地层内或水底通过而修筑的建筑物,主要由洞身和洞门组成。

地壳在长期地质作用下,呈现出各种构造形迹,如倾斜、褶曲、断裂破碎带等,反映到岩体构成上,又产生各种不同的结构形式。这些构造与结构的地质条件直接影响着隧道的稳定与安全,对施工难易程度常常是决定性的因素。

7.6.1　地质构造对隧道施工的影响

1. 水平岩层

在缓倾或水平岩层中,垂直压力大,对洞顶不利,而侧压力小,对洞壁有利。若岩层薄、层间胶结差,洞顶常发生坍塌掉块。故隧道位置应选择在岩石坚固、层厚较大、层间胶结好、裂隙不发育的岩层内。

2. 倾斜岩层

(1) 如图7-5所示,若隧道中线与岩层走向垂直或交角很大,沿倾斜方向的洞门仰坡易于滑动,洞门均能发生楔形掉块。开挖时顺倾斜方向易超挖,逆倾斜方向易欠挖。

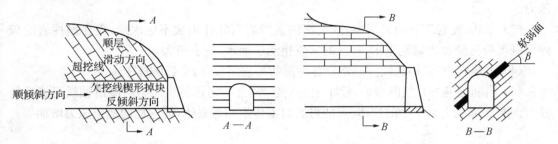

图7-5 隧道中线与岩层走向垂直   **图7-6 隧道中线与岩层走向平行**

(2) 如图7-6所示,若隧道中线与岩层走向平行或交角很小,隧道围岩层厚较薄、较破碎、层间胶结差,则隧道两侧边墙所受侧压力不一,易导致边墙变形破坏。

3. 褶曲

(1) 向斜与背斜都改变了初应力状态,如图7-7所示。

图7-7 褶曲的应力和变形

背斜 岩层的产状是正拱形。隧道通过时,拱顶上部岩体重力由于自身的作用,分传给两侧担负,有利于坑道围岩稳定。其裂隙特征是上部受拉,下部受压,张口上大下小。

向斜 岩层产状是倒拱形,隧道拱顶上部岩体重力集中,由于开挖使结构应力释放,易使岩体变形。其裂隙特征与背斜相反,上部受压,下部受拉,张口上小下大。

(2) 褶曲对隧道的施工影响主要有以下5点。

① 当隧道轴线与褶曲轴平行时,沿背斜和向斜轴修建隧道都是不利的,应选择在褶曲两翼的中部通过。隧道通过平缓舒展的褶曲,一般围岩压力比通过挤压紧密的褶曲小。

② 隧道横穿褶曲,背斜地层呈拱状,岩层被切割成上大下小的楔体,故隧道内坍落的危险性较小。向斜地层呈倒拱形,岩层被切割成上小下大的楔体,最易形成洞顶坍落。隧道横穿褶曲比平行褶曲有利,因隧道靠近其一翼通过,易产生较大的偏压。

③ 在向斜构造中,一般在核部多储存大量地下水,且多具承压性质,施工中常遇较大的突然涌水;而在背斜中的地下水,对围岩稳定性影响相对要小。

④ 在柔性岩层中,往往遇到小褶皱,使岩层更破碎,强度也降低;在脆性岩层中,往往遇到小型断层,使施工更为困难。

⑤ 在石灰岩岩层发育的地区,常出现岩溶现象。背斜中岩溶发育多为漏斗及井穴,向斜多为暗河。

4. 断层

(1) 断裂的岩层被挤压破碎,呈块石、碎石、角砾及断层泥等,岩体强度降低,围岩压力较大。

(2) 断层走向与隧道轴线的交角对隧道施工关系极大。如垂直或交角大,则一般穿过地段较短,围岩压力比较均匀分布,如平行或交角很小,则穿过地段较长,可能产生较大压力。

(3) 在软、硬岩不同的岩层中,断裂面的柔性岩石往往形成不透水层,而在脆性岩的破碎角砾带极易储存大量地下水,开挖时常发生承压涌水,危害极大。

(4) 可溶岩中,沿构造线方向常有各种形状的岩溶发育,会影响施工。

(5) 当隧道通过几组断层时,除了上述问题外,还应考虑围岩压力沿隧道轴线可能重新分布。断层形成上大下小的楔体,可能将其自重传给相邻岩体,使它们的地层压力增加等。

5. 节理

节理越密,张开越大,对隧道施工影响越大,尤其倾向于隧道内的节理对施工影响更大。

(1) 节理破坏岩体的整体性,降低了岩石的力学强度和围岩稳定性。

(2) 密集的节理易使气体逸散,会降低施工的爆破效果。

(3) 节理发育的岩层常是地表水和地下水的通道,水的活动会加速对岩层的溶解破坏,尤其在可溶岩地区易形成溶洞、暗河等。隧道施工开挖时应加强防排水措施;同时,还要注意防止塌方。

(4) 深大的构造节理影响河谷山坡的稳定性,危及隧道安全。

7.6.2 岩石风化作用对隧道施工的影响

(1) 风化会使岩石强度显著降低,透水性增加,其完整性受到破坏。

(2) 隧道洞口地段施工,若遇到风化残积层时,黏结性不良,对隧道洞口的稳定极为不利。

(3) 在一些岩石风化速度很快,如泥质页岩、泥质砂岩中开挖隧道时,不宜暴露时间过长,以免造成施工困难。因为这些岩石在开挖时尚属坚实,但一接触空气和水,表层即风化成细粒,易顺层坍塌。

7.6.3 地下水对隧道施工的影响

地下水按其埋藏条件,可分为上层滞水、潜水和承压水三类。对于隧道工程有影响的是潜水和承压水,施工中较多遇到的是裂隙水。

1. 地下水的侵蚀性影响

(1) 碳酸的侵蚀性。普通水泥硬化会生成大量自由的 $Ca(OH)_2$ 它易溶于水,但因为混凝土表面的 $Ca(OH)_2$ 与空气中的 CO_2 作用形成一层 $CaCO_3$ 硬壳,会对混凝土起保护作用。当地下水中含有过多的游离的 CO_2 时,就会侵蚀、溶解混凝土中的 $CaCO_3$ 薄壳,又能与内部的 $CaCO_3$ 发生反应变为易溶于水的 $Ca(HCO_3)_2$,被水带走,致使混凝土受破坏。地下水中只要含有一定数量的侵蚀性 CO_2,便具有碳酸性侵蚀,它可以溶解碳酸盐类岩石,腐蚀破坏水泥混凝土构件。

(2) 硫酸盐的侵蚀性。水中含有过多的 SO_4^{2-} 时,首先会与混凝土中的 $Ca(OH)_2$ 起作用,生成结晶的 $CaSO_4$,其体积增大,使混凝土膨胀,引起构造物开裂破坏。

（3）镁盐的侵蚀性。主要是由于水中的 Mg^{2+} 与水泥中的 Ca^{2+} 交替,使 $Ca(OH)_2$ 浓度下降,引起混凝土中水化物失去稳定及水解破坏,从而腐蚀混凝土结构物。

2. 地下水对施工的影响

隧道穿过含水层时,地下水涌进隧道,将会大大增加排水、掘进和衬砌工作的困难。

3. 地下水对工程质量的影响

地下水可能对隧道工程施工及工程质量造成短期或长期的危害等。

复习思考题

1. 什么叫围岩压力?
2. 围岩压力按其表现形式分为几种类型?
3. 试分析地下洞室围岩破坏的主要类型。
4. 地下洞室围岩的稳定与哪些因素有关?
5. 论述保障地下洞室围岩稳定常用的处理措施。

项目 8　工程地质原位测试

一般而言,工程地质勘察中的试验包含了室内试验和现场原位测试两大部分。室内试验根本性的缺陷在于试验对象难以反映其天然条件下的性状和工作环境,抽样的数量也相对有限,以至于所测的结果严重失真,费时费力。为了取得准确可靠的力学计算指标,在工程地质勘察中,必须进行相应数量的现场原位测试。

现场原位测试一般是指在工程现场通过特定的测试仪器对测试对象进行试验,并对测试数据进行归纳、分析、抽象和推理以判断其状态或得出其性状参数的综合性试验技术。

原位测试技术的优点在于:

(1) 不用取样;

(2) 样本数量大;

(3) 快速、经济。

原位测试也有不足之处。例如,各种原位测试技术都有其适用条件,若使用不当则会影响其效果;另外,影响原位测试成果的因素较为复杂,使得对测定值的准确判定造成一定的困难,等等。因此,室内试验和原位测试两者各有其独到之处,不能偏废,而应相辅相成。现场原位测试技术主要方法有:静力载荷试验、静力触探试验、圆锥动力触探试验、标准贯入试验、十字板剪切试验、旁压试验、波速试验等。

任务 8.1　静力载荷试验

静力载荷试验是指在保持地基土天然状态下,在一定面积的承压板上向地基土逐级施加荷载,并观测每级荷载下地基土的变形特性,是模拟建筑物基础工作条件的一种测试方法。

静力载荷试验的目的是确定地基的承载力和变性特性,螺旋板载荷试验尚可估算地基土的固结系数。

地基静载试验包括平板载荷试验和螺旋板载荷试验。

载荷试验相当于在工程原位进行的缩尺原型试验,即模拟建筑物地基土的受荷条件,比较直观地反映地基土的变形特性。该法具有直观和可靠性高的特点,在原位测试中占有重要地位,往往成为其他方法的检验标准;该法是确定承载力的最可靠的测试方法,其结果可直接用于工程设计。载荷试验的局限性在于费用较高,周期较长和压板的尺寸效应。

8.1.1　试验设备

平板载荷试验因试验土层软硬程度、压板大小和试验面深度等不同,采用的测试设备也很多。除早期常用的压重加荷台试验装置外,目前国内采用的试验装置,大体可归纳为由承压板、加荷系统、反力系统、观测系统四部分组成,其各部分机能是:加荷系统控制并稳定加荷的大小,通过反力系统反作用于承压板,承压板将荷载均匀传递给地基土,地基土的变形由观测系统测定。

（1）承压板类型和尺寸

承压板材质要求承压板可用混凝土、钢筋混凝土、钢板、铸铁板等制成,多以肋板加固的钢板为主。要求压板具有足够的刚度,不破损、不挠曲,压板底部光平,尺寸和传力重心准确,搬运和安置方便。承压板形状可加工成正方形或圆形,其中圆形压板受力条件较好,使用最多。

（2）承压板面积

我国勘察规范规定承压板一般宜采用 $0.25\sim0.50$ m^2,对均质密实的土,可采用 0.1 m^2,对软土和人工填土,不应小于 0.5 m^2。但各国和国内各部门采用的承压板面积不尽相同,如日本常用方形 900 cm^2,苏联常用 0.5 m^2,我国铁道部第一设计院则根据自己的经验,按如下原则选取:

① 碎石类土:压板直径宜大于碎、卵石最大粒径的 10 倍;

② 岩石地基:压板面积 $1\,000$ cm^2;

③ 细颗粒土:压板面积 $1\,000\sim5\,000$ cm^2;

④ 视试验的均质土层厚度和加荷系统的能力、反力系统的抗力等确定之,以确保载荷试验能得出极限荷载。

（3）加荷系统

加荷系统是指通过承压板对地基施加荷载的装置,大体有:

① 压重加荷装置

一般将规则方正或条形的钢绽、钢轨、混凝土件等重物,依次对称置放在加荷台上,逐级加荷,此类装置费时费力且控制困难,已很少采用。

② 千斤顶加荷装置

根据试验要求,采用不同规格的手动液压千斤顶加荷,并配备不同量程的压力表或测力计控制加荷值。

（4）反力系统

一般反力系统由主梁、平台、堆载体（锚桩）等构成。

（5）量测系统

量测系统包括基准梁,位移计,磁性表座,油压表（测力环）。

机械类位移计可采用百分表,其最小刻度 0.01 mm,量程一般为 $5\sim30$ mm,为常用仪表。电子类位移计一般具有量程大、无人为读数误差等特点,可以实现自动记录和绘图。油压表一般为机械式,人工测读。

测试用的仪表均需定期标定,一般一年标定一次或维修后标定,标定工作原则上送具有相应资质的计量局或专业厂进行。

8.1.2　设备的现场布置

当场地尚未开挖基坑时,需在研究的土层上挖试坑,坑底标高与基底设计标高相同。如在基底压缩层范围内有若干不同性质的土层,则对每一土层均应挖一试坑,坑底达到土层顶面,在坑底置放刚性压板。试坑宽度不小于压板宽度的三倍。设备的具体布置方式有如下两种：

1. 堆载平台方式（见图 8-1）：

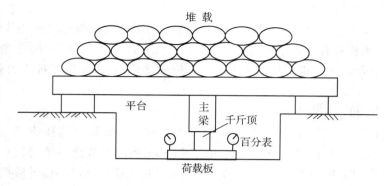

图 8-1　堆载平台装置示意图

2. 锚桩反力梁方式。

设备安装时应确保荷载板与地基表面接触良好，且反力系统和加荷系统的共同作用力与承压板中心在一条垂线上。当对试验的要求较高时，可在加荷系统与反力系统之间，安设一套传力支座装置，它是借助球面、滚珠等，调节反力系统与加荷系统之间的力系平衡，使荷载始终保持竖直传力状态。

8.1.3　测试方法与数据采集

平板载荷试验适用于浅层地基，螺旋板载荷试验适用于深层地基或地下水位以下的地基。

压板形状和尺寸的选择：一般用圆形刚性压板；一般地基 0.25～0.5 m²，岩石地基根据节理裂隙的密度，圆形刚性压板直径 300 mm，复合地基根据加固体的布置。

试验用的加载设备，最常见的是液压千斤顶加载设备。位移测试可采用机械式百分表或电测式位移计，测试时将位移计用磁性表座固定在基准梁上。液压加载设备和位移量测设备要定期标定，以最大可能地消除其系统误差。

试验的加载方式可采用分级维持荷载沉降相对稳定法（慢速法）、沉降非稳定法（快速法）和等沉降速率法，以慢速法为主。

载荷试验较费时费力，在勘测设计阶段，一般是根据工程设计要求，在一条线路或一个工程地质分区内，选择具有代表性的均质地层（厚度大于 2 倍压板直径）进行试验。而在施工检验阶段，对于慢速法加载过程的规定：

荷载分级：8～10 级，总加载量尽量接近试验土层的极限荷载，且不应少于荷载设计值的两倍。

稳定标准：当连续两小时内，每小时内沉降增量小于 0.1 mm 时，则认为沉降已趋稳定，可施加下一级荷载。

数据测读：每级加载后，按间隔 10、10、10、15、15 min，以后每半小时读一次沉降，直至沉降稳定。

加载终止标准：

（1）承压板周围的土明显的侧向挤出；

（2）沉降急骤增大,荷载-沉降曲线出现陡降段;

（3）在某一级荷载的作用下,24 h 内沉降速率不能达到稳定标准;

（4）p-s 曲线出现陡降阶段或相对沉降 $s/b \geqslant 0.06 \sim 0.08$（$b$:承压板宽度或直径）。

试验操作过程:

（1）正式加荷前,将试验面打扫干净以观测地面变形,将百分表的指针调至接近于最大读数位置。

（2）按规定逐级加荷和记录百分表读数,达到沉降稳定标准后再施加下一级荷载,一般在加荷五级或已能定出比例界限点后,注意观测地基土产生塑性变形使压板周围地面出现裂纹和土体侧向挤出的情况,记录并描绘地面裂纹形状（放射状或环状、长短粗细）及出现时间。

（3）试验过程的各级荷载要始终确保稳压,百分表行程接近零值时应在加下一级荷载前调整,并随时注意平台上翘、锚桩拔起、撑板上爬、撑杆倾斜、坑壁变形等不安全因素,及时采取处置措施,必要时可终止试验。

快速法加载:特点是加荷速率快、试验周期短,一般情况下试验过程仅数小时至十多个小时,但其测试成果和适用条件与常规方法略有差异。

快速载荷试验仍是逐级加荷,但前后两级加荷的间隔时间是固定的,一般为 10 ~ 30 min,有规定为 60 min 的。根据研究结果,在比例界限点以内的弹性变形阶段,快速载荷试验的沉降量 s 一般偏小,当荷载超过 p_1 后地基土已处于塑性变形阶段,快速载荷试验的沉降量 s 一般增幅较大,当荷载接近或超过地基土的极限荷载 p_2 时,快速与常规两种试验 p-s 曲线逐渐接近,所定极限荷载值相同或差一个荷载级。因此,两种试验方法确定的 p_1、p_2 和基本承载力 σ_0 值基本相近,其极差（最大与最小值间）不会超过平均值的 30%,符合规范要求。快速载荷试验主要适用于沉降速率快的地层,如岩石、碎石类土、砂类土等,对毋需做沉降检算的建筑物,结合施工时限也可对黏性土地层采用快速试验。

8.1.4 试验成果的整理分析

1. 原始读数的计算复核

对位于承压板上百分表的现场记录读数,求取其平均值,计算出各级荷载下各观测时间的累计沉降量,对于监测地面位移的百分表,分别计算出各地面百分表的累计升降量。经确认无误后,可以绘制所需要的各种实测曲线,供进一步分析之用。

2. 异常数据处理

大量实测结果表明,当地基土的均匀性尚可且测试过程正常时,测试得出的主要曲线（p-s 曲线）是比较光滑的。所谓异常数据是指背离这一规律性的数据。比如 p-s 曲线上的某一点背离曲线很多,或随着加载的进行压板变形过小甚至产生反方向的位移,油压表或百分表的读数产生跳跃,等等。最好的办法是防止出现异常数据。其措施是仪器仪表的保养维修、定期标定并经常检查,试验过程中要经常观察,及时发现问题,尽早排除设备故障,同时,压板的选择,基准梁的选择安装等都非常重要。

在资料分析阶段发现个别点据异常时,只要不对结果的判释有太大的影响,可以将其舍去。

若测试中的异常点过多,则该次试验为不合格,应重新进行试验。

3. 曲线绘制

一般地,地基静载试验主要绘制 $p\text{-}s$ 曲线,但根据需要,还可绘制各级荷载作用下的沉降和时间之间的关系曲线以及地面变形曲线。

完整的 $p\text{-}s$ 曲线包含了 3 个阶段,例如图 8-2 所示:

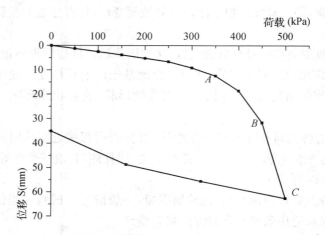

图 8-2 某地基静载试验的荷载-位移曲线($p\text{-}s$ 曲线)

OA 段为弹性阶段,曲线特征为近似线性,基本上反映了地基土的弹性,A 点为比例界限,对应的荷载称为临塑荷载;

AB 段为塑性发展阶段,曲线特征为曲率加大,表明地基土由弹性过渡到弹塑性,并逐步进入破坏;

BC 段为破坏阶段,曲线特征为产生陡降段,C 点对应的荷载称为破坏荷载,在该级荷载作用下压板的沉降通常不能稳定或总体位移太大,C 点荷载的前一级荷载(不一定是 B 点)称为极限荷载。

若绘出的 $p\text{-}s$ 曲线的直线段不通过坐标原点,可按直线段的趋势确定曲线的起始点,以便对 $p\text{-}s$ 曲线进行修正。

8.1.5 静力载荷试验资料的应用及其有关问题

1. 地基承载力的判断

就总体而言,建筑物的地基应有足够的强度和稳定性,这也就是说地基要有足够的承载能力和抗变形能力。确定地基的承载力时既要控制强度,一般至少确保安全系数不小于 2,又要能确保建筑物不致产生过大沉降。但具体到各类工程时侧重点有所不同,这与工程的使用要求和使用环境有关。铁路建筑物一般以强度控制为主、变形控制为辅。

强度控制法对于确定地基承载力的规定如下:

(1)以 $p\text{-}s$ 曲线对应的比例界限压力或临塑压力作为地基极限承载力的基本值;

(2)当 $p\text{-}s$ 曲线上有明显的直线段时,一般使用该直线段的终点所对应的压力为比例界限压力或临塑压力 p_0;

(3)当 $p\text{-}s$ 曲线上没有明显的直线段时,$\lg p\text{-}\lg s$ 曲线或 $p\text{-}\dfrac{\Delta s}{\Delta p}$ 曲线上的转折点所对应的压力即比例界限压力或临塑压力 p_0。

地基极限承载力可以按下述方法确定：

（1）用 $p-s$ 曲线、$\lg p - \lg s$ 曲线或 $p-\dfrac{\Delta s}{\Delta p}$ 曲线上的第二转折点对应荷载作为地基极限承载力；

（2）取相对沉降 $s/b=0.06$ 对应荷载作为地基极限承载力。

铁道部第一勘测设计院曾对全国各地的五百多个载荷试验资料进行分析，他们认为地基基本承载力 σ_0 的取值标准应与地基土的性质结合起来考虑，具体做法是：

（1）对 $Q_1 \sim Q_3$ 的老黏性土和 $Q_1 \sim Q_2$ 的老黄土，比例界限对应的 s/d 的平均值为 0.03，取相应荷载值的 1/2 定 σ_0，其对应的 s/d 的平均值为 0.007。

（2）对一般 Q_4 黏性土、$Q_3 \sim Q_4$ 新黄土、砂类土一般以比例界限定 σ_0，它所对应的 s/d 值为：

① $I_p > 10$ 的黏性土和新黄土平均为 0.01；

② $I_p \leqslant 10$ 的黏性土平均为 0.012；

③ 砂类土平均为 0.015。

当比例界限 p_1 和极限荷载 p_2 不明显时，以 $s/d=0.06$ 对应的荷载当作 p_2，并以 $p_2/2$ 定 σ_0。

（3）对高压缩性软弱土层

一般仍以 p_1 定 σ_0，在满足建筑物的沉降要求时，也可取 $s/d=0.02$ 对应的荷载定为 σ_0。

2. 变形模量 E_0 的计算

载荷试验确定 E_0 的方法。根据压力-沉降曲线，如图 8-3，曲线前部的 OA 段大致成直线，说明地基的压力与变形呈线性关系，地基的变形计算可应用弹性理论公式。具体做法是，在 $p-s$ 曲线的直线段 OA 上可以任选一点 p 和对应的 s，代入以下公式，即可算出压板下压缩土层（大致 3B 或 3D 厚）内的平均 E_0 值，并可用于计算地基沉降。

$$E_0 = (1-\mu^2)\frac{\pi B}{4} \cdot \frac{p_0}{s_0} \tag{8-1}$$

式中：B——承压板直径，当为方形承压板时 $B=2\sqrt{\dfrac{A}{\pi}}$，A 为方形板面积；

　　　p_0——比例界限荷载；

　　　S_0——比例界限荷载对应的沉降量；

　　　μ——土的泊松比，砂土和粉土为 0.33，可塑-硬塑黏性土为 0.38，软塑～流塑黏性土和淤泥质黏土取 0.41。

要注意的是，如果地表以下不远处还含有软弱下卧层，把表层荷载试验所得的 E_0 用于全压缩层的总沉降计算，其结果必然较地基的实际沉降为低，这是偏危险的。因此，在进行地基沉降计算前务必把地层情况搞清楚。如在基底压缩层范围内发现弱下卧土层，必须对软土层进行荷载试验，以掌握压缩层的全部变形参数，才能既安全又准确地估算出地基沉降来。

3. 确定地基的基床系数

$p-s$ 曲线前部直线段的坡度，即压力与变形比值 p/s，称为地基基床系数 $k(\text{kN/m}^3)$，这是一个反映地基弹性性质的重要指标，在遇到基础的沉降和变形问题特别是考虑地基与基础的共同作用时，经常需要用到这一参数。地基基床系数 k 可以直接按定义确定。

任务8.2 静力触探试验

静力触探测试简称静探。静力触探试验是把一定规格的圆锥形探头借助机械匀速压入土中,并测定探头阻力等的一种测试方法,实际上是一种准静力触探试验。静力触探自1917年瑞典正式使用以来,至今已有80年历史。于20世纪60年代初期,我国与其他国家大体上在同一时期发展了电测静力触探,电测静力触探的发展使静力触探有了新的活力,发展迅猛,应用普遍。其中,最重要的发展是国际上于20世纪80年代初成功研制了可测孔隙水压力的电测式静力触探,简称孔压触探(CPTU)。它可以同时测量锥头阻力、侧壁摩擦力和孔隙水压力。

静力触探具有下列明显优点:

(1)测试连续、快速,效率高,功能多,兼有勘探与测试的双重作用;

(2)采用电测技术后,易于实现测试过程的自动化,测试成果可由计算机自动处理,大大减轻了人的工作强度。

由于以上原因,电测静力触探是目前应用最广的一种土工原位测试技术。

静力触探的主要缺点是不能直接观测土层;不适用于碎石类土和密实砂土,因为难以贯入。在地质勘探工作中,静力触探常和钻探取样联合运用。

图8-3是静力触探示意和得到的测试曲线。从测试曲线和地层分布的对比可以看出,触探阻力的大小与地层的力学性质有密切的相关关系。

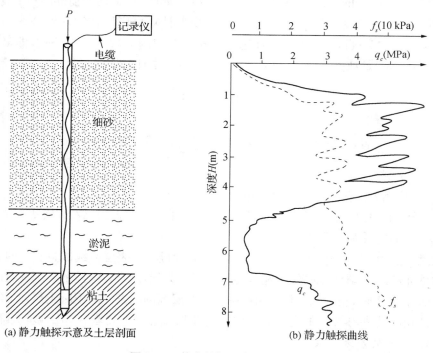

(a) 静力触探示意及土层剖面   (b) 静力触探曲线

图8-3 静力触探示意及其曲线

静力触探技术在岩土工程中的应用在于:对地基土进行力学分层并判别土的类型;确定地基土的参数(强度、模量、状态、应力历史);砂土液化可能性;浅基承载力;单桩竖向承载力等。

8.2.1 试验设备和方法

1. 试验设备

静力触探仪一般由三部分构成,即① 触探头,也即阻力传感器;② 量测记录仪表;③ 贯入系统:包括触探主机与反力装置,共同负责将探头压入土中。目前广泛应用的静力触探车集上述三部分为一整体,具有贯入深度大(贯入力一般大于 100 kN)、效率高和劳动强度低的优点。但它仅适用于交通便利、地形较平坦及可开进汽车的勘测场地使用。贯入力等于或小于 50 kN 者,一般为轻型静力触探仪,使用时,一般都将上述三部分分开装运到现场,进行测试时再将三部分有机地联接起来。在交通不便、勘测深度不大或土层较软的地区,轻型静力触探应用很广。它具有便于搬运、测试成本较低及灵活方便之优点。静力触探仪的贯入力一般为 20～100 kN,最大贯入力为 200 kN,因为细长的探杆受力极限不能太大,太大易弯曲或折断。贯入力为 20～30 kN 者,一般为手摇链式电测十字板-触探两用仪。贯入力大于 50 kN 者,一般为液压式主机。

(1)探头

① 探头的种类及规格

探头是静力触探仪的关键部件。它包括摩擦筒和锥头两部分,有严格的规格与质量要求。目前,国内外使用的探头可分为三种类型(见图 8-4 和 8-5)。

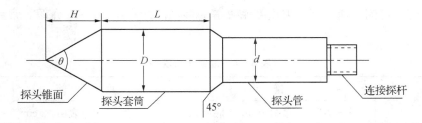

图 8-4 单桥探头外形图

a. 单桥探头:是我国所特有的一种探头类型。它将锥头与外套筒连在一起,因而只能测量一个参数。这种探头结构简单,造价低,坚固耐用。此种探头曾经对推动我国静力触探测试技术的发展和应用起到了积极的作用,自 20 世纪 60 年代初开始应用以来,积累了相当丰富的经验,已建立了关于测试成果和土的工程性质之间众多的经验关系式。由于测试成本低,被勘测单位广泛采用。但应指出,这种探头功能少,其规格与国际标准也不统一,不便于开展国际交流,其应用受到限制。

b. 双桥探头:它是一种将锥头与摩擦筒分开,可同时测锥头阻力和侧壁摩擦力两个参数的探头。国内外普遍采用,用途很广。

c. 孔压探头:它一般是在双用探头基础上再安装一种可测触探时产生的超孔隙水压力装置的探头。孔压探头最少可测三种参数,即锥尖阻力、侧壁摩擦力及孔隙水压力,功能多,用途广,在国外已得到普遍应用,在我国,也会得到越来越多的应用。

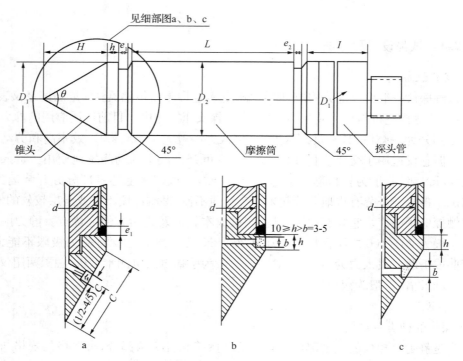

图 8-5 双桥探头(上)及孔压探头(下)外形图

此外,还有可测波速、孔斜、温度及密度等的多功能探头,不再一一介绍。常用探头的规格见表 8-1。

表 8-1 常用探头规格

探头种类	型　号	锥头			摩擦筒		标　准
		顶角/°	直径/mm	底面积/cm²	长度/mm	表面积/cm²	
单桥	Ⅰ-1	60	35.7	10	57		我国独有
	Ⅰ-2	60	43.7	15	70		
	Ⅰ-3	60	50.4	20	81		
双桥	Ⅱ-0	60	35.7	10	133.7	150	国际标准
	Ⅱ-1	60	35.7	10	179	200	
	Ⅱ-2	60	43.7	15	219	300	
孔压		60	35.7	10	133.7	150	国际标准
		60	43.7	15	179	200	

探头的功能越多,测试成果也越多,用途也越广;但相应的测试成本及维修费用也越高。因而,应根据测试目的和条件,选用合适的探头。表 8-1 中各类型探头的底面积不同,主要是为了适应不同的土层强度。探头底面积越大,能承受的抗压强度越高;另一个原因是可有更多的空间安装附加传感器。但在一般土层中,应优先选用符合国际标准的探头,即探头顶角为 60°,底面积为 10 cm²,侧壁摩擦筒表面积为 150 cm² 的探头,其成果才具有较好的可比性和通用性,也便于开展技术交流。

（2）量测记录仪表

我国的静力触探几乎全部采用电阻应变式传感器。因此，与其配套的记录仪器主要有以下 4 种类型：① 电阻应变仪；② 自动记录绘图仪；③ 数字式测力仪；④ 数据采集仪（微机控制）。

① 电阻应变仪

从 20 世纪 60 年代起直到 70 年代中期，一直是采用电阻应变仪。电阻应变仪具有灵敏度高、测量范围大、精度高和稳定性好等优点。但其操作是靠手动调节平衡，跟踪读数，容易造成误差；因为是人工记录，故不能连续读数，不能得到连续变化的触探曲线。

② 自动记录仪

我国现在生产的静力触探自动记录仪都是用电子电位差计改装的。这些电子电位差计都只有一种量程范围。为了在阻力大的地层中能测出探头的额定阻力值，也为了在软层中能保证测量精度，一般都采用改变供桥电压的方法来实现。早期的仪器为可选式固定桥压法，一般分成 4～5 档，桥压分别为 2、4、6、8、10 V，可根据地层的软硬程度选择。这种方式的优点是电压稳定，可靠性强；但资料整理工作量大。现在已有可使供桥电压连续可调的自动记录仪。

③ 数字式测力仪

数字式测力仪是一种精密的测试仪表。这种仪器能显示多位数，具有体积小、重量轻、精度高、稳定可靠、使用方便、能直读贯入总阻力和计算贯入指标简单等优点，是轻便链式十字板—静力触探两用机的配套量测仪表。国内已有多家生产。这种仪器的缺点是间隔读数，手工记录。

④ 微机在静探中的应用

以上介绍的各种仪器的功能均比较简单，虽然能满足一般生产的需要，但资料整理时工作量大，效率低。用微型计算机采集和处理数据已在静力触探测试中得到了广泛应用。计算机控制的实时操作系统使得触探时可同时绘制锥尖阻力与深度关系曲线、侧壁摩阻力与深度关系曲线；终孔时，可自动绘制摩阻比与深度关系曲线。通过人机对话能进行土的分层，并能自动绘制出分层柱状图，打印出各层层号、层面高程、层厚、标高以及触探参数值。

（3）贯入系统

静力触探贯入系统由触探主机（贯入装置）和反力装置两大部分组成。触探主机的作用是将底端装有探头的探杆一根一根地压入土中。触探主机按其贯入方式不同，可以分为间歇贯入式和连续贯入式；按其传动方式的不同，可分为机械式和液压式；按其装配方式不同可分为车装式、拖斗式和落地式等。

8.2.2　现场操作要点

1. 贯入、测试及起拔要点

（1）将触探机就位后，应调平机座，并使用水平尺校准，使贯入压力保持竖直方向，并使机座与反力装置衔接、锁定。当触探机不能按指定孔位安装时，应将移动后的孔位和地面高程记录清楚。

（2）探头、电缆、记录仪器的接插和调试，必须按有关说明书要求进行。

（3）触探机的贯入速率，应控制在 1～2 cm/s 内，一般为 2 cm/s；使用手摇式触探机时，手把转速应力求均匀。

（4）在地下水埋藏较深的地区使用孔压探头触探时，应先使用外径不小于孔压探头的单桥或双桥探头开孔至地下水位以下，而后向孔内注水至与地面平，再换用孔压探头触探。

（5）探头的归零检查应按下列要求进行：

① 使用单桥或双桥探头时，当贯入地面以下 0.5～1.0 m 后，上提 5～10 cm，待读数漂移稳定后，将仪表调零即可正式贯入。在地面以下 1～6 m 内，每贯入 1～2 m 提升探头 5～10 cm，并记录探头不归零读数，随即将仪器调零。孔深超过 6 m 后，可根据不归零读数之大小，放宽归零检查的深度间隔。终孔起拔时和探头拔出地面后，亦应记录不归零读数。

② 使用孔压探头时，在整个贯入过程中不得提升探头。终孔后，待探头刚一提出地面时，应立即卸下滤水器，记录不归零读数。

（6）使用记读式仪器时，每贯入 0.1 m 或 0.2 m 应记录一次读数；使用自动记录仪时，应随时注意桥压、走纸和划线情况，做好深度和归零检查的标注工作。

（7）若计深标尺设置在触探主机上，则贯入深度应以探头、探杆入土的实际长度为准，每贯入 3～4 m 校核一次。当记录深度与实际贯入长度不符时，应在记录本上标注清楚，作为深度修正的依据。

（8）当在预定深度进行孔压消散试验时，应从探头停止贯入之时起，用秒表计时，记录不同时刻的孔压值和锥尖阻力值。其计时间隔应由密而疏，合理控制。在此试验过程中，不得松动、碰撞探杆，也不得施加能使探杆产生上、下位移的力。

（9）对于需要做孔压消散试验的土层，若场区的地下水位未知或不确切，则至少应有一孔孔压消散达到稳定值，以连续 2 h 内孔压值不变为稳定标准。其他各孔、各试验点的孔压消散程度，可视地层情况和设计要求而定，一般当固结度达 60%～70% 时，即可终止消散试验。

（10）遇下列情况之一者，应停止贯入，并应在记录表上注明：

① 触探主机负荷达到其额定荷载的 120% 时；

② 贯入时探杆出现明显弯曲；

③ 反力装置失效；

④ 探头负荷达到额定荷载时；

⑤ 记录仪器显示异常。

（11）起拔最初几根探杆时，应注意观察、测量探杆表面干、湿分界线距地面的深度，并填入记录表的备注栏内或标注于记录纸上。同时，应于收工前在触探孔内测量地下水位埋藏深度；有条件时，宜于次日核查地下水位。

（12）将探头拔出地面后，应对探头进行检查、清理。当移位于第二个触探孔时，应对孔压探头的应变腔和滤水器重新进行脱气处理。

（13）记录人员必须按记录表要求用铅笔逐项填记清楚，记录表格式，可按以上测试项目制作。

2. 注意事项

（1）保证行车安全，中速行驶，以免触探车上仪器设备被颠坏。

（2）触探孔要避开地下设施（管路、地下电缆等），以免发生意外。

（3）安全用电，严防触（漏）电事故。工作现场应尽量避开高压线、大功率电机及变压器,以保证人身安全和仪表正常工作。

(4) 在贯入过程中,各操作人员要相互配合,尤其是操纵台人员,要严肃认真、全神贯注,以免发生人身、仪器设备事故。司机要坚守岗位,及时观察车体倾斜、地铺松动等情况,并及时通报车上操作人员。

(5) 精心保护好仪器,须采取防雨、防潮、防震措施。

(6) 触探车不用时,要及时用支腿架起,以免汽车弹簧钢板过早疲劳。

(7) 保护好探头,严禁摔打探头;避免探头暴晒和受冻;不许用电缆线拉探头;装卸探头时,只可转动探杆,不可转动探头;接探杆时,一定要拧紧,以防止孔斜。

(8) 当贯入深度较大时,探头可能会偏离铅垂方向,使所测深度不准确。为了减少偏移,要求所用探杆必须是平直的,并要保证在最初贯入时不应有侧向推力。当遇到硬岩土层以及石头、砖瓦等障碍物时,要特别注意探头可能发生偏移的情况。国外已把测斜仪装入探头,以测其偏移量,这对成果分析很重要。

(9) 锥尖阻力和侧壁摩阻力虽是同时测出的,但所处的深度是不同的。当对某一深度处的锥头阻力和摩阻力作比较时,例如计算摩阻比时,须考虑探头底面和摩擦筒中点的距离,如贯入第一个 10 cm 时,只记录 q_c;从第二个 10 cm 以后才开始同时记录 q_c 和 f_s。

(10) 在钻孔、触探孔、十字板试验孔旁边进行触探时,离原有孔的距离应大于原有孔径的 20～25 倍,以防土层扰动。如要求精度较低时,两孔距离也可适当缩小。

8.2.3　试验成果的整理

1. 单孔触探成果应包括以下几项基本内容

(1) 各触探参数随深度的分布曲线;

(2) 土层名称及潮湿程度(或稠度状态);

(3) 各层土的触探参数值和地基参数值;

(4) 对于孔压触探,如果进行了孔压消散试验,尚应附上孔压随时间而变化的过程曲线;必要时,可附锥尖阻力随时间而改变的过程曲线。

2. 原始数据的修正

在贯入过程中,探头受摩擦而发热,探杆会倾斜和弯曲,探头入土深度很大时探杆会有一定量的压缩,仪器记录深度的起始面与地面不重合,等等,这些因素会使测试结果产生偏差。因而原始数据一般应进行修正。修正的方法一般按《静力触探技术规程》TBJ37-93 的规定进行。主要应注意深度修正和零漂处理。

(1) 深度修正

当记录深度与实际深度有出入时,应按深度线性修正深度误差。对于因探杆倾斜而产生的深度误差可按下述方法修正:

触探的同时量测触探杆的偏斜角(相对铅垂线),如每贯入 1 m 测了 1 次偏斜角,则该段的贯入修正量为

$$\Delta h_i = 1 - \cos((\theta_1 + \theta_{i-1})/2) \tag{8-2}$$

式中:Δh_i——第 i 段贯入深度修正量;

θ_i,θ_{i-1}——第 i 次和第 $i-1$ 次实测的偏斜角。

触探结束时的总修正量为 $\sum\Delta h_i$，实际的贯入深度应为 $h-\sum\Delta h_i$。

实际操作时应尽量避免过大的倾斜、探杆弯曲和机具方面产生的误差。

（2）零漂修正

一般根据归零检查的深度间隔按线性内插法对测试值加以修正。修正时应注意不要形成人为的台阶。

3. 触探曲线的绘制

当使用自动化程度高的触探仪器时，需要的曲线均可自动绘制，只有在人工读数记录时才需要根据测得的数据绘制曲线。

需要绘制的触探曲线包括 p_s-h 或 q_c-h、f_s-h 和 $R_f(=f/q\times100\%)-h$ 曲线。

8.2.4　静力触探成果的应用

1. 划分土层

划分土层的根据在于探头阻力的大小，它与土层的软硬程度密切相关。由此进行的土层划分也称之为力学分层。

由图 8-3，分层时要注意两种现象，其一是贯入过程中的临界深度效应，另一个是探头越过分层面前后所产生的超前与滞后效应。这些效应的根源均在于土层对于探头的约束条件有了变化。

根据长期的经验确定了以下划分方法：

（1）上下层贯入阻力相差不大时，取超前深度和滞后深度的中点，或中点偏向于阻值较小者 5~10 cm 处作为分层面；

（2）上下层贯入阻力相差一倍以上时，取软层最靠近分界面处的数据点偏向硬层 10 cm 处作为分层面；

（3）上下层贯入阻力变化不明显时，可结合 f_s 或 R_f 的变化确定分层面。

第（3）条的根据在于当贯入阻力大致相当时，阻力的构成可以反映土性的差异。由此也可看出双桥探头的好处。

土层划分以后可按平均法计算各土层的触探参数，计算时应注意剔除异常的数据。

2. 确定土类（定名）

静力触探的几种测试方法均可用于划分土类，但就其总体而言，单桥探头测试的参数太少，精度较差，常常需要和钻探及经验相结合，下面仅介绍铁道部《静力触探技术规程》TBJ37-93 中利用双桥探头测试结果进行划分的方法，见图 8-6。

该方法利用了 q_c 和 R_f 两个参数，其根据在于不同的土类不但具有差异较大的 q_c 值，而且其摩阻比 R_f 对此更为敏感。例如大部分砂土 R_f 均小于 1%，而黏土通常都大于 2%，所以使用这两个参数划分土类有较好的效果。

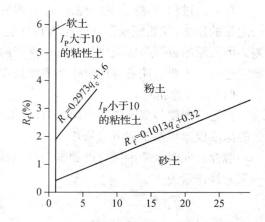

图 8-6　土的分类图（双桥探头法 TBJ37-93）

该法的优点是提供了边界方程，缺点是比较粗糙。

3. 求浅基承载力

用静力触探法求地基承载力的突出优点是快速、简便、有效。在应用此法时应注意以下几点：

(1)静力触探法求地基承载力一般依据的是经验公式。这些经验公式是建立在静力触探和载荷试验的对比关系上。但载荷试验原理是使地基土缓慢受压，先产生压缩(似弹性)变形，然后为塑性变形，最后剪切破坏，受荷过程慢，内聚力和内摩擦角同时起作用。静力触探加荷快，土体来不及被压密就产生剪切破坏，同时产生较大的超孔隙水压力，对内聚力影响很大。这样，主要起作用的是内摩擦角，内摩擦角越大，锥头阻力 q_c(或比贯入阻力 p_s)也越大。砂土内聚力小或为零，黏性土内聚力相对较大，而内摩擦角相对较小。因此，用静力触探法求地基承载力要充分考虑土质的差别，特别是砂土和黏土的区别。另外，静力触探法提供的是一个孔位处的地基承载力，用于设计时应将各孔的资料进行统计分析以推求场地的承载力，此外还应进行基础的宽度和埋置深度的修正。

(2)地基土的成因、时代及含水量的差别对用静力触探法求地基承载力的经验公式有明显影响，如老黏土($Q_1 \sim Q_3$)和新黏土(Q_4)的区别。

我国对使用静力触探法推求地基承载力已积累了相当丰富的经验，经验公式很多。在使用这些经验公式时应充分注意其使用的条件和地域性，并在实践中不断地积累经验。

铁路部门提出的经验公式(见《静力触探技术使用暂行规定》)如下：

对于 Q_3 及以前沉积的老黏土地基，单桥探头的比贯入阻力 p_s 在 3 000~6 000 kPa 的范围内时采用如下公式计算地基的基本承载力 σ_0：

$$\sigma_0 = 0.1 p_s \tag{8-3}$$

对于软土及一般黏土、亚黏土地基的基本承载力 σ_0 采用下式计算：

$$\sigma_0 = 5.8 p_s^{0.5} - 46 \tag{8-4}$$

对于一般亚砂土及饱和砂土地基的基本承载力 σ_0 采用下式计算：

$$\sigma_0 = 0.89 p_s^{0.63} + 14.4 \tag{8-5}$$

当确认该地基在施工及竣工后均不会达到饱和时，则由上式确定的砂土地基的 σ_0 可以提高 25%~50%。

上列各式的单位均为 kPa。

相应的深、宽修正系数如表 8-2：

表 8-2　由贯入阻力 p_s 定宽、深修正系数 k_1 和 k_2

p_s/MPa	<0.5	0.5~2	2~6	6~10	10~14	14~20	>20
k_1	0	0	0	1	2	3	4
k_2	0	1	2	3	4	5	6

上述公式均是以单桥探头的比贯入阻力 p_s 为基础建立的。以双桥探头的锥尖阻力 q_c 为基础的公式也有不少，但不及上述公式的影响大。

4. 估算单桩的竖向承载力

静力触探的机理和桩的作用机理类似,静力触探试验相当于沉桩的模拟试验。因此,在现有的各种原位测试技术中,用静力触探成果计算单桩承载力是最为适宜的,其效果也特别良好,故很早就被应用于桩基勘察中。与用载荷试验求单桩承载力的方法相比,静力触探试验具有明显的优点。由于成本很低且快速经济,因而可以在每根桩位上进行静力触探试验;桩的载荷试验笨重,成本高,周期长,而且只有在成桩后才能做,试验数量非常有限,试验成本也远远高于静力触探试验。因此,静力触探在桩基的勘察阶段广泛应用。但要注意两者的区别,桩的表面较粗糙,直径大,沉桩时对桩周围土层的扰动也大;桩在实际受力时沉降量很小,沉降速度很慢;而静力触探贯入速率较快。因此,要对静力触探成果加以修正后才能应用于计算桩的承载力。由于载荷试验求出的单桩承载力最可靠,所以将静力触探试验和桩的载荷试验配合应用,互相验证,将会减少桩基的工程和试验费用并能取得比使用单一手段更好的效果。

应用静力触探的测试成果计算单桩极限承载力的方法已比较成熟,国内、外均有很多计算公式。现仅列出铁道部《静力触探技术规则》的方法,供参考。

(1) 混凝土打入桩承载力按下式计算:

$$Q_u = \alpha_b \bar{q}_{cb} A_b + U_p \sum_{i=1}^{n} \beta_f f_{si} l_i \tag{8-6}$$

式中:Q_u——单桩极限承载力(kPa);

f_{si}——第 i 层土的探头平均侧阻力(KN);

l_i——第 i 层土的厚度(m);

A_b——桩底横截面面积(m^2);

U_p——桩身截面周长(m);

$\bar{q}_{cb}$——桩底以上、以下 $4d$(d 为桩的直径或边长)范围内按土层厚度的探头阻力加权平均值。如桩底以上 $4d$ 的 q_c 平均值大于桩底以下 $4d$ 的 q_c 平均值,则 $\bar{q}_{cb}$ 取桩底以下 $4d$ 的 q_c 平均值(kPa)。

α_b、β_f——分别为桩端阻力、桩侧阻力综合修正系数,按表8-3选用。

注:双桥探头的圆锥底面积为 15 cm^3,锥角 $60°$,摩擦套筒高 21.85 cm,侧面积 300 cm^2。

表 8-3　混凝土打入桩桩端阻力、桩侧阻力综合修正系数 α_b、β_f

α_b	β_f	条件
$3.975(\bar{q}_{cb})^{-0.25}$	$5.07(f_{si})^{-0.45}$	同时满足 $\bar{q}_{cb} > 2\,000$ kPa、$f_{si}/q_{ci} \leqslant 0.14$
$12.00(\bar{q}_{cb})^{-0.35}$	$10.04(f_{si})^{-0.55}$	不同时满足 $\bar{q}_{cb} > 2\,000$ kPa、$f_{si}/q_{ci} \leqslant 0.14$
备　注	$\beta_f \cdot f_{si} \leqslant 100$ kPa	

(2) 混凝土钻孔灌注桩承载力:

混凝土钻孔灌注桩的单桩极限承载力 Q_u 的计算公式与打入桩相同,但是桩端阻力、桩侧阻力综合修正系数 α_b 和 β_f 的取值不同,按表8-4选用。

表 8-4　混凝土打入桩桩端阻力、桩侧阻力综合修正系数 α_b、β_f

灌注桩直径	α_b	β_f
<65	$570.71(\overline{q}_{cb})^{-0.93}$	$21.22(f_{si})^{-0.75}$
≥65	$20.46(\overline{q}_{cb})^{-0.55}$	$21.22(f_{si})^{-0.4}$

除了在上述方面有着广泛的应用外,静力触探技术还可用于推求土的物理参数(密度、密实度等)、力学参数(c,φ,E_0,E_s 等),检验地基处理后的效果、测定滑坡的滑动面以及判断地基的液化可能性等。

任务 8.3　圆锥动力触探和标准贯入试验

依据探头类型,可将动力触探分为圆锥动力触探和标准贯入测试(标贯)。

圆锥动力触探试验习惯上称为动力触探试验(DPT)或简称动探,它是利用一定的锤击动能,将一定规格的圆锥形探头打入土中,根据每打入土中一定深度的锤击数(或贯入能量)来判定土的物理力学特性和相关参数的一种原位测试方法。

标准贯入试验习惯上简称为标贯。它和动力触探在仪器上的差别仅在于探头形式不同,标贯的探头是一个空心贯入器,试验过程中还可以取土。因为和动力触探试验有许多共同之处,故将其放入同一项目中论述。

动力触探和标准贯入试验在国内外应用极为广泛,是一种重要的土工原位测试方法,具有独特的优点:

(1) 设备简单,且坚固耐用;

(2) 操作及测试方法容易掌握;

(3) 适应性广,砂土、粉土、砾石土、软岩、强风化岩石及黏性土均可;

(4) 快速,经济,能连续测试土层;

(5) 标准贯入试验可同时取样,便于直接观察描述土层情况;

(6) 应用历史悠久,积累的经验丰富。

8.3.1　试验设备和方法

1. 试验设备

动力触探使用的设备如图 8-7,包括动力设备和贯入系统两大部分。动力设备的作用是提供动力源,也便于野外施工,多采用柴油发动机;对于轻型动力触探也有采用人力提升方式的。贯入部分是动力触探的核心,由穿心锤、探杆和探头组成。

根据所用穿心锤的质量将动力触探试验分为轻型、中型、重型和超重型等种类。动力触探类型及相应的探头和探杆规格见表 8-5。

图 8-7　现场动力触探试验

表 8 - 5 常用动力触探类型及规格

类型	锤质量/kg	落距/cm	探头规格		探杆外径/mm	触探指标（贯入一定深度的锤击数）
			锥角/°	底面积/cm²		
轻型	10 10	50 30	60 45	12.6 4.9	25 12	贯入 30 cm 锤击数 N_{10} 贯入 10 cm 锤击数 N_{10}
中型	28	80	60	30	33.5	贯入 10 cm 锤击数 N_{28}
重型	63.5	76	60	43	42	贯入 10 cm 锤击数 $N_{63.5}$
超重型	120	100	60	43	60	贯入 10 cm 锤击数 N_{120}

在各种类型的动力触探中,轻型适用于一般黏性土及素填土,特别适用于软土;重型适用于砂土及砾砂土;超重型适用于卵石、砾石类土。穿心锤的质量之所以不同,是由于自然界土类千差万别;锤重动能大,可击穿硬土;锤小动能小,可击穿软土,又能得到一定锤击数,使测试精度提高。现场测试时应根据地基土的性质选择适宜的动探类型。

虽然各种动力触探试验设备的重量相差悬殊,但其仪器设备的形式却大致相同。图 8 - 8 显示了目前常用的机械式动力触探中的轻型动力触探仪的贯入系统,它包括了穿心锤、导向杆、锤垫、探杆和探头五个部分。其他类型的贯入系统在结构上与此类似,差别主要表现在细部规格上。轻型动力触探使用的落锤质量小,可以使用人力提升的方式,故锤体结构相对简单;重型和超重型动力触探的落锤质量大,使用时需借助机械脱钩装置,故锤体结构要复杂得多。常用的机械脱钩装置(提引器)的结构各异,但基本上可分为两种形式:

(1) 内挂式(提引器挂住重锤顶帽的内缘而提升),它是利用导杆缩径,使提引器内活动装置(钢球、偏心轮或挂钩等)发生变位,完成挂钟、脱钩及自由下落的往复过程。内挂式脱钩装置如图 8 - 9 所示。

(2) 外挂式(提引器挂住重锤顶帽的外缘而提升),它是利用上提力完成挂锤,靠导杆顶端所设弹簧锥套或凸块强制挂钩张开,使重锤自由下落。

国际上使用的探头规格较多,而我国的常用探头直径约 5 种,锥角基本上只有 60° 一种。图 8 - 10 是重型和超重型探头的结构图。

标准贯入使用的仪器除贯入器外与重型动力触探的仪器相同。我国使用的贯入器如图 8 - 11。

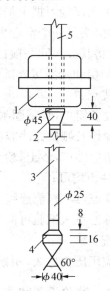

图 8 - 8 轻型动力触探仪(单位:mm)
1—穿心锤;2—钢砧与锤垫;3—触探杆;
4—圆锥探头;5—导向杆

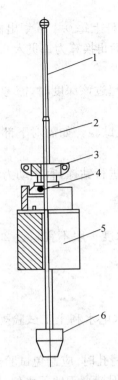

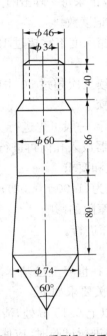

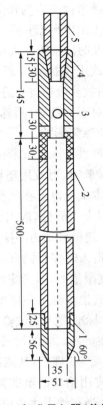

图 8-9　偏心轮缩径式

1—上导杆；2—下导杆；3—吊环；

4—偏心轮；5—穿心锤；6—锤座

图 8-10　重型和超重型

探头的结构(单位:mm)

图 8-11　标准贯入器(单位:mm)

1—贯入器靴；2—贯入器身；

3—排水孔；4—贯入器头；

5—探(钻)杆接头

2. 试验方法

(1) 轻型动力触探的测试程序和要求

① 先用轻便钻具钻至试验土层标高以上 0.3 m 处,然后对所需试验土层连续进行触探。

② 试验时,穿心锤落距为 (0.50 ± 0.02) m,使其自由下落。记录每打入土层中 0.30 m 时所需的锤击数(最初 0.30 m 可以不记)。

③ 若需描述土层情况时,可将触探杆拔出,取下探头,换钻头进行取样。

④ 如遇密实坚硬土层,当贯入 0.30 m 所需锤击数超过 100 击或贯入 0.15 m 超过 50 击时,即可停止试验。如需对下卧土层进行试验时,可用钻具穿透坚实土层后再贯入。

⑤ 本试验一般用于贯入深度小于 4 m 的土层。必要时,也可在贯入 4 m 后,用钻具将孔掏清,再继续贯入 2 m。

(2) 重型动力触探的测试程序和要求

① 试验前将触探架安装平稳,使触探保持垂直地进行。垂直度的最大偏差不得超过 2%。触探杆应保持平直,连结牢固。

② 贯入时,应使穿心锤自由落下,落锤高度为 (0.76 ± 0.02) m。地面上的触探杆的高度不宜过高,以免倾斜与摆动太大。

③ 锤击速率宜为每分钟 15～30 击。打入过程应尽可能连续,所有超过 5 min 的间断都应在记录中予以注明。

④ 及时记录每贯入 0.10 m 所需的锤击数。其方法可在触探杆上每 0.1 m 划出标记,然后直接(或用仪器)记录锤击数;也可以记录每一阵击的贯入度,然后再换算为每贯入 0.1 m 所需的锤击数。最初贯入的 1 m 内可不记读数。

⑤ 对于一般砂、圆砾和卵石,触探深度不宜超过 12～15 m;超过该深度时,需考虑触探杆的侧壁摩阻影响。

⑥ 每贯入 0.1 m 所需锤击数连续三次超过 50 击时,即停止试验。如需对下部土层继续进行试验时,可改用超重型动力触探。

⑦ 本试验也可在钻孔中分段进行,一般可先进行贯入,然后进行钻探,直至动力触探所测深度以上 1 m 处,取出钻具将触探器放入孔内再进行贯入。

(3) 超重型动力触探的测试程度和要求

① 贯入时穿心锤自由下落,落距为(1.00±0.02)m。贯入深度一般不宜超过 20 m,超过此深度限值时,需考虑触探杆侧壁摩阻的影响。

② 其他步骤可参照重型动力触探进行。

(4) 标准贯入的试验方法

标准贯入试验的设备和测试方法在世界上已基本统一。按水电水利土工试验规程 DLT 5355 - 2006 规定,其测试程序和相关要求如下:

① 先用钻具钻至试验土层标高以上 0.15 m 处,清除残土。清孔时,应避免试验土层受到扰动。当在地下水位以下的土层中进行试验时,应使孔内水位保持高于地下水位,以免出现涌砂和塌孔;必要时,应下套管或用泥浆护壁。

② 贯入前应拧紧钻杆接头,将贯入器放入孔内,避免冲击孔底,注意保持贯入器、钻杆、导向杆联接后的垂直度。孔口宜加导向器,以保证穿心锤中心施力。贯入器放入孔内后,应测定贯入器所在深度,要求残土厚度不大于 0.1 m。

③ 将贯入器以每分钟击打 15～30 次的频率,先打入土中 0.15 m,不计锤击数;然后开始记录每打入 0.10 m 及累计 0.30 m 的锤击数 N,并记录贯入深度与试验情况。若遇密实土层,锤击数超过 50 击时,不应强行打入,并记录 50 击的贯入深度。

④ 旋转钻杆,然后提出贯入器,取贯入器中的土样进行鉴别、描述记录,并测量其长度。将需要保存的土样仔细包装、编号,以备试验之用。

⑤ 重复 1～4 步骤,进行下一深度的标贯测试,直至所需深度。一般每隔 1 m 进行一次标贯试验。

(5) 标准贯入的注意事项:

钻孔时应注意下列各条:

① 须保持孔内水位高出地下水位一定高度,以免塌孔,保持孔底土处于平衡状态,不使孔底发生涌砂变松,影响 N 值;

② 下套管不要超过试验标高;

③ 须缓慢地下放钻具,避免孔底土的扰动;

④ 细心清除孔底浮土,孔底浮土应尽量少,其厚度不得大于 10 cm;

⑤ 如钻进中需取样,则不应在锤击法取样后立刻做标贯,而应在继续钻进一定深度(可

根据土层软硬程度而定)后再做标贯,以免人为增大 N 值;

⑥ 钻孔直径不宜过大,以免加大锤击时探杆的晃动;钻孔直径过大时,可减少 N 至 50%,建议钻孔直径上限为 100 mm,以免影响 N 值。

标贯和圆锥动力触探测试方法的不同点,主要是不能连续贯入,每贯入 0.45 m 必须提钻一次,然后换上钻头进行回转钻进至下一试验深度,重新开始试验。另外,标贯试验不宜在含有碎石的土层中进行,只宜用于黏性土、粉土和砂土中,以免损坏标贯器的管靴刃口。

8.3.2　试验成果的整理分析

目前使用较多的是机械式动力触探,数据采集使用人工读数记录的方式。现将其数据整理的一般过程和要求列出于下:

1. 检查核对现场记录

在每个动探孔完成后,应在现场及时核对所记录的击数、尺寸是否有错漏,项目是否齐全;核对完毕后,在记录表上签上记录者的名字和测试日期。

2. 实测击数校正

(1) 轻型动力触探

① 轻型动力触探不考虑杆长修正,根据每贯入 30 cm 的实测击数绘制 $N_{10}-h$ 曲线图。

② 根据每贯入 30 cm 的锤击数对地基土进行力学分层,然后计算每层实测击数的算术平均值。

(2) 中型动力触探

在《工业与民用建筑工程地质勘察规范》(TJ21-77)附录三中规定:贯入时,应记录一阵击的贯入量及相应锤击数(一般黏性土,20～30 cm 为一阵击;软土,3～5 击为一阵击),并按(8-4)式换算为每贯入 10 cm 的实测击数,再按(8-5)式进行杆长击数校正。

$$N_{28}=\frac{n\times10}{S} \tag{8-7}$$

$$N'_{28}=\alpha N_{28} \tag{8-8}$$

上列式中: N_{28} ——相当于贯入 10 cm 时的实测锤击数(击/10 cm);

n ——每阵击的锤击数;

S ——每阵击时相应的贯入量(cm);

N'_{28} ——校正后的击数(击/10 cm);

α ——杆长校正系数,见相应规范。

(3) 重型、超重型动力触探

① 铁路《动力触探技术规定》(TBJ8-87)中规定,实测击数应按杆长校正。

重型动力触探的实测击数($N_{63.5}$),按下式进行校正:

$$N'_{63.5}=\alpha N_{63.5} \tag{8-9}$$

式中: $N'_{63.5}$ ——校正后的击数(击/10 cm);

α ——杆长校正系数,查表 8-6;

$N_{63.5}$ ——实测击数(击/10 cm)。

表 8-6　重型动力触探杆长击数校正系数 α

α　l　$N_{63.5}$	5	10	15	20	25	30	35	40	≥50
≤2	1.0	1.0	1.0	1.0	1.0	1.0	1.0	1.0	—
4	0.96	0.95	0.93	0.92	0.90	0.89	0.87	0.86	0.84
6	0.93	0.90	0.88	0.85	0.83	0.81	0.79	0.78	0.75
8	0.90	0.86	0.83	0.80	0.77	0.75	0.73	0.71	0.67
10	0.88	0.83	0.79	0.75	0.72	0.69	0.67	0.64	0.61
12	0.85	0.79	0.75	0.70	0.67	0.64	0.61	0.59	0.55
14	0.82	0.76	0.71	0.66	0.62	0.58	0.56	0.53	0.50
16	0.79	0.73	0.67	0.62	0.57	0.54	0.51	0.48	0.45
18	0.77	0.70	0.63	0.57	0.53	0.49	0.46	0.43	0.40
20	0.75	0.67	0.59	0.53	0.48	0.44	0.41	0.39	0.36

注：l 为探杆总长度(m)；本表可以内插取值。

超重型动力触探的实测击数(N_{120})，应先按公式(8-7)换算成相当于重型的实测击数($N_{63.5}$)，然后再按公式(8-6)进行杆长击数校正。

$$N_{63.5}=3N_{120}-0.5 \tag{8-10}$$

式中：$N_{63.5}$——相当于重型实测击数(击/10 cm)；

　　　N_{120}——超重型实测击数(击/10 cm)。

② 中国西南建筑勘察院对杆长击数的校正

对超重型动力触探的实测击数(N_{120})，无需换算成重型动力触探的实测击数，可直接按(8-8)式及表8-7进行杆长击数校正。

$$N'_{120}=\alpha N_{120} \tag{8-11}$$

式中：N'_{120}——修正后的超重型击数(击/10 cm)；

　　　N_{120}——超重型实测击数(击/10 cm)。

关于超重型动力触探的杆长修正问题，铁路规范与西南勘察院的不同之处有两点：

a. 铁路规范需将 N_{120} 的实测击数换算成相当于 $N_{63.5}$ 的实测击数后再修正杆长。西南勘察院则直接用 N_{120} 的实测击数进行修正。

b. 铁路规范 N_{120} 所用探杆直径为 50 mm，每延米质量为 7.5 kg，可与 $N_{63.5}$ 共用，并能在工作过程中互换重锤。西南勘探院所用探杆直径为 60 mm，每延米质量为 11.4 kg，工作过程中不能与 $N_{63.5}$ 进行重锤互换。除以上两点外，二者的其他设备参数基本相同。

3. 绘制动力触探击数沿深度分布曲线

以杆长校正后的击数为横坐标，以贯入深度为纵坐标绘制曲线图。因为采集的数据表示每贯入某一深度的锤击数，故曲线图一般绘制成沿深度方向的直方图。

表 8-7　西勘院采用的超重型动力触探杆长击数校正系数 α

α $\diagdown$ N_{120} l	1	3	5	7	9	10	15	20	25	30	35	40
1	1.0	1.0	1.0	1.0	1.0	1.0	1.0	1.0	1.0	1.0	1.0	1.0
2	0.963	0.961	0.910	0.905	0.902	0.901	0.896	0.891	0.888	0.884	0.881	0.879
3	0.942	0.875	0.858	0.850	0.845	0.843	0.835	0.828	0.822	0.817	0.812	0.808
5	0.915	0.817	0.792	0.781	0.773	0.770	0.758	0.748	0.739	0.732	0.725	0.719
7	0.897	0.778	0.749	0.735	0.726	0.722	0.707	0.695	0.685	0.676	0.667	0.660
9	0.884	0.750	0.716	0.700	0.690	0.680	0.670	0.656	0.644	0.634	0.624	0.616
11	0.873	0.727	0.690	0.673	0.622	0.658	0.639	0.624	0.612	0.600	0.590	0.581
13	0.864	0.708	0.669	0.650	0.639	0.634	0.614	0.598	0.584	0.572	0.561	0.551
15	0.857	0.691	0.650	0.631	0.619	0.614	0.593	0.576	0.561	0.548	0.537	0.526
17	0.850	0.677	0.634	0.614	0.601	0.596	0.574	0.556	0.541	0.528	0.515	0.504
19	0.844	0.664	0.620	0.598	0.585	0.580	0.557	0.539	0.523	0.509	0.496	0.485

注：l 为探杆总长度(m)。

《岩土工程勘察规范》(GB 50021-2001)对于动力触探的曲线绘制和试验成果做了如下规定：

(1) 单孔动力触探应绘制动探击数与深度曲线或动贯入阻力与深度曲线,进行力学分层。

(2) 计算单孔分层动探指标,应剔除超前或滞后影响范围内及个别指标异常值。

(3) 当土质均匀,动探数据离散性不大时,可取各孔分层平均动探值,用厚度加权平均法计算场地分层平均动探值。

(4) 当动探数据离散性大时,宜采用多孔资料或与钻探资料及其他原位测试资料综合分析。

(5) 根据动探指标和地区经验,确定砂土孔隙比、相对密度,粉土、黏性土状态,土的强度、变形参数,地基土承载力和单桩承载力等设计参数;评定场地均匀性,查明土坡、滑动面、层面,检验地基加固与改良效果。

4. 标贯测试成果整理

(1)求锤击数 N:如土层不太硬,并能较容易地贯穿 0.30 m 的试验段,则取贯入 0.30 m 的锤击数 N。如土层很硬,不宜强行打入时,可用下式换算相应于贯入 0.30 m 的锤击数 N。

$$N=\frac{0.3n}{\Delta S} \qquad (8-12)$$

式中:n——所选取的贯入深度的锤击数;

ΔS——对应锤击数 n 的贯入深度(m)。

(2) 绘制 $N-h$ 关系曲线

8.3.3 试验成果的应用

由于具有方便快捷和对土层适应性强的优点,动力触探在勘察和工程检测中应用甚广,其主要功能有以下几方面。

1. 划分土层

根据动力触探击数可粗略划分土类(图 8-12)。一般来说,锤击数越少,土的颗粒越细;锤击次数越多,土的颗粒越粗。在某一地区进行多次勘测实践后,就可以建立起当地土类与锤击数的关系。如与其他测试方法同时应用,则精度会进一步提高。例如在工程中常将动、静力触探结合使用,或辅之以标贯试验,还可同时取土样,直接进行观察和描述,也可进行室内试验检验。根据触探击数和触探曲线的形状,将触探击数相近的一段作为一层,据之可以划分土层剖面,并求出每一层触探击数的平均值,定出土的名称。动力触探曲线和静力触探一样,有超前段、常数段和滞后段。在确定土层分界面时,可参考静力触探的类似方法。

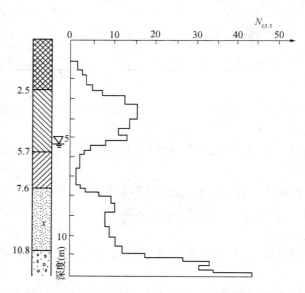

图 8-12 动力触探击数随深度分布的直方图及土层划分

2. 确定地基土的承载力

用动力触探和标准贯入的成果确定地基土的承载力已被多种规范所采纳,中国建筑西南勘察院采用 120 kg 重锤和直径 60 mm 探杆的超重型动探,并与载荷试验的比例界限值 p_l 进行统计,得如下公式:

$$f_k = 80 N_{120} \quad (3 \leqslant N_{120} \leqslant 10) \qquad (8-13)$$

式中:f_k——地基土承载力标准值(kPa);

N_{120}——校正后的超重型动探击数(击/10 cm)。

中国地质大学(武汉)对黏性土也有类似经验公式:

$$f_k = 32.3 N_{63.5} + 89 \quad (2 \leqslant N_{63.5} \leqslant 16) \qquad (8-14)$$

式中:f_k——地基土承载力标准值;

　　$N_{63.5}$——重型动探击数(击/10 cm)。

上列两公式均为经验公式,带有地区性,使用时应注意其限制和积累经验。

3. 求单桩容许承载力

动力触探试验对桩基的设计和施工也具有指导意义。实践证明,动力触探不易打入时,桩也不易打入。这对确定桩基持力层及沉桩的可行性具有重要意义。用标准贯入击数预估打入桩的极限承载力是比较常用的方法,国内外都在采用。具体方法请见参考书。由于动力触探无法实测地基土的极限侧壁摩阻力,因而用于桩基勘察时,主要是采用以桩端承载力为主的短桩。

4. 按动力触探和标准贯入击数确定粗粒土的密实度

动力触探主要用于粗粒土,用动力触探和标准贯入测定粗粒土的状态有其独特的优势。标准贯入可用于砂土,动力触探可用于砂土和碎石土。

成都地区根据动力触探击数确定碎石土密实度的规定如表 8-8 所示。

表 8-8　成都地区碎石土的密实度划分标准

触探类型　　密实度	松　散	稍　密	中　密	密　实
N_{120}	$N_{120} \leqslant 4$	$4 < N_{120} \leqslant 7$	$7 < N_{120} \leqslant 10$	$N_{120} > 10$
$N_{63.5}$	$N_{63.5} \leqslant 7$	$7 < N_{63.5} \leqslant 15$	$15 < N_{63.5} \leqslant 30$	$N_{63.5} > 30$

利用动力触探和标准贯入的测试成果还可以判断砂土液化可能性(标准贯入法还是目前较为一致认可的效果较好的方法,Peck(1979)曾经指出,在评价砂土液化势方面,认为复杂得多的周期性室内试验比标准贯入试验有任何更为优越之处是不公正的)、确定黏性土的黏聚力 c 及内摩擦角 φ、确定地基土的变形模量、检验碎石桩的施工质量,等等。

总之,动探和标贯的优点很多,应用广泛。对难以取原状土样的无黏性土和用静探难以贯入的卵砾石层,动探是十分有效的勘测和检验手段。但是,影响其测试成果精度的因素很多,所测成果的离散性大。因此,它是一种较粗糙的原位测试方法。在实际应用时,应与其他测试方法配合;在整理和应用测试资料时,运用数理统计方法,效果会好一些。

任务8.4　十字板剪切试验(VST)

十字板剪切试验于 1928 年在瑞士奥尔桑(J. olsson)首先提出。在我国于 1954 年开始使用十字板剪切试验以来,在沿海软土地区被广泛使用。十字板剪切试验是快速测定饱和软黏土层快剪强度的一种简易而可靠的原位测试方法。这种方法测得的抗剪强度值,相当于试验深度处天然土层的不排水抗剪强度,在理论上它相当于三轴不排水剪的总强度,或无侧限抗压强度的一半($\varphi = 0$)。由于十字板剪切试验不需采取土样,特别对于难以取样的灵敏性高的黏性土,它可以在现场基本保持天然应力状态下进行扭剪。长期以来十字板剪切试验被认为是一种较为有效的、可靠的现场测试方法,与钻探取样室内试验相比,土体的扰动较小,而且试验简便。

但在有些情况下已发现十字板剪切试验所测得的抗剪强度在地基不排水稳定分析中偏

于不安全,对于不均匀土层,特别是夹有薄层粉细砂或粉土的软黏性土,十字板剪切试验会有较大的误差。因此将十字板抗剪强度直接用于工程实践中,要考虑到一些影响因素。

8.4.1 十字板剪切试验的基本技术要求

(1) 十字板尺寸:常用的十字板尺寸十字板尺寸表 8-9 为矩形,高径比(H/D 为 2)。国外使用的十字板尺寸与国内常用的十字板尺寸不同,见表 8-9。

表 8-9 十字板尺寸

使字板尺寸	H(mm)	D(mm)	厚度(mm)
国内	100	50	2~3
	150	75	2~3
国外	125±12.5	62.5±12.5	2

(2) 对于钻孔十字板剪切试验,十字板插入孔底以下的深度应大于 5 倍钻孔径,以保证十字板能在不扰动土中进行剪切试验。

(3) 十字板插入土中与开始扭剪的间歇时间应小于 5 min。因为插入时产生的超孔隙水压力的消散,会使侧向有效应力增长。拖斯坦桑[Torstensson(1977)]发现间歇时间为 1 h 和 7 d 的,试验所得不排水抗剪强度比间歇时间为 5 min 的,约分别增长 9% 和 19%。

(4) 扭剪速率也应很好控制。剪切速率过慢,由于排水导致强大增长。剪切速率过快,对饱和软黏性土由于黏滞效应也使强度增长。一般应控制扭剪速率为($1°\sim2°$)/10 s,并以此作为统一的标准速率,以便能在不排水条件下进行剪切试验。测记每扭转 $1°$ 的扭矩,当扭矩出现峰值或稳定值后,要继续测读 1 min,以便确认峰值或稳定扭矩。

(5) 重塑土的不排水抗剪强度,应在峰值强度或稳定值强度出现后,顺剪切扭转方向连续转动 6 圈后测定。

(6) 十字板剪切试验抗剪强度的测定精度应达到 1~2 kPa。

(7) 为测定软黏性土不排水抗剪强随深度的变化,试验点竖向间距应取为 1 m,或根据静力触探等资料布置验点。

8.4.2 十字板剪切试验的基本原理

十字板剪切试验包括钻孔十字板剪切试验和贯入电测十字板剪切试验,其基本原理都是:施加一定的扭转力矩,将土体剪坏,测定土体对抗扭剪的最大力矩,通过换算得到土体抗剪强度值(假定 $a=0$)。假设土体是各向同性介质,即水平面的不排水抗剪强度$(C_u)_h$与垂直面上的不排水抗剪强度$[(C13)_u]_v$相同:$(C_u)_v = (C_u)_h$。旋转十字板头时,在土体中形成一个直径为 D,高为 H 的圆柱剪切破坏面。由于假定土体是各向同性的,因此该圆柱剪损面的侧表面及顶底面上各点的抗剪强度相等,则旋转过程中,土体产生的最大抗扭矩 M 由圆柱侧表面的抵抗扭矩 M_1 和圆柱底面的抵抗扭矩 M_2 组成。

$$M = M_1 + M_2 \tag{8-15}$$

式中:

$$M_1 = C_u \pi D H \frac{D}{2} \tag{8-16}$$

$$M_2 = \left[2C_{\mathrm{u}} \left(\frac{1}{4} \pi D^2 \right) \frac{D}{2} \right] \alpha \tag{8-17}$$

则：

$$M = \frac{1}{2} C_{\mathrm{u}} \pi H D^2 + \frac{1}{4} C_{\mathrm{u}} \pi \alpha D^3 = \frac{1}{2} C_{\mathrm{u}} \pi D^3 \left(\frac{H}{D} + \frac{\alpha}{2} \right) \tag{8-18}$$

所以

$$C_{\mathrm{u}} = \frac{2M}{\pi D \left(\dfrac{H}{D} + \dfrac{\alpha}{2} \right)} \tag{8-19}$$

式中：α——与圆柱顶底面剪应力的分布有关的系数，见表 8-10；

M——十字板稳定最大扭转矩（即土体的最大抵抗扭矩）。

表 8-10　α 值

圆柱顶底面剪应力分布	均匀	抛物线	三角形
α	2/3	3/5	1/2

影响十字板剪切试验的因素很多，有些因素，如十字板厚度、间歇时间和扭转速率等，已由技术标准加以控制了。但有些因素是人为无法控制的。例如：土的各向异性，剪切面剪应力的非均匀分布，应变软化和剪切破坏圆柱直径大于十字板直径，等等。所有这些因素的影响大小，均与土类、土的塑性指数 I_{p} 和灵敏度 S_{t} 有关。当 I_{p} 高，S_{t} 大，各因素的影响也大。故对于高塑性的灵敏黏土，对十字板剪切试验的成果，要做慎重分析。

8.4.3　十字板剪切试验的适用范围和目的

十字板剪切试验适用于灵敏度 $S_{\mathrm{t}} < 10$，固结系数 $C_{\mathrm{v}} < 100 \ \mathrm{m^2/}$年的均质饱和软黏性土。其目的有：

（1）测定原位应力条件下软黏土的不排水抗剪强度 C_{u}；

（2）估算软黏性土的灵敏度 S_{t}。

饱和软黏土的灵敏度为原状土不排水抗剪强度与重塑土不排水抗剪强度的比值。

8.4.4　十字板剪切试验成果的应用

十字板剪切试验成果主要有：十字板不排水抗剪强度 C_{u} 随深度的变化曲线，即 $C_{\mathrm{u}}-h$ 关系曲线。

十字板不排水抗剪强度一般偏高，要经过修正以后，才能用于实际工程问题。其修正方法有：

$$(C_{\mathrm{u}})_{\mathrm{f}} = \mu \, (C_{\mathrm{u}})_{\mathrm{fv}} \tag{8-20}$$

式中：$(C_{\mathrm{u}})_{\mathrm{f}}$——土的现场不排水抗剪强度（kPa）；

$(C_{\mathrm{u}})_{\mathrm{fv}}$——十字板实测不排水抗剪强度（KPa）；

μ——修正系数，按表 8-11 选取。

国外约翰逊(Johnson,1988)等对墨西哥海湾深水软土的试验:

$$\mu = 1.29 - 0.0206 I_p + 0.000156 I_p^2 \qquad (8-21)$$

$$(20 \leqslant I_p \leqslant 80)$$

$$\mu = 10^{-(0.0077 + 0.098 I_L)} \qquad (8-22)$$

$$(0.2 \leqslant I_L \leqslant 1.3)$$

表 8-11 十字剪板修正系数

液性指数 I_p		10	15	20	25
μ	各向同性土	0.91	0.88	0.85	0.82
	各向异性土	0.95	0.92	0.90	0.88

经过修正后的十字板不排水抗剪强度可用于评定地基土的现场不排水抗剪强度,即式(8-48)确定的$(C_u)_f$。

用$(C_u)_f$也可以确定软土地基的承载力:

根据中国建筑科学研究院,华东电力设计院的经验,依据$(C_u)_f$评定软土地基承载力标准值f_k(kPa)的公式为:

$$f_k = 2(C_u)f + \gamma D \qquad (8-23)$$

式中:γ——土的重度(kN/m³);

D——基础埋置深度(m)。

也可以利用地基土承载力的理论公式,根据$(C_u)_f$确定地基土的承载力。

用十字板实测不排水抗剪强度可以估算软土的液性指数I_L

$$I_L = \lg \frac{13}{\sqrt{(C_u)'_{fv}}} \qquad (8-24)$$

式中:$(C_u)'_{fv}$——扰动的十字板不排水抗剪强度(kPa)。

约翰逊等曾统计得:

$$\frac{(C_u)_{fv}}{\sigma_v} = 0.171 + 0.235 I_L \qquad (8-25)$$

式中:σ_v——上覆压力(kPa)。

任务 8.5 扁铲侧胀试验

扁铲侧胀试验(简称 DMT)是意大利学者 Marchetti 于二十世纪七十年代发明的一种原位测试技术,可作为一种特殊的旁压试验,是用静力(有时也用锤击动力)把一扁铲探头贯入到土中某一预订深度,利用气压使扁铲侧面的圆形钢膜向外扩张进行试验,量测不同侧胀位移时的侧向压力,可用于土层划分与定名、不排水剪切强度、判定土的液化、静止土压力系数、压缩模量、固结系数等的原位测定。其优点是试验操作简捷,重复性好,可靠性高且较经济。目前已在国外被广泛用于浅基工程,桩基工程,边坡工程等。

　　扁铲侧胀试验最适宜在软弱、松散土中进行。一般适用于软土、一般黏性土、粉土、黄土和松散中密的砂土。不适用于含碎石的土、风化岩等。因此,扁铲侧胀试验对土体而言具有较强的实用性。

8.5.1　测试仪器

　　扁铲侧胀仪是由 1 只扁铲形插板(图 8-13)、1 个控制箱(图 8-14)、气电管路、压力源、贯入设备、探杆等组成。扁铲形探头长 230～240 mm、宽 94～96 mm、厚 14～16 mm;探头前刃角 12°～16°,探头侧面钢膜片的直径 60 mm,膜片厚约 0.2 mm,通过穿在杆内的一根柔性气-电管路和地面上的控制箱相连接。探头采用静力触探设备或液压钻机压入土中。

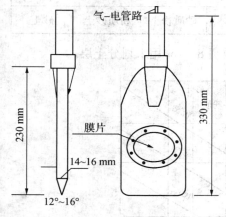

图 8-13　扁铲形插板

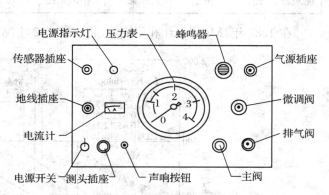

图 8-14　侧胀仪控制箱面板图

8.5.2　资料整理

　　读数 A,B,C 经过仪器的率定数值修正,可转为 p_0, p_1, p_2。

$$p_0 = 1.05(A - z_m + \Delta A) - 0.05(B - z_m - \Delta B) \tag{8-26}$$

$$p_1 = B - z_m - \Delta B \tag{8-27}$$

$$p_2 = C - z_m + \Delta A \tag{8-28}$$

其中 p_0 为初始侧压力; p_1 为 1.1 mm 位移时膨胀侧压力;p_2 为终止压力(回复初始状态侧压力)。

　　由 p_0, p_1, p_2 可获得如下 4 个 DMT 指数:

土类指数　　　　　　　　$I_D = (p_1 - p_0)/(p_0 - u_0)$ 　　　　　　(8-29)

水平应力指数　　　　　$K_D = (p_0 - u_0)/\sigma'_{V0}$ 　　　　　　(8-30)

侧胀模量　　　　　　　　$E_D = 34.7(p_1 - p_0)$ 　　　　　　(8-31)

孔隙压力指数　　　　　$U_D = (p_2 - u_0)/(p_0 - u_0)$ 　　　　　　(8-32)

式中:u_0 为静水压力;σ'_{V0} 为有效上复土压力。

8.5.3　成果应用

　　由试验得到的 4 个 DMT 参数,可用来判别土的特性,并且可以用这些参数来建立起经验公式,而这些经验公式在我们进行岩土工程设计时发挥着重要的作用。下面就介绍一下扁铲侧胀试验在岩土工程中的应用。

1. 土类的划分

土类的划分在岩土工程中发挥着重要的作用,在扁铲侧胀试验中,可以利用 I_D 参数来对土类进行划分,因为 I_D 可以反映出土体的软硬状态及强度大小。不同土类的物理力学性质是不同的,在一般情况下,黏性土的强度小于粉土的强度,而粉土的强度又小于砂土的强度。早在 1980 年,Marchetti 就提出依据扁胀指数 I_D 来划分土类,如表 8－12。

表 8－12　据扁胀指数 I_D 划分土类

I_D	0.1	0.35	0.6	0.9	1.2	1.8	3.3
泥炭及灵敏土	黏土	粉质黏土	黏质粉土	粉土	砂质粉土	粉质砂土	砂土

在 1981 年,Marchetti 和 Crapps 将表 8－12 绘制成图 8－15,用来划分土层。

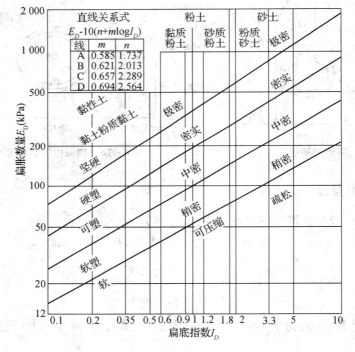

图 8－15　土类的划分

用土性参数 I_D 来划分土类,必须考虑地区和沉积环境等影响,因此各地要用 I_D 来划分土层,必须建立各自的经验公式。由于上海软土地层比较发育,给扁铲侧胀试验提供了前提条件,上海一些学者通过扁铲侧胀试验,提出了上海地区主要土层的 I_D 范围。具体介绍如下。

朱火根、施亚霖利用收集上海地区 157 个扁铲试验孔近 17 600 份数据的实测资料,对不同土类的 I_D 值范围进行统计,分析和归纳出黏土、粉土和粉砂的 I_D 值范围,为利用 I_D 值划分土类提供了依据。这些统计结果表明,不同土性软土的 I_D 值具有各自的取值范围及一定的兼容性,通过黏性土、粉性土、砂性土三个大类统计获得的土性(材料)指数 I_D 值正态分布曲线(图8-16)发现:粉性土和砂性土的正态分布曲线较为扁平,即粉性土和砂性土的I_D较为离散,同时粉性土和相邻的黏性土和砂性土的兼容性非常大。说明了土性(材料)指数I_D指标参数可以作为划分土性的指标之一,但详细准确地划分土性尚应结合土工试验和静探等其他勘察手段综合确定。

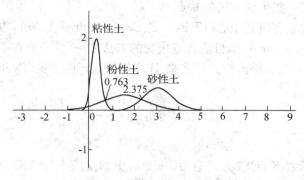

图8-16　土的大类统计表综合图

文献还提出了造成离散性的原因是:(1)上海浅部地层均属第四系滨海相沉积,夹层、互层的水平、交错层理相对比较发育,土体为非均质体;(2)上海地区浅部粉土和粉砂,由于成因和时代不同,其密实度存在较大差异;(3)静止孔隙水压力的影响。文献提出了上海各土性I_D值的分布规律,如表8-13。

表8-13　上海地区全新世各软土层土性(材料)指数I_D规律

土性	I_D 80%概率范围值	平均值	迭交范围
黏土	0.15~0.42	0.28	0.09~0.42
粉质黏土	0.09~0.71	0.40	0.09~0.71
黏质粉土	0.08~2.31	1.19	
砂质粉土	0.09~3.22	1.65	0.09~2.31
粉砂	2.31~4.01	3.16	2.31~3.22

唐世栋也提出了I_D划分上海地区土类的范围,正常固结黏土的I_D值范围为[0.1,0.6],保证率88%;粉砂的I_D值范围为[2.6,3.6],保证率84%。若以黏土和粉砂之间的区间[0.6,2.6]来界定粉土的I_D值范围时,保证率为61%。但统计发现,若根据钻孔和静探资料划分的粉土层,其I_D值在[0.0,4.0]都有。

由上可以发现,用I_D划分上海土类时,由于上海地层属于滨海相沉积,所以上海地区粉土层较薄、夹层、不均匀有关,从而导致I_D在划分土类时的离散性。

2. 液化判别

传统的液化判别方法有标准贯入试验和静力触探试验,它们都有一定的缺点。

首先,标准贯入试验中的N和区分土性的粘粒含量并不同步,击数受试验点下面土层的土性、取试样的误差等影响较大,试样的粘粒含量并不真正与标贯击数N相匹配,因此准确率受一定影响,而静力触探试验的缺点首先在于无法定量区分土性,需要借助土工试验的颗粒分析试验来确定试验段的土性和粘粒含量,易造成判别误差和失误。其次,锥尖阻力

q_c 与状态参数(sp)(控制砂样剪切时体积的增减变化)的关系并不是唯一的,q_c 与 sp 的关系很大程度上取决于应力水平。

扁铲作为一种新的原位测试,由于 K_D 与土的相对密实度 D_r、静止土压力系数 K_0、应力历史、沉积年代、胶结等有关,而这些因素也影响砂土的液化势,所以 K_D 可以来评定砂土的液化势。同时也克服一些传统方法的缺点。

美国伯克利地震工程研究中心(ERRC)的 Seed 和 Idriss(1971)提出了液化判别的简化方法(simplified procedure),是目前普遍接受的方法之一,并一直在不断改进和完善。

Seed 和 Idriss(1971)提出按式下式来 计算等效循环应力比(Cyclic Stress Ratio,简称 CSR):

$$CSR = \tau_{av}/\sigma'_{V_0} \qquad (8-33)$$

其中 τ_{av} 为地震作用平均水平剪应力,kPa;σ'_{V_0} 为有效上覆压力,kPa。

由于水平应力指数 K_D 对过去的应力、应变历史的反应十分敏感,Marchetti(2005)提出了用水平应力指数(K_D)来计算 CRR 的方法,从而来判别土是否液化

$$CRR = 0.107\ K_D^3 - 0.074\ 1K_D^2 + 0.216\ 9K_D - 0.120\ 6 \qquad (8-34)$$

当饱和砂土的抗液化强度大于等效循环应力比时,即 $CRR > CSR$ 时,不液化,反之则液化。判别曲线(按 7.5 度烈度计算)见图 8-17。

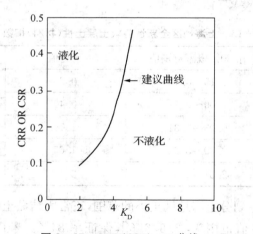

图 8-17 CRR(CSR)-K_D曲线

国内陈国明(2003 年)选择对上海浅层粉性土场地进行扁铲侧胀试验,应用和发生地震剪应力(按 7 度烈度计算)的关系,结合国内的使用习惯,提出了考虑粘粒含量的粉土液化判别公式如下:

$$K_{Dcr} = K_{D_0}\left[0.8 - 0.04(d_s - d_w) + \frac{d_s - d_w}{\alpha + 0.9(d_s - d_w)}\right] \times \sqrt{\frac{3}{15 - 5I_D}} \qquad (8-35)$$

其中,K_{Dcr} 为液化临界水平应力指数;K_{D_0} 为液化临界水平应力指数基准值,此处为 2.5;ds 为扁铲试验点深度,m;d_w 为地下水位,m;I_D 为材料指数,当 $I_D \leqslant 1.0$ 时,为不液化土,$I_D > 2.4$ 时,取 $I_D = 2.4$;α 为系数,按表 8-14 取值(d_w 为中间值时,可以线性内插),当 K_D 小于 K_{Dcr} 时,判别为可液化土,反之不液化。

表 8 - 14　系数 α 的取值

d_w(m)	0.5	1.0	1.5	2.0
α	1.2	2.0	2.8	3.6

可以发现扁铲侧胀试验提供了一种新的、更灵敏的测试手段。现有的经验表明：用 I_D 和 K_D 来判别液化是合理，而且 I_D 和 K_D 在试验点上同步测得，因此用 I_D 和 K_D 来判别液化也是准确的。

3. 静止侧压力系数 K_0

扁铲侧胀试验在测试土体水平向参数时有其独特的适用性。它比室内土工试验方法更为简便、迅速。由于在原位土体中进行试验，其结果更能反映土体的实际应力状态。进行扁铲试验时，扁胀探头压入土中，对周围土体产生挤压，故并不能由扁胀试验直接测定原位初始侧向应力。但通过经验可建立静止侧压力系数 K_0 与水平应力指数 K_D 的关系。

水平应力指数 K_D 是扁铲试验的一个非常重要的指标，它可以被认为是一个由贯入所导致放大的 K_0 值。

Marchetti 最初于 1980 年通过对软土地区的扁铲侧胀试验与其他试验的对比研究，建立了 K_D 与 K_0 之间的关系式：

当 $I_D \leqslant 1.2$ 时

$$k_0 = \left(\frac{K_D}{1.5}\right)^{0.47} - 0.6 \tag{8-36}$$

Lunne(1988 年) 根据试验结果提出：K_D 与 K_0 的关系对新近黏土（<6 万年）和老黏土（>7 千万年）是不同的，并于 1989 年提出补充：对新黏性土

$$k_0 = 0.34 K_D^{0.54} \quad (C_u/\sigma'_{v_0} \leqslant 0.5) \tag{8-37}$$

4. 地基承载力计算

近年来，扁铲侧胀试验在我国发展迅速，在实际工程中的应用也越来越多。由于扁铲侧胀试验对土体的扰动小，试验数据较为稳定，因此，对采用扁铲侧胀试验计算地基土的承载力的研究越来越受到岩土工程界的重视。

有学者通过试验得出计算地基承载力的经验公式，如下所示

$$f_{ak} = \beta_1 E_D + \beta_2 \tag{8-38}$$

其中：f_{ak} 为用扁铲侧胀试验计算的地基承载力特征值(kPa)；E_D 为侧胀模量(kPa)；β_1，β_2 为土性系数。

而 β_1，β_2 为和土的性质密切相关，并且各个地区有不同的取值，下面提供的是上海地区的经验取值，如表 8 - 15。

表 8 - 15　扁铲侧胀试验确定地基承载力特征值 f_{ak} 的校核

土　层	E_D/MPa	计算 f_{ak} 公式	f_{ak}/kPa
$2_{-1,2}$ 褐黄色黏性土	2.0～7.0	$f_{ak} = 0.010 E_D + 60$	80～130
2_{-3} 灰色粉性土	2.5～11.5	$f_{ak} = 0.009 E_D + 50$	73～154
3 灰色淤泥质粉质黏土	0.6～6.5	$f_{ak} = 0.006 E_D + 60$	54～89
4 灰色淤泥质黏土	1.1～3.5	$f_{ak} = 0.006 E_D + 60$	57～71
5_{-1} 褐灰色黏土	2.2～5.5	$f_{ak} = 0.010 E_D + 60$	82～115

通过与静力触探试验、室内试验计算的地基承载力相比较,发现用扁铲侧胀试验确定的地基承载力范围与用其他方法确定的地基承载力范围基本一致,因此可以用扁铲侧胀试验计算地基承载力。

5. 其他应用

除以上应用外,扁铲侧胀应用还可以用来评价应力历史、计算土的不排水抗剪强度、土的变形参数、水平固结系数和侧向受荷桩的设计。有了这些应用之后扁铲侧胀试验可以用来计算地基的变形,计算地基的沉降等。

任务 8.6 旁压试验

旁压试验是利用旁压仪在原位测试不同深度土的变形性质和强度指标的试验方法。旁压试验是预先在地基中钻一孔,然后把圆柱形旁压器竖直地放入土中,通过旁压器在竖直的孔内加压,使旁压膜膨胀,并由旁压膜(或护套)将压力传给周围土体(或岩层),使土体或岩层产生变形直至破坏,量测施加的压力和土变形之间的关系,即可得到土基在水平方向上的应力应变关系(图 8-18)。

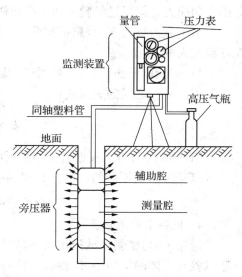

图 8-18 旁压测试示意图

根据将旁压器设置于土中的方法,可以将旁压仪分为预钻式旁压仪、自钻式旁压仪和压入式旁压仪。预钻式旁压仪一般需有竖向钻孔,自钻式旁压仪利用自转的方式钻到预定试验位置后进行试验,压入式旁压仪以静压方式压到预定试验位置后进行旁压试验。预钻式旁压试验是工程勘察中常用的原位测试技术。

和静载荷试验相对比,旁压试验有精度高、设备轻便、测试时间短等特点,但其精度受到成孔质量的影响较大。旁压试验适用于测定黏性土、粉土、砂土、碎石土、软质岩石和风化岩的承载力、旁压模量和应力应变关系等。不适用于淤泥类的特软土,如配钻机钻孔和仪器的承压能力足够大,还可用于碎石土、卵砾石土,风化层及岩体。

8.6.1 试验设备和方法

1. 使用设备

(1)旁压器

(2)控制箱或监测装置

(3)加压装置:高压氮气瓶或高压打气筒

(4)成孔工具

预钻式旁压仪由一个包括旁压器(直径为 5 cm 的圆柱形测试探头)、液压加力系统以及量测系统所组成。以我国制造的 PY 型预钻式旁压仪为例,探头分上中下三腔室,外套以橡皮膜,中腔为测试腔,长 125 cm,体积为 491 cm³,与邻室隔离,上下腔为保护腔,各长10 cm,相互连通。各腔室与地面装置相连。钻孔直径应较探头腔室直径大 2 cm。

2. 操作步骤

(1) 旁压率定:包括两方面,一是旁压器弹性膜约束力的率定;二是仪器综合变形率定。画上述两种率定曲线,求出仪器综合变形校正系数,α。

(2) 将洁净水(凉白开水)灌入水箱,将旁压仪安装好。

(3) 人工预先钻孔到预定深度。

(4) 将旁压仪放入钻孔中。

(5) 打开仪器上相应阀门,记录静水压力和测管中相应水位下降值 S。

(6) 通过调压阀分级加压,每级压力下观测 3 分钟,记录每分钟的测管水位下降值。分级加压的大小标准视岩土体强度及先小后大再小的原则进行,一般应加 10 级压力,记录每级压力值和相应的测管水位下降值。

(7) 测试终止条件:

① 测管水位下降值达到最大允许值,此仪器为 34 cm。

② 所加压力达到仪器最大额定值。

满足上述任一条件,测试必须立即终止,并卸压,否则将损坏仪器。

3. 注意事项:

(1) 预先钻孔应垂直,孔径比旁压器直径大 2~8 mm,以 4 mm 为宜。钻孔横截面应呈完整的圆形。成孔质量是影响预钻式旁压测试成果精度的最主要因素,是旁压测试成败的关键。

(2) 加压等级数应使 P-S 曲线出现首曲线段、直线段和尾曲线段,并对曲线有所控制,每段中应有 3~4 个点。

(3) 测管水位下降不得或严禁超过 35 cm。

(4) 测试完毕后,应排空旁压器中的水,才能上提旁压器,然后排尽控制箱中的水,以免管路锈蚀和堵塞。

8.6.2 试验成果的整理分析

1. 数据校正

(1) 压力校正:$P = P_m + P_w - P_i$ (8-39)

式中:P——校正后的压力(kPa);

    P_m——压力表读数(kPa);

    P_w——静水压力(kPa);

    P_i——弹性膜约束力曲线上与测管水位下降值相对应的弹性膜约束力(kPa)。

(2) 测管水位下降值校正

$$S = S_m - (P_m + P_w)\alpha$$ (8-40)

式中:S——校正后的测管水位下降值(cm);

    S_m——实测测管水位下降观测值(cm);

    α——仪器综合变形校正系数(cm/kPa)。

其他符号意义同前。

2. 作图

以校正后 P(压力)为纵坐标,水位降 S 为横坐标作图。

绘制 $P\text{-}S$ 曲线时,先用直尺连直线段,再用曲线板连首曲线段和尾曲线段。

8.6.3 试验成果的应用

1. 按下式计算地基承载力特征值 f_{ak}:

$$f_{ak}=P_f-P_0 \tag{8-41}$$

式中: P_f—— $P\text{-}S$ 曲线上直线段终点所对应的压力值;

$\quad P_0$——岩土体原位水平应力值,也可由 $P\text{-}S$ 曲线上按一定规则求得。

2. 按下式计算旁压模量值 E_m:

$$E_M=2(1+m)\left(S_c+\frac{S_f+S_0}{2}\right)\frac{\Delta P}{\Delta S} \tag{8-42}$$

式中: μ——岩土体泊松比值;

$\quad S_c$——与测试腔原始体积相当的测管水位下降值(cm),PY 型旁压仪为 32.1 cm;

$\quad S_0$, S_f—— $P\text{-}S$ 曲线上直线段两端点所对应的测管水位下降值(cm);

$\quad \dfrac{\Delta P}{\Delta S}$—— $P\text{-}S$ 曲线上直线段斜率(kPa/cm)。

除以上应用外,旁压试验还可以用来进行桩的竖向承载力估算等。

任务 8.7 波速试验

随着科学技术和经济建设的发展,岩土的动力性质及其测定受到越来越广泛的重视。建筑物的抗震设计、地基土的分类、城市地震区的划分、抗震地基和动力基础的设计,无不要求提供岩土的动力参数。城市高层建筑物的修建,工厂精密设备的安装以及它们对周围环境的影响也必须考虑岩土的动力性质。但岩土体动力性质的测定是不能仅靠室内试验数据的,因而岩土动力参数的原位测定是岩土工程测试技术的一个重要组成部分。

波速试验是在工程现场使用试验手段测试弹性波在岩土层中的传播速度。它包含用单孔法和跨孔法测试压缩波与剪切波波速,以及用面波法测试瑞利波波速。测得的波速值可应用于下列情况:

(1)计算地基的动弹性模量、动剪切模量和动泊松比;

(2)场地土的类型划分和场地土层的地震反应分析;

(3)在地基勘察中,配合其他测试方法综合评价场地土的工程力学性质。

8.7.1 试验设备和方法

1. 试验设备

试验设备包含激振系统、信号接收系统(传感器)和信号处理系统。激振设备应符合下列要求:

(1)单孔法测试时,剪切波振源应采用锤和上压重物的木板,压缩波振源宜采用锤和金属板。经验表明,板上载重量的大小、板的长度、板与地面的接触条件以及锤的重量及锤击速度等因素都将影响激振效果。一方面,载重量越大、板越长、效果越好。但板子过长给施工带来困难,另一方面也失去了点振源的性质。为增加敲板与地面间的摩擦阻力,对于坚硬地面,可在板底加胶皮垫或加砂子;对于松软地面,在板底加钉齿,可以改善敲击效果。当采用木敲板时,两端最好有铁箍并包上树脂以保护端部。单孔法的现场测试示意于图 8-19 中。

(2) 跨孔法测试时,剪切波振源宜采用剪切波锤,也可采用标准贯入试验装置,压缩波振源宜采用电火花或爆炸等。剪切波锤可以在钻孔壁上激振,这种振源能量大,传播距离远,但操作较复杂。跨孔法的现场测试示意于图 8-20 中。

(3) 面波法测试时,稳态激振宜采用机械式或电磁式激振设备;瞬态激振可采用具有一定重量的铁球。因稳态激振的成果分析比较简单,实际工作中一般采用此种方式。相应的激振设备应符合下列要求:

① 当采用机械式激振设备时,其工作频率宜为 3～60 Hz;

② 当采用电磁式激振设备时,其扰力不宜小于 600 N。

采用三分量井下传感器时,应附有将其固定于井壁的装置,其固有频率宜小于地震波主频率的1/2。三分量检波器是由一个动圈式垂直检波器和两个动圈式水平检波器按 X、Y、Z 三个轴向密封组装而成。由于剪切波不能在水或空气中传播,为了使检波器与孔壁密贴,所以三分量检波器的外面装有一胶囊,用塑料管与胶囊连通,在地面上用打气筒或水泵向胶囊充气或加水使其膨胀,使检波器能与井壁紧密接触。图 8-21 为三分量检波器的外形。

放大器及记录系统应采用多道浅层地震仪,其功能是将检波器接收到的振动信号放大后由示波器显示并记录下来,要求记录时间的分辨率应高于 1 ms。要求触发器性能稳定,其灵敏度宜为 0.1 ms。测斜仪应能测 0°～360°的方位角及 0°～30°的顶角;顶角的测试误差不宜大于 0.1°。

2. 测试方法

由于土中的纵波速度受到含水量的影响,不能真实地反映土的动力特性,故通常测试土中的剪切波速,测试的方法有单孔法(检层法)、跨孔法以及面波法(瑞利波法)等。

(1) 单孔法

单孔法是在一个钻孔中分土层进行检测,故又称检层法,因为只需一个钻孔,方法简便,在实测中用得较多,但精度低于跨孔法。单孔法的现场测试情况如图 8-19 所示。

测试前的准备工作应符合下列要求:

① 测试孔应垂直;

② 当剪切波振源采用锤击上压重物的木板时,木板的长向中垂线应对准测试孔中心,孔口与木板的距离宜为 1～3 m;板上所压重物宜大于 400 kg;木板与地面应紧密接触;

③ 当压缩波振源采用锤击金属板时,金属板距孔口的距离宜为 1～3 m;

④ 应检查三分量检波器各道的一致性和绝缘性。

测试工作应符合下列要求:

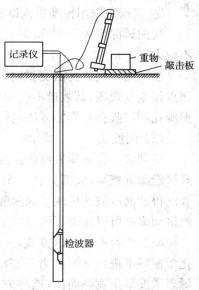

图 8-19　单孔法的现场测试

① 测试时,应根据工程情况及地质分层,每隔 1～3 m 布置一个测点,并宜自下而上按预定深度进行测试;

② 剪切波测试时,传感器应设置在测试孔内预定深度处并予以固定;沿木板纵轴方向分别打击其两端,可记录极性相反的两组剪切波波形;

③ 压缩波测试时,可锤击金属板,当激振能量不足时,可采用落锤或爆炸产生压缩波。

测试工作结束后,应选择部分测点重复观测,其数量不应少于测点总数的 10%。

（2）跨孔法

跨孔法有双孔和三孔等距方法,以三孔等距法用得较多。跨孔法测试精度高,可以达到较深的测试深度,因而应用也比较普遍,但该法成本高,操作也比较复杂。三孔法是在测试场地上钻三个具有一定间隔的测试孔,选择其中的一个孔为振源孔,另外两个相邻的钻孔内放置接收检波器,如图 8-20。

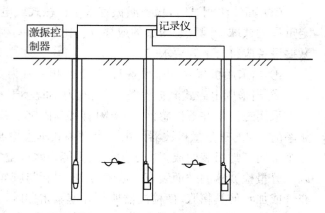

图 8-20 跨孔法现场测试示意

跨孔法的测试场地宜平坦,测试孔宜布置在一条直线上。测试孔的间距在土层中宜取 2～5 m,在岩层中宜取 8～15 m;测试时,应根据工程情况及地质分层,沿深度方向每隔 1～2 m 布置一个测点。

钻孔时应注意保持井孔垂直,并宜用泥浆护壁或下套管,套管壁与孔壁应紧密接触。测试时,振源与接收孔内的传感器应设置在同一水平面。

现场测试可按下列方法进行:

① 当振源采用剪切波锤时,宜采用一次成孔法;

② 当振源采用标准贯入试验装置时,宜采用分段测试法。

当测试深度大于 15 m 时,必须对所有测试孔进行倾斜度及倾斜方位的测试;测点间距不应大于 1 m。

当采用一次成孔法测试时,测试工作结束后,应选择部分测点作重复观测,其数量不应少于测点总数的 10%;也可采用振源孔和接收孔互换的方法进行检测。

（3）面波法

瑞利波是在介质表面传播的波,其能量从介质表面以指数规律沿深度衰减,大部分在一个波长的厚度内通过,因此在地表测得的面波波速反映了该深度范围内土的性质,而用不同的测试频率就可以获得不同深度土层的动参数。

面波法有两类测试方式,一种从频率域特性出发,通过变化激振频率进行量测称为稳态法;另一种从时间域特性出发,瞬态激发采集宽频面波,这种方法操作容易,但是资料处理复杂。国家标准《地基动力特性测试规范》GB/T 50269-97 仅纳

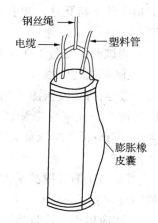

图 8-21 三分量检波器外形

入了稳态法。本项目也仅介绍稳态法。

稳态法是利用稳态振源在地表施加一个频率为 f 的强迫振动,其能量以地震波的形式向周围扩散,这样在振源的周围将产生一个随时间变化的正弦波振动。通过设置在地面上的两个检波器 A 和 B 检出输入波的波峰之间的时间差,便可算出瑞利波速度 V_R。

测试设备由激振系统和拾振系统组成。激振系统一般多采用电磁式激振器。系统工作时由信号发生器输出一定频率的电信号,经功率放大器放大后输入电磁激振器线圈,使其产生一定频率的振动。电磁式激振器的特点是激振力不随信号发生器输出频率的变化而变化,只要不改变输出电流及电压,其输出功率不变。拾振系统由检波器、放大器、双线示波仪及计算机四部分组成。检波器接收振动信号,经放大器放大,由双线示波仪显示并被记录。整个过程由计算机操作控制。

面波法不需要钻孔,不破坏地表结构物,成本低而效率高,是一种很有前途的测试方法。测试工作可按下述方法进行:

① 激振设备宜采用机械式或电磁式激振器;

② 在振源的同一侧放置两台间距为 Δl 的竖向传感器,接收由振源产生的瑞利波信号;

③ 改变激振频率,测试不同深度处土层的瑞利波波速;

④ 电磁式激振设备可采用单一正弦波信号或合成正弦波信号。

因为瑞利波在半无限空间中是在一个波长范围内传播的。低频激振时,波长变长,可测出深层瑞利波速度。由低向高逐渐改变激振频率,波长由长变短,探测深度由深变浅,从而得出不同深度的弹性常数。

测试过程中要注意如下几点:

① A、B 检波器的距离一定要小于 1 个波长的距离。这是因为,如果设置的距离过大,就可能会出现相位差的误判。但检波器间的间距又不应太小,否则会影响相位差的计算精度;

② 为提高确定相位差的精度,应尽量选取小的采样间隔;

③ 为保证波峰的可靠对比和压制干扰波,需要时可将正弦激振波加以调制;

④ 根据实际情况调整频率变化速率(步长),一般仪器中都设置了频率自动降低设备,可以任意选择,但步长太小,作业时间长;步长太大,又会影响观测精度。

8.7.2 试验成果的整理分析

1. 单孔法

确定压缩波或剪切波从振源到达测点的时间时,应符合下列规定:

(1) 确定压缩波的时间,应采用竖向传感器记录的波形;

(2) 确定剪切波的时间,应采用水平传感器记录的波形。由于三分量检波器中有两个水平检波器,可得到两张水平分量记录,应选最佳接收的记录进行整理。

压缩波或剪切波从振源到达测点的时间,应按下列公式进行斜距校正:

$$T = K T_L \tag{8-43}$$

$$K = \frac{H + H_0}{\sqrt{L^2 + (H + H_0)^2}} \tag{8-44}$$

式中：T——压缩波或剪切波从振源到达测点经斜距校正后的时间，s（相当于波从孔口到达测点的时间）；

　　　T_L——压缩波或剪切波从振源到达测点的实测时间，s；

　　　K——斜距校正系数；

　　　H——测点的深度；

　　　H_0——振源与孔口的高差，m，当振源低于孔口时，H_0 为负值；

　　　L——从板中心到测试孔的水平距离，m。

时距曲线图的绘制，应以深度 H 为纵坐标，时间 T 为横坐标。波速层的划分，应结合地质情况，按时距曲线上具有不同斜率的折线段确定。每一波速层的压缩波波速或剪切波波速，应按下式计算：

$$v = \frac{\Delta H}{\Delta T} \tag{8-45}$$

式中：v——波速层的压缩波波速或剪切波波速，m/s；

　　　ΔH——波速层的厚度，m；

　　　ΔT——弹性波传到波速层顶面和底面的时间差，s。

2. 跨孔法

确定压缩波或剪切波从振源到达测点的时间时，应符合下列规定：

（1）确定压缩波的时间，应采用竖向传感器记录的波形；

（2）确定剪切波的时间，应采用水平传感器记录的波形。

由振源到达每个测点的距离，应按测斜数据进行计算。每个测试深度的压缩波波速及剪切波波速，应按下列公式计算

$$v_P = \frac{\Delta S}{T_{P_2} - T_{P_1}} \tag{8-46}$$

$$v_s = \frac{\Delta S}{T_{s_2} - T_{s_1}} \tag{8-47}$$

$$\Delta S = S_2 - S_1 \tag{8-48}$$

式中：v_p——压缩波波速，m/s；

　　　v_s——剪切波波速（m/s）；

　　　T_{P_1}——压缩波到达第 1 个接收孔测点的时间，s；

　　　T_{P_2}——压缩波到达第 2 个接收孔测点的时间，s；

　　　T_{s_1}——剪切波到达第 1 个接收孔测点的时间，s；

　　　T_{s_2}——剪切波到达第 2 个接收孔测点的时间，s；

　　　S_1——由振源到第 1 个接收孔测点的距离，m；

　　　S_2——由振源到第 2 个接收孔测点的距离，m；

　　　ΔS——由振源到两个接收孔测点的距离之差，m。

3. 面波法

瑞利波波速应按下式计算：

$$V_R = \frac{2\pi f \Delta L}{\Phi} \qquad (8-49)$$

式中：V_R——瑞利波波速（m/s）；

Φ——两台传感器接收到的振动波之间的相位差（rad）；

ΔL——两台传感器之间的水平距离（m），当 Φ 为 2π 时，ΔL 即瑞利波波长 L_R；

f——振源的频率（Hz）。

地基的动剪变模量和动弹性模量，应按下列公式计算：

$$G_d = \rho V_s^2 \qquad (8-50)$$

$$E_d = 2(1+\nu)\rho V_s^2 \qquad (8-51)$$

$$V_s = \frac{V_R}{\eta_s} \qquad (8-52)$$

$$\eta_s = \frac{0.87 + 1.12\nu}{1+\nu} \qquad (8-53)$$

式中：G_d——地基的动剪变模量，kPa；

E_d——地基的动弹性模量，kPa；

ρ——地基的质量密度，t/m^3；

η_s——与泊松比有关的系数；

ν——地基的动泊松比。

8.7.3 试验成果的工程应用

根据岩土体中的弹性波波速，可以判定场地土的物理力学性质和地基承载力，评价场地土的液化可能性，计算场地土的卓越周期，检测地基处理的效果检测。

复习思考题

1. 静力触探数据的零漂产生的原因是什么，如何解决？
2. 何为有效锤击能量？
3. 动力触探有哪几种类型？各适用于什么样的土层？标贯适用于什么样的地层条件？
4. 动力触探的一般测试过程如何？怎样绘制动探的击数-深度关系曲线？
5. 影响十字板剪切试验的因素主要有哪些？
6. 扁铲侧胀试验的适用范围及在工程中的应用？
7. 旁压试验的注意事项及在工程中的应用有哪些？
8. 工程中常用哪几种波速法？
9. 单孔法、跨孔法和面波法各自采用什么方式激振？

模块三　公路工程地质勘察

在人类的工程活动中,凡规模较大的工程,都必须对建筑场地的工程地质条件进行调查、研究,以求达到合理设计、安全施工、正常使用的目的。工程地质勘察主要是查明工程地质条件,分析存在的工程地质问题,对建筑地区做出工程地质评价。

公路工程建筑在地壳表面,是一种延伸很长的线形建筑物,通常要穿越许多自然地质条件不同的地区。它不仅受地质因素的影响,也受许多地理因素的影响。为了正确处理公路工程建筑与自然条件的关系,充分利用有利条件,避免或改造不利条件,需要进行公路工程地质勘察,查明建设地区的工程地质条件,并结合工程设计、施工条件、地基处理、开挖、支护等工程的具体要求,进行技术论证和评价,提出岩土工程施工的指导性意见,为设计、施工提供依据,服务于工程建设。

项目 9　公路工程地质勘察

公路工程地质勘察,就是运用地质、工程地质的理论和各种技术手段,实地调查、研究公路要穿越地带的工程地质条件,为公路选线、设计、施工和使用提供经济合理而又正确完整的工程地质资料。

任务 9.1　工程地质勘察的任务和方法的认知

1. 工程地质勘察的目的和方法

工程地质勘察是工程建设的前期准备工作,它是综合运用地质学、工程地质及相关学科的基本理论知识和相应技术方法,在拟建场地及其附近进行调查研究,以获取工程建设场地原始工程地质资料,为工程建设制定技术可行、经济合理和具有明显综合效益的设计和施工方案,达到合理利用自然资源和保护自然环境的目的,以免因工程的兴建而恶化地质环境,甚至引起地质灾害。

根据建设场地明确性与否,工程地质勘察的任务可分为两大类。

一类是具有明确指定建设场地的工程地质勘察任务。这类场地已经做过技术条件、经济效益、资源环境等多方面的综合论证,已经明确建设的具体场地,不需要进行建设场地的方案比选,如三峡工程就在长江三峡地段、上海金茂大厦就在陆家嘴。故这类场地的工程勘察任务主要是:查明建设地区或地点的工程地质条件,如地形、地貌和地层分布情况,同时指出对工程建设有利的和不利的条件,以便工程设计"扬长避短";测定地基土的物理力学性质指标,如土的天然密度、含水量、孔隙比、渗透系数、压缩系数、抗剪强度、塑性指标、液性指标等,并研究这些指标在工程建设施工和使用期间可能发生的变化及提出有效预防和治理措施的建议。

另一类是需要进行方案比选来确定建设场地的工程地质勘察任务。这类场地还没有具体确定,尚需要进行初步试勘后经过方案比选才能确定,如高速公路的选线、大型桥梁桥位的选址。故这类场地的工程勘察任务主要是:分析研究与建设场地有关的工程地质问题,做出定性与定量评价;选出建设工程地质条件比较合适的工程建筑场地。所谓工程地质条件,是指与工程结构物相关的各种地质条件的综合,主要包括岩石(土)类别、地质结构与构造、地形地貌条件、水文地质条件、物理地质作用或现象(如地震、泥石流、岩溶等)和天然建筑材料等方面。值得一提的是,良好、优越的工程地质条件并不一定是方案最好的建设场地,因为选择这类场地往往以牺牲大片良田沃土为代价。

工程地质勘察常用的方法有:① 工程地质测绘;② 工程地质勘探;③ 工程地质试验;④ 工程地质现场观测。每种方法在不同的工程勘察阶段中使用的数量、深度与广度也各不相同。

2. 工程地质勘察阶段

虽然各类建设工程对勘察设计阶段划分的名称不尽相同,但是勘察设计各个阶段的实质内容是大同小异的。工程地质勘察阶段一般分为可行性研究勘察阶段、初步勘察阶段、详细勘察阶段和施工勘察阶段。

(1)可行性研究勘察阶段

可行性研究勘察阶段,主要满足选址或者确定场地的要求,该阶段应对拟建场地的稳定性和适宜性作出客观评价。为此,在确定拟建工程场地时,若方案允许,宜避开以下区段:① 不良地质现象发育且对场地稳定性有直接危害或潜在威胁的地段;② 地基土性质严重不良的地段;③ 不利于抗震的地段;④ 洪水或地下水对场地有严重不良影响且又难以有效预防和控制的地段;⑤ 地下有未开采的有价值矿藏的地段;⑥ 埋藏有重要意义的文物古迹或不稳定的地下采空区的地段。

可行性研究勘察阶段的主要勘察方法是:① 对拟建地区进行大、小比例尺工程地质测绘;② 进行较多的勘探工作,包括在控制工程点做少量的钻探;③ 进行较多的室内试验工作,并根据需求进行必要的野外现场试验;④ 在可能发生不利地质作用的地址进行长期观测工作;⑤ 进行必要的物探。

(2)初步勘察阶段

初步勘察阶段应对场地内建设地段的稳定性作岩土工程定量分析。本阶段的工程地质勘察工作有:① 搜集项目的可行性研究报告、场址地形图、工程性质、规模等文件资料;② 初步查明地层、构造、岩性、透水性是否存在不良地质现象,若场地条件复杂,还应进行工程地质测绘与调查;③ 对抗震设防烈度不小于 7 度的场地,应初步判定场地或地基是否会发生液化。

初步勘察应在搜集分析已有资料的基础上,根据需要进行工程地质测绘、勘探及测试工作。

(3)详细勘察阶段

详细勘察应密切结合工程技术设计或施工图设计,针对不同工程结构提供详细的工程地质资料和设计所需的岩土技术参数，对拟建物的地基作出岩土工程分析评价，为路基路面或基础设计、地基处理、不良地质现象的预防和整治等具体方案进行具体论证并得出结论和提出建议。详细勘察的具体内容应视拟建物的具体情况和工程要求来定。

（4）施工勘察阶段

施工勘察主要是与设计、施工单位相结合进行的地基验槽，深基础工程与地基处理的质量和效果的检测，施工中的岩土工程监测和必要的补充勘察，解决与施工有关的岩土工程问题，并为施工阶段路基路面或地基基础设计变更提供相应的地基资料，具体内容视工程要求而定。

需要指出的是，并不是每项工程都严格遵守上述步骤进行勘察，有些工程项目的用地有限，没有场地选择的余地，如遇到地质条件不是很好时，则通过采取地基处理或其他的措施来改善，这时施工阶段的勘察尤为重要。此外，对于有些建筑等级要求不高的工程项目，可根据邻近的已建工程的成熟经验而不需要任何勘察亦可兴建。

3. 工程地质测绘

工程地质测绘是工程地质勘察中最基本的方法，也是工程地质勘察最先进行的综合基础工作。它运用地质学原理，通过野外调查，对有可能选择的拟建场地区域内地形地貌、地层岩性、地质构造、不良地质现象进行观察和描述，将所观察到的地质要素按要求的比例尺填绘在地形图和有关图表上，并对拟建场地区域内的地质条件做出初步评价，为后续布置勘探、试验和长期观测打基础。工程地质测绘贯穿于整个勘察工作的始终，只是随着勘察设计阶段的不同，要求测绘的范围、内容、精度不同而异。

（1）工程地质测绘的范围

工程地质测绘的范围应根据工程建设类型、规模，并考虑工程地质条件的复杂程度等综合确定。一般工程跨越地段越多、规模越大、工程地质条件越复杂，测绘范围就相对越广。例如，京珠高速公路的线路测绘，横亘南北、穿山越岭、跨江过水，测绘范围就比三峡大坝选址工程测绘范围要广阔。

（2）工程地质测绘的内容

工程地质测绘的内容主要有以下六个方面。

① 地层岩性

明确一定深度范围内的地层内各岩层的性质、厚度及其分布规律，并确定其形成年代、成因类型、风化程度及工程地质特性。

② 地质构造

研究测区内各种构造形迹的产状、分布、形态、规模及其结构面的物理力学性质，明确各类构造岩的工程地质特性，并分析其对地貌形态、水文地质条件、岩石风化等方面的影响及其近、晚期构造活动的情况，尤其是地震活动情况。

③ 地貌条件

如果说地形是研究地表形态的外部特征，如高低起伏、坡度陡缓和空间分布，那么地貌则是研究地形形成的地质原因和年代及其在漫长地质历史中不断演变的过程和将来发展的趋势，即从地质学和地理学的观点来考察地表形态。因此，研究地貌的形成和发展规律，对工程建设的总体布局有着重要意义。

④ 水文地质

调查地下水资源的类型、埋藏条件、渗透性，并测试分析水的物理性质、化学成分及动态变化对工程结构建设期间和正常使用期间的影响。

⑤ 不良地质

查明岩溶、滑坡、泥石流及岩石风化等分布的具体位置、类型、规模及其发育规律,并分析其对工程结构的影响。

⑥ 可用材料

对测区内及附近地区短程可以利用的石料、砂料及土料等天然构筑材料资源进行附带调查。

（3）工程地质测绘的精度

工程地质测绘的精度是指将在野外观察得到的工程地质现象和获取的地质要素信息标记、描述和表示在有关图纸上的详细程度。所谓地质要素,即场地的地层、岩性、地质构造、地貌、水文地质条件、物理地质现象、可利用天然建筑材料的质量及其分布等。测绘的精度主要取决于单位面积上观察点的多少。在地质复杂的地区,观察点的分布多一些,简单地区则少一些,观察点应布置在反映工程地质条件各因素的关键位置上。一般应反映在图上的为大于 2 mm 的一切地质现象和对工程有重要影响的地质现象;在图上不足 2 mm 时,应扩大比例尺进行表示,并注明真实数据,如溶洞等。

（4）工程地质测绘的方法和技术

工程地质测绘的方法有相片成图法和实地测绘法。随着科学技术的进步,遥感新技术也在工程地质测绘中得到应用。

① 相片成图法

相片成图法是利用地面摄影或航空（卫星）摄影的相片,先在室内根据判释标志,结合所掌握的区域地质资料,确定地层岩性、地质构造、地貌、水系和不良地质现象等,描绘在单张相片上,然后在相片上选择需要调查的若干布点和路线,以便进一步实地调查、校核并及时修正和补充,最后将结果转绘成工程地质图。

② 实地测绘法

顾名思义,实地测绘法就是在野外对工程地质现象进行实地测绘的方法。实地测绘法通常有路线穿越法、布线测点法和界线追索法三种。

路线穿越法　是指沿着在测区内选择的一些路线,穿越测绘场地,将沿途遇到的地层、构造、不良地质现象、水文地质、地形、地貌界线和特征点等填绘在工作底图上的方法。路线可以是直线也可以是折线。观测路线应选择在露头较好或覆盖层较薄的地方,起点位置应有明显的地物,如村庄、桥梁等,同时为了提高工作成效,穿越方向应大致与岩层走向、构造线方向及地貌单元相垂直。

布线测点法　就是根据地质条件复杂程度和不同测绘比例尺的要求,先在地形图上布置一定数量的观测路线,然后在这些线路上设置若干观测点的方法。观测线路力求避免重复,尽量使之达到最优效果。

界线追索法　就是为了查明某些局部复杂构造,沿地层走向或某一地质构造方向或某些不良地质现象界线进行布点追索的方法。这种方法常在上述两种方法的基础上进行,是一种辅助补充方法。

③ 遥感技术应用

遥感技术就是根据电磁波辐射理论,在不同高度观测平台上,使用光学、电子学或电子光学等探测仪器,对位于地球表面的各类远距离目标反射、散射或发射的电磁波信息进行接收并以图像胶片或数字磁带形式记录,然后将这些信息传送到地面接收站,接收站再把这些信息进一步加工处理成遥感资料,最后结合已知物的波谱特征,从中提取有用信息,识别目标和确定目标物之间相互关系的综合技术。简而言之,遥感技术是通过特殊方法对地球表层地物及其特性进行远距离探测和识别的综合技术方法。遥感技术包括传感器技术,信息传输技术,信息处理、提取和应用技术,目标信息特征的分析和测量技术等。

遥感技术应用于工程地质测绘,可大量节省地面测绘时间及测绘工作量,并且完成质量较高,从而节省工程勘察费用。

4. 工程地质勘探

工程地质勘探是在工程地质测绘的基础上,为了详细查明地表以下的工程地质问题,取得地下深部岩土层的工程地质资料而进行的勘察工作。

常用的工程地质勘探手段有开挖勘探、钻孔勘探和地球物理勘探。

(1) 开挖勘探

开挖勘探就是对地表及其以下浅层局部土层直接开挖,以便直接观察岩土层的天然状态以及各地层之间的接触关系,并能取出接近实际的原状结构岩土样,以便详细观察和描述其工程地质特性的勘探方法。根据开挖体空间形状的不同,开挖勘探可分为坑探、槽探、井探和洞探等。

坑探就是用锹镐或机械来挖掘在空间上三个方向的尺寸相近的坑洞的一种明挖勘探方法。坑探的深度一般为 12 m,适用于不含水或含水量较少的、较稳固的地表浅层,主要用来查明地表覆盖层的性质和采取原状土样。

槽探就是对在地表挖掘的呈长条形且两壁常为倾斜、上宽下窄的沟槽进行地质观察和描述的明挖勘探方法。探槽的宽度一般为 0.6~1.0 m,深度一般小于 3 m,长度则视情况而定。探槽的断面有矩形、梯形和阶梯形等多种形式。工程实际中一般采用矩形断面;当探槽深度较大时,常采用梯形断面;当探槽深度很大且探槽两壁地层稳定性较差时,则采用阶梯形断面,必要时还应对两壁进行支护。槽探主要用于追索地质构造线、断层、断裂破碎带宽度、地层分界线、岩脉宽度及其延伸方向,探查残积层、坡积层的厚度和岩石性质及采取试样等。

井探是指勘探挖掘空间的平面长度方向和宽度方向的尺寸相近,而其深度方向大于长度和宽度的一种挖探方法。探井的深度一般都大于 20 m,其断面形状有方形(1 m×1 m、1.5 m×1.5 m)、矩形(1 m×2 m)和圆形(直径一般为 0.6~1.25 m)。掘进时遇到破碎的井段应进行外壁支护。井探用于了解覆盖层厚度及性质、构造线、岩石破碎情况、岩溶、滑坡等。当岩层倾角较缓时,效果较好。

洞探就是在指定标高的指定方向开挖地下洞室的一种勘探方法。这种勘探方法一般将探洞布置在平缓山坡、山坳处或较陡的岩坡坡底。洞探多用于了解地下一定深处的地质情况并取样,如查明坝底两岸地质结构,尤其在岩层倾向河谷并有易于滑动的夹层,或层间错动较多、断裂较发育及斜坡变形破坏等,更能观察清楚,可获得较好效果。

(2) 钻孔勘探

钻孔勘探简称钻探。钻探就是利用钻进设备打孔,通过采集岩芯或观察孔壁来探明深部地层的工程地质资料,补充和验证地面测绘资料的勘探方法。钻探是工程地质勘探的主要手段,但是钻探费用较高,因此,一般是在开挖勘探不能达到预期目的和效果时才采用这种勘探方法。

钻探方法较多,钻孔直径不一。一般采用机械回转钻进,常规孔径为:开孔 168 mm,终孔 91 m。由于行业部门及设计单位的要求不同,孔径的取值也不一样。如水电部门使用回转式大口径钻探的最大孔径可达 1 500 mm,孔深 30~60 m,工程技术人员可直接下孔观察孔壁;而有的部门采用孔径仅为 36 mm 的小孔径,钻进采用金刚石钻头,这种钻探方法对于硬质岩而言,可提高其钻进速度和岩芯采取率或成孔质量。

一般情况下,钻探通常采用垂直钻进方式。对于某些工程地质条件特别的情况,如被调查的地层倾角较大,则可选用斜孔或水平孔钻进。

钻进方法有四种:冲击钻进、回转钻进、综合钻进和振动钻进。

① 冲击钻进

冲击钻进法采用底部圆环状的钻头,钻进时将钻具提升到一定高度,利用钻具自重,迅速放落,钻具在下落时产生冲击力,冲击孔底岩土层,使岩土达到破碎而进一步加深钻孔。冲击钻进可分为人工冲击钻进和机械冲击钻进。人工冲击钻进所需设备简单,但是劳动强度大,适用于黄土、黏性土和砂性土等疏松覆盖层;机械冲击钻进省力省工,但是费用相对高些,适用于砾石层、卵石层及基岩。冲击钻进一般难以取得完整的岩芯。

② 回转钻进

回转钻进法利用钻具钻压和回转,使嵌有硬质合金的钻头切削或磨削岩土进行钻进。根据钻头的类别,回转钻进可分为螺旋钻探、环形钻探(岩芯钻探)和无岩芯钻探。螺旋钻探适用于黏性土层,可干法钻进,螺纹旋入土层,提钻时带出扰动土样;环形钻探适用于土层和岩层,对孔底作环形切削研磨,用循环液清除输出的岩粉,环形中心保留柱状岩芯,然后进行提取;无岩芯钻探适用于土层和岩层,对整个孔底进行全面切削研磨,用循环液清除输出的岩粉,不提钻连续钻进,效率高。

③ 综合钻进

综合钻进法是一种冲击与回转综合作用下的钻进方法。它综合了前两种钻进方法在地层钻进中的优点,以达到提高钻进效率的目的,在工程地质勘探中应用广泛。

④ 振动钻进

振动钻进法采用机械动力将振动器产生的振动力通过钻杆和钻头传递到圆筒形钻头周围的土中,使土的抗剪强度急剧减小,同时利用钻头依靠钻具的重力及振动器重量切削土层进行钻进。圆筒钻头主要适用于粉土、砂土、较小粒径的碎石层以及黏性不大的黏性土层。

(3)地球物理勘探

地球物理勘探简称物探,是指利用专门仪器来探测地壳表层各种地质体的物理场,包括电场、磁场、重力场、辐射场、弹性波的应力场等,通过测得的物理场特性和差异来判明地下各种地质现象,获得某些物理性质参数的一种勘探方法。组成地壳的各种不同岩层介质的密度、导电性、磁性、弹性、反射性及导热性等方面存在差异,这些差异将引起相应的地球物理场的局部变化,通过测量这些物理场的分布和变化特性,结合已知的地质资料进行分析和研究,就可以推断地质体的性状。这种方法兼有勘探和试验两种功能。与钻探相比,物探具有设备轻便、成本低、效率高和工作空间广的优点,但是,物探不能直接取样观察,故常与钻探配合使用。

物探按照探测时所利用的岩土物理性质的不同可分为声波勘探、电法勘探、地震勘探、重力勘探、磁力勘探及核子勘探等几种方法。在工程地质勘探中采用较多的主要是前三种方法。电法勘探与地震勘探是最普遍的物探方法,并常在初期的工程地质勘察中使用,配合工程地质测绘,初步查明勘察区的地下地质情况,此外,也常用于查明古河道、洞穴、地下管线等的具体位置。

① 声波勘探

声波勘探是指运用声波在岩土或岩体中的传播特性及变化规律来测试岩土或岩体物理力学性质的一种探测方法。在实际工程中,还可利用在外力作用下岩土或岩体的发声特性对其进行长期稳定性观察。

② 电法勘探

电法勘探简称电探,是利用天然或人工的直流或交流电场来测定岩土或岩体电学性质的差异,勘查地下工程地质情况的一种物探方法。电探的种类很多,按照使用电场的性质,可分为人工电场法和自然电场法,而人工电场法又可分为直流电场法和交流电场法。工程勘察使用较多的是人工电场法,即人工对地质体施加电场,通过电测仪测定地质体的电阻率大小及其变化,再经过专门解释,区分地层、岩性、构造以及覆盖层、风化层厚度、含水层分布和深度、古河道、主导充水裂隙方向,以及天然建筑材料的分布范围、储量等。

③ 地震勘探

地震勘探是利用地质介质的波动性来探测地质现象的一种物探方法。其原理是利用爆炸或敲击方法向岩体内激发地震波,根据不同介质弹性波传播速度的差异来判断地质情况。根据波的传递方式,地震勘探又可分为直达波法、反射波法和折射波法。直达波是指由地下爆炸或敲击直接传播到地面接收点的波,直达波法就是利用地震仪器记录直达波传播到地面各接收点的时间和距离,然后推算地基土的动力参数,如动弹性模量、动剪切模量和泊松比等;而反射波或折射波则是指由地面产生激发的弹性波在不同地层的分界面发生反射或折射而返回到地面的波,反射波法或折射波法就是根据反射波或折射波传播到地面各接收点的时间,并研究波的振动特性,确定引起反射或折射的地层界面的埋藏深度、产状岩性等。地震勘探直接利用地下岩石的固有特性,如密度、弹性等,较其他物探方法准确,且能探测地表以下很大的深度,因此该勘探方法可用于了解地下深部地质结构,如基岩面、覆盖层厚度、风化壳、断层带等地质情况。

物探方法的选择,应根据具体地质条件进行确定。常用多种方法进行综合探测,如重力法、电视测井等新技术方法的运用,但由于物探的精度受到限制,因而其只是一种辅助性的方法。

任务 9.2　工程地质勘察报告书和图件的识读

1. 工程地质勘察报告书

工程地质勘察报告书是在工程勘察工作结束时,将直接和间接获得的各种工程资料,经过分析整理、检查校对和归纳总结后的文字记录及相关图表汇总的正式书面材料。工程地质勘察报告书是工程地质勘察的最终成果,也是向规划、设计、施工等部门直接提交和可供其使用的文件性资料。

工程地质勘察报告书的任务在于阐明工作地区的工程地质条件,分析存在的工程地质问题,并做出正确的工程地质评价,得出结论。工程地质勘察报告书的内容一般分为绪论、通论、专论和结论四个部分,各部分前后呼应、密切联系、融为一体。

绪论部分主要介绍工程地质勘察的工作任务、采用的方法及取得的成果,同时还应说明工程建设的类型、拟定规模及其重要性、勘察阶段及迫切需要解决的问题等。

通论部分阐述勘察场地的工程地质条件,如自然地理、区域地质、地形地貌、地质构造、水文地质、不良地质现象及地震基本烈度、场地岩土类型等。在编写通论时,既要符合地质科学的要求,又要达到工程实用的目的,使之具有明确的针对性和目的性。

专论部分是整个报告的主体。该部分主要结合工程项目对所涉及的可能发生的各种工程地质问题,如场地岩土层分布、岩性、地层结构、岩土的物理力学性质、地基承载力、地下水的埋藏与分布规律、含水层的性质、水质及侵蚀性等,提出论证和对任务书中所提出的各项要求及问题做出答复。在论证时,应该充分利用工程勘察所得到的实际资料和数据,在定性分析的基础上做出定量评价。

结论部分是在专论的基础上对任务书中所提出的各项要求做出结论性的回答。结论部分应对场地的适宜性、稳定性、岩土体特性、地下水、地震等做出综合性工程地质评价。结论必须简明扼要,措辞必须准确无误,切不可空泛模糊。此外,还应指出存在的问题和解决问题的具体方法、措施和建议,以及下一步研究的方向。

2. 工程地质图件

工程地质勘察报告书除了文字资料部分外,还有一整套与文字内容密切相关的图表,如平面图、剖面图、柱状图等。工程地质勘察报告书还包括各种附图,如分析图、专门图、综合图等。

（1）综合工程地质平面图

在选定的比例尺地形图上,以图形的形式标出勘察区的各种工程地质勘察的工作成果,如工程地质条件和评价、预测工程地质问题等,即成为工程地质图。工程地质图的主要内容有:① 地形地貌、地形切割情况、地貌单元的划分;② 地层岩性种类、分布情况及其工程地质特征;③ 地质构造、褶皱、断层、节理和裂隙发育及破碎带情况;④ 水文地质条件;⑤ 滑坡、崩塌、岩溶等物理地质现象的发育和分布情况等。

如果在工程地质图上再加上建筑物布置、勘探点与勘探线的位置和类型以及工程地质分区图,即成为综合工程地质图。这种图在实际工程中编制较多。

（2）勘察点平面位置图

当地形起伏时,该图应绘在地形图上,在图上除标明各勘察点(包括浅井、探槽、钻孔等)的平面位置、各现场原位测试点的平面位置和勘探剖面线的位置外,还应绘出工程建筑物的轮廓位置,并附场地位置示意图、各类勘探点、原位测试点的坐标及高程数据表。

（3）工程地质剖面图

工程地质剖面图以地质剖面图为基础,是勘察区在一定方向垂直面上工程地质条件的断面图,其纵横比例一般是不一样的。地质剖面图反映某一勘探线地层沿竖直方向和水平方向的分布变化情况,如地质构造、岩性、分层、地下水埋藏条件、各分层岩土的物理力学性质指标等。其绘制依据是各勘探点的勘探成果和土工试验成果。由于勘探线的布置与主要地貌单元的走向垂直,或与主要地质构造轴线垂直,或与建筑物的轴线相一致,故工程地质剖面图能最有效地揭示场地的工程地质条件,是工程勘察报告中最基本的图件。

（4）工程地质柱状图

工程地质柱状图是表示场地或测区工程地质条件随深度变化的图件。图中内容主要包括地层的分布、对地层自上而下进行编号和对地层特征进行简要描述。此外，图中还应注明钻进工具、方法和具体事项，并指出取土深度、标准贯入试验位置及地下水水位等资料。

（5）岩土试验成果总表

岩土的物理力学指标和状态指标以及地基承载力是工程设计和施工的重要依据，应将室外原位测试和室内试验（包括模型试验）的成果汇总列表，主要是载荷试验、标准贯入试验、十字板剪切试验、静力触探试验、土的抗剪强度、土的压缩曲线等成果图件。

（6）其他专门图件

对于特殊土、特殊地质条件及专门性工程，根据各自的特殊需要，绘制相应的专门图件，如各种分析图等。

任务 9.3　公路工程地质勘察任务与内容

9.3.1　公路工程地质勘察任务

公路是陆地交通运输的干线之一，桥梁是公路跨越河流、山谷或不良地质现象发育地段等而修建的构筑物，它们是公路选线时考虑的重要因素之一。作为既是线形建筑物，又是表层建筑物的公路和桥梁，往往要穿越许多地质条件复杂的地区和不同的地貌单元，使公路的结构复杂化。在山区路线中，坍方、滑坡、泥石流等不良地质现象对它们构成威胁，而地形条件又是制约路线的纵坡和曲率半径的重要因素。

道路的结构由三类建筑物所组成：第一类为路基工程，它是路线的主体建筑物（包括路堤和路堑等）；第二类为桥隧工程（如桥梁、隧道、涵洞等），它们是为了使路线跨越河流、深谷、不良地质现象和水文地质地段，穿越高山峻岭或使路线从河、湖、海底下通过；第三类是防护建筑物（如护坡、挡土墙、明洞等）。在不同的路线中，各类建筑物的比例也不同，主要取决于路线所经过地区工程地质条件的复杂程度。

公路工程地质勘察的任务，包括以下几项。

（1）查明建筑场地的工程地质条件，以便合理选择建筑物和选择路线或隧洞的位置，并提出建筑物的布置方案、类型、结构和施工方法的建议。

（2）查明影响建筑物地基岩体稳定等方面的工程地质问题，并为解决这些问题提供所需要的地质资料。

（3）预测建筑物在施工和使用过程中，由于工程活动的影响或自然因素的改变可能产生的新的工程地质问题，并提出改善不良地质条件的建议。

（4）查明工程建设所需的各种天然建筑材料的产地、储量、质量和开采运输条件。

工程地质勘察应分阶段进行，必须与设计、施工紧密配合。工程地质勘察按工程开发的工作程序，可划分为可行性研究勘察、初步工程地质勘察、详细工程地质勘察和施工期的工程地质勘察。不同的测设阶段，对工程地质勘察工作有不同的要求，在广度、深度和重点等方面是有差别的。其中可行性研究勘察应符合场地方案确定的要求；初步工程地质勘察阶段应符合初步设计或扩大初步设计的要求；详细工程地质勘察应符合施工图设计的要求。

对工程地质条件复杂或有特殊施工要求的重要工程,还应进行施工勘察;对面积不大,且工程地质条件简单的场地或有建筑经验的地区,可简化勘察阶段。

9.3.2　公路工程地质勘察内容

1. 新建公路工程地质勘察内容

（1）路线工程地质勘察

主要查明与路线方案及路线布设有关的地质问题。选择地质条件相对良好的路线方案,在地形、地质条件复杂的地段,重点调查对路线方案与路线布设起控制作用的地质问题,确定路线的合理布设。

（2）路基、路面工程地质勘察

亦称沿线地质土质调查。在初勘、定测勘察阶段,根据选定的路线位置,对中线两侧一定范围的地带,进行详细的工程地质勘察,为路基路面的设计与施工提供工程地质和水文地质资料。

（3）桥涵工程地质勘察

按初勘、详勘阶段的不同深度要求,进行相应的工程地质勘察,为桥涵的基础设计提供地质资料。大、中桥桥位多是路线布设的控制点,常有比较方案。因此,桥梁工程地质勘察一般包括两项内容:一是对各比较方案进行调查,配合路线、桥梁专业人员,选择地质条件比较好的桥位;二是对选定的桥位进行详细的工程地质勘察,为桥梁及其附属工程的设计和施工提供所需要的地质资料。

（4）隧道工程地质勘察

隧道多是路线布设的控制点且影响路线方案的选择。通常包括两项内容:一是隧道方案与位置的选择,包括隧道与展线或明挖的比较;二是隧道洞口与洞身的勘察。

（5）特殊地质、不良地质地区（地段）的工程地质勘察

特殊地质及不良地质现象,往往影响路线方案的选择、路线的布设与构造物的设计,在视察、初勘、详勘各阶段应作为重点,进行逐步深入的勘察,查明其类型、规模、性质、发生原因、发展趋势和危害程度,提出绕避根据或处理措施。

（6）天然筑路材料工程地质勘察

修建公路需要大量的筑路材料,其中绝大部分都是就地取材,如石料、砂、黏土、水等。这些材料质量的好坏和运输距离的远近,直接影响工程的质量和造价,有时还会影响路线的布局。筑路材料勘察的任务是充分发掘、改造和利用沿线的一切就近材料,对分布在沿线的天然筑路材料和工业废料,按初勘和详勘阶段的不同深度进行勘察,为公路设计提供筑路材料的资料。

2. 改建公路工程地质勘察内容

（1）收集沿线的地形、地貌、工程地质、水文地质、气象、地震等资料。

（2）收集有关桥梁、隧道和防护、排水等构造物的新建、改建或加固工程所需的地质资料。

（3）收集原有公路路况资料。

（4）调查原有公路的路基、路面、小桥涵等人工构造物的状况及病害,研究病因及防治的效果。对原有公路的工程地质、不良地质地段的道路病害应力求根治。

（5）当路线因提高等级或绕避病害而另选新线的路段，应按新建公路的要求进行工程地质勘察工作。

任务9.4　公路路基工程地质勘察

公路路基包括路堑、路堤等。路基的主要工程地质问题有：路基边坡稳定性问题；路基基底稳定性问题；公路冻害问题以及天然建筑材料问题等。

9.4.1　公路选线的工程地质论证

公路是线性建筑物，在数百甚至数千公里的路线上，常遇到各式各样的工程地质问题。如公路沿线山高谷深，地质复杂，不良地质现象发育，或道路要穿过大溶洞和暗河等，这些均说明了在选线中重视工程地质条件的必要性，只有根据地质环境的具体条件才能选出技术可能而又经济合理的路线。

在选线中，工程地质工作的主要任务，是查明各比较路线方案沿线的工程地质条件。在满足设计规范要求的前提下，经过技术经济比较，选出最优方案。路线一经选定，对今后的运营则带来长期而深远的影响，一旦发现问题而改线，即使局部改线，都会造成很大的浪费。因此，选线的任务是繁重的，技术上是复杂的，必须全面而慎重地考虑。

1. 路线的基本类型及其特点

（1）沿河线。其优点是坡度缓，路线顺直，工程简易，挖方少，施工方便。但在平原河谷选线常遇有低地沼泽、洪水危害；而丘陵河谷的坡度大，阶地常不连续，河流冲刷路基，泥石流淹埋路线，遇支流时需修较大桥梁。山区河谷，弯曲陡峭，阶地不发育，开挖方量大，不良地质现象发育，桥隧工程量大。

（2）山脊线。其优点是地形平坦，挖方量少，无洪水，桥隧工程量少。但山脊宽度小，不便于工程布置和施工。有时地形不平，地质条件复杂。若山脊全为土体组成，则需外运道渣，更严重的是取水困难。

（3）山坡线。其最大优点是可以选任意路线坡度，路基多采用半填半挖，但路线曲折，土石方量大，不良地质现象发育，桥隧工程多。

（4）越岭线。其最大优点是能通过巨大山脉，降低坡度和缩短距离，但地形崎岖，展线复杂，不良地质现象发育，要选择适宜的垭口通过。

2. 公路选线的工程地质分析

公路的规划设计工作，首先是路线选择问题。路线的选择，要根据地形、地质及施工条件等综合考虑，其中工程地质条件占有重要地位。从工程地质角度研究公路选线，一般应注意以下几个方面的问题。

（1）地形地貌。在路线方案选择时，应首先考虑路线所经地区的地形地貌条件。一般选线的原则是：路线尽量选择在坡度平缓、地形连续完整的地带通过；避开切割强烈的高山深谷地区，因为路线通过这些地区时，必须采用桥涵等跨越工程或深挖方、高填方、长隧道等复杂工程；也应避开坡面强烈冲刷、冲沟发育的地区，因为这些地区不仅坡面稳定性较差，冲沟的发展还会对路线造成威胁。

（2）岩土类型及其工程地质性质。基岩山区选线应注意岩石的类型和风化程度，坚硬及半坚硬岩石一般均适于选线。裂隙发育的岩石(如石英岩、片麻岩等)容易风化、剥落,软弱岩石(如页岩、板岩等)遇水易软化、泥化、崩解和膨胀,直接影响道路边坡的稳定性,故应十分注意它们的水理性质和力学性质的变化。

(3) 地质构造条件。山区路线应注意地质构造条件对道路及其附属建筑物稳定性的影响。一般水平或近于水平的岩层,对路线是有利的,缓倾角及顺坡向的地质构造则是不利的。

大断层破碎带、强烈褶皱带可能引起边坡和路基的失稳破坏,所以切忌沿其走向平行布置,以减少施工处理段长度。

(4) 物理地质现象。公路选线时,对于诸如崩塌、滑坡、泥石流、岩溶等发育地段,应尽量避开。无法绕避,应注意它们在沿线的分布及发育程度,并提出治理措施,以保证公路路线的畅通无阻及长期使用。另外,也可通过技术经济比较,选用隧道和桥涵等形式通过这些地段。

(5) 天然建筑材料。选线时还要注意沿线各种天然建筑材料的分布和数量以及开采运输条件,以便最大限度地利用当地材料。此外还应反复测绘及计算土石方的开挖量,并尽量使其取得平衡,以减少天然建筑材料的使用量等。

工程地质选线实例(图 9 - 1):其路线 A、B 两点间共有三个基本选线方案,"1"方案需修两座桥梁和一座长隧洞,路线虽短,但隧洞施工困难,不经济;"2"方案需修一座短隧洞,但西段为不良物理地质现象发育地区,整治困难,维修费用大,也不经济:"3"方案为跨河走对岸线,需修两座桥梁,比修一座隧洞容易,但也不经济。综合上述三个方案的优点,从工程地质观点提出较优的第"4"方案:把河湾过于弯曲地段取直,改移河道,取消西段两座桥梁而改用路堤通过,使路线既平直,又避开物理地质现象发育地段,而东段则联结"2"方案的沿河路线。此方案的路线虽稍长,但工程条件较好,维修费用少,施工方便,长远来看还是经济的,故为最优方案。

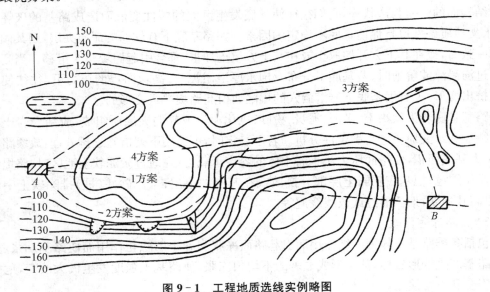

图 9 - 1　工程地质选线实例略图

1—滑坡群;2—崩塌区;3—泥石流堆积区;4—沼泽带;5—路线方案

9.4.2 公路路基工程地质问题

路基是公路的重要组成部分,它主要承受车辆的动力荷载及其上部建筑的重力。在平原地区修建路基,工程地质问题较少。但在丘陵地区和地形起伏较大的山区修建公路时,路基工程量较大,往往需要通过高填或深挖等方式,才能满足路线最大纵向坡度的要求。因此,路基的主要工程地质问题有:路基边坡稳定性问题、路基基底稳定性问题、公路冻害问题、天然建筑材料问题等。

1. 路基边坡稳定性问题

路基边坡包括天然边坡、傍山路线的半填半挖路基边坡以及深路堑的人工边坡等。具有一定的坡度和高度的边坡在重力作用下,其内部应力状态也不断变化。当剪应力大于岩土体的强度时,边坡即发生不同形式的变化和破坏。其破坏形式主要表现为滑坡、崩塌和错落。土质边坡的变形主要取决于土的矿物成分,特别是亲水性强的黏土矿物及其含量,除受地质、水文地质和自然因素影响外,施工方法是否正确也有很大关系。岩质边坡的变形主要取决于岩体中各种软弱结构面的性状及其组合关系,它们对边坡的变形起着控制作用。只有同时具备临空面、滑动面和切割面三个基本条件,岩质边坡的变形才有发生的可能。

一方面,开挖路堑形成的人工边坡,加大了边坡的陡度和高度,使边坡的边界条件发生变化,破坏了自然边坡原有应力状态,进一步影响边坡岩土体的稳定性。另一方面,路堑边坡不仅可能产生工程滑坡,而且在一定条件下,还可能引起古滑坡复活。由于古滑坡发生时间长,在各种外营力的长期作用下,其外表形迹早已被改造成平缓的边坡地形,很难被发现,若不注意观测,当施工开挖形成滑动的临空面时,就可能造成边坡失稳。

2. 路基基底稳定性问题

一般路堤和高填路堤对路基基底稳定性要求有足够的承载力和允许的变形范围。基底土的变形性质和变形量的大小主要取决于基底土的力学性质、基底面的倾斜程度、软土层或软弱结构面的性质与产状等,它们往往使基底发生巨大的塑性变形而造成路基的破坏。此外,水文地质条件也是促使基底不稳定的因素。如路基底下有软弱的泥质夹层,当其倾向与坡向一致时,或在其下方开挖取土或在其上方填土加重,都会引起路堤整个滑移。当高填路堤通过河漫滩或阶地时,若基底下分布有饱水厚层淤泥,在高填路堤的压力下,往往使基底产生挤出变形,也有因基底下岩溶洞穴的塌陷而引起路堤严重变形的。

路基基底若为软黏土、淤泥、泥炭、粉砂、风化泥岩或软弱夹层所组成,应结合岩土体的地质特征和水文地质进行稳定性分析。若不稳定时,可选用下列措施进行处理:放缓路堤边坡,扩大基底面积,使基底压力小于岩土体的容许承载力;在通过淤泥软土地区时,路堤两侧修筑反压护道;把基底软弱土层部分换填或在其上加垫层;采用砂井(桩)排除软土中的水分,提高其强度;架桥通过或改线绕避等。

3. 公路冻害问题

包括冬季路基土体因冻结作用而引起路面冻胀和春季因融化作用而使路基翻浆,其都会使路基产生变形破坏,甚至形成显著的不均匀冻胀,使路基土强度发生极大改变,危害道路的安全和正常使用。

根据地下水的补给情况,公路冻胀的类型可分为表面冻胀和深源冻胀。前者是在地下水埋深较大地区,其冻胀量一般为 30～40 mm,最大达 60 mm。其主要原因是路基结构不合理或养护不周,致使道砟排水不良造成。深源冻胀多发生在冻结深度大于地下水埋深或毛细管水带接近地表水的地区,地下水补给丰富,水分迁移强烈,其冻胀量较大,一般为200~400 mm,最大达600 mm。公路冻害具有季节性,冬季在负气温长期作用下,使土中水分重新分布,形成平行于冻结界面的数层冻层,局部尚有冻透镜体,因而使土体积增大(约9%)而产生路基隆起现象;春季地表面冰层融化较早,而下层尚未解冻,融化层的水分难以下渗,致使上层土的含水率增大而软化,在外荷作用下,路基出现翻浆现象。

防止公路冻害的措施有:铺设毛细割断层,以断绝水源;把粉黏粒含量较高的冻胀性土换为粒粗、分散的砂砾石抗冻胀性土;采用纵横盲沟和竖井,排除地表水,降低地下水位,减少路基土的含水率;提高路基高程;修筑隔热层,防止冻结路基深处发展等。

4. 天然建筑材料问题

路基工程需要的天然建筑材料种类较多,包括道砟、土料、片石、砂和碎石等。它不仅在数量上需要量较大,而且要求各种材料产地沿线两侧零散分布。但在山区修筑高路堤时却常遇土料缺乏的情况,在平原地区和软岩山区,常常找不到强度符合要求的片石和道砟等。因此,寻找符合需要的天然建材有时成为选线的关键性问题,并且这些材料品质的好坏和运输距离的远近,直接影响工程的质量和造价。

9.4.3 公路路基工程地质勘察的基本内容

1. 与路线、桥梁和隧道专业人员密切配合,查清路线上的地质、地貌条件以及动力地质现象,阐明其演变规律,明确各条路线方案的主要工程地质条件,为各方案的比较提供依据。在地形、地质条件复杂的地段,确定路线的合理布设,以减少失误。

2. 特殊岩土地段及不良地质现象,诸如盐渍土、多年冻土、岩溶、沼泽、积雪、滑坡、崩塌、泥石流等,往往影响路线方案的选择、路线的布设和构造物的设计。因此应重点查明其类型、规模、性质、发生原因、发展趋势和危害程度。对严重影响路线安全而数量多、整治困难的各种工程地质问题,如发展中的暗河岩溶区、深层滑坡地段、深层沼泽、有沉陷的深源冻胀地段等,一般均以绕避为原则。但对技术切实可行,可彻底整治而费用不高,对今后运营无后患的地段,应合理通过,绝不盲目避绕。

3. 充分发掘、改造和利用沿线的一切就地材料,满足就地取材的要求。当就近材料不能满足要求时,则应由近及远扩大调查范围,以求得足够数量的品质优良,适宜开采和运输方便的筑路材料产地。

9.4.4 公路路基工程地质勘察的要点

在可行性研究阶段的工程地质勘察工作是收集资料、现场核对和概略了解地质条件,为此着重介绍初步勘察阶段和详细勘察阶段的工作内容。

1. 初步勘察阶段

本勘察阶段的基本任务,主要是对已确定的路线范围内所有路线摆动方案进行勘察对比,确定路线在不同地段的基本走向,并以比选和稳定路线为中心,全面查明路线最优方案沿线的工程地质条件。工程地质测绘是这一阶段中的一项重要手段,勘察范围沿路线两侧各宽150~200 m。测绘比例尺为1:50 000~1:200 000,勘探工作主要用于查明重大而复杂的关键性工程地质问题与不良地质现象的深部情况。

2. 详细勘察阶段

是根据已批准的初步设计文件中所确定的修建原则、设计方案、技术要求等资料,对各种类型的工程建筑物(桥、隧、站场等)位置有针对性地进行详细的工程地质勘察,最终确定公路路线和构造物的布设位置,查明构造物地基的地质构造、工程地质及水文地质条件,准确提供工程和基础设计、施工所必需的地质参数。

任务 9.5　桥梁工程地质勘察

大、中桥桥位多是路线布设的控制点,桥位变动会使一定范围内的路线也随之变动。因此桥梁工程地质勘察一般应包括两项内容:首先应对各比较方案进行调查,配合路线、桥梁专业人员,选择地质条件比较好的桥位;其次再对选定的桥位进行详细的工程地质勘察,为桥梁及其附属工程的设计和施工提供所需要的地质资料。影响桥位的选择的因素有路线方向、水文地质条件与工程地质条件等。工程地质条件是评价桥位好坏的重要指标之一。

9.5.1　桥梁工程地质问题

桥梁是公路建筑工程中的重要组成部分,由正桥、引桥和导流等工程组成。正桥是主体,位于河岸桥台之间,桥墩均位于河中。引桥是连接正桥与路线的建筑物,常位于河漫滩或阶地之上,它可以是高路堤或桥梁。导流建筑物包括护岸、护坡、导流堤和丁坝等,是保护桥梁等各种建筑物的稳定、不受河流冲刷破坏的附属工程。桥梁按结构可分为梁桥、拱桥和钢架桥等。不同类型的桥梁,对地基有不同的要求,所以工程地质条件是选择桥梁结构的主要依据,桥梁主要工程地质问题包括以下两方面。

1. 桥梁墩台地基稳定性问题

桥墩台地基稳定性主要取决墩台地基中岩土体承载力的大小。它对选择桥梁的基础和确定桥梁的结构形式起决定性作用。当桥梁为静定结构时,由于各桥孔是独立的,相互之间没有联系,对工程地质条件的适应范围较广。但超静定结构的桥梁,对各桥墩台之间的不均匀沉降特别敏感,故取用其地基容许承载力时应予慎重考虑。岩质地基容许承载力的确定取决于岩体的力学性质及水文地质条件等,应通过室内试验和原位测试等综合判定。

2. 桥梁墩台地基的冲刷问题

桥墩和桥台的修建,使原来的河槽过水断面减少,局部增大了河水流速,改变了流态,对桥基产生强烈冲刷,威胁桥墩台的安全。因此,桥墩台基础的埋深,除取决于持力层的部位外,还应满足以下要求。

(1) 桥位应尽可能选在河道顺直、水流集中、河床稳定的地段,以保护桥梁在使用期间不受河流强烈冲刷的破坏或由于河流改道而失去作用。

(2) 桥位应选择在岸坡稳定、地基条件良好、无严重不良地质现象的地段,以保证桥梁和引道的稳定,减低工程造价。

(3) 桥位应尽可能避开顺河方向及平行桥梁轴线方向的大断裂带,尤其不可在未胶结的断裂破碎带和具有活动可能的断裂带上建桥。

(4) 在无冲刷处,除了坚硬岩石地基外,应埋置在地面以下不小于 1 m;在有冲刷处,应埋置在墩台附近最大冲刷线以下遵循表 9-1 中规定的数值;基础建于抗冲刷较差的岩石

(如页岩、泥岩、千枚岩等)上时,埋深应适当加大。

表 9-1　墩台基础在最大冲刷线以下的最小埋深表

净冲刷深度(m)			<3	≥3	≥8	≥15	≥20
在最大冲刷线以下的最小埋深(m)	一般桥梁		2.0	2.5	3.0	3.5	4.0
	特大桥及其他重要桥梁	设计流量	3.0	3.5	4.0	4.5	5.0
		检验流量	按设计流量所列值再增 1/2				

9.5.2　桥梁工程地质勘察要点

1. 初步勘察阶段

在工程可行性研究地质勘察资料的基础上,初步查明场地地基的地质条件,即对桥位处进行工程地质调查或测绘、物探、钻探、原位测试,进一步查明工程地质条件的优劣,特别应查明与桥位方案或桥型方案比选有关的主要工程地质问题。

对一般地区的桥位选择,应查明两个方面的内容:一是地形、地貌、地物等方面对桥位选择的制约因素;二是工程地质条件对桥位选择的制约因素。对特殊地质地区的桥位选择,应针对泥石流、岩溶、滑坡、沼泽、黄土等特殊地区的特点,认真研究比选,而不要盲目避绕。工程地质测绘比例尺用 1:500～1:10 000 编制,调查范围包括桥轴线纵向的河床和两岸谷坡或阶地(约 500～1 000 m),以及横向河流上、下游各 200～500 m。

在此阶段中,应对各桥位方案进行工程地质勘察,并对与建桥的适宜性和稳定性有关的工程地质条件做出结论性评价。对工程地质条件复杂的特大桥和中桥,必要时应增加技术设计阶段勘察,还包括环境介质对混凝土腐蚀的评价。

钻孔一般沿桥轴线或其两侧布置,原则上应布置在与工程地质有关的地点,并考虑到地貌和构造单元,其钻孔数量与深度参照表 9-2 确定。

表 9-2　初勘桥位钻孔数量与深度表

桥梁按跨径分类	工程地质条件简单		工程地质条件复杂	
	孔数(个)	孔深(m)	孔数(个)	孔深(m)
中桥	2～3	8～20	3～4	20～35
大桥	3～5	10～35	5～7	35～50
特大桥	5～7	20～40	7～10	40～120

注:① 表中所列数值是参考值,工作中应根据实际情况确定;
　　② 河床中钻孔深度是以河床面高程控制,河岸处孔深应按地面确定;
　　③ 表中孔深,当地基承载力小时取大值,大时取小值。

2. 详细勘察阶段

在初步设计阶段勘察测绘基础上进行补充、修正,查明桥梁墩台地基基础岩体风化和软弱层特征;测试岩土体物理力学性能,提供地基承载力基本值、桩侧极限摩阻力,并结合基础类型作出定量评价。随着二级以上公路的发展,在大江、大河上以及跨海的公路工程逐渐增多,特大桥梁工程需对工程地质工作特别重视。对重要的特大桥,测绘应针对与桥梁墩

（台）、锚固基础、引道、调治构造物等处岩体，进行大比例尺工程地质测绘（或进行专题研究），把桥墩、锚锭部位作为勘察重点，并采用综合勘测手段，进行钻探、原位测试（静力触探、标准贯入、旁压试验，十字板剪切试验）、声波测井及抽水、压力试验等，查明地基基础的承载力、极限摩阻力，为设计提供可选择的基础类型和施工方案，并提供出存在的问题及处理措施建议等。详细勘察阶段的重点内容如下。

（1）查明桥位区地层岩性、地质构造、不良地质现象的分布及工程地质特性。

（2）探明桥梁墩台和调治构造物地基的覆盖层及基岩风化层的厚度，墩台基础岩体的风化及构造破碎程度，软弱夹层情况和地下水状况。

（3）测试岩土的物理力学特性，提供地基的基本承载力、桩侧摩阻力、钻孔桩极限摩阻力，并做出定量评价。

（4）对边坡及地基的稳定性、不良地质的危害程度和地下水对地基的影响程度做出评价。

（5）对地质复杂的桥基或特大的桥墩、锚锭基础应采用综合勘探。

任务 9.6　隧道工程地质勘察

公路隧道有山岭隧道与河底隧道之分。山岭隧道又可分为越岭隧道与山坡隧道两种，越岭隧道是穿越分水岭或山岭垭口的隧道，这种隧道可能有较大的深度和长度；山坡隧道是为避让山坡上的悬崖峭壁以及雪崩、山崩、滑坡等不良地质现象而修建的隧道，这种隧道长短不一。

隧道多是路线布设的控制点，长隧道可影响路线方案的选择。隧道勘察工作通常包括两项内容：一是隧道方案与位置的选择；二是隧道洞口与洞身的勘察。前者除隧道方案的比较外，有时还包括隧道展线或明挖的比较；对重点隧道或工程地质和水文地质条件复杂的隧道，应进行区域性的工程地质调查、测绘。当地下水对隧道影响较大时，应进行地下水动态观测，并计算隧道涌水量。

9.6.1　隧道工程地质问题

隧道最常遇到的工程地质问题主要包括：山岩压力及洞室围岩的变形与破坏问题；地下水及洞室涌水问题；洞室进出口的稳定问题。

1. 山岩压力及洞室围岩的变形与破坏问题

岩体在自重和构造应力作用下，处于一定的应力状态。在没有开挖之前岩体原应力状态是稳定的，不随时间而变化。隧道开挖后，原来处于挤压状态的围岩，由于解除束缚而向洞室空间松胀变形，这种变形超过了围岩本身所能承受的能力，便发生破坏，从母岩中分离、脱落，形成坍塌、滑移、底鼓和岩爆等。山岩压力通常指围岩发生变形或破坏而作用在洞室衬砌上的力。山岩压力和洞室围岩变形破坏是围岩应力重分布和应力集中引起的。因此，研究山岩压力，应首先研究洞室周围应力重分布和应力集中的特点，以及研究测定围岩的初始应力大小及方向，并通过分析洞室结构的受力状态，合理地选型和设计洞室支护，选取合理的开挖方法。

2. 地下水及洞室涌水问题

当隧道穿过含水层时,将会有地下水涌进洞室,给施工带来困难,地下水也是造成塌方和围岩失稳的重要原因。地下水对不同围岩的影响程度不同,其主要表现在以下几个方面。

(1) 以静水压力的形式作用于隧道衬砌。

(2) 使岩质软化,强度降低。

(3) 促使围岩中的软弱夹层泥化,减少层间阻力,易于造成岩体滑动。

(4) 石膏、岩盐及某些以蒙脱石为主的黏土岩类,在地下水的作用下发生剧烈的溶解和膨胀而产生附加的山岩压力。

(5) 如地下水的化学成分中含有害化合物(硫酸、二氧化碳、硫化氢等),对衬砌将产生侵蚀作用。

(6) 最为不利的影响是突然发生的大量涌水。在富水的岩体中开挖洞室,开挖中当遇到相互贯通又富含水的裂隙、断层带、蓄水洞穴、地下暗河时,就会产生大量的地下水涌入洞室内;已开挖的洞室,如有与地面贯通的导水通道,当遇暴雨、山洪等突发性水源时,也可造成地下洞室大量涌水。这样,新开挖的洞室就成了排泄地下水的新通道。若施工时排水不及时,积水严重就影响工程作业,甚至可以淹没洞室,造成人员伤亡。以大瑶山隧道为例,该隧道通过斑谷坳地区石灰岩地段时,曾遇到断层破碎带,发生大量涌水,施工竖井一度被淹,不得不停工处理。因此,在勘察设计阶段,正确预测洞室涌水量是十分重要的。

3. 洞口稳定问题

洞口是隧道工程的咽喉部位,洞口地段的主要工程地质问题是边、仰坡的变形问题,其变形常引起洞门开裂、下沉或坍塌等灾害。

4. 腐蚀

地下洞室围岩的腐蚀主要指岩、土、水、大气中的化学成分和气温变化对洞室混凝土的腐蚀。地下洞室的腐蚀性对洞室衬砌造成严重破坏,从而影响洞室稳定性。成昆铁路百家岭隧道,由三叠系中、上统石灰岩、白云岩组成的围岩中含硬石膏层($CaSO_4$),开挖后,水渗入围岩使石膏层水化,膨胀力使原整体道床全部风化开裂,地下水中 SO_4^{2-} 高达 $1\ 000\ mL/L$,致使混凝土腐蚀得像豆腐渣一样。

5. 地温

对于深埋洞室,地下温度是一个重要问题,铁路行业规范规定隧道内温度不应超过25℃,超过这个界线就应采取降温措施。隧道温度超过32℃时,施工作业困难,劳动效率大大降低。欧洲辛普伦隧道施工时,遇到高达到56℃的高温,严重影响了施工速度。所以深埋洞室必须考虑地温影响。

地壳中温度有一定变化规律。地表下一定深度处的地温常年不变,称为常温带。常温带以下,地温随深度增加,地热增温率 G 约为1℃/33 m。可由下式估算洞室埋深处的地温:

$$T = T_0 + (H - h)G \tag{9-1}$$

式中:T——隧道埋深处的地温(℃);

T_0——常温带温度(℃);

H——洞室埋深(m);

h——常温带深度(m);

G——地热增温率(℃/33 m)。

除了深度外,地温还与地质构造、火山活动、地下水温度等有关。岩层层状构造方向导热性好,所以,陡倾斜地层中洞室温度低于水平地层中洞室温度;受近代岩浆热源的影响,地温也较高;在地下热水、温泉出露地区,地温也较高。成昆铁路嘎立一号隧道处于牛日河大断裂影响带内,地热能沿着断裂上升,施工时洞内温度达到 30℃以上;莲地隧道内有 40℃温泉,施工时洞内温度也居高不下。

6. 瓦斯

地下洞室穿过含煤地层时,可能遇到瓦斯。瓦斯能使人窒息致死,甚至可以引起爆炸,造成严重事故。

瓦斯是地下洞室有害气体的总称,其中以甲烷为主,还有二氧化碳、一氧化碳、硫化氢、二氧化硫和氮气等。瓦斯一般主要指甲烷或甲烷与少量有害气体的混合体。当瓦斯在空气中浓度小于 5%～6% 时,能在高温下燃烧;当瓦斯浓度由 5%～6% 到 14%～16% 时,容易爆炸,特别是含量为 8% 时最易爆炸;当浓度过高,达到 42%～57% 时,使空气中含氧量降到 9%～12%,足以使人窒息。

瓦斯爆炸必须具备两个条件:一是洞室内空气中瓦斯浓度已达到爆炸限度;二是有火源。通常在洞内温度、压力下,各种爆炸气体与正常成分空气合成的混合物的爆炸限度见表 9-3。

表 9-3 常温、常压下各种爆炸气体与空气合成的混合物的爆炸限度

气体名称	爆炸限度含量(%)	气体名称	爆炸限度含量(%)
甲烷(沼气)	5～16	一氧化碳	12.5
氢气	4.1～74	乙烯	3
乙烷	3.2～12.5	苯	1.1～5.8

由于甲烷为空气质量的 0.55 倍,常聚积在洞室顶部,并极易沿岩石裂隙或孔隙流动。所以,瓦斯在煤系地层中的分布也有一定规律。例如:穿窿构造瓦斯含量高;背斜核部瓦斯含量比翼部高,向斜则相反;地表有较厚覆盖层的断层或节理发育带,瓦斯含量愈大;地下水愈少,瓦斯含量也愈大。

地下洞室一般不宜修建在含瓦斯的地层中,如必须穿越含瓦斯的煤系地层,则应尽可能与煤层走向垂直,并呈直线通过。洞口位置和洞室纵坡要利于通风、排水。施工时应加强通风,严禁火种,并及时进行瓦斯检测,开挖时工作面上的瓦斯含量超过 1% 时,就不准装药放炮;超过 2% 时,工作人员应撤出,进行处理。

7. 岩爆

轻微的岩爆仅使岩片剥落,无弹射现象,无伤亡危险。严重的岩爆可将几吨重的岩块弹射到几十米以外,释放的能量可相当于 200 多吨 TNT 炸药。岩爆可造成地下工程严重破坏和人员伤亡。严重的岩爆像小地震一样,可在 100 多公里外测到,现测到最大震级为里氏 4.6 级。

9.6.2 隧道位置选择的一般原则

1. 一般原则

隧道洞身位置的选择,主要以地形、地质为主等综合考虑。在实际工作中,宜首先排除显著不良地质地段,按地形条件拟订隧道及接线方案,然后再进行深入的地质调查。综合各方面因素,最后选定隧道洞身的位置。

(1)选择地质构造简单、地层单一、岩性完整、无软弱夹层、工程地质条件较好的地段。在倾斜岩层中,以隧道轴线垂直岩层走向为宜。

(2)选择在山体稳定、山形较完整、山体无冲沟、无山洼等次地形切割不大、岩层基本稳定的地段通过。

(3)选择地下水影响小、无有害气体、无矿产资源和不含放射性元素的地层通过。隧道通过工程地质及水文地质条件极复杂地段,一般伴随有特殊不良地质问题发生,而这些问题的发生有一个漫长变化的过程,在一般勘察阶段的短短几个月中是难以对这些问题有深入的了解,所以对其变化规律的认识和预测它的发展,需要安排超前工程地质和水文地质工作。

(4)对低等级公路隧道选址,原则上应尽量避让各种不良地质现象地段;但对于高等级公路,往往受路线等级的限制,不可避免地经过各种不良地质现象地段,在不良地质现象区选择隧道位置总的原则如下:

① 尽量避让,以免对隧道造成毁灭性、破坏性影响。

② 尽量选择在影响范围小、影响距离短、影响时间短的地段。

③ 通过各方面因素综合考虑,把不良地质的影响减少到最低限度。

2. 隧道洞口位置选择

隧道洞口位置选择应分清主次,综合考虑,全面衡量。在保证隧道稳定性、安全性、没有隐患的前提下再考虑造价、工期等因素。一般应根据周围的地质环境、地表径流、人工构造物、地表和地下水体对隧道的影响等因素综合考虑。高速公路、一级公路和风景区洞门设计力求与环境相协调,隧道洞门应与隧道轴线正交,关于隧道洞口位置选择的具体要求如下:

(1)确保洞口、洞身的稳定,不留地质隐患。

(2)便于施工场地布置,便于运输和弃渣处理,少占或不占可耕地。

(3)洞口外接线工程数量少、里程短、工程造价低等。

(4)对于水下隧道,主要应考虑地表水对洞口倒灌的影响。

3. 隧道围岩的稳定性

隧道围岩系指隧道周围一定范围内,对隧道稳定性能产生影响的岩体。山岩压力是评定隧道围岩稳定性的主要内容,也是隧道衬砌设计的主要依据。

围岩分类是初步设计阶段勘察工程地质评价的主要内容。围岩分类采用多因素、多指标、定性、定量相结合的原理,以使围岩分类定性准确,且具有定量指标。隧道围岩分类仍然采用了铁道部的围岩分类方案,详细内容请参阅有关文献,此处不再赘述。

9.6.3 隧道工程地质勘察要点

1. 初步勘察阶段

主要是通过地表露头的勘察或采用简单的揭露手段,来查明隧道区地形、地貌、岩性、构造等以及它们之间的关系和变化规律,从而推断不完全显露或隐埋深部的地质情况;通过测绘主要弄清对隧道有控制性的地质问题(如地层、岩性、构造),进而对隧道工程地质与水文地质条件做出定性的评价。

对不良地质现象地区隧道,应充分利用现有的地质资料和航空照片、卫星照片等遥感信息资料,通过大量的野外露头调查或人工简易揭露等手段,来发现、揭露不良地质现象的存在,找出它们之间的关系以及变化规律。

根据对各种勘察资料进行的综合分析、论证,按比选结果推荐隧道最佳方案。

2. 详细勘察阶段

详勘内容主要有三个方面:一是核对初勘地质资料;二是勘探查明初勘未查明的地质问题;三是对初勘提出的重大地质问题做深入细致的调查。

(1)地质调查与测绘的范围、测点、物探网的点线范围和布设,物探方法的运用和钻探孔、坑、槽的数量与位置等,应与初勘时未能查明的地质条件相适应,但对隧道有影响的大构造和复杂地质地段,勘察追踪范围可适当放大。

(2)重点调查隧道通过的严重不良地质、特殊地质地段,以确定隧道准确位置的工程地质条件。

(3)实地复核、修改、补充初勘地质资料,对初勘遗漏、隐蔽的工程地质问题,应适当加大调绘范围和工作量。

任务 9.7 不良地质现象的勘察

随着国民经济的不断发展,公路等级的提高,各类工程建设遇见不良地质现象是不可避免的,所以对其进行工程地质勘察尤为重要,本任务主要介绍崩塌与岩堆、滑坡、岩溶和泥石流的工程地质勘察。

9.7.1 崩塌与岩堆

1. 初步勘察阶段

(1)勘察重点

① 地貌调绘的范围宜超越崩塌与岩堆周界以外 40 m,其重点内容如下:

a. 峭壁高度、长度、坡度(包括各变坡点的高程)。

b. 崖壁新近崩塌、坍塌、剥落的痕迹并估算其体积。

c. 坠石冲击点、跳跃距离、滚动距离及其最大石块的体积、形状。

d. 岩堆的分布范围、形状、各部位的坡度变化。

e. 岩堆各部位颗粒分选状况,地表最大颗粒体积。

f. 岩堆体各部位固结(或松散)程度、稳定状况等。

g. 冲沟发育状况,如各部位切割深度、纵坡、横断面类型、沟壁稳定坡度、坡高、溯源侵蚀、泥石流发育状况。

h. 岩堆体各部位植被覆盖程度，并区分乔木、灌木、蒿草等的分布范围。

② 工程地质勘察的重点内容如下。

a. 收集大地构造、地壳应力场生成状态、新构造活动、断层破碎带、强烈褶皱带及地震资料，了解崩塌、岩堆分布的规律性。

b. 调查陡崖地层、岩性、风化程度以及风化、侵蚀差异在地形上显示的特征。

c. 调查陡崖的地质构造，其内容一般如下：褶皱、断裂、层理、节理、劈理、片理等及其各部位代表性产状。

d. 调查层理、片理、节理、软弱夹层发育程度及它们产状的组合；描述节理及节理发育特性。

e. 调查含水层、地下水露头及其补给排泄关系。

f. 凡与崩塌、岩堆发生联系的滑坡、泥石流，应按滑坡和泥石流的要求进行勘察。

③ 崩塌与岩堆发育活动历史调查。其主要内容如下。

a. 访问当地居民，了解崩塌、岩堆活动情况，如活动时间、周期、规模、危害等。

b. 访问调查由崩塌、岩堆造成建筑物毁坏、修复、防治的经验。

c. 调查最新崩塌堆积物的进退情况、植被被吞噬、地层中含有腐朽植物枝干、上下坡树龄变化等。

④ 气象、水文调查。其主要内容如下。

a. 调查降雨、冻融与崩塌的关系。

b. 调查岩堆表层运动与暴雨地表径流及地下水的关系。

c. 调查河流冲刷坡脚或河床被挤压变窄、弯曲等状况。

（2）勘探

① 探明堆床形状、堆床地层岩性、地质构造。探明岩堆体地层结构、岩性，尤其细颗粒夹层、含腐朽植物夹层、地下水位。

② 勘探线应按崩塌（含坍塌、剥落）岩堆活动中心，贯穿崖顶、锥顶、岩堆前缘弧顶布置。连续分布，无明显锥顶、前缘弧顶的岩堆，应垂直地形等高线走向布置勘探线。勘探线间距不大于 50 m。每个岩堆体至少有 1 条勘探线。勘探线上勘探点不少于 3 个（含露头）。

③ 岩石峭壁一般只采用地层岩性描述、节理统计方法，不宜布置勘探点。

岩堆体勘探以物探为主，辅以钻探验证，并有一定数量挖探，取得岩堆体地层层理产状资料及试样。

钻探孔深宜钻至堆床以下 2 m，并应采取适当的钻探工艺，以查明岩土软弱夹层、含腐殖物夹层和地下水等资料。

（3）试验

① 崩塌范围一般取岩样做密度、相对密度、天然含水率、吸水率、抗压强度、软化系数、泊松比、抗剪强度（c、φ 值）等试验。抗剪强度试验侧重在软弱夹层和不利节理的节理面。

② 岩堆体试验项目有：密度、相对密度、含水率、抗剪强度、天然休止角。也可得用天然陡坎坍塌、滑塌反算 c、φ 值或综合 φ 角，代替抗剪强度试验。还可以在附近有类比条件的陡坎坍塌处进行类比反算 c、φ 值。

（4）资料要求

① 崩塌与岩堆工程地质勘察报告，文字部分的内容如下。

a. 阐述与崩塌、岩堆形成有关的自然地理条件，如地形、地貌、气候、水文、地层岩性、地质构造、新构造活动、地震及爆破震动等人为活动因素。

b. 阐述崩塌、岩堆的成因类型、形态类型、活动规律、规模大小及危害程度。

c. 论证崩塌范围岩体稳定，应作出软弱结构面赤平极射投影分析；对明显不稳定岩体的不利结构面作实体比例投影分析，并预测其发展趋势。

d. 为计算落石运动轨迹选择参数提供可靠依据。

e. 论证岩堆体的稳定，并为工程设计的稳定计算提供工程地质参数。

f. 论证崩塌、岩堆防治措施，提出推荐整治方案。

② 工程地质图。其要求如下。

a. 工程地质平面图，比例尺为 1 : 500～1 : 2 000。

b. 工程地质断面图，比例尺：水平为 1 : 500～1 : 2 000；垂直为 1 : 100～1 : 200。

③ 成果资料。调绘记录本、勘探成果资料、试验成果资料、节理统计分析资料、稳定分析资料等应分别编目，整理成册；除记录本外，均应列入基础资料，正式出版。

2. 详细勘察阶段

（1）勘察重点

① 查清各危岩形状、体积及可能脱离母岩的裂隙特征。查明风化、侵蚀差异形成的凹凸尺寸及岩性特征。查明岩体节理、软弱夹层特征、发育程度及它们最不利组合。预测崩落体的形状、体积、崩落体重心高度。查明落石运动所经过和停积的场所及对路基桥涵和隧道的危害。

② 查明崩塌、滑塌、剥落范围及岩堆范围地面坡度角变化、变坡点间距及地层、岩性变化特征。

③ 查明路基及防治构造物地基的地层、岩性及加载后的稳定性。

④ 查明挖方及新崩落体，清除弃土堆放场所。

（2）勘探

① 勘探是为查明公路工程、防治构造物地基及开挖边坡的地层结构和岩性。

② 纵向勘探线沿工程轴线方向布置，勘探点间距不大于 20 m。通过纵向勘探线上的勘探点，做横向勘探线，横向勘探线上的勘探点一般不少于 3 个。

③ 勘探深度一般在基础底面或开挖最低点以下 3 m；如遇软弱夹层，应穿透软弱夹层以下 3 m。

④ 应尽量利用附近的露头或初勘时的勘探资料。

⑤ 勘探以物探为主，但轴线方向上至少有一个代表性勘探点为挖探孔或钻探孔。

（3）试验

试验项目的要求同初勘的试验要求。

（4）资料要求

① 崩塌、岩堆工程地质勘察报告，文字部分的内容如下。

a. 概述崩塌、岩堆形成、发育的自然条件、人为活动因素及其机理联系，并论述对路基、桥涵和隧道工程的影响。

b. 提供拟定各项防治措施的依据。

c. 论述各项防治设计计算参数的选择依据,并推荐合理的计算参数。

d. 说明设计、施工、养护应注意的事项。

② 工程地质图。其要求如下。

a. 工程地质平面图,比例尺为 1:500～1:2 000。

b. 各项防治工程的代表性工程地质纵、横断面图,比例尺:水平为 1:500～1:2 000 垂直为 1:100～1:200。

c. 成果资料。调绘记录本、勘探成果、试验成果、节理统计分析成果、验算原始资料等应分别编目,整理成册;除记录本外,均应列入基础资料,正式出版。

9.7.2 滑坡

1. 初步勘察阶段

(1) 勘察重点

① 地貌调绘。调绘范围必须包括由滑坡活动可能引起的地面变形破坏的范围,主要调绘下列内容。

a. 滑坡后缘断裂壁的形状、位置、高差及坡度。

b. 滑坡台地的形状、位置、高差、坡度及其形成次序。

c. 滑坡体隆起和洼地范围及形成特征。

d. 滑坡裂隙分布范围、密度、特征及其力学性质。

e. 滑坡舌前缘隆起、冲刷、滑塌与人工破坏状况。

f. 剪出口位置、距地面高度、滑坡面坡度及擦痕方向。

g. 滑体各部位(主轴线上)的稳定状态,如蠕动、挤压、初滑、滑动、速滑、终止。

h. 滑体上冲沟发育部位、切割深度、切割地层岩性、沟槽横断面形状、泉水的形成、沟岸稳定状况。

i. 调查坡脚破坏的原因与破坏速度。

② 工程地质调绘。其主要内容如下。

a. 收集有关大地构造、新构造活动、地壳应力场及地震资料。

b. 收集航片资料,判释滑坡发育与分布规律。

c. 调绘滑坡地区地层、岩性、地质构造与裂隙发育、分布规律。调查范围应包括滑坡体及其周边稳定地段。

③ 水文地质调绘。其主要内容如下。

a. 收集区域水文地质资料。

b. 调绘地下水露头(如井、泉、积水洼地、潮湿地、喜湿植物群落等)的分布及发展变化的规律。

c. 调查含水层出露与埋藏条件、地下水位变化及地下水补给、排泄关系。

d. 调查滑坡附近的水利设施、灌溉习惯与滑坡活动的关系。

④ 滑坡活动历史调查。其主要内容如下。

a. 访问了解滑坡形成的时间、诱导因素、滑动速度及周期。

b. 调查滑坡体各部位滑动的先后次序及各部位地面隆起、凹陷、平面移动的状况。

c. 调查冲沟的形成、发展速度及发育阶段。

d. 调查泉水的形成与掩埋过程。

e. 调查醉林(或马刀树)的特征与树龄。

f. 调查滑体上建筑物的位移、破坏与修复过程。

g. 调查地震活动对滑坡的影响。

⑤ 气象、水文资料调查。其主要内容如下。

a. 调查连续降雨时间、暴雨强度和冻融季节变化与滑坡活动的关系。

b. 调查洪水水流对坡脚冲刷与滑坡活动的关系。

（2）勘探

① 勘探是为了解滑体与滑床的地层结构、软弱结构面、含水层的性质、地下水位、滑动特征以及取样试验。

② 勘探线。控制性的勘探线按滑体中心的主滑方向布置，长度应超过滑坡影响范围以外 40 m。

大型滑坡宜设 2～3 个地质断面，勘探点间距不宜大于 50 m。各勘探点的布置应便于绘出垂直滑动方向的横断面。

两个以上互相连接的滑坡应分别按滑体滑动主轴布置勘探线。控制性勘探线上的勘探点不得少于 3 个(含钻探、挖探、露头)。同时，在稳定地段也应有勘探点。

③ 勘挖孔。其要求如下。

a. 滑坡后缘断裂壁坡脚、前缘剪出口处尽量采用挖探，查明滑动面特征。

b. 视地层结构、地面形态等条件选择物探种类，大型滑坡可采用多种物探方法，互相配合验证。

c. 控制性断面上的关键勘探点必须采用钻探。钻探深度要伸入到滑床 2～3 m。

d. 钻探终孔口径不小于 110 mm。

e. 钻孔岩芯描述除按一般描述外，应着重对滑坡面的特征，如擦痕、摩擦热变质、烧结状况、变色、滑带厚度等进行描述。

f. 钻探一般应采用干钻，亦可采用双重岩芯管或其他工艺，不得遗漏滑坡面或改变破坏滑动面的特征。

应分层测定地下水位，必要时应测定其流速、流向及流量。

（3）试验

① 试样在挖探、钻探时一并采取。不同岩性地层应按上、中、下分别取样；层厚小于 1 m 时变层取样；层厚较大时取样间距不得大于 2 m。

对黏性土、岩石取原状样；砂、砾、碎石土取不改变颗粒成分的扰动样。

② 常用试验项目有：相对密度、天然密度、天然含水率、颗粒分析、液限、塑限、内摩擦角、黏聚力。

对破碎岩石、碎石土及其他无法取得原状样测定内摩擦角、内聚力的土体，可采用反算法求得。

对不同滑动状态土体的样品，其抗剪强度应测定受力条件相似的数值(如重复剪切并求出残余剪切强度等)。

（4）资料要求

① 工程地质勘察报告的文字部分的内容如下。

a. 叙述滑坡形成、运动的自然因素，包括地形、地貌、水文、气象、地震、地质、水文地质等。

b. 论述滑坡的发生、发展及现状与自然因素、人为活动的机理联系，预测滑坡发展趋势。

c. 叙述滑坡类型的划分。滑坡类型按如下分类原则及顺序描述定名：规模大小、滑体厚度、地层岩性及构造、滑动面形状、发育阶段、运动规律及其他性状。

d. 滑坡稳定性分析要充分利用综合调绘、勘探、试验成果，合理选择计算公式、计算参数进行验算。稳定性分析不仅要考虑滑坡的现状，还要预测未来的发展。

e. 论证滑坡的防治方案的合理性、可靠性及可行性。尽量将线位、桥位、隧道位置放在防治工程最少的位置。各项防治工程措施都要围绕对路线、桥梁、隧道、人工构造物的稳定性，有针对性地论述其合理性。

② 工程地质图。其要求如下。

a. 工程地质平面图，比例尺为 1：500～1：2 000。

b. 工程地质纵断面图，比例尺：水平为 1：100～1：200；垂直为 1：10～1：20。

③ 成果资料。调绘记录本、勘探试验原始资料（含挖探描述、钻孔柱状图、物探成果、原位测试成果、试验成果）、稳定验算资料及其他统计整理资料应分别编目成册，除记录本外，其成果资料均应列入基础资料。

2. 详细勘察阶段

（1）勘察重点

① 在初勘的基础上进一步查明各项防治构造物有关范围内的地层、岩性、地质构造、滑动面位置、地下水排泄和补给的关系。

② 查明防治构造物范围滑体滑动方向、速度、周期与水文、气象变化的关系。

③ 查明与防治构造物有关范围的滑体滑动状态。

（2）勘探

① 勘探线按防治构造物轴线与滑体滑动方向交叉布置。顺滑动方向的勘探线间距不大于 50 m；若滑体宽度小于 50 m，至少有一条勘探线。

② 防治构造物上的勘探点间距不大于 20 m。顺滑动方向的勘探点随地形变化布置。

③ 地形与下卧层起伏不大时，在代表性的勘探线上应设适量的钻孔。钻探点一般布置在防治工程的轴线上。

④ 在滑坡体、滑动面（带）和稳定地层中，应采取必要的试样，进行试验。

（3）试验

① 试验项目同滑坡初勘的试验要求（同前）。

② 在地层岩性适合的情况下，尽量条采用原位测试，取得设计参数。

③ 需进行滑面重合剪、滑带土多次剪，并求出多次剪的残余剪的抗剪强度。

（4）资料要求

① 工程地质勘察报告，文字部分的内容如下。

a. 概述自然条件、人为活动与滑坡形成、发展、现状、发育趋势关系的机理。

b. 论证各项防治措施的针对性、合理性、可靠性及滑坡的稳定性。

c. 论证各项设计参数推荐值的合理性,并列出各项设计参数推荐值。

d. 设计与施工应注意的问题,并评价公路运营时滑坡对各项工程的影响。

e. 对公路工程影响较大,且又难于查明运动规律的滑坡,应提出进行长期观测的建议。

② 工程地质图。其要求如下。

a. 工程地质平面图,比例尺为 1:500~1:2 000。

b. 各项防治设计推荐方案平面示意图,比例尺为 1:100~1:200。

c. 滑坡防治设计推荐方案平面示意图,比例尺为 1:500~1:2 000。

③ 成果资料应整理成册,列入基础资料正式出版。

9.7.3 岩溶

1. 初步勘察阶段

(1) 勘察重点

① 查明岩溶的发育强度、基本形态、规模大小、分布规律及其与地层岩性、地质构造、地表水及地下水之间的关系。

② 查明岩溶水的埋藏特点、富水程度、补给、径流、排泄条件,地下水位高程和水位变化特点。

③ 查明不同路段土洞的发育程度、分布规律和规模大小。

(2) 调查与测绘

① 工程地质调查和测绘应与航片、卫片的判释同时进行。调绘范围应以能满足方案选择和查明场地岩溶发育程度为原则,对路线限于中线两侧各 200~300 m;对特大桥和地质条件复杂的大桥限于桥轴线上、下游各 200~500 m;对隧道视地质条件复杂程度确定。测绘比例尺为 1:500~1:2 000。

② 工程地质测绘应重点查明可溶岩分布地段的地形地貌特征、地表岩溶的主要形态、规模大小、分布特点;可溶岩的岩性、分布范围、第四系地层岩性、成因类型、沉积厚度、结构特征;土洞的分布位置、规模;岩层产状、地质构造类型、新构造活动的特征、断裂和褶皱轴的位置、构造破碎带的宽度、可溶岩与非可溶岩的接触界线、岩体的节理裂隙发育程度;地下水类型、埋藏条件、补给、径流和排泄条件,地下水露头位置和高程、涌水量大小,地下水与地表水的水力联系,地表水的消水位置;不良地质现象的成因类型、规模、稳定情况和发展趋势。

(3) 勘探

① 路基勘探

岩溶地区公路路基的工程地质勘探,应在全面分析研究遥感测绘资料的基础上,确定勘探点的位置,选择勘探方法。

勘探方法以综合物探为主,应在布线范围内平行路线走向布设 2~3 条物探测线,查明沿线不同路段的岩溶发育程度和分布规律。必要时,可在构造破碎带、褶皱轴部、可溶岩与非可溶岩接触带和岩溶洞穴、塌陷地带等处,布设物探测线,查明这些地带岩溶的发育强度和发育特点。

在判定的岩溶发育带和物性指标异常带应布置钻孔,验证物探成果,同时查明岩溶的基本形态和规模、洞穴充填物的性状和地下水位高程等。

利用人力钻和轻型机钻,查明第四系地层岩性、沉积厚度、结构特征、土洞的分布位置和规模。

② 桥基勘探

岩溶地区桥基的勘探首先应采用物探,查明桥位区岩溶的发育规律、不同地段的岩溶发育强度和发育特点,第四系的地层岩性、层序、沉积厚度、结构特点。

在判定的岩溶发育带和物性指标异常带应布设钻孔,以验证物探成果。必要时,在每个基础范围内可布置 1 个钻孔,查明岩溶发育特点。钻孔深度应在完整基岩内钻进 5～10 m,在该深度遇有岩溶洞穴时,应在洞穴底板完整基岩内钻进 3～5 m。

③ 隧址勘探

隧道的工程地质勘探应以物探方法为主,并在充分分析遥感和测绘资料的基础上布置勘探工作。首先沿隧道中线和断裂破碎带、褶皱轴部、可溶岩与非可溶岩接触带布置物探勘探线,查明洞身不同地段的岩溶发育程度和分布规律、岩溶洞穴的含水特性等。

在隧道的洞口和已判定的岩溶发育带,物性指标异常时,应布置钻孔,查明洞体围岩的工程特性,主要内容为岩溶发育程度、基本形态和规模、洞穴充填物性状、岩溶的富水性、补给、径流和排泄条件。钻孔深度应在隧道底板设计高程以下完整基岩钻进 5～8 m;在该深度遇有溶洞时,钻孔应穿过洞穴,在溶洞底板完整基岩内钻进 3～5 m。

(4) 试验

① 为确定地基岩体强度和隧道围岩类别,应对测区内的岩石进行单轴极限抗压强度试验,测定洞体围岩的波速。

② 为查明地下洞穴连通情况和地下水之间的水力联系,应做连通试验。

③ 为查明岩溶富水性和涌水量,必要时应对岩溶含水带做抽水试验。

④ 对地下水和地表水做水质分析,确定其对混凝土的侵蚀情况。

(5) 资料要求

资料整编应在遥感、工程地质测绘、勘探和测试等各种原始资料准确、齐全的条件下进行。应提交的资料及其内容要求如下。

① 工程地质勘察报告。文字部分应论述场地的工程地质条件和岩溶在水平和垂直方向上的发育强度与分布规律,并结合地形地貌特征,第四系岩性,沉积厚度,物理力学特征,路基挖深、填高,将场地进行工程地质分区,评价各区的稳定性和适宜性;论述桥、隧场地的工程地质条件和岩溶的发育特点、洞穴规模、充填物性状、富水程度;评价桥、隧场地的适宜性和桥梁地基、隧道围岩的稳定性。

对影响公路工程建筑物稳定与安全的各种岩溶洞穴和岩溶水,提出整治方案;论证岩溶洞穴、天生桥等用作公路隧道、桥涵的可能性。

② 工程地质平面图。按路线、桥梁、隧道分别绘制,应全面反映场地的工程地质条件。重点标示出岩溶发育地段、特殊性岩土地段、岩溶洞穴塌陷等不良地质现象。比例尺为 1∶500～1∶2 000。

③ 工程地质纵断面图。分别按路线、桥梁、隧道中线绘制,比例尺:水平为 1∶500～1∶2 000,垂直为 1∶50～1∶200。

④ 岩土、水质的试验、分析资料,水文地质试验资料。

⑤ 钻孔柱状图、物探成果图等。

⑥ 岩溶场地稳定性分区图。根据岩溶发育程度、基本形态、洞穴规模、路堑设计高程以下或路堤原始地面以下的第四系厚度和洞穴顶板岩体厚度等条件,将场地划分为无岩溶区、岩溶不发育区、岩溶发育场地稳定区和岩溶发育场地不稳定区等。

以上地质勘察成果,应列入基础资料,正式出版。

2. 详细勘察阶段

(1) 勘察重点

① 查明场地内影响公路工程建筑物稳定与安全的岩溶洞穴和土洞的形态、位置、规模、埋深,洞穴顶板岩体厚度,洞穴充填物性状。

② 查明岩溶水埋藏特点、水动力特征、水位高程及其变化幅度和水的补给、径流、排泄条件。

(2) 调查与测绘

① 调绘范围的确定应以能满足工程设计、岩溶的处理和查明场地岩溶发育分布规律为原则,对路线控制在线位两侧各 100～150 m;对特大桥和工程地质条件复杂的大桥,控制在桥位中线上、下游各 200 m;对隧道应根据场地的工程地质条件复杂程度确定。比例尺为 1∶500～1∶2 000。

② 测绘中主要校核、修改补充完善初勘资料,重点查明岩溶洞穴、土洞、漏斗和落水洞的位置、形态、规模,洞穴塌陷的地表分布面积、垂直形态,暗河的位置和埋深;地下水涌出和地表水的消水地点,地表水与地下水在不同季节补给、排泄关系的变化;第四系的地层岩性、厚度、结构特征;可利用的岩溶洞穴、天生桥等的洞径大小,顶板岩体厚度、完整性,侧壁岩体的稳定性。

(3) 勘探

① 路基勘探

路基勘探应以钻探为主,勘探的重点在初勘已查明的岩溶发育地段,主要查明路基范围内岩溶洞穴在水平和垂直方向上的分布特点、基本形态、洞穴规模,洞穴顶板厚度、完整性,溶洞的含水性、水位高程、水量大小,洞穴充填物性状。

利用人力钻或轻型机钻查明土洞的分布和规模。

在填土路段,钻孔应在完整基岩内钻进 5～8 m。在该深度同遇有溶洞时,应钻穿溶洞并在底板完整基岩内钻进 3～5 m。在挖方路段,钻孔应在路其设计高程以下完整基岩内钻进 5～8 m,或穿过溶洞后在底板完整基岩内钻进 3～5 m。

② 桥基勘探

在充分研究初勘资料的基础上,布置钻探工作,主要查明每个基础范围内岩溶的发育规律、基本形态、规模大小,洞穴顶板岩层厚度、完整性,洞内充填物性状。一般情况每个基础不少于 4 个钻孔。当采用桩基础时,应逐桩钻探。钻孔在完整基岩内钻进 5～10 m;在该深度内遇到溶洞时,钻孔应穿过溶洞,在洞穴底板完整基岩内钻进 3～5 m。

③ 隧址勘探

除按常规要求进行隧道的工程地质勘探外,在岩溶区还应重点查明岩溶洞穴的分布、基本形态、规模大小,洞内充填物的性状,岩溶地下水的水位高程、富水程度、补给、排泄条件。

除在隧道洞口地段布置钻孔外,在洞身地段构造破碎带、褶皱轴部、可溶岩与非可溶岩接触带和已判定的岩溶发育带布置钻孔,钻孔应在隧道底板设计高程以下完整基岩内钻进

5～8 m;在该深度内遇有溶洞时,钻孔应穿过溶洞,在洞穴板完整基岩内钻进 3～5 m。

（4）试验

① 对地基中的洞穴顶板岩石进行下列试验:饱和单轴抗压强度,岩石的黏聚力、内摩擦角、弹性模量、泊松比、剪切弹性模量等。

② 对隧道洞体上部 2.5 倍洞径高度范围内的围岩进行下列试验:天然状态和饱和状态单轴抗压强度,弹性抗力系数,内摩擦角、弹性模量、泊松比、剪切弹性模量,有条件时测定围岩的弹性波的波速。

③ 对深路堑和隧道洞身附近的岩溶含水带进行抽水试验,查明含水带的水文地质特征。

④ 对地下水和地表水进行水质分析,判断其对混凝土的侵蚀性。

（5）资料要求

① 工程地质勘察报告。文字部分应论述场地的工程地质条件,详述场地岩溶发育强度和溶洞顶板的稳定性、岩溶水的埋藏条件和水动力特征;评价岩溶发育带路基的安全和稳定性、岩溶水对路基的危害;对危害路基安全和稳定的岩溶洞穴和岩溶水提出整治措施。

详述桥位区的工程地质条件和岩溶的发育强度、洞穴基本形态和规模;评价桥基的稳定性,可能时提出洞穴顶板岩体的安全厚度;对影响桥基稳定的岩溶洞穴提出工程措施。

详述隧道场地的工程地质条件和岩溶发育程度、分布规律,岩溶含水带的水文地质特征和涌水量大小;分析评价岩溶洞穴的岩溶水对隧道安全和稳定性的影响及在施工和营运时产生的危害;对岩溶洞穴和岩溶水提出处理措施。

② 工程地质平面图。按路线、桥梁、隧道不同工程场址分别绘制。除反映出一般工程地质条件外,重点标示出与岩溶及岩溶水有关的工程地质内容。比例尺为 1∶500～1∶2 000。

③ 工程地质纵断面图。分布按路线、桥梁、隧道等工程绘制,比例尺水平为 1∶500～1∶2 000,垂直为 1∶50～1∶200。

④ 岩溶发育带有关断面图。

⑤ 可利用的溶洞、天生桥等有关资料与图件。

⑥ 岩土、水质的试验成果。

⑦ 钻孔柱状图,物探资料成果。

以上地质勘察成果,应列入基础资料,正式出版。

9.7.4 泥石流

1. 初步勘察阶段

（1）勘察重点

① 地貌调绘

a. 泥石流形成区的滑坡、错落、崩塌、岩堆及流域面积内可能形成泥石流的固体物质储备量,溯源侵蚀状况。

b. 流通区沟谷特征,如沟谷的曲折、横断面类型、岸坡形状、纵坡角度、通过长度、冲淤规律、泥石流痕迹残留厚度等。

c. 堆积区洪积扇的形状、大小、各部位地面坡度、较新泥石流沉积体互相叠覆状况、冲沟在洪积扇上发育状况（如位置变迁、切割深度、横断面形状等）。

② 工程地质调绘

a. 收集区域地质、大地构造、地壳应力场和新构造活动等资料及泥石流发育规律。

b. 泥石流形成区、通过区的地质构造、地层岩性、岩层风化状况、坡残积物的分布发育状况。

c. 堆积区洪积扇各部位的颗粒天然级配、颗粒的岩石或矿物成分、岩组排列、疏松、固结（胶结）状况。

d. 历次泥石流暴发时的流动方向与堆积部位。

e. 泥石流沉积与附近其他（冲积、洪积、冰积）的岩性区别，如颜色、颗粒形状、分选程度、与母岩关系、擦痕、泥球、堆积形状、层理产状差异、地形起伏状态等。

③ 气象、水文调查

a. 除收集一般气象资料外，还应调查最大降雨延续时间、降雨强度、出现年份以及对发生泥石流的影响程度。

b. 收集有关地形图（可用小比例尺图），圈定泥石流的汇水面积。

c. 调绘泥石流对河床稳定的影响；泥石流挤压河床，迫使河流外移，泥石流堵塞江河（含线外泥石流）造成回水的范围和高程；洪积扇被冲刷所形成岸边陡坎高度、坡度、稳定状况、出露的地层剖面，据以确定公路沿河各路段的年平均淤积量。

④ 人为活动调查

a. 调查伐木、开荒植被破坏造成水土流失的状况。

b. 调查采矿、开山与废弃岩石形成泥石流的可能性与现状。

⑤ 泥石流发育历史调查

a. 调查、访问泥石流发生时间、频率、历时原因、规模大小，引发的灾害、危害程度、发展趋势。

b. 调查、访问泥石流暴发前的降水、融雪、融冰情况及暴发时的密度、流速、流向、体积范围，阵流头部的波高，泥石飞溅高，波头、波尾表层流动特征（颗粒有无上下相对运动），阵流的韵律。

c. 调查形成区土的侵蚀速度。

d. 调查以往当地防治泥石流的措施、成败的经验教训及当地防治规划。

（2）勘探

① 一般应查明堆积区洪积扇的地层结构、岩性及流通区残留厚度。形成区需设人工构造物进行防治时，应查明固体物质储备的地层结构和岩性。

② 代表性勘探本可呈十字形布置，纵向勘探线沿洪积扇脊部布置，并伸入到流通区沟谷内部，达到能表示流通区平均纵坡为止。而横向勘探线沿总体地形等高线延伸方向布置，达到洪积扇的边缘。纵、横勘探线交点宜在洪积扇重心部位。

一次淤积范围的勘探线比照上述方法布置。

各勘探线上的挖探或钻探的勘探点不得少于 3 个。

泥石流的勘探点需要加密时，也可采用物探；勘探点间距不大于 50 m。

（3）试验

① 试验项目：相对密度、密度、含水率、颗粒分析，还应做泥石流的特殊项目。颗粒分析

侧重于粉砂和黏土粒组含量百分数、小于 1 mm 颗粒含量百分数、中值粒径(d_{50})。黏性泥石流做湿陷试验及可溶盐试验,疏松地层做固结试验。稀性泥石流还应取固体物质补给区的样品做颗粒分析。

② 危害严重、流域面积大或有代表性的需特殊研究的泥石流,要建立观测站,进行长期观测。

(4) 资料要求

① 泥石流工程地质勘察报告,文字部分的内容如下。

a. 概述地质构造、新构造与区域性的泥石流集中分布的规律。

b. 逐项说明泥石流沟谷形成的地形、地貌、地质构造、地层岩性等自然条件及滥垦滥伐、不适当堆弃废土废石等人为因素。

c. 论述连续降雨、暴雨强度、融雪、冰川活动等气象因素与泥石流活动周期、活动规模的关系。

d. 叙述近年来各次泥石流淤积范围、冲沟冲淤的变化规律及流动特征。

e. 论述泥石流发生过的灾害、现状及未来发展趋势。叙述当地防治泥石流的历史及成败的经验教训,为防治方案提供依据及提出下一步工作的意见。

② 工程地质图。其要求如下。

a. 工程地质平面图(含 3 个区段),比例尺为 1∶2 000～1∶10 000。

b. 工程地质纵断面图(含沉积区、流通区),比例尺:水平为 1∶2 000～1∶10 000;垂直为 1∶200～1∶1 000。

③ 成果资料。调绘记录、勘探成果资料、试验成果资料等应分别编目,装订成册;除记录本外,其余成果均列入基础资料,正式出版。

2. 详细勘察阶段

(1) 勘察重点

① 查明泥石流区段公路路基、桥涵、隧道等建筑物地基地层、岩性,并为设计提供所需的物理力学参数。

② 查明各项防治措施所针对的局部泥石流活动的规律,以及构造物地基的地层、岩性。

③ 查明各防治构造物设计所需的计算参数。主要有密度、流速、流量、阵流波头高度、飞溅高度、年平均冲出量、固体物质储备量、冲沟的冲淤速度、冲淤方向及构造物地基承载力、湿陷性等。

(2) 勘探

① 勘探是为查明构造物地基的地层、岩性。

② 勘探线应沿构造物轴线方向布置,各勘探线一般不少于 3 个勘探点。对桥位,当地基地层复杂时,应在墩台位置布置勘探点。

③ 勘探方法一般采用挖探或钻探。

④ 当初勘的勘探点临近勘探线时,有代表性并能满足设计需要的应加以利用,不再另设勘探点。

(3) 试验

① 试验项目同泥石流初勘要求(同前)。

② 确定地在承载力,尽量采用触探等原位测试。

（4）资料要求

① 泥石流工程地质勘察报告，文字部分的内容如下。

a. 概述有关泥石流形成、发展、活动、发生频率与自然及人为因素的机理关系。

b. 概述泥石流特征类型及近年来活动现状。

c. 针对各项防治措施需要，选择合理计算公式、计算参数，对泥石流活动作出定量评价。

d. 对构造物地基承载力进行论证分析，提出合理、可靠的设计推荐值。

e. 提出设计、施工、养护应注意的问题。

② 工程地质图。其要求如下。

a. 工程地质平面图，一般含堆积区和流通区，当形成区设防构造物时需扩大至形成区。比例尺为 1∶2 000～1∶10 000。

b. 工程地质纵断面图，根据防治构造物的需要分别绘制。比例尺：水平为 1∶2 000～1∶10 000，垂直为 1∶200～1∶1 000。

③ 成果资料。观测资料、调绘记录、勘探成果资料、试验成果资料、计算书、原始图件等应分别编目，整理成册；除记录本外，其余成果均应列入基础资料，正式出版。

复习思考题

1. 试述公路工程地质勘察的主要任务。
2. 公路路线有几种类型？各有什么优缺点？
3. 试分析公路路基勘察中的主要工程地质问题。
4. 试分析公路桥梁勘察中的主要工程地质问题。
5. 试分析公路隧道勘察中的主要工程地质问题。

模块四 工程地质勘察技能训练

项目 10 室内地质分析应用技能的训练

任务 10.1 矿物的鉴别

矿物的识别是指通过肉眼鉴定若干常见矿物，以确定矿物的类别和名称，常用工具有小刀、放大镜（10 或 20 倍）、稀盐酸、条痕板、玻璃片、手锤等。

10.1.1 肉眼鉴别矿物的方法

对于岩石命名、鉴定和岩石性质的研究，正确地识别和鉴定矿物是一项不可缺少而且非常重要的工作。准确的鉴定方法需借助各种仪器或化学分析，最常用的为偏光显微镜、电子显微镜等。但对于一般常见矿物，用简易鉴定方法（肉眼鉴定方法）即可进行初步鉴定。所谓简易鉴定方法，即借助一些简单的工具如小刀、放大镜等对矿物进行直接观察测试。

10.1.2 肉眼鉴别矿物的步骤

主要运用矿物形态和物理性质特征来进行鉴别。抓住矿物的主要特征，可以从矿物的形态着手，观察矿物的光学性质和力学性质，再进一步观察矿物的其他性质，或借助化学试剂（如盐酸等）与它的反应现象而定出矿物的名称。注意，在鉴别矿物时，必须在矿物的新鲜面上进行。

1. 矿物的形态

矿物的形态既是矿物的外观特征，又是矿物化学成分的第一观感。矿物的形态分为单体形态和集合体形态。矿物的单体形态是指矿物单个晶体的外形，晶体形态可分为两种类型：一类是由相同晶面所组成的称为单形；另一类是由两种以上的晶面所组成的称为聚形。根据晶体在三维空间发育程度不同，可将矿物分为三类。

（1）单向延伸型。晶体沿一个方向特别发育，其余两个方向发育较差，形成柱状、针状、纤维状，如角闪石、石棉等。

（2）双向延伸型。晶体沿两个方向特别发育，即有一个方向比其余两个方向发育差，形成片状、板状，如石膏等。

（3）三向延伸型。晶体在三个方向上发育相等，形成立方体、菱面体、八面体，如黄铁矿、方解石等。

矿物集合体形态是指同种矿物的多个单体聚集在一起的整体。集合体的形态取决于个体及集合方式。

按其矿物颗粒的大小,通常将集合体分为两类:显晶集合体和隐晶集合体。显晶集合体用肉眼或放大镜可辨别出各矿物颗粒界限;隐晶集合体颗粒细小,只有在偏光显微镜下才能辨别其形态,隐晶集合体可以是化学沉积,也可以是胶体沉积。

2. 矿物的光学性质

矿物的化学性质包括颜色、条痕、光泽和透明度等。

(1)颜色。应以新鲜面为准,无论自色、他色和假色,一般以直观颜色为主,并以色谱中七色——赤、橙、黄、绿、青、蓝、紫为基调色。可以利用标准色谱的颜色比照标准矿物颜色进行描述,比如紫水晶等。也可以用最常见的实物颜色来比喻矿物颜色,如橄榄绿等。或用两种标准色谱中的颜色,如黄绿色、灰白色等。

(2)光泽。矿物的光泽以矿物新鲜面的反光强弱来鉴定,按矿物平坦表面的反射能力来说大部分矿物属于玻璃光泽。如矿物表面不平,或有细小孔隙,或为集合体,则其表面所反射出来的光必然受到一定程度的影响,而呈现出一些特殊的光泽,如油脂光泽、珍珠光泽等。

3. 矿物的力学性质

(1)硬度。它是矿物成分与结构牢固性的一种内在固有特性,对许多矿物都具有鉴定意义。在矿物学中,通常是用摩氏硬度计中的 10 种等级的代表矿物为标准硬度来测定其他矿物的硬度。在野外用肉眼鉴定硬度时,通常采用一些简易的鉴定方法,一般用指甲、小刀、玻璃和钢刀等代替(指甲 2～2.5;小刀 5～5.5;玻璃 5.5～6;钢刀 6～7),可以粗略地用指甲和小刀来区分非硬度计的矿物,如下所示。

低硬度——凡能被指甲所能刻划的矿物;

中硬度——凡不能被指甲所能刻划,而能被小刀刻划的矿物;

高硬度——凡不能被小刀刻划的矿物。

(2)解理与断口。解理只能在晶体矿物中才有可能出现,但又不是所有晶体矿物都会出现解理,因为解理的形成受到矿物内部结构的严格控制。沿结晶裂开的面,称为解理面。在鉴别时,注意应仔细地分辨晶面与解理面,因为有的晶面不一定就是解理面,如石英晶体等。

断口不论在晶体还是非晶体矿物上均可发生,常见形态有贝壳状断口、锯齿状断口、参差状断口等,断口的形态也是肉眼鉴定矿物的辅助依据之一。

4. 其他性质

比如某些矿物的发光性、人的感官特性等。

任务 10.2　岩石的鉴别

从岩石成因规律中掌握鉴别三大岩类的方法,同时通过三大岩类特征的对比,用肉眼对各大类中常见的主要岩石做出较准确的鉴定,为进一步认识和分析岩石的工程性质打下基础。

常用工具有小刀、放大镜(10 或 20 倍)、稀盐酸、条痕板、玻璃片、手锤等。

10.2.1　三大岩类的区分

肉眼鉴别岩石,首先根据三大岩类的主要区别,确定出鉴定岩石的所属类别,然后按每类岩石的鉴别方法进行鉴别。区分三大岩类可以从岩石的结构和构造方面着手,因为结构和构造最能具体反映出岩石的成因规律。

1. 从结构上

岩浆岩　由高温熔融的岩浆冷凝而成,具有明显的晶质结构。

沉积岩　由母岩经过风化、剥蚀、搬运、沉积、压实和胶结形成的,具有明显的沉积环境特征。

变质岩　由不同的原岩受到不同程度的变质因素的影响而形成,与原岩之间有着一定的联系,它在结构上既有一定的继承性又有一定的独特性。

三大岩石都具有结晶结构,但由于其形成环境不同,鉴定时也很容易区分。岩浆岩的结晶结构特征反映了在组合矿物上具有的先后冷凝结晶的顺序性;沉积岩的结晶结构特征反映了其矿物成分是由溶液中沉淀或重结晶而具有的化学性;变质岩的结晶结构反映了岩石在固体状态下,矿物成分同时重结晶而具有的定向性。

2. 从构造上

岩浆岩　随着岩浆性质、产出条件和在凝固过程中运动状态的不同而呈现出不同的构造现象。其块状构造反映了岩浆冷却散热过程中矿物晶体间产生的凝聚力,在喷出岩中常因矿物呈玻璃质或隐晶质而形成流纹、气孔、杏仁状、块状等构造。

沉积岩　随着外动力地质作用的性质、古地理环境、物质来源及沉积条件等因素的不同,所形成的岩性不同,但是都具有层状构造的特征。

变质岩　随着原岩受变质作用的环境、方式和强度不同,表现出的构造现象也是多样的,但其最常见的构造是片理状构造。

在三大岩的构造中都可能有块状构造,其主要区别是:岩浆岩的块状构造反映了岩浆冷却散热过程中矿物晶体间产生凝聚力而形成的;沉积岩的块状构造是由于矿物颗粒间在沉积时,因压实脱水后胶结而形成的;变质岩的块状构造是因为原岩在固体状态下出现了明显而均匀的重结晶而形成的。

10.2.2　岩浆岩的鉴别方法

(1) 在野外进行鉴定时,首先观察岩体的产状等,判定是不是岩浆岩及属于何种产状类型。

(2) 其次,观察岩石整体的颜色,从颜色深浅,确定所属的类别。岩石颜色的深浅取决于岩石中深色矿物与浅色矿物的含量比,含深色矿物多、颜色较深的,一般为基性或超基性岩;含深色矿物少、颜色较浅的,一般为酸性或中性岩。相同成分的岩石,隐晶质的较显晶质的颜色要深一些。应注意岩石总体的颜色,并应在岩石的新鲜面上观察,初步确定岩石的大类。

(3) 再次,观察岩石的结构和构造特征,区分是深成岩、浅成岩或喷出岩。深成岩具有全晶质等粒结构,呈块状构造;浅成岩具有隐晶质、斑状结构,呈块状构造;喷出岩具有玻璃质、隐晶质、斑状结构,呈流纹、气孔、杏仁状、块状等构造。

(4) 最后根据岩石中矿物的共生组合规律分析岩石的主要矿物成分,再综合其他特征,即可确定岩石的名称。但是有些岩石,特别是结晶颗粒细小的岩石,用这种方法是难以鉴别的。这时,若要准确地定出岩石的名称,则必须借助于一些精密仪器,最常用的是偏光显微镜。

(5) 岩浆岩命名的根据主要是根据岩石中含量最多的主要矿物命名。主要矿物是指岩石中含量超过 20％的矿物,例如以角闪石和斜长石组合而成的岩石,命名为闪长岩。在岩石中含量在 3％～20％的矿物称为次要矿物,对岩石的种属命名起到补充的作用,次要矿物放在岩石名称之前。

在野外地质工作中,应采用全名法描述岩石:颜色＋结构＋构造＋特征矿物＋基本名称。

10.2.3 沉积岩的鉴别方法

(1) 先从观察岩石的结构开始,结合岩石的其他特征分出所属大类(碎屑岩、黏土岩、化学岩)。

碎屑岩用于触摸时有粗糙感,部分碎屑岩可以用肉眼区分其碎屑颗粒的大小,判断所属亚类。黏土岩颗粒细小,不易观察,但是触摸时有滑腻感,强度低,具有塑性,断裂面暗淡,呈土状。化学岩具有结晶结构,它一般比较致密,少数有重结晶现象。

(2) 根据每类岩石的特征,进一步分析确定岩石的名称。

① 碎屑岩类。按颗粒的大小划分亚类。砾岩和角砾岩一般颗粒粗大,显而易见;砂岩颗粒大小可用肉眼或放大镜观察,手感粗糙;粉砂岩用手沾水触摸时有细砂感外,还有泥质黏手指现象。

对于碎屑岩类还可以按颗粒形状,主要、次要矿物成分特征描述。

② 黏土岩类。主要根据有无明显的层理特征,页理发育的是页岩;页理不发育的是泥岩。

③ 化学岩类。在肉眼观察时,主要看它们对稀盐酸的反应情况:石灰岩剧烈反应;白云岩微弱反应;泥灰岩剧烈反应,但泡沫混浊,干后留有泥点。

(3) 沉积岩命名。沉积岩的基本名称主要是根据结构特征来命名的,然后再加上其他方面的特征描述,即按颜色、矿物成分的含量、胶结物等。在野外工作中,常用综合性描述来定名。

碎屑岩类　　颜色＋构造＋胶结物＋结构＋成分及基本名称;

黏土岩类　　颜色＋黏土矿物＋混入物及基本名称;

化学岩类　　颜色＋构造＋结构＋成分及基本名称。

(4) 沉积岩与岩浆岩的区别如下。在物质组成上,黏土矿物、方解石、白云石、有机质是沉积岩所特有的。在构造上,层理构造、层面特征和含有化石是沉积岩区别于岩浆岩的特征。

10.2.4 变质岩的鉴别方法

(1) 先观察岩石的构造,确定是片理构造或块状构造,分别称为片理状岩石或块状岩石。

① 片理状构造包括板状、千枚状、片状和片麻状等构造,根据它们各自的特征来识别。

② 块状构造,常见的主要是大理岩和石英岩。两岩石的颜色都较浅,但成分不同,前者主要由方解石组成,遇酸反应,后者硬度高,遇酸不反应,这样就可以区分开。

(2) 在结构构造的基础上,进一步鉴别主要矿物成分和特征矿物作为定名的参考。在野外地质工作中,对变质岩的描述包括以下几个方面:颜色＋结构＋次要矿物＋主要矿物及构造特征基本名称。

10.2.5 岩石鉴别记录表(表10-1)

表 10-1 岩石鉴别记录

岩石编号	颜色	结构	构造	矿物成分	其他	岩石名称

任务 10.3 节理玫瑰花图的编制与分析

节理对工程岩体稳定和渗漏的影响程度取决于节理的成因、形态、数量、大小、连通情况以及充填等特征。通过岩土工程勘察查明这些特征后,应对节理的密度和产状进行统计和分析,以便评价它们对工程的影响。

本任务内容主要是学会利用节理产状编制玫瑰花图的方法,判断节理的发育程度,初步判定岩石的工程性质。

常用工具有地质罗盘、硬纸板、记录本、铅笔等。

10.3.1 玫瑰花图的编制原理

首先对一定地区岩石的节理产状、密度进行观测(按测定岩层产状的方法测量),把测得的数据加以整理,记入节理统计表,如表10-2所示,然后编制节理玫瑰花图。

表 10-2 节理统计表

方位间隔	节用数	平均走向(°)	平均倾向(°)	平均倾角(°)
1~10	15	186	96	61
11~20	10	194	104	70
21~30	4	209	119	58
——				

注:本表引自《构造地质与地质力学》(同济大学编)。

(1)节理走向玫瑰花图。以某一组岩石中节理数最多者为标准,取一定比例尺的长度为半径的半圆上,标出刻度(0°~90°;270°~360°),把所测得的裂隙按走向以每5°或每10°分组,统计每一组内的节理数并算出其平均走向。自圆心沿半径引射线,射线的方位代表每组节理平均走向的方位,射线的长度代表着每组节理的条数,然后用折线把射线的端点连接起来,即得节理走向玫瑰花图(图10-1)。

从已编制成的节理走向玫瑰花图中不难看出,每

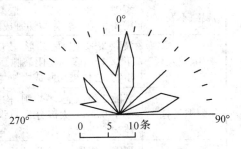

图 10-1 节理走向玫瑰花图

一花瓣愈长,表明该方位角内出现节理数目愈多;花瓣愈宽,说明节理方向的变化范围愈广。

为了表示最发育一组节理的倾向、倾角,可在走向玫瑰花图上沿最发育一组节理的平均走向方向上,沿径向上引一延长线,并将其等分成90°,用来表示节理的倾角;再在该线顶端作一垂直线,其长度按比例代表节理的条数,其所指的方向代表节理的倾向;将该组节理按倾向再分组,根据节理倾向和条数标出各点,每组分画成三角形,这就完成了最发育一组节理倾向和倾角图,如图10-2所示。在该图上还可标出河流及建筑物方向,分析节理与建筑物关系。以垂直河流方向的节理最发育,且倾向河流下游者居多,据此可了解勘察区,岩体节理的发育规律。

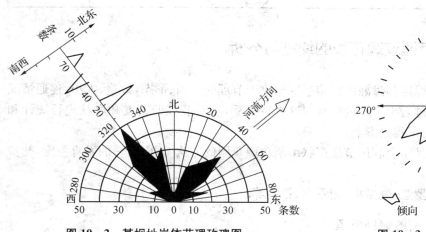

图 10-2 某坝址岩体节理玫瑰图

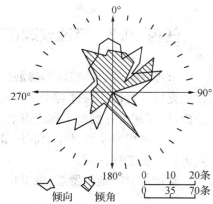

图 10-3 倾向、倾角玫瑰花图

(2)节理倾向玫瑰花图。此图的画法与节理走向玫瑰花图的编制方法大同小异,因倾向方向具有单向性,只能有一个方位角数值,因而用全圆间隔来表示。同时与倾向相应的倾角,也是按倾角的平均值换成线段的长度,仍沿辐射线方向标点,而后按上述方法将各端点依次用直线连接起来,即得倾向、倾角玫瑰花图(图10-3)。

10.3.2 岩石节理发育程度的判别

岩石节理发育程度的判别如表10-3所示。

表 10-3 岩石节理发育程度

发育程度等级	基本特征	附 注
裂隙不发育	裂隙1~2组,规则,构造型,间距在1 m以上,多为密闭裂隙。岩体被切割成巨块体	对基础工程无影响
裂隙较发育	裂隙2~3组,呈X形,较规则,构造型为主,间距大于0.4 m,多为密闭裂隙。部分为微张裂隙,少有充填物,岩体被切割成大块体	对基础工程影响不大,对其他工程可能产生相当影响
裂隙发育	裂隙3组以上,不规则,构造型或风化型为主,间距小于0.4 m,大部分为微张裂隙,部分有充填物,岩体被切割成小块体	对工程建筑物可能产生很大影响
裂隙很发育	裂隙3组以上,杂乱,以风化型和构造型为主,多数间距小于0.2 m,以微张裂隙为主,一般均有充填物,岩体被切割成碎石状	对工程建筑物产生严重影响

10.3.3 利用节理产状编制玫瑰花图

表 10-4 所示为某坝址岩体节理产状,要求学生根据此表编制玫瑰花图。

表 10-4 某坝址节理统计表

走向(°)	条数	走向(°)	条数	走向(°)	条数	走向(°)	条数
0~10	0	51~60	19	271~280	0	321~330	50
11~20	0	61~70	10	281~290	0	331~340	22
21~30	20	71~80	20	291~300	14	341~350	30
31~40	25	81~90	0	301~310	0	351~360	30
41~50	35			311~320	30		

任务 10.4 阅读地质图并绘制地质剖面图

地质图是反映一个地区各种地质条件的图件。作为公路工程技术人员,必须会对已有的地质图进行分析和阅读,以便帮助我们进一步地了解一个地区的地质特征。本任务要求学生熟悉各种地质构造在地质平面图上的表现,能够熟练地分析简单的地质平面图,掌握绘制地质剖面图的方法。

10.4.1 地质图的一般知识

地质图是用规定的符号把某一地区的各种地质条件(地层、岩性、地质构造、矿产等)按比例投影在平面上的图件。地质图一般是在地形图上编绘的,是地质工作最重要的成果之一。

一幅正规的地质图有统一的规格,除了正图部分之外,还应包括图名、比例尺、图例、编制单位和编图人、编图日期、地质剖面图和地层柱状图等。

图名要标明图幅所在地区和图件的类型。比例尺又称缩尺,表明图幅反映实际地质情况的详细程度和工作精度。比如 1:50 000,即图上 1 cm 相当于自然界真正的水平长度的 500 m,比例尺一般放在图名或图框下方正中位置。

一般地质图的图例是用各种规定的颜色和符号来表明地层、岩石的时代和性质,图例通常绘在图框外的右边或下方。图例自上而下,按从新到老的年代顺序,列出的是图中出露的所有地层符号和地质构造符号。通过图例,可概括地了解图中出现的地质情况,读图例时要注意地层之间的地质年代是否连续,中间是否存在地层缺失现象。

图框外注明编图单位、编图人、编图日期等。

一幅完整的地质图还应该包括一个地层综合柱状图,按新老关系从上到下表示该区发育的各时代地层的岩性特征及其厚度、地层接触关系、岩体穿插关系等。柱状图的比例尺视情况而定,一般大于地质图的比例尺。

在地质平面图的下方必须有 1~2 幅穿过整个地质图的地质剖面图,以便补充说明全区主要地质构造的地下延伸情况。剖面在地质图上的位置用一条细线表示出来,两端注上代表剖面编号的数字或符号。

10.4.2　阅读地质图的步骤

1．先看图和比例尺

先看图名、比例尺、地理位置、城镇网点，了解图的位置及其精度等情况。

2．阅读图例

图中自上而下，按从新到老的年代顺序，列出的是图中出露的所有地层符号和地质构造符号，通过图例，不仅可以弄清图幅内采用的各种符号，而且可以了解图中出露的地层时代有无沉积间断，岩浆岩活动的时代、类型等。

3．分析地形地貌特征

通过地形等高线或河流水系的分布特点，了解该区的山川形势和地形高低起伏情况，这样能对该地区有个完整的了解。

4．阅读地层的分布、产状及其与地形的关系

分析不同地质年代的地层分布规律、岩性特征及新老接触关系，了解区域地层的基本特点。

5．具体分析地质构造

根据图例，大致了解从老到新各时代地层分布的范围、延伸方向等；根据图例，分析各时代地层之间的接触关系及其在地质图上的表现特征，从而为分析该地区的发展历史做好准备。具体分析时，先从最老地层出露区着手，渐次向外扩大，逐个分析地质构造的类型。了解图中有无褶皱以及褶皱类型；有无断层以及断层性质、分布及断层两侧地层特征，分析本地区地质构造的基本特征。各种地质构造在地质图上所表现出来的特征（参见本书项目 2 任务 2.3 中"地质构造在地质图上的表现"部分内容）。

6．综合分析

在上述分析的基础上，进一步分析各种地质现象之间的关系、规律性及其地质发展简史，同时根据图幅范围内的区域地层岩性条件和地质构造特征，结合工程建设的要求，进行初步分析评价。

10.4.3　地质剖面图的绘制

地质剖面图是指为了表明地表以下及其深部地质条件的图件，它在地质平面图中取一代表性断面，用统一规定的符号且按一定的方位、一定的比例尺表示出该断面上的地形、岩层层位和地质构造特征。它可以通过实地测绘，也可以根据地形地质图在室内编绘，绘制步骤如下。

（1）确定剖面线的方位。一般要求与地层走向线或地质构造线相垂直。

（2）确定比例尺。根据实际剖面的长度选择适当的比例尺，以便绘出的剖面图不至于过长或过短，同时又能满足表示各地质内容的需要。编绘时应注意水平比例尺与平面图的要相同；垂直（高程）比例尺可比平面图的适当放大些。

（3）按选取的剖面方位和比例尺勾绘地形轮廓（地形线）。可根据地形图上的等高线和剖面线的交点按高程及水平距离投影到方格纸上，然后把相邻点按实际地形情况连接起来，即为地形线，再把剖面方位标注上。

（4）将各项地质内容按要求划分的单元及产状用量角器量出，投在地形线上相应点的

下方(地质界线与地形线的交点)。

(5) 用各种通用的花纹和代号表示各项地质内容。

(6) 标出图名、图例、比例尺、剖面方位及剖面上地物名称等(图10-4)。

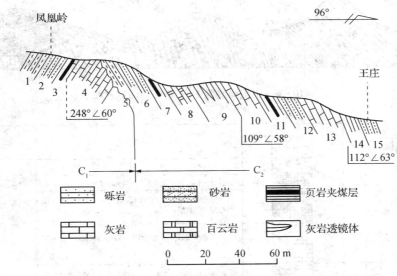

图 10-4　王庄—凤凰岭地层剖面图

10.4.4　阅读和分析地质图

阅读宁陆河地区地质图(图10-5)、I—I′断面剖面地质图(图10-6)和综合地层柱状图(图10-7)。下面根据宁陆河地区地质平面图、剖面图及综合地层柱状图,对该地区地质条件进行分析。

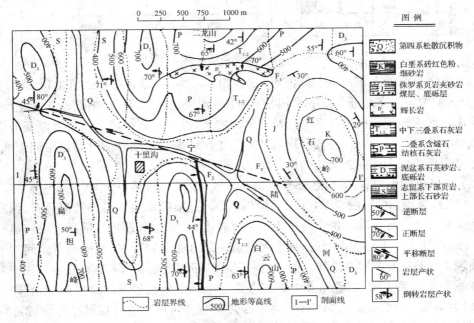

图 10-5　宁陆河地区地质平面图

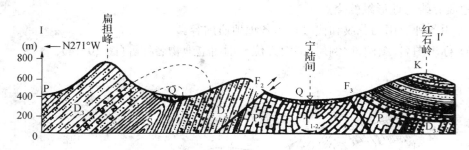

图 10-6 宁陆河地区 I—I′断面剖面地质图

地层单位				代号	层序	柱状图 (1.25 000)	厚度 (m)	地质描述及化石	备注
界	系	统	统						
新生界	第四系			Q	7		0－30	松散沉积层	
								────角度不整合────	
中生界	白垩系			K	6		111	砖红色粉砂岩、细砂岩,钙质和泥质胶结、较疏松。	
								──────整合──────	
	侏罗系			J	5		370	浅黄色页岩夹砂岩,底部有一层砾岩,靠下部有一层 厚达50 m的煤层。	
	三叠系	中下统		T_{1-2}	4		400	────角度不整合──── 浅灰色质纯石灰岩,夹有泥灰岩及鲕状灰岩。	
古生界	二叠系			P	3		520	──────整合────── 黑色含燧石结核石灰岩,底部有页岩、砂岩夹层,有 珊瑚化石。	
								顺张性断裂辉绿岩呈岩墙侵入,围岩中石灰岩有大理岩化现象。	
	泥盆系	上统		D_3	2		400	────平行不整合──── 底砾岩厚度2 m左右,上部为灰白色、致密坚硬石英 岩,有古鳞木化石。	
	志留系			S	1		450	────平行不整合──── 下部为黄绿色及紫红色页岩,可见笔石类化石;上部 为长石砂岩,有王冠虫化石。	
审核			检核			制图		满图　　　　日图　　　　图号	

图 10-7　宁陆河地区综合地层柱状图

（1）本区最低处在东南部宁陆河谷,高程约 300 多米,最高点在二龙山顶,高程达 800 多米,全区最大相对高差近 500 m。宁陆河在十里沟以北地区,从北向南流,至十里沟附近,折向东南。区内地貌特征主要受岩性及地质构造条件的控制,一般在页岩及断层分布地带多形成河谷低地,而在石英砂岩、石灰岩及地质年代较新的粉细砂岩分布地带则形成高山,山脉多沿岩层走向大体南北向延伸。

（2）该区出露地层有:志留系(S)、泥盆系主统(D_3)、二叠系(P)、中下三叠系(T_{1-2})、辉绿岩墙(V_x)、侏罗系(J)、白垩系(K)及第四系(Q)。第四系主要沿宁陆河分布,侏罗系及白垩系主要分布于红石岭一带。由图 10-7 可看出,该区泥盆系与志留系地层间虽然岩层产状一致,但缺失中下泥盆系地层,且上泥盆系底部有底砾岩存在,说明两者之间为平行不整合接触。二叠系与泥盆系地层之间,缺失石炭系,所以也是平行不整合接触。图 10-7 中的侏罗系与泥盆系上统、二叠系及中下三叠系三个地质年代较老的岩层接触,且产状不一致,所以为角度不整合接触。第四系与老岩层之间也为角度不整合接触。辉绿岩是沿 F_1 张性断裂呈墙状侵入到二叠系和三叠系灰岩中,因此辉绿岩与二叠系、三叠系地层为侵入接触,而与侏罗系间为沉积接触。所以辉绿岩的形成时代,应在上中三叠系以后,侏罗系以前。

（3）宁陆河地区有三个褶曲构造,即十里沟褶曲、白云山褶曲和红石岭褶曲（图10-5）。十里沟褶曲的轴部在十里沟附近,轴向近南北延伸。十里沟倒转背斜构造,因受 F_3 断裂构造的影响,其轴部已向北偏移至宁陆河南北向河谷阶段。

白云山褶曲的轴部在白云山至二龙山附近,南北向延伸。经观察读图10-5,知此褶曲构造是个倾角不大的倒转向斜。

红石岭褶曲,由白垩系、侏罗系地层组成,褶曲舒缓,两翼岩层相向倾斜,倾角约 30°左右,为一直立对称褶曲。

（4）区内有三条断层（图10-6）。F_1断层面向南倾斜约 70°,断层走向与岩层走向基本垂直,北盘岩层分界线有向西移动现象,是一正断层。由于倾斜向斜轴部紧闭,断层位移幅度小,所以 F_1 断层引起的轴部地层宽窄变化并不明显。F_2断层走向与岩层走向平行,倾向一致,但岩层倾角大于断层倾角。西盘为上盘,由于出露的岩层年代较老,又使二叠系地层出露宽度在东盘明显变窄,故为一压性逆掩断层。F_3为区内规模最大的一条断层,从十里沟倒转背斜部志留系地层分布位置可以明显看出,断层的东北盘相对向西北错动,西南盘相对向东南错动,是扭性平推断层。

任务 10.5　潜水等水位线图的判读及运用

10.5.1　潜水等水位线图的绘制

在公路的设计和施工中,为了弄清楚潜水的分布状态,需要绘制潜水等水位线图。

潜水等水位线图是以地形图为底图,根据工程要求的精度,在测绘区内布置一定数量的钻孔、试坑,或利用泉和井,测出每个水文点的潜水位高程,然后将这些点以相应的位置投影在地形图上,再把同高程的水文点用光滑曲线连接起来,就绘成了潜水等水位线图,如图10-8(a) 所示。

同时也可以用剖面图的形式表示,即在地质剖面图的基础上,绘制出有关水文地质特征的资料。在水文地质剖面图上,潜水埋藏深度、含水层厚度、岩性及其变化、潜水面坡度、潜水与地表水的关系等都能清晰地表示出来,如图10-8(b) 所示。

10.5.2　潜水等水位线图的判读

1. 确定潜水的流向
潜水在重力的作用下,始终沿着坡度最

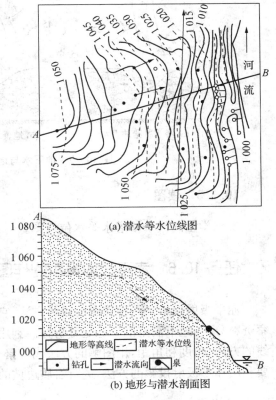

(a) 潜水等水位线图

(b) 地形与潜水剖面图

图10-8　某滑坡地区地形与潜水图

大的方向流动,即垂直等水位线的方向,由高水位流向低水位。在图 10-8(a) 中,由高水位线垂直指向低水位线,即潜水的流向,如图 10-8 中箭头所示。

2. 确定潜水的水力坡度

在潜水流向上,任取一线段,该线段距离内潜水位的高差与两者水平距离的比值即该线段距离内潜水面的平均坡度。

3. 确定潜水的埋藏深度

将地形等高线与潜水等水位线图绘于同一张图纸上,等水位线与地形等高线交点处二线的高程差为该点的潜水埋藏深度。

某点潜水埋藏深度等于该地点高程减去该地点潜水面高程。

4. 判断潜水与地表水的相互补给关系

它是通过潜水等水位线与河道线之间的关系来分析的。即编制河流附近的潜水等水位线图,并测量出河流的水位高程,便可达到此目的。当河道切入潜水面以下时,等水位线与河道相交,便会出现三种情况:因潜水面高于河水面,形成潜水补给河水;或因潜水面低于河水面形成河水补给潜水;或是河水与潜水形成两侧互补的关系,如图 10-9 所示。

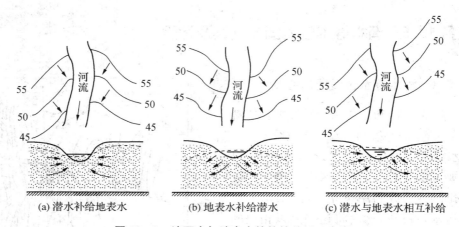

(a) 潜水补给地表水　　　(b) 地表水补给潜水　　　(c) 潜水与地表水相互补给

图 10-9　地下水与地表水的补给关系示意图

10.5.3　读图

要求学生阅读一幅潜水等水位线图。

任务 10.6　赤平极射投影的作图方法和运用

赤平极射投影是一种作图的投影方法,它主要用于岩质边坡的稳定性分析、工程地质勘察资料分析、地下洞室围岩稳定分析等。利用赤平极射投影来表示和测读空间上的平面、直线的方向、角度和角距,用图解的方法代替繁杂的公式运算,并可达到相当的精度。下面主要利用赤平极射投影的方法,进行岩质边坡的稳定性分析。

10.6.1　赤平极射投影原理

1. 赤平极射投影原理

它是利用一个球体作为投影工具,如图 10 - 10 所示,通过球心作一球体赤道平面 $NWSE$,称为赤平面。以球体的一个极点 R(在上)或 P(在下)为视点,发出射线,称为极射。射线与赤平面的交点,即该点的赤平极射投影。所以,赤平极射投影实质上就是把物体置于球体中心,将物体的几何要素(点、线、面)投影于赤平面上,化立体为平面的一种投影方法。图 10 - 10 中经过球心的平面 M 与上半球面的交线为圆弧 NAS,就是 M 平面的球面投影。自球极 P,向上半球面投影 NAS 发出射线,这些射线与赤平面 $NWSE$ 的交点构成大圆弧 NCS,这条大圆弧就是 M 平面的赤平极射投影。由球极 P 向 M 平面之法线的球面投影发出射线与赤平面的交点,称为 M 平面法线的赤平面极射投影。

注意,上述是以球极 P 为发射点所获得的赤平极射投影,称上半球投影;若用球极 R 为发射点所获得的亦平极射投影,称下半球投影。同一平面的上半球和下半球投影处于相反的对称位置,在作图和读图中要注意区别。

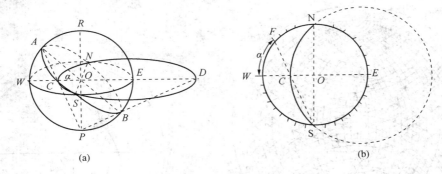

(a)　　　　　　　　　　　　(b)

图 10 - 10　赤平极射投影示意图

2. 赤平极射投影网

为了迅速而准确地对物质的几何要素进行投影,需要使用赤平投影网。目前广泛使用的赤平投影网有两种:一是吴尔福创造的极射等角距投影网,简称吴氏网;第二种是施密特创造的等面积投影网,简称施氏网。一般习惯使用吴氏网。

10.6.2　赤平投影的作图方法

赤平极射投影作图分两步进行:① 球面投影,将物体的几何要素置于投影球中心,然后从球心投影到球面上去,得到球面投影;② 化球面投影为赤平极射投影,由球极向球面投影发出射线与投影球的赤平面的交点就是赤平极射投影。

【例 10 - 1】已知测得两结构面的产状,如表 10 - 5 所示。作此两结构面的赤平极射投影图,并求出其交线的倾向和倾角。

表10-5 结构面产状

结构面	走向	倾向	倾角
J_1	N30°E	SE	40°
J_2	N20°W	NE	60°

解 （1）预先准备一个等角度赤平极射投影网（亦称吴尔福网，如图10-11所示）。

（2）将透明纸放在投影网上，按相同半径画一圆，并标上南北、东西方位（图10-12）。

（3）利用投影网在圆周的方位角数上，经过圆心绘 N30°E 及 N20°W 的方向线，分别注为 AC 和 BD。

（4）转动透明纸，分别使 AC、BD 与投影网的上下垂直相重合，在投影网的水平线（东西线）上找出倾角为 40°和 60°的点（倾向为 NE、SE 时在网的左边找，倾向为 NW、SW 时在网的右边找），分别注上 K 及 F。通过 K、F 点分别描绘 40°、60°的经度线，即结构面 J_1，J_2 的亦平极射投影弧 AKC 和 BFD 再分别延长。OF 至圆周交于二 G、H 点，就完成了所求结构面 J_1、J_2 的投影图。图中 AC、BD 分别为 J_1、J_2 的走向；GK，HF 表示 J_1、J_2 的倾角；KO、FO 线的方向为的倾向，如图10-12所示。

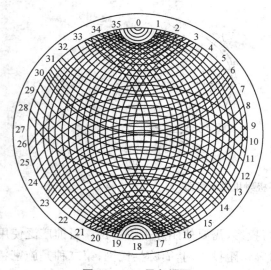

图 10-11 吴尔福网

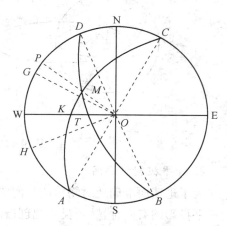

图 10-12 赤平极射投影图作图示例

AKC 和 BFD 的交点，注上 M，连 OM 并延长至圆周交于 P，MO 线的方向即为 J_1、交线的倾向，PM 表示 J_1、J_2 交线的倾角。

【例10-2】已知一平面，该平面的产状为 310°∠30°，求作其投影。

解 （1）在透明纸上作好基圆，并标出已知平面走向方位 A（40°）倾向方位点 G（310°）；

（2）转动透明纸，使 C 点和吴氏网的 W 点（或 E 点）重合；

（3）在 GO 的延长线上找出与已知平面倾角一致的经线（30°），将其描在透明纸上，得大圆弧 ABC 即所求，如图10-13所示。

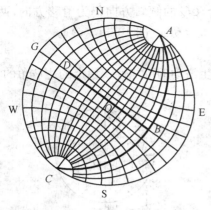

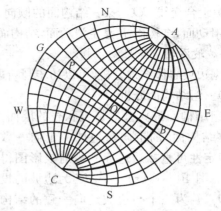

图 10-13　已知平面的投影示意图　　　图 10-14　已知平面法线的投影示意图

【例 10-3】已知一平面产状为 310°∠60°，求作其法线的赤平极射投射。

解 如图 10-14 所示。

（1）按基本作图法，作出已知平面的大圆弧 ABC；

（2）连 BO，即已知平面的倾向线，自 B 点沿吴氏网 EW 线按经线分度数 90°，得 P 点即已知平面法线的投影，其产状为 130°∠30°。

从上例分析可以看出，利用赤平极射投影可以比较简便地表示出结构在平面上点、线、面的角距关系，直观地反映了岩体中各种边界面的组合关系，据此即可对岩体稳定性进行结构分析。

10.6.3　赤平极射投影的应用

1. 滑动方向的分析

岩体边坡失稳滑移方向可分为两种情况：一是单一滑动面边坡，不稳定块体在重力作用下沿滑动面倾斜方向运动；二是以两组相交结构面构成的可能滑移体，多数是楔形体。

在自重作用下的滑移方向，受两组结构面的组合交线的倾斜方向所控制。在赤平极射投影图上作边坡面和两结构面 J_1、J_2 的投影，并绘出两结构面的倾向线 AO、BO 及组合交线 CO 边坡滑动方向有以下三种情况：

（1）组合交线 CO 位于它们的倾向线 AO 和 BO 之间，则 CO 的倾斜方向，即不稳定体的滑移方向，两结构面都是滑动面[图 10-15(a)]。

（2）组合交线 CO 位于它们倾向线同一侧时，则位于三者中间的那条倾向线 AO 方向为滑移方向，即块体只沿结构面 J_1 做单面滑动，结构面 J_2 只起侧向切割面的作用[图 10-15(b)]。

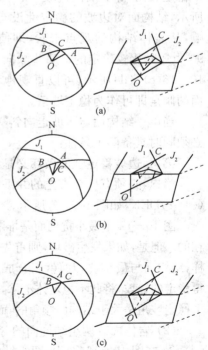

图 10-15　结构体滑移方向示意图

（3）组合交线 CO 与某一结构面的倾向线重合，CO 的倾斜方向仍为滑移方向，两结构面都是滑动面，结构面 J_2 是主滑动面，结构面 J_1 为次滑动面[图 10-15(c)]。

2. 边坡滑动可能性初步判断

根据边坡岩体结构分析，可以初步判断边坡产生滑动的可能性及稳定的边坡角的大小。

（1）一组结构面分析

一组结构面最典型的是沉积岩的层面。当岩层（结构面）的走向与边坡的走向一致时，其稳定性可直接通过赤平极射投影图得到判断。图 10-16(a) 中 AMC 为边坡的投影，J_1、J_2、J_3 为三个与边坡走向一致的结构面，其中 J_1 与坡面 AC 倾向相反[图 10-16(b)]，显然是稳定结构；J_2 与坡面 AC 倾向相同，但其倾角大于坡角[图 10-16(c)]，可认为属基本稳定结构；J_3 与坡面 AC 倾向相同，且倾角小于坡角[图 10-16(d)]，一般属于不稳定结构。由此，可以得出结论：在赤平极射投影图上结构面投影弧形与边坡投影弧形的方向相反，属稳定边坡；方向相同，而结构面投影弧形位于坡面投影弧形以内者，属于基本稳定结构；在外者，属于不稳定结构。至于稳定坡角，那些反向边坡，如图 10-16(b) 所示，结构面对边坡的稳定性没有直接的影响，从岩体结构的观点来看，即使坡角达到 $90°$ 也还是比较稳定的。那些顺向边坡，如图 10-16(c)、(d) 所示，可以直观地看出，结构面的倾角即可作为稳定坡角。

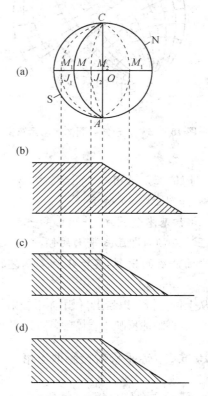

图 10-16 岩体稳定性判断示意图（一组结构面）

当单一结构面与边坡走向斜交时，若边坡的稳定性发生破坏，从岩体结构的观点来看，必须同时具备两个条件：

第一，边坡稳定性的破坏必是沿着结构面发生的。

第二，必须有一个直立的并垂直于结构面的最小抗切面（$\tau = c$）DEK，如图 10-17 所示。

图 10-17 中最小抗切面是推断的，边坡破坏之前是不存在的。但是，如果发生破坏，则首先沿着最小抗切面发生。这样，结构面与最小抗切面就组合成不稳定体 ADEK。为了求得稳定的边坡，将此不稳定体消除，即可得到稳定坡角 θ_v。这个稳定坡角是大于结构面倾角的，而且不受边坡高度的控制。

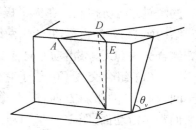

图 10-17 岩体中一组斜交结构面的立体示意图

（2）岩体内有两组结构面的分析

① 在图 10-18(a) 中，两组结构面 J_1、J_2 的交点 M，在赤平极射投影图上位于边坡面投影弧（cs，ns）的对侧，说明组合交线的倾向与边坡倾向相反，没有发生顺层滑动的可能性，属

于最稳定结构。

② 在图 10 - 18(b)中,结构面的交点 M 虽与坡面处于同侧,但位于开挖坡面投影弧 cs 的内部,说明结构面的交线倾角大于边坡面的倾角,属于稳定结构。

③ 在图 10 - 18(c)中,结构面交点 M 与坡面处于同侧,但位于天然边坡面投影弧 ns 的外部,说明组合交线的倾角小于边坡面的倾角,但由于其在坡顶尚未出露,因而也较稳定,属于较稳定结构。

④ 在图 10 - 18(d)、(e)中,结构面交点 M 与坡面处于同侧,但位于边坡面投影弧 ns 和 cs 之间,说明组合交线的倾向与坡面倾向一致,但其倾角大于天然坡角,小于开挖坡角,它的稳定性有两种可能:其一,若在坡顶的出露点 c_0 距开挖坡面较远,而定线在开挖边坡上不致出露,对不稳定的结构体尚有一定支撑,这种情况为较不稳定结构[图 10 - 18(d)];其二是比较常见的,在两个边坡上都有出露点,最容易发生顺层滑动,应属于最不稳定结构[图10 - 18(e)]。

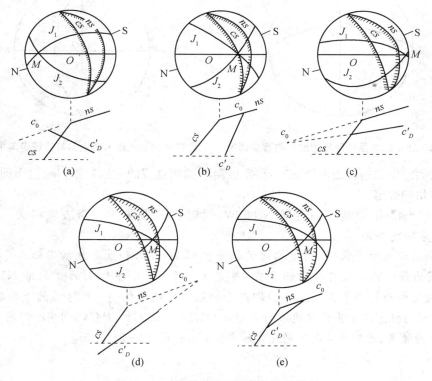

图 10 - 18　岩体中有两组结构面的情况

(3) 三组结构面的分析

由三组或多组结构面组成的边坡,其分析的基本原理和方法与两组结构面一样,所不同的是组合交线的交点增多了。如两组结构面有两个交点,四组结构面最多有六个交点,等等。无论交点有多少,经过分析就可以看出其中必有不影响边坡稳定性的(如位于边坡投影对侧的点)或影响不大和有明显影响的(如位于边坡投影同侧,倾角又小于坡角的点)等几种不同情况,我们要选择其中最不利的交点进行分析。如在判断稳定性时,要选择交线倾角最大,但又小于坡角的点来分析;推断稳定坡角时,要选择倾角最小的点来分析等。必须说明,这一分析是基于各组结构面的物质组成、延展性、张开程度、充填胶结情况、平整光滑程度等特征基本相同的情况。如它们各不相同时,则应根据各组结构面不同特征进行综合分析,先判断出对边坡稳定性有直接影响的两组结构面,然后以此两组结构面作为依据,来判断边坡稳定性和推断或计算其极限稳定坡角。

(4)边坡稳定坡角的初步判断

① 层状结构边坡

当层面走向与边坡走向一致时,其稳定边坡可直接以层面的倾角来确定。当结构面走向与边坡走向垂直时(图 10-19),稳定坡角最大,可达 90°;当结构面走向与边坡走向平行时(图 10-20),稳定坡角最小,即等于结构面的倾角。由此可知,结构面走向与边坡走向的夹角由 0°变到 90°时,则稳定坡角 θ_v 可由结构面的倾角 α 到 90°。

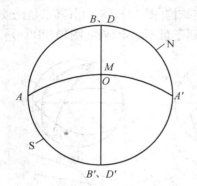 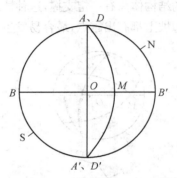

图 10-19　结构面走向与边坡走向直交情况　　**图 10-20　　结构面走向与边坡走向平行情况**

当层面走向与边坡走向斜交时,稳定坡角不能用直观的方法判断。通过下面的例子说明稳定坡角的确定。

【**例 10-4**】已知结构面走向 N 80°W,倾向 SW,倾角 50°,与边坡斜交。边坡走向 N 50°W,求稳定坡角。

解　据结构面的产状,绘制结构面的赤平投影 $A—A'$,和最小抗切面的赤平极射投影 $B—B'$,因为最小抗切面与结构面垂直,并直立。所以最小抗切面的走向为 N10°E,倾向 90°。它与结构面相交于 M 点。MO 即两者的组合交线的倾向。据边坡的走向和倾向,通过 M 点,利用投影网求出稳定边坡的投影弧 DMD'。据边坡 DMD',利用投影网,可求得边坡 DMD' 的倾角,此倾角为推断的稳定坡角(54°),如图 10-21 所示。

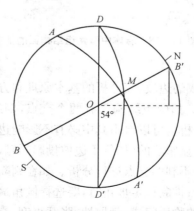

图 10-21　一组斜交结构面走向与边坡走向直交情况

② 两组结构面边坡

【例 10 - 5】 若已知两结构面 J_1 和 J_2 的产状为 240°∠60°、160°∠50°，而设计边坡走向为 NW310°，倾向 SW220°，求边坡的稳定坡角。

解 先作两结构由 J_1 和 J_2 大圆弧，交于 I 点，再作设计边坡面走向线的投影 AA'，并过点 A、I、A' 作大圆弧，即所求的边坡面，读得边坡的稳定角为 52°（图 10 - 22）。

应该指出，上述关于边坡稳定条件分析以及边坡角的推断，是假定其 c，φ 值均很小，得出的结果是偏安全的。同时，这些分析只考虑了岩体结构单一条件，实际上，边坡的稳定性是由许多因素综合作用的。

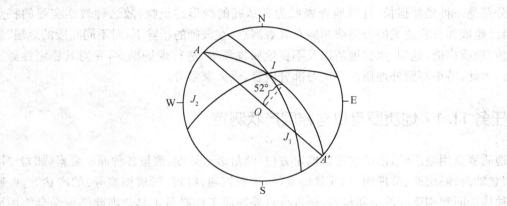

图 10 - 22 两组结构面岩体稳定坡角的确定

项目 11　野外地质勘察应用技能的训练

本门课程在完成课堂理论、室内实习(试验)教学的同时,还必须进行为期一周的野外地质勘察应用技能的训练——野外地质教学(认识性)实习。

公路是一种延伸很长,且以地壳表层为其基底的线形建筑物,故这种教学实习的特点是:沿已建成和将要建成的公路线两侧布置观测点,在教师的指导下,对不同路段的地层、岩土性质、地质构造、地貌、水文地质以及不良地质现象等,进行现场勘察,并对其稳定性做出评价。为此,特编写野外地质教学实习部分内容,供大家参考。

任务 11.1　地质罗盘仪与岩层产状测定

地质罗盘用途广泛,借助它可以确定方位、测量地形坡度、测量各种面状要素(如岩层层面、褶皱轴面、断层面、节理面)和线状要素(如褶皱枢纽、线理、断层擦痕等)的产状等,以确定各种构造面和构造线的空间位置,是进行野外地质工作必备工具。因此必须学会使用地质罗盘仪。

11.1.1　地质罗盘的结构

地质罗盘式样很多,但结构基本是一致的,我们常用的是圆盆式地质罗盘仪,由磁针、刻度盘、测斜仪、瞄准规板、水准器等几部分安装在铜、铝或木制的圆盆内组成,如图 11 - 1 所示。

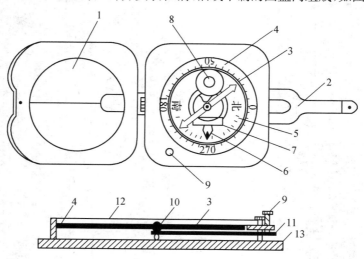

图 11 - 1　地质罗盘结构图

1—反光镜;2—瞄准觇板 3—磁针;4—水平刻度盘;5—垂直刻度盘;6—测斜指示针(或悬锤);
7—长方形水准器;8—圆形水准器;9—磁针制动器;10—顶针;11—杠杆;12—玻璃盖;13—罗盘底盘

（1）磁针：一般为中间宽两边尖的菱形钢针，安装在底盘中央的顶针上，可自由转动，不用时应旋紧制动螺丝，将磁针抬起压在玻璃盖上，避免磁针帽与顶针尖的碰撞，以保护顶针尖，延长罗盘使用时间。在进行测量时放松固定螺丝，使磁针自由摆动，最后静止时磁针的指向就是磁针子午线方向。我国位于北半球磁针两端所受磁力不等，会使磁针失去平衡。为了使磁针保持平衡常在磁针南端绕上几圈铜丝，用此也便于区分磁针的南北两端。

（2）水平刻度盘：水平刻度盘的刻度是采用这样的标示方式，从零度开始按逆时针方向每 10 度一记，连续刻至 360 度，0 度和 180 度分别为 N 和 S，90 度和 270 度分别为 E 和 W，利用它可以直接测得地面两点间直线的磁方位角。

（3）竖直刻度盘：专用来读倾角和坡角读数，以 E 或 W 位置为 0 度，以 S 或 N 为 90 度，每隔 10 度标记相应数字。

（4）悬锥：是测斜器的重要组成部分，悬挂在磁针的轴下方，通过底盘处的扳手可使悬锥转动，悬锥中央的尖端所指刻度即倾角或坡角的度数。

（5）水准器：通常有两个，分别装在圆形玻璃管中，圆形水准器固定在底盘上，长形水准器固定在测斜仪上。

（6）瞄准器：包括接物和接目规板，反光镜中间有细线，下部有透明小孔，使眼睛、细线、目的物三者成一线，作瞄准之用。

11.1.2　罗盘方位与校正

在使用前必须进行磁偏角的校正是因为地磁的南、北两极与地理上的南北两极位置不完全相符，即磁子午线与地理子午线不相重合，地球上任一点的磁北方向与该点的正北方向不一致，这两方向间的夹角叫磁偏角。地球上某点磁针北端偏于正北方向的东边叫作东偏，偏于西边称西偏。东偏为（＋）西偏为（－）。地球上各地的磁偏角都按期计算，公布以备查用。若某点的磁偏角已知，则一测线的磁方位角 A 磁和正北方位角 A 的关系为 A 等于 A 磁加减磁偏角。应用这一原理可进行磁偏角的校正，校正时可旋动罗盘的刻度螺旋，使水平刻度盘向左或向右转动，（磁偏角东偏则向右，西偏则向左），使罗盘底盘南北刻度线与水平刻度盘。0～180 度连线间夹角等于磁偏角。经校正后测量时的读数就为真方位角。

11.1.3　地质罗盘用途

1. 测量方位

目的物方位的测量是测定目的物与测者间的相对位置关系，也就是测定目的物的方位角（方位角是指从子午线顺时针方向到该测线的夹角）。测量时放松制动螺丝，使对物规板指向测物，即使罗盘北端对着目的物，南端靠着自己，进行瞄准，使目的物，对物规板小孔，玻璃盖上的细丝，对目规板小孔等连在一条直线上，同时使底盘水准器水泡居中，待磁针静止时指北针所指度数即为所测目的物之方位角（若指针一时静止不了，可读磁针摆动时最小度数的二分之一处，测量其他要素读数时亦同样）。若用测量的对物规板对着测者（此时罗盘南端对着目的物）进行瞄准时，指北针读数表示测者位于测物的什么方向，此时指南针所示读数才是目的物位于测者什么方向，与前者比较这是因为两次用罗盘瞄准测物时罗盘之南、北两端正好颠倒，故影响测物与测者的相对位置。为了避免时而读指北针，时而读指南针，产生混淆，应以对物规板指着所求方向恒读指北针，此时所得读数即所求测物之方位角。

2. 测量面状要素产状

岩层的空间位置决定于其产状要素,岩层产状要素包括岩层的走向、倾向和倾角,如图 11-2。测量岩层产状是野外地质工作的最基本的工作方法之一,必须熟练掌握。

(1)岩层走向的测定

岩层走向是岩层层面与水平面交线的方向也就是岩层任一高度上水平线的延伸方向。

测量时将罗盘长边与层面紧贴,然后转动罗盘,使底盘水准器的水泡居中,读出指针所指刻度即岩层之走向。因为走向是代表一条直线的方向,它可以两边延伸,指南针或指北针所读数正是该直线之两端延伸方向,如 NE30 度与 SW210 度均可代表该岩层之走向。

(2)岩层倾向的测定

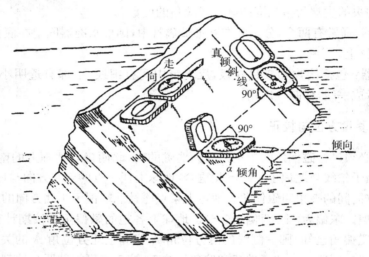

图 11-2　面状要素的产状三要素

岩层倾向是指岩层向下最大倾斜方向线在水平面上的投影,恒与岩层走向垂直。

测量时,将罗盘北端或接物规板指向倾斜方向,罗盘南端紧靠着层面并转动罗盘,使底盘水准器水泡居中,读指北针所指刻度即岩层的倾向。

假若在岩层顶面上进行测量有困难,也可以在岩层底面上测量仍用对物规板指向岩层倾斜方向,罗盘北端紧靠底面,读指北针即可,假若测量底面时读指北针受障碍时,则用罗盘南端紧靠岩层底面,读指南针亦可。

(3)岩层倾角的测定

岩层倾角是岩层层面与假想水平面间的最大夹角,即真倾角,它是沿着岩层的真倾斜方向测量得到的,沿其他方向所测得的倾角是视倾角。视倾角恒小于真倾角,也就是说岩层层面上的真倾斜线与水平面的夹角为真倾角,层面上视倾斜线与水平面之夹角为视倾角。野外分辨层面之真倾斜方向甚为重要,它恒与走向垂直,此外可用小石子使之在层面上滚动或滴水使之在层面上流动,此滚动或流动之方向即层面之真倾斜方向。

测量时将罗盘直立,并以长边靠着岩层的真倾斜线,沿着层面左右移动罗盘,并用中指搬动罗盘底部之活动扳手,使测斜水准器水泡居中,读出悬锥中尖所指最大读数,即岩层之真倾角。

（4）岩层产状的记录方式通常采用下面的方式：既方位角记录方式，如果测量出某一岩层走向为 310°，倾向为 220°，倾角 35°，则记录为 NW 310°/SW∠35° 或 310°/ SW ∠35° 或 220°∠35°。

野外测量岩层产状时需要在岩层露头测量，不能在转石（滚石）上测量，因此要区分露头和滚石。区别露头和滚石，主要是多观察和追索并要善于判断。测量岩层面的产状时，如果岩层凹凸不平，可把记录本平放在岩层上当作层面以便进行测量。

任务 11.2　地质实习教学大纲

11.2.1　实习的目的与基本要求

野外地质教学实习，使学生从自然界许多具体的地质事物和现象中，获得一些生动的感性认识，以验证和巩固课堂所学的基本理论，并对某些路段的不良地质现象及岩体稳定性问题做出分析、论证，从而为今后路桥工程的测设、施工等方面的专业课学习，奠定必备的工程地质知识。对此，提出如下基本要求。

（1）针对野外具体的岩石和土层，能借助简易工具和试剂对其性质、结构、构造、类别做出鉴别和描述；岩石还应估测其工程强度和石料等级。

（2）运用地质罗盘仪测量岩体结构面的产状，识别不同类型的地质构造，并分析它们对路桥工程稳定性的影响。

（3）认识和区分一般中、小型地貌，以及不同地貌形态对路线测设、施工、养护等方面的影响。

（4）识别山区常见不良地质现象，分析其发生的原因、对道路或桥梁的危害，并从中了解和探讨一些有关预防和整治的措施。

（5）初步了解公路工程地质调查的内容和一般方法。

11.2.2　组织领导及实习日程安排

（1）成立教学实习小组，每班分为 4~5 组，设学生组长 1 人。确定指导教师，负责实习中的业务、安全、纪律、后勤、生活等事宜。

（2）实习具体日程安排：实习时间为一周，可参考表 11-1 所列安排。

表 11-1　实习日程安排表

星　期	实习安排	备　注
一	召开实习动员大会，强调安全纪律；宣布实习领导小组成员及实习计划；借领野外实习装备等；实习地区地质条件概况介绍	
二	离校，开赴实习地区，开展路线观察实习	

续表

星　期	实习安排	备　注
三	全天路线观察实习	
四	全天的路线观察及技能考核	
五	召开实习总结大会,布置编写实习报告的纲要;归还实习装备;整理野外记录及资料;编写个人实习报告	

11.2.3　实习地点

实习地点应尽量选在能满足教学实习的要求、地质类型比较齐全,具有一定代表性的拟建或已建的公路工程地区。若建筑工程地区不能满足实习要求时,亦可增加几个地质典型地点进行补充实习。

11.2.4　实习成绩考核

本实习成绩按照国家教委有关规定,应单独考核、评定,不及格者,无补考机会。实习成绩的具体评定方法如下。

1. 组织纪律考核　包括实习路途、观察地点等的纪律情况,按照有关规定执行。

2. 罗盘仪使用考核　熟悉使用罗盘仪测定岩层的产状要素,这是学生必须掌握的一项基本技能。

3. 野外实习记录　在每个观察点上做好观察记录是实习的一项基本要求,同时也是编写地质实习报告的前提。

4. 实习报告　实习报告是学生在实习中收获的体现,在评定成绩时占较大的比重。

11.2.5　编写实习报告的内容

1. 报告的名称

　　　　　　　地区路桥工程地质认识实习报告

班级　　　　　　学号　　　　　姓名　　　　　　　日期　　　　　　　　

2. 报告的内容

绪言:实习区的行政区划、经纬位置、自然地理概况、实习目的、实习时间等。

(1)对不同观察点上所见不同岩层,按三大岩类或由新到老的顺序做出具体描述,并判断其工程强度的类别。

(2)描述在实习地区,认识的地质构造及地貌的类型,根据所见实际情况并结合路桥工程的勘测设计、施工等问题做出综合分析,提出自己的见解。

(3)描述在实习地区所见到的各种不良地质现象,描述它们对路桥工程造成的危害及其采取的措施,并给出自己的评价。

(4)除了安排的观察内容以外,提出自己的新发现、新见解或认为需要探索的问题。

(5)结束语。

任务 11.3 地质教学实习参考资料

本部分将四川交通职业技术学院的野外地质教学实习的内容作为参考来说明。

11.3.1 概述

实习地区在四川省都汶山区沿岷江主、支流河谷的公路线两侧,东达虹口、西临映秀、南迄漩口、北抵雁门。其经纬位置大约在 E105°29′～E103°40′,N31°00′～N31°22′之间。都江堰市位于成都市西北约 70 km 处,因举世闻名的古代水利工程——都江堰在此而得名;汶川县是阿坝藏族自治州的东南大门,是高原山区与盆地平坝物资交流的集散地。都汶公路就是该地区的重要的经济命脉。实习地区在区域地质构造上属四川东部地区(或称扬子地块)西缘的"龙门山断裂带",该带之西北为四川省西部地槽区(即松潘甘孜褶皱系),实际上是地台区与地槽区的过渡带。

龙门山断裂带是纵贯我国的北东向华夏构造体系的一部分,也是我国地势上西高东低呈三级梯状的一、二级阶梯的过渡带之一。龙门山断裂带呈狭长条带状分布于四川省中偏北部,起于陕西宁强,经过省内青川、广元、北川、绵竹、汶川、都江堰(灌县)、宝兴、天全、康定、泸定,全长 500 km,宽 25～40 km。由北东向隆起、拗陷、单背斜与复背斜、走向与垂向的各类断裂等所组成。在构造上可分为三段:绵竹以北为北段,即印支期构造明显,有褶皱断裂;绵竹玉灌县为中段,早期喜马拉雅运动(四川运动)的构造形迹十分显著,有著名的飞来峰构造;灌县以南为南段,其上三叠系有多层火山岩,火山活动频繁,也有断裂产生。本实习地区为这一构造单元的中段(图 11-3)。

就地貌而言,本区地势自西北向东南倾斜,呈阶梯状逐级下降,由九顶山 4 982 m 逐渐下降到 500 m 左右的成都平原。习惯上,一般以岷江为界分为两段,东段为龙门山,西段为邛崃山。

由于本地区山岭海拔一般在 3 500 m 以下,地貌区划上属于龙门山中山区。区内由岷江由北而南,过松潘后流经硬质岩地段,形成高陡的峡谷;流经软质岩地段多形成山间河谷盆地,宽谷两岸阶地发育,一般可见Ⅲ～Ⅴ级阶地。高谷两侧崇山峻岭,相对高差达 1 000 m 以上,坠积、坡积、冰碛物遍布山麓,冲沟及洪积扇地貌比比皆是,地形支离破碎,常有不良地质现象发生。

上述区域地质、地貌特征,对山区路桥工程的测设、施工、营运及其安全、稳定性等问题起着制约作用。在本区域内的教学实习,可举一反三地对其他山区路桥工程建设有着广泛的指导意义。

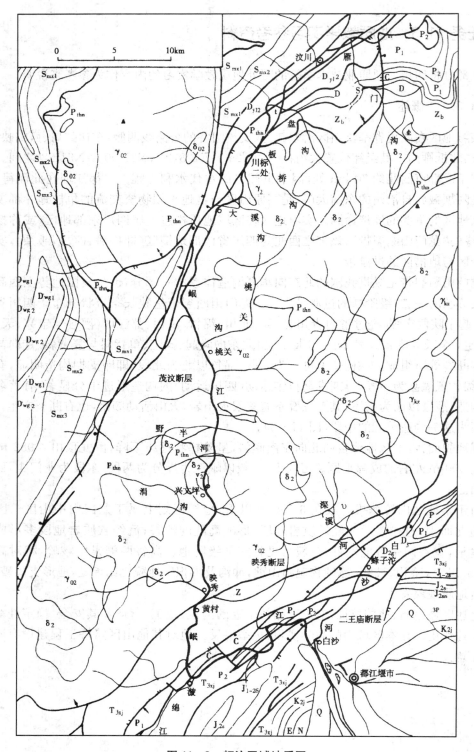

图 11-3 都汶区域地质图

11.3.2　地层与岩性

在实习地区内所出露的部分地层,按其地质年代的新—老顺序列表,见表 11 - 2,并对其具有代表性岩石性质做出描述。

本实习区内的岩浆岩,主要是指"彭灌杂岩",可见于汶川映秀至七盘沟的岷江两岸,其主体为元古代澄江—晋宁期侵入的闪长岩和花岗岩。按其相对期次,除最先的黄水河群火山岩外,依次为基性岩、中性岩、酸性岩。本区内,基性岩以兴文坪的辉长岩和辉绿岩为代表,呈小型岩株、岩脉产出;中性岩出露广泛,以闪长岩和石英闪长岩为主体,多呈岩株、岩基产出;酸性岩由花岗岩和花岗闪长岩组成,是彭灌杂岩的主体,分布很广泛,呈岩基和大型岩株产出。由于晚期酸性岩侵入,导致早期侵入岩体,被分割成大小不等的块体分散在杂岩体内。

表 11 - 2　地质年代表

界	系	统	地方性地层名	代号	岩性描述
新生界	第四系	全新统		Q_4	按成因分为冲积型和冲洪积型:① 冲积型,其下部为河床相砂土、砾石层;上部为河漫滩相亚砂土层。② 冲洪积型,其下部为砾石层,由砂泥质充填,砾石排列杂乱,结构紧密;上部为亚砂土、亚黏土或黏土层。该地层分布于近代河床、河漫滩及构成高出河面 5～8 m 的Ⅰ级阶地
		更新统	广汉砾石层	Q_3	该统可分为上、中、下三个层位,常构河两岸上的Ⅱ、Ⅲ、Ⅳ、Ⅴ级阶地。Ⅱ级阶地,是由基岩之上由磨圆度较好的砾石、卵石、黄色砂质黏土组成
				Q_2	Ⅲ、Ⅳ级阶地,因受冰川作用,在基岩之上的冰碛物成分比较复杂,在砾石层之上覆盖有浅灰或黄色亚黏土层
				Q_1	Ⅴ级阶地,已不显见,在高出河面近 100 m 之上偶见残留的阶面
中生界	侏罗系	上统		J_{31}	棕红、砖红色泥岩及粉砂质泥岩为主,底部为灰绿色中～厚层钙质砂岩
	三叠系	上统	须家河组	T_{3xj}	由一系列浅灰、黄灰色厚层砂岩、长石砂岩、钙质粉砂岩、泥岩,与炭质泥岩、页岩、细砂岩夹薄煤层等交互组成。通常分为五段:1、3、5 段以砂岩为主夹泥页岩及煤线;2、4 段为炭质页岩、泥岩及煤层为主夹砂岩。本区内,向西北方向变质程度逐渐加深,页岩生成板岩
古生界	石炭系	未分统		C - P	本系地层在省内大部分地区缺失或未出露,而在边缘地带只有零星分布,唯龙门山一带较为集中。如灌县龙溪带可见 148～500 m 的沉积岩,为灰白色、白色块状纯灰岩,夹白云质灰岩。 在有些地带由于相变不甚明显,常与上部二叠系的沉积关系无法区分。故可视为"未分统"
	泥盆系	中统	观雾山组	D_{2g}	在九甸坪、懒板凳一带及深溪沟均有出露,厚度可达 680～1 000 m 左右,为灰、深灰、层状灰岩与白云质灰岩互层,夹黑色页岩及暗褐色铁质砂岩

界	系	统	地方性地层名	代号	岩性描述
古生界	泥盆系		月里寨组	D_{y1}	以汶川雁门沟月里寨为代表，该群地层出露厚度达 1 400 m，为一套浅变质泥质岩夹灰岩。上部以灰岩为主夹千枚岩，中部为灰、深灰的千枚岩与灰岩不等厚互层；下部为灰、深灰、灰黑色千枚岩夹薄层灰岩及石英砂岩
	志留系	上中统	茂县群上亚组	S_{mx2}	在后龙门山茂县一带分布甚广，发育完好。自上而下可分为三个亚组：上为绿色绢云母板岩、夹细砂质灰岩及生物灰岩；中为薄层微晶灰岩、泥砂质灰岩及绿色绢云母板岩里不等厚互层；下以灰绿色绢云母板岩为主，夹薄层透镜状砂质灰岩，底部为编状灰岩
		下统	茂县群下亚组	S_{mx1}	灰绿夹紫红色千枚岩与上亚群底部编状灰岩呈整合接触。该亚群厚度为 300 余米，由炭质千枚岩夹少量薄层硅质岩，底部夹薄层砂岩，假整合于奥陶系宝塔组之上

11.3.3　地质构造与地貌

1. 地质构造

（1）单斜岩层

当岩层层面和大地水平面的夹角介于 10°～70°之间时，称为单斜构造。由单斜构造组成的地貌，称为单面山；由大于 40°倾斜岩层构成的山岭，称为猪背岭。在单斜岩层分布的地区，公路测设应特别注重路线走向与岩层产状的关系。当路线走向与岩层走向一致时，见图 11-4 中①，公路布线一般认为顺向坡较为有利，因逆向坡的坡麓常有松散的坡积物或崩积物，对路基的稳定性不利；但是如果顺向坡的单斜层面的倾角大于 45°，且层位较薄，或夹有软弱岩层时，则易形成边坡坍塌或滑坡，如深溪沟内罗家磨子一带（图 11-5）。当路线走向与岩层走向正交时，如果没有倾向于路基的节理存在，则可形成较稳定的高陡边坡，如白沙河蜂子沱地段，见图 11-4 中②。当路线走向与岩层走向斜交时，其边坡稳定情况介于上述两者之间，见图 11-4 中③。

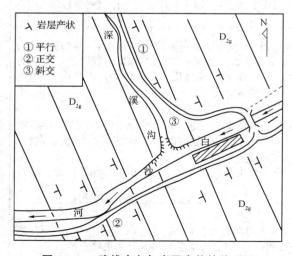

图 11-4　路线走向与岩层产状的关系图

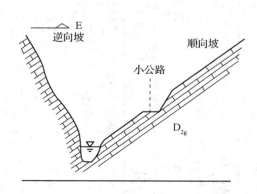

图 11-5　深溪沟单斜构造示意图

（2）节理

节理又名裂隙，是两侧的岩块未发生明显相对位移的断裂现象。节理是地壳表层广泛发育着、呈有规律成组分布的构造现象。节理的存在对工程活动有好的一面，也有不利的一面。节理能使岩体的完整性遭到破坏，降低岩体的强度和稳定性。当其彼此贯通时，又成为地下水活动的通道，加速了岩体的风化破坏。但节理的适当发育却有利于石料的采集和减少工程施工量。

应特别指出，在高陡切坡地段的节理产状对其边坡的稳定性的影响至关重要。当有一组节理倾向于路基，或有两组节理呈楔形分布与路线斜交时，就有可能造成边坡失稳而发生崩塌或滑坡。蜂子沱峡谷高陡边坡发生崩塌的主要原因之一就是有一组节理倾向于路基（见后文中图 11-13）。

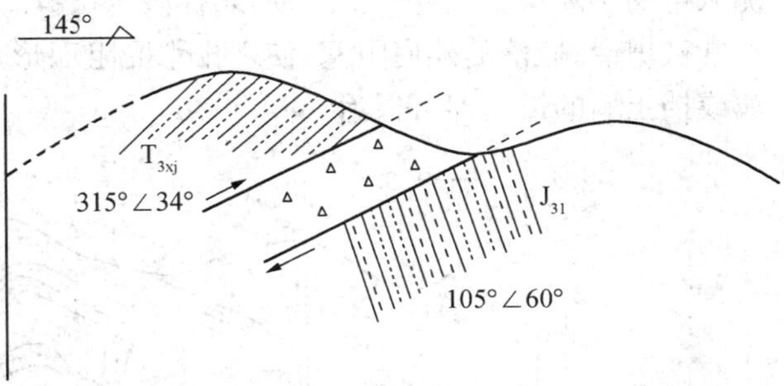

图 11-6　二王庙断裂带剖面图

（3）断层

从大地构造单元而论，龙门山断裂带系由北西—南东方向的高角度挤压而成的叠瓦式构造，其中顺应断裂带构造方向呈北东—南西向分布的有三大断裂带：二王庙断裂带（江油—灌县）、映秀断裂带（北川—映秀）和茂汶断裂带（见前文中图 11-3）。

二王庙断裂带　以二王庙后山门公路边所见而命名。它是江油—灌县断裂带的一部分，该断裂带北起广元罗家坝，经江油、安县、灌县至天全南西，由若干压扭性断裂组成，全长 450 km，大部分发生在太古界至三叠系中。在二王庙后山门处判别断层的根据是：在短距离（约 100 m）内地层缺失、岩层产状及岩性发生突然变化，且有破碎带存在。从图 11-6 中可见，上三叠系须家河组（T_{3xj}）逆冲于上侏罗系莲花口组（J_{31}）之上，两者产状相反。这一断支，据地震局监测资料表明，至今仍在活动，每年相对错动 lmm，即断层的南东盘下降 0.5 mm、北西盘上升 0.5 mm。

映秀断裂带（北川—映秀）　未在实习区内，所以未列入实习内容中。

茂汶断裂带　北起于茂汶北东一带，南达泸定，全长 250 km。该断裂带切割于前震旦系至古生界变质岩系之中。从汶川雁门沟剖面图（图 11-5）可见，震旦系（Z_{bdn}）推覆于泥盆系月里寨组（D_{y1}）之上，形成叠瓦式冲断层，其间有明显的断层破碎带。逆冲的挤压力，使下盘 D_{y1} 中出现层间揉褶现象。

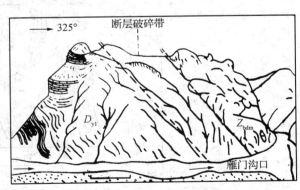

图 11-7　汶川雁门沟茂汶大断裂剖面图

在茂县至汶川地段的由岷江沿此断裂带发育，公路也沿岷江河谷左岸布设，因路线走向与断裂带走向基本一致，故在此 40～50 km 的距离内有多处路段的路基设置在破碎带或断层泥构成的松散体上,受岸边河水掏蚀和松散体内地下水活动而发生滑坡,导致路基向河心滑坍,成为常年病害的多发地段。如周仓坪和凤毛坪大滑坡体,经多年整治仍无效果,只好采取绕避,用桥跨改线至对岸后再跨回原线的办法,使道路得以畅通。

除上述三大断裂带外,在实习区内还可见到一些派生的断层现象。如白沙山岷江大桥头公路旁所见的小背斜轴部两侧错动的断层(图11-8),它发生于 T_{3xj} 的砂岩组夹有页岩层之中,在路边短距离(约25 m)内,砂岩层产状明显地出现了变化。它是二王庙大断裂北西侧派生的小断层。因在核部错动,岩体较为破碎,加之页岩易遭风化,故在此处公路的内边沟常被坍滑、撒落的碎屑阻塞,使之排水受阻而形成过水路面,导致路面破坏。此处可用护坡或挡土墙的措施即可根治。

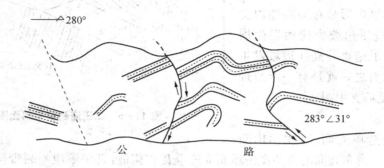

图11-8 小背斜断层剖面图

又如黄村所见的两条斜交剪节型的逆断层(图11-9),它属映秀断裂带南东侧派生的断层现象。它发生于 T_{3xj} 的板岩层中,由于岩层直立且与路线走向正交,故此处深切路堑边坡仍显稳定。然而只因板岩中破劈理甚为发育,也有撒落碎片阻塞内边沟的现象,但不致泥化造成危害。

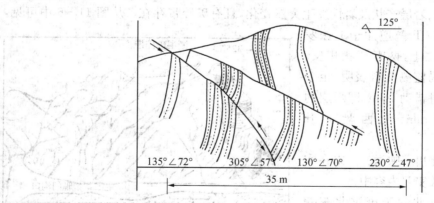

图11-9 条斜交剪节型断层示意图

鉴于上述断层构造对道路工程有着极为不利的影响,因而,在路勘测设中识别断层就显得很重要了。一般而言,可从三个方面去判别断层的存在:① 在短距离内出现地层重复或缺失;② 虽同一地层,但其岩性和产状在小范围内发生了突变;③ 在地貌和水文标志上也有体现。

2. 地貌

(1)冲沟与洪积扇

冲沟是沟谷流水冲刷作用所形成的一种动态地貌。如深溪沟,它是由细小纹沟发展为切沟后,进而加深、加宽并向源头方向伸长,逐渐形成颇具规模的冲沟。深溪沟主谷长约10 km,近于自北而南流向,其源头于海拔 2 500 m 的山岭上,汇于岷江支流的白沙河;纵坡高差达 1 600 m,横断面呈 V 形谷,两岸坡高达 200 m 以上。因地壳上升运动,沟底呈明显的下切趋势,出现谷中谷。即在原沟谷底部因侵蚀基准面下降,底蚀作用加剧,又被切割出一宽度小于深度、陡壁式的沟谷形态。谷中谷在本实习区内,以及四川盆地周边地带普遍存在,它是更新世以来最新构造的产物。

在冲沟中布设公路路线时① 要认真勘察沟谷的构造形态,若属单斜构造的冲沟,则应测定单斜岩层的产状与路线走向的关系(参见上述"地质构造"部分),并分析其岩体边坡的稳定性;② 对路基及跨沟桥涵设置的高度,应定在百年少见的洪峰之上,桥涵孔径应大于沟谷的排洪量。

洪积扇是冲沟洪流携带着大量碎屑物冲出沟口后,由于地势开阔,水流分散,流速锐减,将其碎屑向外围呈扇状散开堆积而成的地貌形态。如在深溪沟口汇入白沙河处的洪积层。该洪积层形成后,地壳上升,白沙河水下切,使之成为高出如今洪水位之上的一级堆积阶地;随着深溪沟口的侵蚀基准面下降的同时,底蚀作用加强,该洪积层也被切割成两部分,出现谷中谷。在实习途中,河谷两岸所见的许多大小冲沟口,都有洪职扇分布。公路沿河岸布线,常要跨越冲沟口的洪积层地段。此时,除了认真勘察其地质结构(参见本书任务 3.4"地下水的地质作用分析"中"冲沟"部分)外,还应特别重视山洪急流及其洪积物对路基、桥涵的冲毁、淤塞等病害问题。

(2) 峡谷

峡谷是指两岸谷坡陡峻、深度大于宽度的山谷。它通常发育在坚硬岩层分布的地段,由于地壳上升速度与河水底蚀作用相当的条件下,就会形成峡谷,其横断面呈 V 形。以地质构造而论,当河水横穿背斜轴部、或近于直立的单斜岩层、或横向断裂带时,都可能会出现峡谷地貌。在实习区的岷江及其支流白沙河的河道,基本都是由峡谷与河谷盆地地貌相间组成。

如蜂子沱峡谷,系白沙河横穿由 D_{2g} 层状白云岩及石灰岩组成的单斜构造而形成的峡谷。如漩口峡谷、系岷江沿横向断裂带切穿 C－P 厚层状结晶灰岩而形成的飞来峰式的峡谷。在映秀至绵竹之间的许多峡谷,如桃关、罗圈湾、沏底关等地段,均系岷江切割花岗岩、花岗闪长岩、闪长岩等岩体而形成的峡谷。

在山区沿河布设公路路线,不可避免地要遇上峡谷地段。因峡谷两岸属硬质崖壁,河水急湍,使公路线形的平、纵、横等受到极大的限制。对一般等级公路的测设,只能顺应峡谷山势,依弯就弯布设路线。也由于岩质坚硬,开挖后的路基较为稳定,且可切为陡直边坡。但应注意岩体节理组分布的产状和谷底水流特征。若有倾向于路基的节理,则易发生崩塌或滑坍;若崖顶有明显的风化裂隙,则易产生落石;若急流水直冲路基坡脚,则易发生水毁断路。

(3) 河谷盆地

河谷盆地是指山区河流两个峡谷之间、地势开阔的河谷地段。它主要是河水流经软质岩层分布地带时,其侧蚀作用相对大于底蚀作用的条件下,使河谷拓宽而成;或因两江汇流而成。因而,河谷盆地中河道的曲流现象尤为明显,凸岸堆积,凹岸冲蚀;在地壳间歇性上升运动的过程中,便会在河谷盆地中留下多级阶地。

河谷盆地因地势开阔,常为山区城镇居民经济活动的集散地。如实习途中的沙湾、金沙坝、漩口场镇、黄村、映秀场镇、兴文坪、汶川县城等地段均属河谷盆地。

在河谷盆地中布设路线,通常选在土石较为密实的Ⅰ、Ⅱ级阶地上。若路线倚山,则应注重切坡后山体中的地下水活动及内边坡稳定情况的分析;若路线近河,则应注重曲流的主流线对路基边坡的冲蚀。

(4) 河漫滩、心滩、江心洲

河漫滩是河谷底部,洪水期被淹没,平水期又出露于河床岸边的滩地。由于洪水期河漫滩上水流的深度、流速比河床中的小,其搬运力也较弱;退洪时,沉积在河漫滩上的物质颗粒粒径较河床中的相对要小些。上游河漫滩上的扁形卵砾石常呈逆水流方向排列,结构松散。

河漫滩可分布于河床两岸,也可分布于曲流的凸岸。若在宽谷的河床中,枯水期出露于河心的浅滩地,称为心滩。若心滩两侧河床下切加深,非丰年期洪水所能淹没而长期出露水面的心滩,则称为江心洲。

河漫滩在山区河谷中,除峡谷地段外,几乎随处可见,尤以河谷盆地中曲流发育的凸岸最为显著。

在公路跨河工程中,河漫滩对桥墩的位置、埋砌深度有着重要影响,而河漫滩上的砾石、砂却是良好的公路建筑材料。

(5) 阶地

古老的河漫滩因地壳上升、河水下切而高出现今洪水位之上,呈阶梯状分布于河谷谷坡中的地貌形态即为河流阶地。河流阶地沿河分布并不是连续的,阶地多保留在河流的凸岸,在两岸也不是完全对称分布的,这是河水向凹岸侵蚀的结果。由于多种因素的影响,同一阶地的相对高度也有不同。

本实习区的阶地都是在第四纪(Q)形成的。由于第四纪构造运动的特点为“振荡式间歇性上升运动”,故形成了多级阶地。阶地的级数愈高,表明形成的时代越早。

阶地按成因,结构和形态特征可分为侵蚀阶地、堆积阶地和基座阶地等三大类型。堆积阶地是由冲积物组成的,常见于河流中、下游地段。而基座阶地是在基岩被侵蚀的阶面上再覆盖上一层冲积物,经地壳上升河水下切而形成的。它是侵蚀阶地与堆积阶地的复合式。在岷江、白沙河两江汇合处,可观察到Ⅰ~Ⅴ级阶地(图11-10)。其中Ⅰ级阶地属堆积阶地,其余均为基座阶地(侵蚀—堆积阶地)。

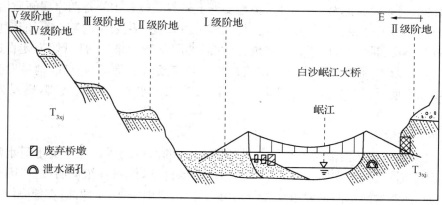

图 11-10 白沙岷江大桥两侧阶地剖面示意图

一般而言,河谷都有不同规模的阶地存在,它一方面缓和了山谷坡脚地形的平面曲折和纵向起伏,有利于路线平纵面设计和减少工程量,另一方面使路线不易遭受山坡变形和洪水淹没的威胁,易保证路基稳定。故阶地是河谷地貌中敷设路线的理想部位。当有多级阶地时,除考虑越岭高程外,一般常利用Ⅰ、Ⅱ级阶地敷设路线。

（6）河曲

自然界的河道因种种原因,常导致河流主流线的流向变化而使河道发生弯曲。在河道弯曲处,表层水流在离心力作用下以较大流速冲向凹岸,使之后退,同时,在凹岸冲刷所获得的物质随底流被带至凸岸进行堆积。如此长久地进行下去,使河道弯曲的曲率逐渐加大,河床比降减少、流速降低,从而使河床在河漫滩上自由摆动,形成河曲地貌。在白沙河和岷江的河谷盆地地段均可见到此种地貌。

河流侧蚀作用产生河曲,是河流发育的普遍规律。无论何处,只要河道稍有弯曲,就有凸岸的堆积作用和凹岸的冲蚀作用。因此,在河谷中沿岸边布设公路,应注意避让因河流在凹岸的冲蚀作用而导致路基、桥涵的水毁。

防治凹岸水毁,通常采用的措施是设置丁坝和护岸保坎(挡墙)。丁坝的方向应与主流线呈钝角相交,其高度应略高于洪水位,以求改变水流方向,减弱对岸边的冲蚀力。护岸挡墙是在洪水位之上某一高处至枯水位之间的河岸边坡采用的防护工程,如砌石铺面、喷浆、布设笆笼等方法,防止河水对岸坡的掏蚀。在白沙岷江大桥头、桃关以及凡靠近河岸很近的路段均可见到有关防治水毁的工程。

（7）冲积扇

山区河流出山口后汇入大河或流入平原区,因流速降低、水流分散,将其挟带的泥、沙、石等物质堆积于河口地带,形如喇叭或三角形,故称为冲积扇或小型河口三角洲。如白沙河口汇入岷江处(地质历史上此处曾是古岷江汇入"巴蜀湖"之河口地带),因地势开阔,并受到岷江洪水倒灌的顶托力,故在白沙河口形成较大面积的冲积扇,或称小型冲积三角洲。三角洲上主流线极不稳定,时左时右,俗称"龙摆尾";平水期流线分散,砂、砾、卵石等构成的边滩、心滩广布(图11-11),其冲积层的厚度由河口向由民江岷江汇水处加深。

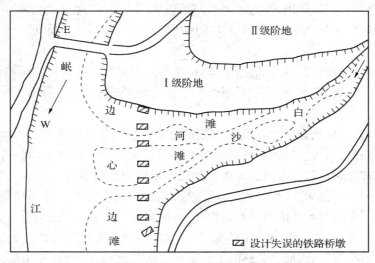

图11-11　白沙河小型冲积三角洲平面图

在冲积扇上布设桥跨时，桥位不宜设在三角洲的下部靠近汇水线的位置，而应尽可能远离两江汇流处。桥墩的砌置深度，应考虑三角洲上流水不稳定的特征与特大洪水的冲蚀力以及岷江水倒灌的顶托力等因素的影响。

（8）顺向河、逆向河

河谷按河水流向与岩层产状的关系可分为：走向河、顺向河和逆向河（图 11 - 12）。凡水的流向与岩层走向一致的河段，统称为走向河（如曾描述的单斜谷即为走向河）。凡水流方向与岩层倾向相同的河段，称为顺向河；相反者则称为逆向河。桥基工程的稳定性取决于岩层产状、软弱结构面和河水的流向。在顺向河中，水力对岩层尤其是软弱岩层的冲蚀作用会影响基础的稳定性。若夹层较厚，易使基础产生不均匀沉降，从而导致桥墩倾斜，故桥基尽可能设计在单一的岩层上。在逆向河中，桥基也应避免建在不同岩性的接触面上。白沙河上的桥虽处于顺向河中，但桥基坐落在单一、坚硬的石灰岩层上，故桥基稳定。

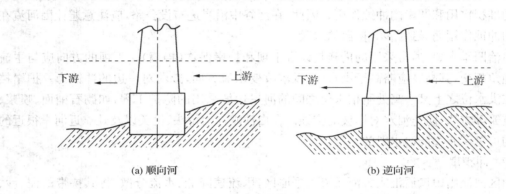

（a）顺向河　　　　　　　　　　　　　　（b）逆向河

图 11 - 12　顺向河和逆向河与桥基的关系示意图

11.3.4　不良地质现象

滑坡、崩塌、泥石流等是公路尤其是山区公路常见的不良地质现象。不良地质现象的存在，给道路、桥涵、隧道等建筑物的施工和正常使用造成很大的威胁。为保证公路工程的合理设计、顺利施工和正常使用，作为一名公路工程技术人员，掌握有关识别、预防和整治不良地质现象的措施是非常必要的，下面就实习区所遇到的几种不良地质现象作一分析、介绍。

1. 崩塌

崩塌是指陡峻斜坡或悬崖上的岩土体，由于裂隙发育或其他因素的影响，在重力作用下突然而急剧向下崩落、翻滚，在坡脚形成倒石堆或岩堆的现象，称为崩塌。蜂沱地区即崩塌观察点（图 11 - 13）。

一般而言，要形成崩塌需具备几个方面的要素：其一，陡崖临空面高度大于 30 m，坡度大于 50°的山体；其二，硬软岩互层的悬崖或坚硬岩层形成的峡谷地貌；其三，软弱结构面倾向临空面倾角较大时；其四，强烈的物理风化和大量坡面水的渗透在岩体内起"润滑"作用，以及人为不合理的工程活动（如大切大挖，或采用大爆炸施工）等。蜂子沱地段是由坚硬的石灰岩经白沙河水切割而形成的峡谷地貌，临空面高度大于 80 m，近乎直立，在陡崖的岩体中发育着两组节理，一组节理倾向于路基，1984 年的雨季，大量的降雨加大了岩体的容量，减少了岩体间的摩擦阻力，加之公路施工时采用了大爆炸施工，造成了山体的进一步松动，多种因素综合在一起，使得蜂子沱于 1984 年 7 月大雨之后发生了大崩塌，使公路堵塞，河水上涨。事故发生后,有关部门组织人力、物力抢修,于 1985 年 6 月疏通了公路,向河岸加宽路面用半旱桥式挡土墙加固外边坡,但道路内边坡崖上多处风化裂隙、树木的根劈及坡面流水的渗透侵蚀等作用仍在进行,崩塌的隐患依然存在。

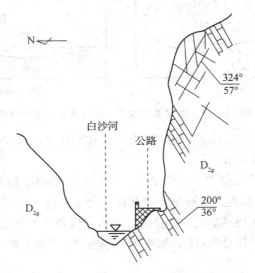

图 11‑13　蜂子沱峡谷崩塌剖面图

　　由于崩塌发生突然且破坏力强,整治比较困难,故一般强调以防为主的整治原则,即在选线时优先考虑绕避方案,若绕避困难则尽可能使路线远离影响范围,同时在施工中注意合理施工,不宜大爆破施工和大切大挖,以防山体震裂和失稳引起崩塌。在强调以防为主的原则下,应结合具体情况,采用相应的预防措施。

　　2. 滑坡

　　滑坡是指斜坡上不稳定的土体或岩体在重力作用下,沿一定的滑动面(带)整体向下滑动的物理地质现象。在沙湾和二王庙后山门两处可看见一古老的滑坡。

　　滑坡的产生不是偶然的,必须具备一定的条件。首先,滑坡要具有滑动面;其次,组成斜坡的岩(土)体多为软质岩层和易于亲水软化的土层,由于水渗入滑坡体,降低了岩(土)的黏聚力,削弱其抗剪强度,加大了岩(土)的下滑力。据统计,90% 以上的滑坡与降雨有关,故有"大雨大滑、小雨小滑、不雨不滑"之说。此外,人为不合理的切坡或坡顶加载、7 级以上的地震、不适当的大爆破施工,都是影响滑坡产生的因素。

　　由于滑坡对公路造成的危害极大,因此路线勘测工作中,识别滑坡的存在和初步判断其稳定性,是合理布设线路、避免出现病害的一个基本前提。在野外,滑坡可根据一些地貌特征来认识。如山体变形,后壁陡崖因拉破呈圈椅状,滑坡舌向河心凸出呈河谷不协调现象[图 11‑14(a)],滑体两侧出现双沟同源,滑坡体下部因滑动速度差异而呈鼓丘及滑坡裂缝,滑体表面的树木东倒西歪成"醉林"状、甚而出现马刀树等,都是滑坡存在的标志。

　　滑坡的防治,和泥石流一样,要贯彻"以防为主、整治为辅"的原则。即在选线时尽可能避开规模较大的滑坡,对于一些中、小型滑坡,则可比较整治和绕避两个方案的合理性、安全性、经济性,择优选择。滑坡的整治,通常采用排、挡、减、固等措施。

　　二王庙变电站处的滑坡体给公路造成了一定的病害[图 11‑14(b)]。由于滑坡体内存

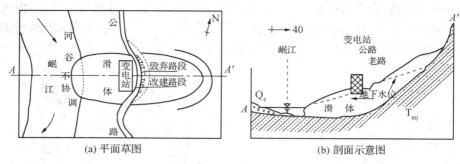

(a) 平面草图 (b) 剖面示意图

图 11－14 滑坡体内地下水对公路的危害示意图

在大量的裂缝,成为地下水活动的通道。因此当滑体内中下部排水不畅时,造成中上部地下水水位上升,甚至出露成泉水。

公路穿过该地段的路况极差。在约 20 m 的路段,雨季路面翻浆,泥泞难行;干季路面干裂,而路基呈塑状,成为"橡皮路",行车颠簸起伏。为克服这一病害,在此段路的下方筑一新路。但由于地下水问题未得到解决,故时隔数年后,这段数十米的新路面仍因排水不畅,又开始出现毁损现象;加之,地处急弯,行车视线受建筑物遮挡,从而影响着正常运营和安全。

3. 泥石流

泥石流是一种水、泥沙、石块混合在一起流动的特殊洪流。它具有爆发突然、流速快、流量大、物质容重大,和破坏力强的特点。

典型的泥石流流域,一般可分为物质来源区(上游)、流通区(中游)和堆积区(下游)三部分。上游区地形陡峭,沟床纵坡大,汇水面积广,三面环山、一面出口的似漏斗状地貌,区内有大量松散物质,崩塌与滑坡密布,植被稀疏,水土容易流失。中游地段河谷狭窄,高岸深谷,使上游汇集到此的泥石流形成迅猛自泻之势。下游区平缓开阔,堆积物如扇形展开,有的形成河漫滩或阶地。水既是泥石流的组成物质,又是搬运泥石流物质的基本动力。因此,泥石流的产生多在暴雨、大雨或冰川、积雪的强烈消融之后。

白水沟口为一小规模泥石流的堆积区,是泥石流的多发地段,大量砂砾、碎石冲入岷江,在其凹岸处形成了河谷不协调现象。公路在此地段,多年来常因路面过水而损毁,交通不畅。1992年又爆发了一次泥石流,不仅淤塞桥涵,而且在沟口的左侧又冲开一个缺口,将原庄稼地冲毁,变成一片乱石滩;公路也遭到破坏。此路段虽经清理、疏通整治,但因桥涵、路基的纵坡太低,排水不畅,到雨季仍有路面漫水现象。

与白水沟相比,大溪沟泥石流规模要大一些,其整治措施也较得力,如图 11－15 所示。首先,在泥石流的中游区修建了多级拦石坝。其

图 11－15 大溪沟泥石流整治措施示意图

次,在下游区修建了导流渠,以约束泥石流的流动方向,减少破坏面积,在导流渠顶部两侧各修了一条截水沟,以减少泥石流的水量,相应降低其流速。总的来看,整治效果比较理想。

对泥石流的整治与崩塌一样,亦是贯彻以防为主的原则。针对不同的区段,采取不同的措施。在上游区,主要是做好水土保持工作,调整地表径流,减小汇水量,加固岸坡,防止岩土垮塌,尽量减少固体物质的来源。在中游区,可设置一系列的拦截坝、拦栅等构筑物,以阻挡泥石流中挟带的物质,减少其破坏力。在下游区,贯彻"宜排不宜堵"的原则,设置排导措施,使泥石流顺利排除。如修建排洪道、导流坝等,约束水流,保护公路路基或农田不受危害。

由于泥石流的破坏性较大,因此在公路选线时须查明所经路段是否存在泥石流的可能性。若可能发生泥石流,则应首先考虑绕避。一般情况下,对泥石流的调查,主要是通过阅读和研究所经地区的地形图和地质构造图,了解该地区的地质、地貌等情况,是否存在区域大断裂、滑坡等,在此基础上,判断泥石流存在的可能性,并采取相应的措施。

4. 路基水毁

都汶公路沿岷江河谷布设,途中常因路线靠近曲流的凹岸受洪水流线的冲击、掏蚀,导致多处路基坍塌、滑移等现象的路段。工程上将这一病害称为路基水毁。以桃关为例,在此处岷江流经花岗岩构成的峡谷区,但在桃关下游不远的地方曾发生一次较大的崩塌。松散的崩塌体呈半圆锥状,锥体高达 80 m 左右,底宽约 60 m,其自然坡度为 45°。国道横切坡体的中偏下部,路基长期不稳,还因岸边又处于凹岸,受河水的掏蚀而坍塌,路基随松散体下滑而断路,严重影响汽车运行。

1992 年开始整治,采用了以下几项措施,如图 11-16 所示。

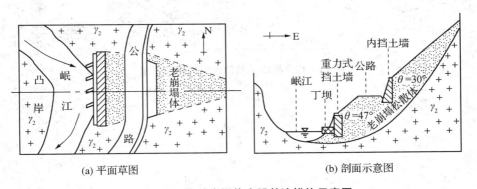

(a) 平面草图　　　　　　　　　　(b) 剖面示意图

图 11-16　桃关崩塌体水毁整治措施示意图

(1)重力式抗滑挡墙。在松散体坡脚,河岸边枯水位以下的河床中,浇灌钢筋混凝土的三角柱 24 个,每个边宽 2 m、高 3 m,间隔约 0.2 m,底边朝外一字排开,便筑成了重力式抗滑挡墙,然后放坡、填实。

(2)设置防滑平台(挡墙护脚)及丁坝。在抗滑挡墙基脚修筑约 1 m 宽的混凝土的防滑平台,并对挡墙整体抹面(墙体内应预留排水孔若干);然后在河岸边设长 2.5 m、宽 0.3 m 呈鱼背形的丁坝 4 条,其高度略高于洪水位,与主流线成钝角相交,以求改变主流线流向,减缓对挡墙坡脚的冲击力。

(3)修筑内挡墙。路基压实后,为防治内边坡松散碎石土层下滑,用卵砾石砌筑 3 m 高的挡土墙;在铺垫水泥路面的同时,对内边沟做水泥抹面护理,以防止地表水渗入松散体内。

通过上述措施,此段公路多年来的顽疾得以根治。

5. 某铁路桥墩工程失误

20 世纪 50 年代,为某工程的需要,拟建一铁路线由成都至灌县某地。此线以隧洞穿玉垒山下,此桥跨白沙河口。然因隧道内遇上二王庙断裂带未敢贯通;桥墩倾斜未能架梁,于是全线报废而终。

白沙河口留下钢筋混凝土桥墩 8 个,其中两岸边墩均向白沙河上游方向倾斜。究其原因,主要有以下几方面。

(1) 白沙河口小型"冲积三角洲"上的主流线,因地势开阔极不稳定,时左时右,呈龙摆尾式地冲蚀着两岸,使边墩基部面向水力方向被蚀空。

(2) 桥位线定在"三角洲"的下方,靠近汇水线,使得岷江向白沙河倒灌,造成河水顶托之势。

(3) 桥墩埋置深度不够,即桥墩基底的深度未超过白沙河洪水期最大水力反冲的下蚀线,如图 11 - 17 所示。

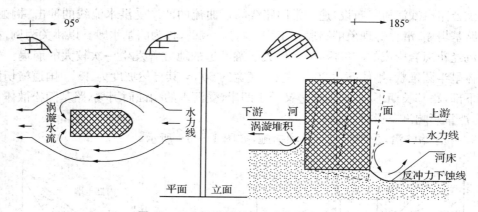

图 11 - 17 桥墩倾斜的水力剖析示意图

参考文献

［1］齐丽云，等. 工程地质. 北京：人民交通出版社，2009.

［2］岩土工程勘察规范（GB 50021—2001）. 北京：中国建筑工业出版社，2001.

［3］中华人民共和国行业标准. 公路工程地质勘察规范（JTJ 064—98）. 北京：人民交通出版社，1999.

［4］南京大学. 工程地质学. 北京：地质出版社，1982.

［5］刘春原，等. 工程地质学. 北京：中国建材工业出版社，2000.

［6］李斌. 公路工程地质. 北京：人民交通出版社，1998.

［7］杜恒俭，等. 地貌及第四纪地质. 北京：地质出版社，1981.

［8］李中林，李子生. 工程地质学. 广州：华南理工大学出版社，1999.

［9］盛海洋. 工程地质与地貌. 郑州：黄河水利出版社，1999.

［10］孔宪立，等. 工程地质学. 北京：中国建筑工业出版社，2001.

［11］杨创奇，等. 工程地质. 武汉：华中科技大学出版社，2014.

［12］李瑾亮. 地质与土质. 北京：人民交通出版社，1998.

［13］中华人民共和国行业标准. 公路土工试验规程（JTG E40—2007）. 北京：人民交通出版社，2007.

［14］交通部第二公路勘察设计院. 路基. 北京：人民交通出版社，1997.

［15］孙玉科，等. 边坡岩体稳定分析. 北京：科学出版社，1988.

［16］胡长顺，黄辉华. 高等级公路路基路面施工技术. 北京：人民交通出版社，1999.

［17］于书翰，杜谋远. 隧道施工. 北京：人民交通出版社，2000.

［18］黄成光. 公路隧道. 1998.

［19］加拿大矿物和能源技术中心. 边坡工程手册. 北京：冶金工业出版社，1984.

［20］K. 1. 舒斯特，R. J. 克利泽克. 滑坡的分析与防治. 铁道部科学研究院西北研究所译. 北京：中国铁道出版社，1987.

［21］刘世凯，等. 公路工程地质与勘察. 北京：人民交通出版社，1999.

［22］刘起霞，等. 环境工程地质. 郑州：黄河水利出版社，2001.

［23］黎明亮. 公路养护工程. 北京：人民交通出版社，2000.

［24］T. H. 汉纳. 锚固技术在岩土工程中的应用. 胡定，等译. 北京：中国建筑工业出版社，1987.

［25］中华人民共和国国家标准. 锚杆喷射混凝土支护技术规范（GB 50086—2001）. 北京：中国建筑工业出版社，2001.

［26］林宗元. 岩土工程勘察手册. 沈阳：辽宁科技出版社，1996.

［27］戴塔根，等. 环境地质学. 长沙：中南大学出版社，1999.

［28］黄春长. 环境变迁. 北京：科学出版社，1998.

［29］朱建德.地质与土质.实习实验指导.北京:人民交通出版社,2001.

［30］李隽蓬,等.土木工程地质.成都:西南交通大学出版社,2001.

［31］盛海洋,工程地质与桥涵水文.北京:机械工业出版社,2006.

［32］杨晓丰.工程地质与水文.北京:人民交通出版社,2005.

［33］陆培毅.工程地质.天津:天津大学出版社等,2003.

［34］张成恭,李智毅,等.专门工程地质学.北京:地质出版社,1990.

［35］杨景春.地貌学.北京:高等教育出版社,1985.

［36］刘国昌.区域稳定工程地质.长春:吉林大学出版社,1993.

［37］胡厚田,等.边坡地质灾害的预测预报.成都:西南交通大学出版社,2001.